불가능한
바다의 파도

WAVES IN AN IMPOSSIBLE SEA
Copyright © 2024 by MATTHEW J. STRASSLER
Korean Translation Copyright © 2025 by Eidos Publishing
Korean edition is published by arrangement with Aevitas Creative Management through Duran Kim Agency

이 책의 한국어판 저작권은 듀란킴 에이전시를 통한
Aevitas Creative Management와의 독점계약으로 에이도스에 있습니다.
저작권법에 의하여 한국 내에서 보호를 받는 저작물이므로
무단전재와 무단복제를 금합니다.

불가능한
바다의 파도

일상적 삶은 어떻게 우주의 바다와 연결되는가?

매트 스트래슬러 Matt Strassler 지음 | 김영태 옮김

WAVES
IN AN IMPOSSIBLE
SEA

에이도스

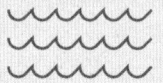

1. 서곡   **007**

1부 운동

2. 상대성: 거대한 착각   **028**
3. 등속운동: 겉보기보다 쉬운   **050**

2부 질량

4. 우주에 대항하는 갑옷   **073**
5. 아인슈타인의 등장: 정지 질량   **100**
6. 세계 속의 세계: 물질의 구조   **124**
7. 질량인 것(과 질량이 아닌 것)   **151**
8. 에너지, 질량, 그리고 그 의미   **165**
9. 감옥에서 가장 중요한 것   **179**

3부 파동

10. 공명   **195**
11. 파동의 이해   **216**
12. 귀로 들을 수 없는 것과 눈으로 볼 수 없는 것   **232**

4부 장

13. 일반장   **257**
14. 기본장: 첫 번째, 불안한 모습   **276**
15. 기본장: 두 번째, 겸손한 모습   **321**

5부 양자

16. 양자와 입자   **339**
17. 파동입자의 질량   **353**
18. 아인슈타인의 하이쿠   **379**

6부 힉스

19. 그 어떤 장과도 다른 장   **387**
20. 힉스장의 작동 방식   **394**
21. 해결되지 않은 기본적인 질문들   **417**
22. 더 심오한 개념적 질문   **434**
23. 정말 중요한 질문   **442**

7부 코스모스

24. 양성자와 중성자   **465**
25. 양자장의 마법   **478**
26. 코다: 평범함 속의 비범함   **489**

감사의 말 **498**
용어 해설 **501**
미주 **505**
찾아보기 **528**

본문 삽화 ⓒ Cari Cesarotti

그림 13　Atomic resolution STEM imaging of perovskite oxide La0.7Sr0.3MnO3. By Magnunor (Own work) CC BY-SA 4.0 (https://creativecommons.org/licenses/by-sa/4.0) via Wikimedia Commons.

그림 31　"Wind Map" by Martin Wattenberg and Fernanda Viégas (hint.fm/wind).

일러두기
본문의 각주는 모두 옮긴이가 단 것이다.

1
서곡

첩보영화 속 주인공처럼 시속 240킬로미터로 질주하는 고속 열차의 지붕에 매달려 있다고 상상해보자. 상황이 매우 위험천만하다. 열차에 끌려가는 동안 공기 저항 때문에 옴짝달싹하기도 힘들고, 허리케인 같은 사나운 바람이 휘몰아쳐 열차 뒤쪽으로 날려버릴 듯 위협한다. 안간힘을 다해 매달려 있는 동안 바람에 머리카락이 사방으로 휘날린다.

하지만 이 첫 문단을 읽고 있는 바로 이 순간, 우리는 자신이 '초속' 240킬로미터가 넘는 속도로 우주 공간을 항해하고 있다는 사실은 까맣게 잊고 있을 것이다.[1] 초속 240킬로미터는 시속 80만 킬로미터가 넘는다. 우리는 지구 그리고 태양과 함께 우리 은하 중심 주위를 공전하며 상상 속 기차보다 수천 배나 빠르게 움직이고 있다. 그럼에도 불구하고 우리는 우주 공간의 저항을 전혀 느끼지 못한다. 머리카락을 흩날리는 "우주 바람"도 없다. 마치 아무것도 없는 것처럼 아무런 방해도 받지 않고 우주 공간을 이동하고 있다.

만약 우주 공간이 우리가 한때 생각했던 것처럼 아무 특징도 없고 특별할 것 없는 텅 빈 공간이라면, 전혀 이상하게 느껴지지 않을 것이다. 하지만 아인슈타인이 중력은 공간과 시간의 휘어짐을 반영한다고 제안한 이후, 우리는 빈 공간 자체가 휘어지고, 늘어나고, 파동을 일으킬 수 있음을 알게 되었다. 아무것도 없는 텅 빈 공간에서 천이나 고무 같은 물질에서나 볼 법한 일들이 벌어진다는 것은 도저히 상상하기 어렵다. 빈 공간이 고무처럼 행동한다면, 우리는 어떻게 우주 공간을 마치 아무것도 없는 것처럼 거리낌 없이 이동할 수 있는 걸까?

빈 공간이 고무나 공기 또는 물과 어떻게 다른지를 알 수 있는 단서가 몇 가지 있다. 이를테면 일반적인 물질에서 나타나는 파동은 언제든 따라잡을 수 있다. 쾌속정은 바다의 파동인 파도보다 빠르게 이동할 수 있으며, 비행기는 음속을 넘어 자신이 내는 소리를 앞지를 수 있다. 하지만 우리는 "중력파(gravitational wave)"라는 우주 공간의 파동은 결코 따라잡을 수 없다.

중력파를 따라잡지 못한다니 상식적으로 납득이 가지 않을 것이다. 아무리 중력파의 파문이 우주를 빠르게 지나간다고 해도 강력한 로켓 엔진을 장착한 우주선이 속력*을 계속 높이면 언젠가는 중력파의 파

● 일상 언어에서는 대체로 속도와 속력을 구분하지 않지만, 물리학에서는 속력과 속도를 구분한다. 속도(velocity)는 단위 시간 내에서 물체의 위치 변화를 뜻하며 크기와 방향을 가진다. 속력(speed)은 속도의 크기를 말한다. 하지만 일상 언어에서 속도라는 용어가 거의 관용적으로 쓰이는 경우가 많고, 이런 표현이 책을 이해하는 데 크게 문제가 되지 않은 점을 고려해 이 책에서는 특별한 경우를 제외하고는(본문에 영문을 병기하였다) 이 두 용어를 혼용하여 썼다.

문을 앞지를 수 있지 않을까? 하지만 그것은 불가능하다. 빈 공간은 일종의 바다처럼 보이지만, 결국은 바다와 다르다. 빈 공간에는 비논리적인 무언가가 존재한다.

중력파가 특이하긴 하지만, 중력파만 그런 것은 아니다. 빛의 파동 역시 따라잡을 수 없다는 것이 실험을 통해 확인되었다. 게다가 빛의 파동은 중력파와 같은 속도로 이동한다. 이 둘의 공통점은 일반적인 물질 속 파동과 확연히 차이가 난다는 점에서 매우 인상적이다. 음파(音波), 바다의 파도, 지진파는 모두 우리가 따라잡을 수 있을 뿐만 아니라, 밧줄이나 고무판의 파동처럼 자신만의 고유한 속도로 진행한다. 따라서 빛의 파동과 공간의 요동이 놀라운 속성을 공유한다는 사실은 이 둘 사이에 깊은 관련이 있다는 것을 시사한다. 아마도 이 둘은 하나의 근본적 구조가 가진 서로 다른 양상으로 보인다.

여기서 끝이 아니다. 우리 몸 역시 "소립자(elementary particles)"라고 부르는 전자와 쿼크 같은 작은 파동들로 이루어져 있다. 일반 물질을 구성하는 이 기본 구성 요소들은 빛의 파동과 달리 반드시 고정된 속도로 움직일 필요는 없다. 이렇게 입자들의 속도가 다양하게 변화할 수 있는 덕분에 전자와 쿼크가 원자, 암석, 인간을 형성할 수 있다. 아울러 물질의 기본 요소들이 각기 다른 속도를 가질 수 있는 까닭은 "질량(mass)"이라는 속성 때문인데, 이 질량은 우주 공간 전체에 퍼져 있는 수수께끼 같은 존재인 "힉스장(Higgs field)"으로부터 얻은 것이다.

물질을 구성하는 기본 요소들의 속도가 각기 다를 수는 있지만, 결국 한계는 있다. 이들의 운동은 중력파와 광파의 속도인 약 초속

30만 킬로미터(시속 10억 8천만 킬로미터)를 결코 넘길 수 없다. 이 속도는 깨뜨릴 수 없는 우주 제한 속도처럼 보인다. 이렇게 다양한 물체에 단 하나의 제한 속도가 적용되는 이유는 무엇일까? 어쩌면 전자와 쿼크 역시 빛, 중력파, 공간을 모두 아우르는 동일한 구조의 일부일지도 모른다.

이처럼 신비로운 구조 혹은 체계는 도대체 무엇일까? 또 어떻게 작동하는 것일까? 우리는 아직 모르는 것이 많다. 하지만 이 구조를 가리키는 이름은 있다. 바로 "우주(Universe)"다.

여기서 말하는 우주는 단순히 대문자로 쓰고, 마치 신비로운 대상이라는 듯 마이크에 효과음을 넣어 '더 유니버스'라고 말하는 우주 공간 ─ 평소에는 잊고 지내다가 맑고 어두운 밤에만 떠올리는 광활한 암흑의 공간 ─ 만을 의미하지 않는다. 우주 하면 떠올리는 밤하늘의 거대한 우주 공간뿐만 아니라 우리의 일상 속에서 펼쳐지는 작은 우주, 즉 우리의 몸 안에서, 집 안에서, 그리고 우리가 매일매일 마주하는 모든 것들 안에 존재하는 우주를 말한다.

또 한 가지 흥미로운 사실이 있다. 어쩌면 또 다른 단서일지도 모르겠다. 분명 여러분과 나는 단단한 암석을 뚫고 움직일 수 없다. 단단한 암석을 통과하려면 고속열차 위에서 우리를 위협했던 공기 저항보다 훨씬 강력하고 파괴적인 암석의 저항에 부딪힐 것이다. 그런데 지진과 화산 활동으로 인해 지구 암석 속에서 발생하는 파동인 '지진파(seismic wave)'는 이런 문제를 겪지 않는다. 지진파는 아무런 저항 없이 지구 한쪽 끝에서 반대편 끝까지 곧바로 이동한다.

도대체 어떻게 이런 기적이 가능할까? 사실 크게 신비로운 일은 아니다. 암석 입장에서 보면 우리 몸은 이방인과 같아서 자신의 영역에 들어가는 우리에게 저항한다. 반면, 지진파는 바로 암석 그 자체의 진동이다. 지진파는 암석에 속해 있다.

그렇다면 우리가 빈 공간, 즉 우주를 아무런 저항 없이 자유롭게 이동한다는 것은 무슨 의미일까? 기초 물리학이 설명하는 내용을 따라가다 보면, 우리가 우주 '안에' 존재하는 재료로 만들어졌다고 생각하게 만든다. 하지만 실제로는 그렇지 않을 수도 있다. 오히려 우리는 '우주의 파동'으로 이루어져 있는 것처럼 보인다.

방금 한 이야기는 영적이거나 은유적인 뜻으로 하는 말이 아니다. 물론 그렇게 받아들여도 나쁠 것은 없지만, 여기서는 과학적으로 구체적이고, 실체적이며, '실재하는' 것을 의미한다. 말하자면 우리의 본질 자체가 바로 활동하는 우주이다. 이렇게 볼 때 우리는 단순히 우주의 거주자, 즉 집이나 아파트에 사는 것처럼 우주 안에 살고 있는 존재가 아니다. 또한 물고기가 바다에서 헤엄치듯, 우주에서 유영하고 있는 존재도 아니다. 지진파가 암석의 한 측면이고, 음파가 공기의 한 측면인 것처럼, 우리는 우주의 한 측면이다.

그러므로 우주가 어떻게 작동하는지를 이해하는 것은 곧 우리 자신을 더 잘 이해하는 길이기도 하다. 우주를 이해함으로써 우리의 감각과 근육과 뇌, 그리고 자신의 존재 의미를 더 깊이 통찰할 수 있다. 또한 우리가 바깥 세계와 어떻게 연결되어 있는지, 즉 보고, 듣고, 만지고, 해석하는 것들이 어떻게 가능한지 그리고 사람들끼리 어떻게 소통하는

지도 한층 더 분명해질 것이다. 이 모든 것의 핵심에는 근본적이면서도 직관에 반하는 물리학의 기본 원리들이 작동하고 있는데, 지금까지는 흔히 전문가들만 이해할 수 있다고 여겨져 왔다. 하지만 이제는 이런 통념을 바꿔야 할 때일지도 모른다.

사실 과학에 배경 지식이 없는 일반 독자들도 우주의 근본 원리와 우주에서 우리가 차지하는 자리를 이해할 수 있도록 길잡이가 되었으면 하는 마음에서 이 책을 썼다. 하지만 솔직히 말해, 여기서 다루는 내용이 공원을 산책하듯 가볍게 소화할 수 있는 것은 아니다. 우주의 비밀을 이해하기 위해서는 섬세하고 진지한 사고가 필요하기 때문이다. 종종 아인슈타인이 남긴 말로 잘못 인용되곤 하는 유명한 문구를 빌려 말하자면, 여기에 다룬 모든 내용들은 가급적 간결하게 풀어내려 했지만, 필요 이상으로 더 단순하게 설명하지는 않았다.[2] 수학 공식은 거의 없고 개념 위주로 이야기를 풀어냈다. 되도록이면 전문용어도 피했다. 또 어렴풋이 기억나는 화학 수업 정도를 제외하면 학교에서 배운 과학 지식이 거의 생각나지 않아도 이해할 수 있도록 쓰려고 했다. 그럼에도 불구하고 내가 처음 과학을 공부할 때 그랬던 것처럼, 어떤 부분은 반복해서 읽어보면 도움이 될 것이다.

이 책을 쓴 이유는 무엇이고, 또 여러분이 이 책을 읽어주기를 바라는 이유는 무엇일까? 여러 가지가 있겠지만, 가장 중요한 이유를 말하면 다음과 같다. 여러분도 나처럼 우리는 왜 존재하는지, 또 삶이란 무엇이고, 어떻게 살아야 하는지 대해 깊고 근본적인 질문을 품고 있다면, 그리고 텅 빈 밤하늘을 올려다보며 인간이라는 존재가 무엇인지 고민해본 적이 있다면, 우주가 우리 안에서 어떻게 작동하는지 이해함으로써 보다 더 많은 통찰을 얻을 수 있다고 생각한다. 오랜 시간 물리학자로서 살아오면서 개인적으로 배운 교훈은 우리의 몸과 마음이 세상과 어떻게 연결되어 있는지를 명확하게 이해할 때 비로소 진정한 자기이해의 길을 찾을 수 있고, 살아있다는 것의 의미를 온전히 깨달을 수 있다는 것이다.

비록 책에서 다루는 내용이 가장 난해해 보이는 물리학이 어떻게 우리 존재와 삶의 모든 측면에 영향을 미치는지 설명하고 있지만, 처음부터 이렇게 목표가 거창한 것은 아니었다. 책을 쓰게 된 것은 얼핏 보기에 크게 해될 것 없는 사소한 이야기가 발단이었다.

 2012년, 물리학자들은 세계 최대의 입자가속기인 대형 강입자 충돌기(LHC)에서 오랫동안 찾아 헤매던 '힉스 보손(Higgs boson)'이라는 입자를 발견했다. 언론에서는 이 입자를 "신의 입자"라며 호들갑을 떨었지만, 피터 힉스(Peter Higgs) 자신을 포함한 대부분의 입자물리학자는 이 표현이 다소 과하다고 생각한다. 힉스 보손은 일상생활이나 광활한 우주에서 특별한 역할을 하지 않는다. 또한 어디 길바닥에 떨어져 있거나 별들 사이를 떠돌아다녀서 우리가 발견할 수 있는 것이 아니며, 우주의 초창기를 제외하고는 특별한 일을 한 적이 없다. 이유는 간단하다. 힉스 보손은 일단 생성되면 정말 눈 깜짝할 사이에, 즉 1젭토(10^{-21})초 만에 붕괴해버리기 때문이다.

물리학자들이 처음부터 LHC 같은 거대 장치를 필요로 했던 것은 바로 이런 이유였다. 좀처럼 잡히지 않는 힉스 보손을 발견하려면, 인간이 직접 새로운 힉스 보손을 만들어내는 수밖에 없었다. 그렇다면 이렇게 순식간에 사라져버리는 입자를 굳이 만들려고 애쓰는 이유는 뭘까? 매우 중요한 질문이었다. 왜냐하면 LHC와 그 이전의 입자가속기들을 건설하는 데 막대한 비용과 시간이 소요되었기 때문이다.

답은 힉스 보손 자체를 찾는 것이 목적이 아니었다는 데 있다. 힉스 보손은 훨씬 더 중요한 목적을 위한 수단이었을 뿐이다. 이 연구의 진짜 이유는 힉스 보손을 발견함으로써 훨씬 더 중요한 어떤 것의 존재를 증명하는 데 있었다. 바로 '힉스장'이었다.

힉스장은 그에 대응하는 입자인 힉스 보손과 달리 오래 지속하고 우주가 탄생한 이래로 지금까지 존재해온 우주적 실체이다. 또한 힉스장은 수십억 년 동안 우주 전체—지구 주변과 지구 내부, 그리고 우리 몸 안—에 일정하게, 변함없이, 균일하게 퍼져 있다.

사람들은 때로 "힉스장이 우주의 모든 것에 질량을 부여한다"고 말하는데, 다소 부풀려진 표현이기는 하다. 물론 힉스장이 모든 원자에서 발견되는 전자를 포함해 몇몇 중요한 소립자들에게 질량을 부여하는 역할을 한다는 점은 부정할 수 없다. 아울러 만약 전자에 질량이 없다면, 원자는 결코 만들어지지 못했을 것이고, 우리나 지구도 존재하지 않았을 것이다. 따라서 힉스장의 중요성은 의심할 여지가 없다. 우리의 삶은 힉스장에 달려 있다고 해도 과언이 아니다.

이런 사실이 알려지면서 호기심 많은 언론인들과 정치인들의 질문이 이어졌다. "힉스장은 어떻게 작동하나요? 어떻게 물체에 질량을 부여하나요?"

이 책의 마지막 3분의 1쯤에 이르면 의문이 풀릴 것이다. 하지만 기자들과 정치인들이 원하는 것은 책 한 권 분량의 답이 아니라 짧고 간결한 답변이었다. 이들의 입맛에 맞게 설명하려다 보니 짧게 각색한 이야기가 만들어진 것이다.

이 이야기가 완전히 허무맹랑한 거짓말이라고 말하고 싶지는 않다. 이야기를 만든 사람도, 또 퍼 나른 사람도 악의는 없었으며, 비록 자기들이 말하는 내용이 정확한 사실이 아니라는 것도 알았지만, 누군가를 속이려던 의도는 없었기 때문이다. 그렇다고 신화나 우화, 동화라고 부르기도 애매하다. 이 이야기는 과학자들이 일반인에게 물리학적 설명을 하면서 흔히 등장하는 매우 특별한 종류의 이야기로, 개인적으로 피직스 피브(physics fib), 줄여서 핍(phib)이라고 부르고자 한다.•

우주에 관한 기사나 책에서 자주 등장하는 핍은 선의의 물리학자들이 비전문가의 질문에 답해야 할 때, 아예 답을 하지 않는 것과 정확하지만 이해하기 어려운 설명을 하는 것 사이에서 타협점으로 짧고 기억하기 쉬운 이야기를 지어내면서 생겨난다. 특히 기자나 정치인들처럼 길어야 한 단락, 어떤 때는 한 문장을 넘지 않는 대답을 바라는 사람

● '피브(fib)'는 보통 선의의 거짓말, 사소한 거짓말을 의미한다. 여기서 핍이라는 단어는 '피직스 피브'를 줄여서 만든 표현으로, 물리학에서 복잡한 개념을 일반인들에게 쉽게 설명하기 위해 짧고 간단하게 만든 이야기, 즉 정확한 사실과는 다르지만 이해를 돕기 위해 짧게 각색한 이야기를 뜻한다.

들을 만날 때 자주 만들어진다. 대부분의 픕은 별 문제가 없고 금방 잊히는 편이다. 하지만 때로 픕은 널리 퍼지고, 만든 사람의 의도보다 훨씬 더 심각하게 받아들여지기도 한다. 본말이 전도되어 득보다 실이 더 큰 상황이 벌어지는 것이다.

힉스장에 관한 여러 픕 중 비교적 간단한 것을 한번 들어보자. '우주를 가득 채우고 있는 수프 같은 물질이 있는데, 이것이 바로 힉스장이다. 물체가 이 수프를 통과해 움직일 때 수프가 물체를 느려지게 만드는데 이 과정에서 물체가 질량을 얻는다.'

짧은 이야기임에도 불구하고 이렇게 많은 것들이 한꺼번에 틀릴 수 있다는 점이 놀라울 따름이다. "수프"에 대한 설명도, 질량에 대한 설명도, 운동에 대한 설명도 모두 잘못됐다. 나중에 살펴보겠지만, 이 이야기는 실제보다 훨씬 더 그럴싸하게 들리도록 만드는 일종의 눈속임이 있다. 그렇다면 입자물리학자들이 자신이 연구하는 세부적인 내용을 잘못 전달할 때, 그냥 넘어가도 괜찮은 것일까? 분명 그래서는 안 된다고 생각한다.

우선, 앞서 설명했듯이 힉스장은 결코 사소한 것이 아니라 생명의 본질적인 요소 10가지 중 하나로 꼽힐 정도로 중요하다. 따라서 우리 존재의 근간이 되는 것이라면 마땅히 제대로 설명해야 한다.

하지만 이보다 더 중요한 문제가 있다. 물체를 느려지게 하는 수프에 관한 이야기는 겉으로는 별다른 문제가 없어 보이지만, 우리가 우주를 이해하는 데 핵심이 되는 우주적 원리의 심장에 구멍을 낸다.

바로 '상대성원리'를 위태롭게 하는 것이다.

상대성원리는 지금까지 알려진 모든 물리법칙 중에서도 가장 견고하고 오래 지속된 법칙일 것이다. 또한 역사적으로나 문화적으로 광범위한 의의를 지니고 있다. 수천 년에 걸쳐 간간이 제안되었다가 혼란의 구름 속으로 사라지기를 반복했지만, 마침내 현대물리학의 상징인 갈릴레오 갈릴레이(1564~1642), 아이작 뉴턴(1642~1727), 알베르트 아인슈타인(1879~1955)에 의해 확고한 토대 위에 놓이게 되었다. 상대성원리가 없다면 우주는 도저히 이해할 수 없는 곳이 되고 만다.

간단히 말해, 힉스 핍은 우주를 이해하는 근본 원리인 상대성원리를 심각하게 훼손한다. 이 때문에 힉스장이 자연에서 어떤 역할을 하는지 대해 설명하는 ─ 아니, 오히려 설명하는 척하는 ─ 힉스 핍은 사람들의 이해를 돕기는커녕 저해한다는 점에서 전혀 도움이 되지 않는다. 따라서 과연 힉스 핍은 무엇을 위해 존재하는 것인가 하는 의문이 들 수밖에 없다.

물론 힉스장을 제대로 설명하려면 인상적인 한두 문장으로는 턱없이 모자라다. 책 한 권의 분량이 필요하고, 사실 원래는 이것을 주제로 책을 쓰려고 했다. 하지만 힉스장이 어떻게 작동하는지 설명하기 위해서는 아인슈타인 시대부터 현재에 이르기까지 현대물리학의 가장 중요한 개념들을 두루 살펴야 했다. 그렇게 책이 꼴을 갖춰가면서 처음 가졌던 소박한 목표를 넘어 물리학자들이 바라보는 현대 우주관까지 아우르게 되었다.

물리학자들의 우주에 대한 관점을 더 많은 독자에게 전달하기 위해 가급적이면 별도의 배경지식이 없이도 이해할 수 있고 비전문가도 쉽게 읽을 수 있게 쓰고자 했다. (부득이하게 지면에 다 담을 수 없는 주제나 기술적인 내용도 있다. 미주에 달린 별표는 책 뒷부분, 미주 앞에 적혀 있는 웹사이트에서 더 자세히 다룬 주제를 가리킨다.) 책의 마지막에 이르면 우리는 힉스장의 역할부터 공간의 본질, 원자, 그리고 원자로 이루어진 거시적 물체의 본질에 이르기까지 현대물리학의 가장 놀랍고 복잡한 주제들을 만나게 될 것이다. 하지만 이야기의 시작은 아인슈타인보다 훨씬 이전의 아이디어부터 출발한다.

책의 첫 3분의 1에서는 현대적 관점에서 몇 가지 기본 개념들을 살펴본다. 운동, 질량, 에너지와 같은 개념들은 우리의 일상에 깊이 스며들어 있다. 물리학 책을 읽어보았거나 공부한 적이 있는 사람들에게는 익숙한 주제일 수 있지만, 여기서는 흔히 간과하고 있거나 헷갈리기 쉬운 중요한 세부 사항들에 주목하려고 한다. 이 첫 부분의 핵심은 갈릴레오의 상대성원리이다. 갈릴레오의 상대성원리를 살펴본 다음 우리는 300년을 뛰어넘어 아인슈타인이 새롭게 발전시킨 상대성이론, 그리고 가장 유명한 (또 가장 자주 오해받는) 공식을 살펴본다. 질량, 운동, 에너지가 어떻게 서로 얽혀 있는지 알아가면서 질량의 기원과 본질, 특히 전자의 질량과 관련한 까다로운 수수께끼들을 만나게 될 것이다.

진동, 파동, 그리고 음악의 근본 원리로 시작하는 책의 중반 3분의 1이 질량의 기원과 본질에 관한 수수께끼들과 어떻게 연결되는지 선뜻 이해하기 힘들 수도 있다. 따라서 중반부에서는 소리와 빛의 물리학과 생리학을 간단히 다룬 다음, 다시 우주에 대한 주제로 돌아가 우주 자체의 파동에 관해 이야기할 것이다. 이 과정에서 자연스럽게 장(場)이라는 미묘한 주제로 들어간다. 대학 1학년 물리학 수업에서 장에 대해 배운 적이 있는 사람들에게도 이 부분은 새로운 시각을 줄 것이다. 왜냐하면 여기서 제시하는 관점은 대부분의 물리학 수업과는 다르기 때문이다. 아인슈타인의 상대성이론을 면밀히 탐구하지는 않겠지만, 공간과 시간의 기묘한 본질, 그리고 아인슈타인의 사유에서 갈릴레오의 상대성원리가 얼마나 중요했는지에 대해 집중적으로 살펴볼 것이다.

장에 대한 물리학자들의 이해는 어떤 의미에서는 매우 깊이가 있지만, 또 다른 의미에서는 상당히 제한적이다. 그렇기 때문에 몇몇 명백하고 중요한 질문들은 답을 하지 못한 채 남겨둘 수밖에 없다. 여기서는 우리가 무엇을 알고, 무엇을 모르는지 명확히 구분하여 이야기하고자 한다.

책의 마지막 3분의 1에서는 양자 영역을 다룬다. 양자물리학의 가장 혼란스럽고 복잡한 내용을 깊이 파고들지는 않을 것이다. 대신 핵심 원리에 집중한다. 입자, 파동, 장 사이의 관계를 두루 살펴본 다음, 책 앞부분에서 제기된 여러 수수께끼들을 풀어나갈 것이다. 모든 전자가 문자 그대로 동일한 이유뿐만 아니라, 전자의 질량 그리고 다른 입자의 질량의 본질이 마침내 밝혀질 것이다. 마지막으로 이전의 여러 장에서 얻은 통찰을 종합하여 "힉스장이 전자에게 질량을 부여한다"는 말이 실제로 무엇을 의미하는지 알아볼 것이다.

힉스 보손의 발견으로 힉스장의 존재가 확인되면서 우주에 관한 오랜 의문들 중 일부가 해결되었지만, 여전히 풀리지 않는 수수께끼들을 남겼고, 새로운 문제들도 많이 제기되었다. 따라서 미해결 문제들을 설명하고 탐구한 다음, 우주와 양자물리학이 서로, 그리고 일상적 삶의 세계와 어떻게 영향을 주고받는지 살펴보며 책을 마무리할 것이다. 우주가 지닌 특이한 성질들이 어떻게 우리 삶에 영향을 미치는지 강조함으로써, 우리가 우주 안에서 어떤 위치에 있는지, 또 상상도 할 수 없는 것에서 어떻게 일상이 탄생하는지 좀 더 명확하게 이해하고자 한다.

여기서 설명하는 우주에 대한 관점은 이론물리학자로 수십 년을 살아오면서 쌓아온 것이다. 오랜 세월 물리학을 연구하면서 자연스럽게 형성된 것이지만, 그 외에도 다양한 요소들이 영향을 미쳤다. 현재 거주하면서 일하고 있는 이곳 미국 매사추세츠의 시골 지역에서 나고 자란 나는 별이 가득한 어두운 밤하늘, 하늘 높이 쭉 뻗은 나무, 야생 동물과 가축을 보며 어린 시절을 보냈다. 어린 시절의 경험은 자연과 인간의 관계를 바라보는 시각에 커다란 영향을 주었다. 또 한 가지 나의 삶에 늘 자리한 것은 바로 음악에 대한 사랑으로, 이 책에서도 중심적인 역할을 한다.

 물리학자로서 여러 대학과 연구기관에서 일하면서 입자, 장, 끈의 특성과 거동을 연구해왔다. 대학생, 이전에 과학을 공부하지 않은 성인, 신예 연구자들, 그리고 친구들에게 공식적으로 또 비공식적으로 물리학을 가르치거나 설명했다. 어느 순간부터는 반은 은퇴한 상태로 연구와 젊은 물리학자 양성을 계속하는 한편, 블로그 등 다양한 방식으로 대중에게 과학을 전달하는 일에 매진하게 되었다. 사람들이 듣고 싶어 하든 그렇지 않든 간에, 우리가 살고 있는 이 놀라운 우주에 관해 이야기하는 것을 좋아했던 나로서는 자연스러운 행보였다. (처음으로 사람들 앞에 나서서 과학 이야기를 한 것은 다섯 살 때였는데, 행성에 관한 내용이었다. 유치원에 같이 다니던 친구들에게 이렇게 말했다. "명왕성은 엄청 추워요.")

결국, 이렇게 한 권의 책을 쓰게 되었다. 혹자는 다루는 주제가 뜻밖이라고 생각할 수도 있겠다. 힉스 보손이 발견된 지 10년이 넘었고, 아인슈타인의 위대한 돌파구가 나온 지도 100년이 훌쩍 넘었기 때문이다. 아직도 더 설명할 것이 남아 있기는 한 것인지 의문을 갖는 사람도 있을 것이다.

아직 남아 있다고 생각한다. 개인적으로 보기에 현대물리학과 인간의 삶이 어떻게 맞물려 있는지에 대한 전체적인 이야기가 부족한 것 같다. 물론 이 이야기를 풀어내는 것은 쉬운 일이 아니다. 밈에 기대지 않고 설명하려면, 얼핏 보기에 전문적이고 난해하게 느껴지는 개념들을 분해하고 다시 알기 쉽게 재구성해야 한다. 하지만 다행스럽게도 난해한 개념들을 새롭게 풀어내는 데는 소질이 있는 것 같다. 덕분에 나름대로 물리학자로서 성공적인 경력을 쌓을 수 있었다. 항상 나보다 훨씬 뛰어난 사람들에 둘러싸여 지냈던 나로서는 이들의 복잡한 사유를 빠르게 정리하고 풀어내는 방법을 찾지 못했더라면 이 분야를 제대로 소화하지 못했을 것이다.

이 책에서 나는 과장이나 추측, 밈을 최대한 피하면서, 이해하기 쉽고 정확하게 설명하려 최선을 다했다. 보잘것없는 재주이지만 결실을 맺었으면 하는 바람이다. 물리학을 업으로 삼고 사는 사람들이 널리 공유하는 현대적 관점을 소개함으로써 많은 독자들의 기대, 즉 우리가 아는 범위 안에서 우주를 솔직하고 있는 그대로 설명해주었으면 하는 독자들의 바람에 부응하려고 했다. 이 책에서 우리가 알고 있는 사실을 가능한 한 분명하게 밝히는 동시에 우리가 모르는 것이 무엇인지 ― 현재의 물리학자들을 끊임없이 앞으로 나아가게 하고, 미래의 물리학자들, 어쩌면 여러분 중 누군가가 등불을 들고 뛰어들게 될 그 거대한 무지라는 심연의 가장자리 ― 를 가늠해보려고 한다.

1부

운동

존재한다는 것은 움직인다는 것이다. 우리는 결코 오랫동안 한자리에 머무르지 않는다. 살아가기 위해서는 음식을 먹고, 자원을 구하고, 친구를 찾아야 한다. 가만히 있을 때조차도 멈추지 않고 계속해서 숨을 쉬고, 심장이 뛰고, 피가 돌고, 신경계에 전류가 흐른다. 우리 몸의 모든 세포가 DNA를 읽고 그 안에 담긴 명령을 수행하려면 분자 수준의 운동이 필요하다. 나아가 더 깊이, 원자보다 더 작은 영역을 들여다보면, 우리 몸을 이루는 모든 조각이 끊임없이 회전하고 움직이고 진동하고 있음을 알 수 있다.

우리는 운동을 너무나 익숙하고 당연한 것으로 여긴다. 하지만 물리학의 통찰이 없었다면, 이 운동 안에 삶에서 마주하는 어떤 신비만큼이나 심오한 비밀이 숨겨져 있다는 사실을 결코 깨닫지 못했을 것이다.

인간이 세계를 경험하는 과정에는 착각과 비밀이 스며들어 있으며, 이것을 극복하기 위한 인간의 노력은 인류 역사에서 중요한 한 장을 차지한다. 우주에 관한 비밀 중에서 가장 대표적인 것은 바로 지구가 둥글다는 사실이다. 2천여 년 전 그리스 사상가들은 기하학에 능통

했고, 지구의 모양과 크기를 추정하는 놀라운 방법을 발견해냈다.[1] 이들의 발견은 곧 고대 그리스와 로마는 물론 인도와 이슬람 세계, 그리고 다른 지역에도 널리 알려졌다. 일부 교과서에서는 아직도 다르게 주장하긴 하지만, 사실 르네상스 시대의 콜럼버스, 마젤란 등 탐험가들이 항해를 떠나기 전부터 유럽의 지식인들은 지구가 둥글다는 사실을 잘 알고 있었다.

우주에서의 사진 촬영은 말할 것도 없고, 인공위성, 대륙 간 해상 운송, 항공 여행이 가능한 오늘날에도 지구가 둥글다는 사실을 의심하는 사람들이 있다는 것이 놀라울 따름이다. 여하튼 내비게이션에 널리 사용되는 GPS를 비롯한 수많은 기술은 바로 지구가 둥글다는 사실에 기반하고 있다. 물론 '직관적으로' 봤을 때 지구의 모양이 둥글다는 사실이 명확하지 않다는 점은 인정한다. 바로 여기서 문제가 생긴다. 주위를 둘러보면 곳곳에 언덕과 계곡이 있기는 하지만, 우리가 서 있는 땅은 대체로 평평하게 펼쳐져 있고, 잔잔한 날의 바다도 마찬가지다. 어렸을 때부터 지구가 둥글다고 배우지 않았다면, 자연스럽게 지구는 평평한 곳이라고 생각했을 것이다.

지구가 평평하다는 착각은 간단한 기하학적 사실로 깨트릴 수 있다. 거대한 구체의 표면을 돌아다니는 작은 생명체에게는 자신이 발 딛고 있는 구체가 평평하게 보일 것이다. 이 생명체가 자신의 직관이 틀렸다는 사실을 깨닫기 위해서는 세심한 관찰과 논리적 추론을 통해 자신의 감각적 한계를 뛰어넘어야 한다.

인간이라는 종은 본능적으로 자신의 감각을 통해 얻은 앎을 고수하려 하고 믿으려는 경향이 있다. 하지만 최근 수 세기 동안 과학은 우리가 물질세계에 대해 흔히 갖는 대부분의 가정들이 착각에 기반하고 있음을 일깨워 주었다. 이것은 인류 역사상 가장 중요한 교훈 중 하나이다. 우리는 사실을 결코 외면해서는 안 되지만, 사실을 해석할 때는 항상 경계해야만 한다. 왜냐하면 상식이라는 것은 자연 세계의 작동 원리를 이해하는 데는 전혀 신뢰할 수 없는 안내자이기 때문이다. 제아무리 뛰어난 직관을 가졌다 하더라도 우리는 직관을 버릴 준비가 되어 있어야 한다.

예를 들어, 침대에 가만히 누워 있거나 의자에 편안히 앉아 책을 읽을 때 느끼는 감각을 떠올려보자. 평화롭고 고요해 한숨 자기에 안성맞춤이다. 하지만 평화롭게 쉬고 있다는 감각은 신기루에 불과하다. 여러분과 나 그리고 지구는 모두 초속 240킬로미터가 넘는 속도로 우리 은하 — 거의 1조 개에 달하는 별들이 모여 있는 우리의 우주적 고향 — 의 중심 주위로 태양과 함께 공전하고 있다. 매 분마다 지구는 (은하 중심을 기준으로) 지구의 지름에 맞먹는 거리를 이동한다(〈그림 1〉 참조). 매초마

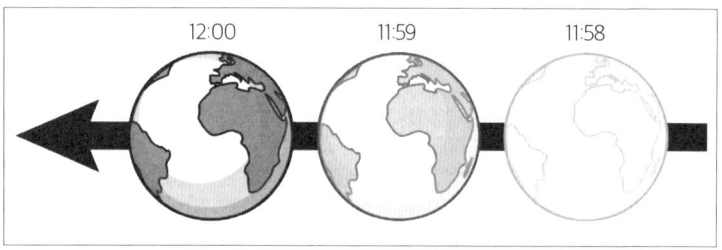

그림1   우리 은하의 중심에서 볼 때, 지구(1분 간격의 세 위치에 표시됨)는 엄청난 속도로 이동한다.

다 우리는 필라델피아에서 뉴욕까지, 취리히에서 바젤까지, 베이징에서 탕산(唐山)까지, 자동차로 두세 시간은 족히 걸리는 거리를 이동하고 있다. 이 속도는 지구 궤도를 도는 인공위성의 20배가 넘는 속도로, 3분도 안 되어 지구를 한 바퀴 돌 수 있고, 30분 만에 달에 착륙할 수 있으며, 일주일이면 태양에 도달할 수 있을 정도이다.[2]

수만 년 동안 인간은 자신이 우주를 누비고 있다는 사실조차 전혀 몰랐다. 심지어 지구가 회전하고 있다는 사실을 알게 된 이후에도 어느 방향으로 얼마나 빠르게 진행하고 있는지 가늠하지 못했다. 우리가 우리 은하 그리고 다른 은하들과 함께 운동하고 있다는 사실을 분명히 알게 된 것은 불과 최근 수십 년 사이의 일이다.

2
상대성
거대한 착각

지구가 엄청난 속도(velocity)로 움직이고 있음에도 이를 인식하지 못한다는 사실에는 또 하나의 위대한 우주의 비밀이 반영되어 있다. 우리 우주에서는 직선으로 움직이는 ― 일정한 속력과 일정한 방향으로 이동하는 ― 등속운동을 감지할 수 없기 때문에, 우리는 지구의 운동을 감지할 수 없다는 것이다.

좀 더 구체적으로 말해, 만약 밖을 볼 수 없는 사방이 막힌 방 안에 있다고 가정해보자. 그러면 순수한 감각을 통해서든 아니면 어떤 과학적 측정 방법을 동원하든 간에 자신이 부드럽고 일정하게 움직이고 있는지 아니면 완전히 정지해 있는지 구분하는 것은 불가능하다. 또한 얼마나 빠르게 움직이고 있는지, 어떤 방향으로 움직이고 있는지 파악할 수 없다. 절대 불가능한 일이다. 이상.

이것이 바로 '상대성원리(principle of relativity)'로, 그중에서도 가장 기본적이고, 가장 견고하면서도 가장 혼란스러운 부분이다. 다시 말해, '외부 세계와 완전히 차단된 고립된 공간 내부와 같은 조용하고 방해받지 않는 환경에서는 우리가 얼마나 빠르게, 어떤 방향으로 움직이고 있는지 알 수 있는 방법이 전혀 없다.'

이미 말했듯 상대성원리는 얼핏 보기에 너무 추상적이어서 현실과 아무 관련이 없는 이야기처럼 보일 수 있다. 외부 세계와 완전히 고립된 공간의 이상적인 사례로는 두꺼운 벽으로 둘러싸여 있고 창문도 없는 우주선이 저 멀리 떨어진 성간 공간을 로켓 엔진을 끈 채 부드럽게 미끄러지듯 움직이는 상황을 들 수 있다.[1] 물론 이런 우주선을 상상하는 것은 흥미를 자아내지만, 우리 중에서 실제로 그런 곳을 여행하는 사람은 거의 없다. 따라서 우리가 경험하기 힘든 상황을 설정해 과학의 핵심으로 삼는 것이 과연 타당한지 의문을 가질 수도 있다.

하지만 거의 고립된 공간은 우리 삶에서 놀라울 정도로 중요한 역할을 한다. 지구가 바로 그런 예이다. 지구는 완전히 고립된 공간은 아니고, 또 정밀한 과학 실험을 하면 지구의 자전 운동 그리고 가까운 행성과 먼 별에 대한 지구의 운동을 측정할 수 있다. 하지만 이러한 실험은 매우 까다로워서 보통 사람이 자신의 감각이나 휴대용 아마추어 망원경과 같은 간단한 장비만 가지고 하기에는 거의 불가능하다. 따라서 일상적인 삶에서 지구는 마치 고립된 공간처럼 행동한다. 그렇기 때문에 인간은 지구가 끊임없이 빠르게 운동하고 있음에도 전혀 알아차리지 못하는 것이다.

거의 고립된 공간의 또 다른 사례로는 벽도 얇고 창문도 있어 좀 더 현실성 있는 우주선이나 고요한 하늘을 나는 비행기, 특히 창문에서 멀리 떨어져 앉아 있거나, 어두운 바다 혹은 구름 위를 지나며 밤하늘을 바라보고 있는 상황을 들 수 있다. 상대성원리는 이런 비행기 안에서도 우리가 숨을 쉬고, 걷고, 음료를 마시는 것 같은 일상적 활동들이 왜 평상시와 다르지 않은지를 설명해준다.

직선으로 부드럽게 이동하는 기차나 자동차도 창문이 닫혀 있고 우리가 눈을 감고 있다면, 역시 일종의 고립된 공간과 같을 것이다. 물론 주변의 여러 단서를 잘 활용한다면, 굳이 복잡한 실험을 하지 않아도 우리가 타고 있는 비행기나 기차, 자동차가 지면에 대해 움직이고 있다는 것을 알 수 있다. 그러나 상대성원리에 따르면, 부드럽게 등속운동을 하는 차량의 내부에서만 행동하도록 제한하고, 의도적으로든 우발적으로든 외부로부터 정보를 받아들일 수 없다면, 차량 안에서 우리가 일상적으로 경험하는 것은 마치 고립된 공간 안에 있는 것과 똑같다고 말한다.

한편, 상대성원리는 원자 및 아원자(subatomic) 수준에서도 놀라울 정도로 큰 영향을 미친다. 원자와 아원자 입자의 집합은 종종 (잠깐 동안이긴 하지만) 마치 고립된 공간인 것처럼 행동한다. 따라서 상대성원리는 천문학자뿐만 아니라 입자물리학자에게도 중요하다.

그렇다, 우리는 비록 일시적이고 완벽하지 않은 형태이긴 하지만 실제로 고립된 공간을 자주 경험한다. 아울러 고립된 공간 안에 있으면, 상대성원리의 결과 중 일부를 관찰할 수도 있다. 그럼에도 불구하고 실제로 상대성원리를 체감하는 것은 쉽지 않다. 왜냐하면 고립된 공간 안에 있을 때조차도 함께 있는 다른 사물들, 이를테면 바닥, 벽, 의자, 탁자, 공기, 물 등으로부터 완전히 고립되어 있지 않기 때문이다. 우리가 세상에 대해 갖는 직관은 이런 사물들과의 상호작용을 통해 형성되는데, 이 물체들은 놀라울 정도로 효과적으로 상대성원리를 이해하기 힘들게 하고, 그 의미를 파악하지 못하게 주의를 흩뜨린다. 주변의 사물들이 우주를 직관적으로 이해하는 데 도움이 되는 핵심 단서들을 은폐하고 있는 것이다.

상대성원리를 설명하는 것은 몇 마디의 말 ― 이를테면, 등속운동은 감지할 수 없다 ― 이면 충분하다. 하지만 인간의 심리와는 상당히 다른 방향으로 움직인다. 상대성원리는 앞으로 물리학자가 될 사람들은 물론이고 우리 모두가 어린 시절부터 자연스럽게 키워왔던 세계에 대한 가정을 뒤엎는다. 마치 일상생활 자체가 인간의 정신이 기본적인 물리 법칙에 닿지 못하도록 설계된 것처럼 보일 정도이다.

고대 그리스의 뛰어난 수학자와 철학자조차 상대성원리를 발견하지 못한 것은 바로 이런 이유 때문이다. 이들은 지구가 둥글다는 것을 증명했고, 집에서 멀리 떠나지 않고도 지구의 크기를 측정했지만, 지구가 움직인다는 결론에 이르지는 못했다. 몇몇 사람들은 지구가 회전하고 이동할지도 모른다고 제안했지만, 가장 영향력 있는 사상가들은 지구가 운동한다면 우리가 쉽게 감지할 수밖에 없을 것이라고 생각했다. 운동이라는 것이 반드시 쉽게 감지될 필요는 없다는 사실을 깨닫는 데는 수 세기가 더 걸렸다. 우리 행성은 자전하며 태양 주위를 공전하지만, 그 움직임은 '거의' 일정한 등속운동이다. 그렇기 때문에 갈릴레오

의 상대성원리에 따라 이 운동을 '거의' 감지할 수 없다.[2]

사실, 인류가 운동에 관한 심리적 장애물을 극복한 것은 과소평가해서는 안 되는 엄청난 업적이다. 이 업적을 이루기 위해서는 위대한 사상가들이 서로의 통찰을 바탕으로 쌓아 올린 오랜 지적 여정이 필요했다.

/ **2.1 갈릴레오의 배** /

오늘날 우리가 말하는 상대성 개념은 일반적으로 20세기 초반 아인슈타인이 제시한 시공간 개념과 관련이 있다. 하지만 상대성의 문제는 아인슈타인보다 몇 세기 전으로 거슬러 올라간다. 상대성이론은 현실에 대한 근본적인 질문을 다룬다. 이를테면, 다음과 같은 질문이다. 세계를 바라보는 특정한 방식, 혹은 이 세상에 존재하는 사물의 어떤 속성이 우리의 관점에 따라 달라질까? 만약 그렇다면 어떻게 그런 일이 가능할까? 만약 그렇지 않다면, 이유는 무엇일까? 좀 더 과학적으로 말하면, 우주의 어떤 측면이 '상대적'이고(즉, 관찰자의 관점에 따라 달라지고), 어떤 측면이 상대적이지 않은가? 그리고 상대적인 속성의 경우, 어떻게 한 사람의 관점에서 본 속성을 다른 사람의 관점에서 본 속성으로 정확히 변환할 수 있을까? 이런 질문들은 이미 갈릴레오에 의해 제기되었고, 아인슈타인이 등장하여 답을 수정하기 훨씬 전에 갈릴레오가 첫 답을 내놓았다.

갈릴레오는 운동에 대한 일련의 실험을 수행한 후, 상대성원리를 정교하게 다듬었다. 1632년에 출판된 저서 『두 가지 주요 세계 체계에 관한 대화(Dialogue Concerning the Two Chief World Systems)』에서 갈릴레오는 문학적 형식을 빌려 당대 사람들에게 상대성원리를 이렇게 설명한다. "친구와 함께 커다란 배의 갑판 밑 선실에 들어가 문을 닫아보자." 뒤이어 나오는 500단어 분량의 내용은 다음의 한 문장으로 요약할 수 있다. '미끄러지듯 항해하는 배의 갑판 밑 선실에 있는 사람은 배가 움직이고 있는지, 움직이고 있다면 배의 속력이 얼마인지 알 수 없다.'

갈릴레오의 주장이 아름답게 표현되기는 했지만, 당시 대부분의 사람들은 바다를 항해하는 고립된 공간은 현실과 너무나 거리가 먼 이야기로 느껴졌을 것이다. 앞서 말했던 우주 공간을 떠다니는 고립된 공간이 우리에게 잘 와닿지 않는 것과 비슷하다. 당시 대부분의 사람들은 걷거나 말과 마차를 타고 돌아다니는 것밖에 경험하지 못했기 때문에 배처럼 미끄러지듯 움직이지도, 또 바람의 저항을 느끼지 않을 수도 없었다. 갈릴레오의 통찰과 세계의 진정한 본질을 이해하려면, 갑판 밑 선실에서 항해하는 것이 어떤 것인지 상상할 필요가 있었다. 심지어 오늘날에도 현실은 일상생활의 복잡함에 의해 가려져 있어서, 우리가 사는 세상이 실제로 얼마나 단순한지 이해하기 위해서는 상상력이 필요하다. 여기에 상당한 아이러니가 숨어 있다.

갈릴레오의 통찰이 나온 이후에도 발전은 더뎠다. 뉴턴이 르네 데카르트, 크리스티안 하위헌스(Christiaan Huygens) 등 여러 사상가의 구체적인 아이디어를 수용하고 갈릴레오의 상대성원리를 바탕으로 운동에 대한 포괄적인 이해를 얻기까지 수십 년이 더 걸렸다. 뉴턴이 남긴 물리학의 토대는 아인슈타인이 한 사건과 다른 사건 사이에 흐르는 시간조차도 관점의 문제임을 깨닫기 전까지 2세기 동안 굳건히 유지되었다. 그러나 자신의 혁명적인 아이디어에도 불구하고 아인슈타인은 등속운동은 감지할 수 없다는 핵심 원리를 그대로 유지했다. 이 상대성이론의 핵심 원리는 거부되거나 크게 수정되지 않은 가장 오래된 물리학 법칙일 것이다.

널리 알려진 이야기와 달리 아인슈타인은 결코 "모든 것은 상대적이다"라고 말하지 않았다. 사실 모든 것이 상대적이라는 말은 거짓이다. 앞으로 살펴보겠지만, 상대적이지 않은 개념들도 여럿 있으며, 모두가 동의하는 이 개념들은 우주에서 가장 신뢰할 수 있는 측면이기도 하다.

하지만 '속력'은 확실히 상대적인 개념이다. 등속운동 상태에서는 누구도 "나는 움직이고 있지만, 너는 움직이고 있지 않다"라거나 "너는 움직이고 있지만, 나는 그렇지 않다" 또는 "우리 둘 다 움직이고 있다"라는 주장을 정당화할 수 없다. 이러한 진술들은 그저 관점의 문제일 따름이다.

여러분이 공원 벤치에 앉아 있다면, 자신이 정지 상태에 있다고 생각할 수 있다. 만약 내가 시속 60킬로미터로 북쪽으로 이동하면서 벤치에 앉아 있는 여러분 옆을 지나가고 있다면, 내 입장에서는 내가 자동차 안에 정지해 있고, 여러분과 벤치가 시속 60킬로미터로 남쪽으로 움직이고 있는 것처럼 보인다. 달에 앉아 있는 사람의 관점에서 보면,

지구가 자전하기 때문에 우리 모두는 시속 수백 킬로미터로 움직이고 있다. 이것이 바로 관점의 차이이다. 어느 누구의 관점도 다른 사람의 관점보다 더 낫다고 말할 수 없다. 동일한 것을 보는 서로 다른 방식일 뿐이다. 어떤 것이 상대적일 때는 모두가 다른 의견을 가지겠지만, 그 누구도 틀린 것은 아니다.

갈릴레오의 상대성원리는 바로 이러한 운동의 상대성을 이용한다. 등속운동을 하는 고립된 공간 안에서는 바깥세상을 볼 수도, 접촉할 수도, 관점을 가질 수도 없기 때문에 자신의 움직임을 감지할 수 없다. '왜냐하면 우리 우주에서 관찰자의 관점과 독립적인 의미를 갖는 운동이라는 것은 존재하지 않기 때문이다.'

참으로 이해하기 쉽지 않은 말이다. 이 주제에 관한 책을 읽기 전까지는 나 역시 이해하기 쉽지 않았다. 상대성이론이 어떻게 작동하는지 알아내는 데 위대한 천재들이 필요했던 것은 결코 우연이 아니다.

여기에 운동의 또 다른 이상한 점이 있다. 침대에 누워 있거나 책상에 앉아 있으면 자신이 정지해 있다고 느낄 수 있다. 하지만 사실 우리 모두는 서로에 대해 움직이고 있다. 지구가 자전함으로써 각자가 서로 다른 속력과 방향으로 이동하기 때문이다. 〈그림 2〉를 보자. 지구 중심에서 볼 때 적도 부근에 있는 사람은 극지방에 가까이 있는 사람보다 더 빠르게 이동하며, 지구 반대편에 있는 사람들은 서로 반대 방향으로 움직인다. 좀 더 일반적으로 말하면 경도가 같지만 위도는 다른 곳에 있는 두 사람은 지구를 도는 속력이 다르고, 위도가 같고 경도가 다른 곳에 있는 두 사람은 지구를 도는 속력은 같지만 방향이 다르다.

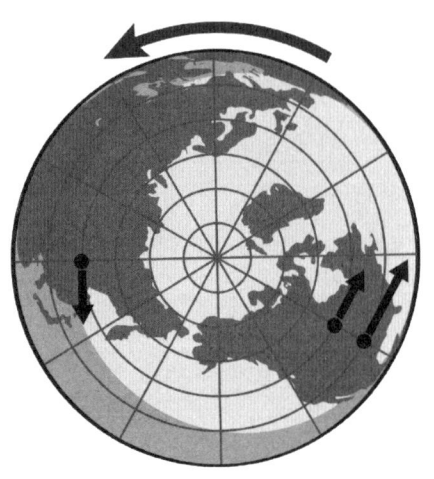

그림 2 잠자는 아기들은 모두 서로에 대해 움직이고 있다. 지구의 북극에서 볼 때, 아기들의 속력과 방향(검은색 화살표)은 위도와 경도에 따라 다르다. 지구상의 어느 한 지점은 다른 지점에서 볼 때, 매일 원을 그리며 이동하는 것처럼 보인다.

    갈릴레오의 상대성원리가 적용되는 직선운동과 달리 원운동은 보통 쉽게 감지할 수 있다. 어린 시절로 돌아가 부모님이 그네를 밀어주던 때를 떠올려보자. 설령 눈을 감고 있어도 그네가 움직인다는 것을 확실히 느낄 수 있다. 놀이공원의 회전 놀이기구도 마찬가지다. 하지만 우리 모두는 매일 지구 자전축을 중심으로 원운동을 하는데, 왜 이 운동은 인식하지 못하는 것일까?

    그 이유는 바로 방금 언급한 상대성원리 때문이다. 상대성원리에 따르면, 직선상의 등속운동은 전혀 감지할 수 없으며, 거의 직선에 가까운 등속운동도 역시 쉽게 느낄 수 없다. 매일 지상에 있는 우리가 원운동하는 궤적은 매 4분마다 직선과 고작 1도 정도 차이가 날 정도로 매우 완만하게 휘어진다. 거의 직선운동에 가깝기 때문에 우리가 알아차리기 어려운 것이다. 거대한 행성 표면에 사는 작은 생물들에게는 행성 표면이 평평하게 보이는 것처럼, 행성이 거대한 원 궤도를 따라 천천히 회전하면서 일정한 속력으로 운동하는 것은 직선을 따라 움직이는 등속운동과 매우 흡사하다.[3]

    이 원리는 앉아 있거나 누워 있을 때, 왜 자신이 정지한 것처럼 느끼는지도 설명해준다. 우리는 자신의 운동은 물론, 다른 곳에 있는 친구와 나 사이의 상대운동도 의식하지 못한다. 하지만 친구와 나 사이의 상대운동은 결코 느리지 않다. 예를 들어 보스턴에 있는 사람이 정밀하게 측정한다면, 마이애미에 있는 사람은 시속 346킬로미터로 움직이고 있음을 알 수 있다. 반면 마이애미에 있는 사람들은 보스턴에 있는 친구가 자기와 반대방향으로 시속 346킬로미터로 움직이고 있다고 인식할 것이다.

    하지만 잠깐. 마이애미에서 보스턴까지의 거리인 2,023킬로미터는 변하지 않는데 어떻게 두 도시 사이에 상대운동이 가능할까? 보스턴 사람들은 마이애미가 매일 원을 그리며 움직인다고 보기 때문이고, 이 원운동은 두 도시 사이의 거리를 항상 변하지 않게 만든다. 그 반대의 경우도 마찬가지다. 〈그림 2〉를 보면 이에 대한 실마리를 찾을 수 있다. 검은 점 중 하나를 중심으로 그림을 돌려 원을 그리면, 해당 점은 정지해 있고 다른 두 점이 주위로 움직이는 것을 알 수 있다.

    같은 보스턴 사람이라도 샌프란시스코에서 일하는 사람이 볼 때는 시속 1,108킬로미터로, 런던의 술집에 있는 사람이 볼 때는 시속 1,328킬로미터로, 시드니에서 졸고 있는 사람이 볼 때는 시속 2,441킬로미터로 움직인다고 생각한다. 각각의 경우 그 반대도 성립한다. 즉 보스턴 사람은 자신이 정지해 있고 멀리 떨어져 있는 친구가 움직인다고 생각한다.

이렇게 속력은 모든 운동과 마찬가지로 상대적이기 때문에, 속력에 대한 다양한 의견은 모순되지 않는다. 모두가 옳은 것이다. 자신이 정지해 있다고 생각하는 보스턴 사람들도 전 세계 곳곳에 흩어져 있는 사람들에게는 전혀 다른 운동을 하고 있는 것으로 보인다. 우리 각자가 어디에 있든 마찬가지다. 우리가 아무 데도 가지 않고 가만히 있다고 생각할 때도 우리는 멀리 떨어져 있는 친구와 가족 모두에 대해 움직이고 있는 것이다.

커피 한잔 하러 만난 친구는 이 개념을 이해해보려 애를 썼다. "그러니까 세계 곳곳에 앉아 있으면서 자기가 정지해 있다고 생각하는 사람들은 전부 다 틀렸다는 말이야?"

"그 사람들이 단순히 틀렸다는 뜻은 아니야." 내가 설명했다. "'나는 정지해 있다'고 말하는 것이 무의미하다는 것이지."

친구는 알쏭달쏭한 표정을 지었다.

"다른 상대적인 용어들하고 마찬가지야." 내가 지적했다. "예를 들어 누군가가 '내 키가 크다'라고 이야기하는 것과 마찬가지지."

"음…." 친구가 살짝 웃으며 말했다. "내 말은 그게 아닌데…."

"하지만 누구에 비해서 크다는 거지?" 내가 물었다. "나는 삼나무

비하면 작지만, 생쥐에 비하면 거인이지. 그래서 나는 키가 크면서도 동시에 키가 작아. 그러니까 내 키가 큰지 작은지 어느 쪽이라고 명확하게 말할 수는 없어.

"물론 누군가 '나는 키가 크다'고 말할 때는 보통 '내가 평균적인 사람에 비해 키가 크다'는 의미를 내포하고 있지. 마찬가지로 누군가 '나는 정지해 있다'고 말할 때는 '내 주변의 사물에 대해 정지해 있다'는 뜻이 담겨 있지. 하지만 맥락이 없다면 '나는 키가 크다', '나는 힘이 세다', '나는 목소리가 크다'와 같은 이야기를 하는 것은 의미가 없어. 마찬가지로 모든 속력이 상대적이고 등속운동을 감지할 수 없는 우리 우주에서 단순히 '나는 빨리 움직이고 있다'거나 '나는 전혀 움직이지 않고 있다'라고 말하는 것도 아무런 의미가 없지. 그런 말들이 의미를 갖는 우주를 상상할 수는 있을 거야. 하지만 적어도 우리 우주에서는 아무 의미가 없어. 나의 운동은 항상 다른 사람이나 사물에 대해 상대적으로 표현되어야 하지."

친구는 잠시 생각에 잠겼다. "그러니까 내가 '내 차는 시속 100킬로미터로 달리고 있다'라고 말할 때, 사실은 그 차를 도로와 비교하고 있다는 거네. 다른 대륙에 있는 도로와 비교하면, 차는 다른 속력으로 움직이고 있다는 말이고. 그 말이 맞아?"

"뭐 어느 정도는 그렇다고 할 수 있어." 내가 말했다. "하나 더 말하고 싶은 것은 차는 운전자와 승객에 대해 전혀 움직이고 있지 않다는 거야. 그러니까 차는 정지해 있기도 하고, 움직이고 있기도 해. 또 빠르기도 하고 느리기도 해. 마치 내 키가 크기도 하고 작기도 한 것처럼."

"그럼, 우주에 정말로 정지해 있는 '무언가가' 있기는 한 거야?" 친구가 조심스레 물었다.

"어떤 물체가 정지해 있는 것도 불가능하고, 또 정지해 있지 않는 것도 불가능해." 내가 강조했다. "너는 항상 너 자신에 대해, 그리고 대개는 주변의 다른 물체들, 이를테면 셔츠 같은 물체에 대해 정지해 있지만, 우주에 있는 대부분의 사물, 심지어 지구에 있는 사물 대부분에 대해서는 항상 움직이고 있지. 그리고 너는 그 사물들에 대해 다양한 속력과 방향으로 움직이고 있는 거야."

주문한 커피가 나왔기 때문에 잠시 대화를 멈추고 커피를 가지러 갔다. 이 틈을 빌려 방금 전 친구에게 했던 말―우리가 항상 정지해 있으면서도 동시에 정지해 있지 않다는 말―이 완전히 정확한 것은 아니라는 점을 인정해야겠다. 우리가 직선으로 등속운동을 한다면 내 말이 100퍼센트 맞을 것이다. 하지만 급격한 곡선을 돌 때처럼 아주 좁은 원을 그리며 움직일 때는 자신이 정지해 있지 않다는 것을 알 수 있다. 그럼에도 불구하고 천천히 자전하는 거대한 행성인 지구 위에 앉아 있거나 등속운동을 할 때, 즉 몇 분 동안 거의 직선에 가까운 원운동을 하고 있어서 그것을 느낄 수 없을 때는 실질적으로도 그렇고 우리의 일상적인 경험에 미치는 영향 측면에서도 내 말이 본질적으로 옳다고 할 수 있다. 우리의 운동이 항상 애매하다는 점, 즉 언제나 다른 무언가에 대해 상대적으로 말하지 않으면 우리가 어떤 운동을 하고 있는지 정의할 수 없다는 점은 100퍼센트 사실이다.

"있잖아," 다시 자리에 앉으면서 내가 말을 이었다. "알다시피, 이런 생각을 명확하게 표현하는 것은 정말 어려워. 그러니까 정지해 있으면서 동시에 움직이고 있다는 것, 그리고 자신이 어느 방향으로 얼마나 빠르게 움직이는지 알 수 없다는 것 … 이런 걸 모르는 사람이 들으면, 내가 미쳤다고 생각할 수도 있어. 이걸 논리적으로 설명하는 것은 거의 불가능해. 뭐 어느 정도는 우리 언어에 이런 사실을 설명할 적절한 단어와 개념이 없기 때문이기도 하고."

"글쎄, 그게 그리 새삼스러운 일은 아니잖아?" 친구가 맞받아쳤다. "우리가 실제로 경험하지 않은 것을 설명할 단어는 거의 없으니까."

"그게 무슨 말이야?" 내가 두 팔을 벌리며 소리쳤다. "우리가 경험하는 것은 항상 상대적인 운동뿐이야!"

잠시 멈칫한 친구는 당혹스러운 표정이 역력했다. 그러더니 한참이 지난 후 웃기 시작했다.

"와, 이거 정말 헷갈리네. 그래도 점점 이해가 가는 것 같아. 네 말이 뭔지 이제 좀 알 것 같아. 아마도 이런 걸 표현할 단어가 진짜 필요할지도 모르겠네. 이를테면…" 친구가 잠시 말을 멈추었다. "'다중운동적(polymotional)'이라는 말은 어때?"

"음." 내가 대답했다. "나쁘지 않은데! 아니면 '전(全)운동적(omnimotional)'도 괜찮겠어. 어떤 속도와 방향이든 네가 마음대로 골라도 돼. 그게 바로 우주 어딘가에 있는 어떤 입자에 대한 우리의 운동이니까." 우주에는 수많은 아원자 입자들이 날아다니고 있다. 그중 아무거나 하나를 골라보자. 우리의 관점에서 보면 그 입자가 움직이고 있고 우리는 정지해 있는 것처럼 보인다. 하지만 그 반대가 아니라고 누가 말할 수 있겠는가?

"'이중운동적(ambimotional)은?" 친구가 제안했다.

이 대화는 캐나다의 유머 작가이자 경제학자인 스티븐 리콕(Stephen Leacock)의 유명한 문장을 떠올리게 했다.

로널드는 방을 박차고 나와 말에 올라타더니 사방으로 미친 듯이 달렸다.[4]

2.2. 상대성원리와 직관

우리가 일상에서 경험하는 온갖 것들은 상대성원리가 직관에 반한다는 사실을 보여준다. 평소 상황이라면 우리는 보통 아스팔트 위를 구르는 고무 타이어나 불완전한 레일 위를 구르는 금속 바퀴에서 발생하는 진동과 소음을 감지함으로써 자동차나 기차가 지상에서 움직이고 있다는 것을 쉽게 알 수 있다. 하지만 소음과 진동은 운동 그 자체에 의해서 발생하는 것이 아니다. 소음과 진동은 한 방향으로 움직이는 차량의 일부와 다른 방식으로 움직이는 지면이 직접 접촉함으로써 생긴다. 자기부상열차처럼 차량과 지면 사이의 접촉을 없앨 수 있다고 가정해보자. 그러면 우리가 눈을 감고 있을 때, 우리가 움직이고 있는지, 얼마나 빠른 속력으로 이동하고 있는지, 어느 방향으로 이동하고 있는지 추측하기가 매우 어렵다.

우주선을 타고 우주 공간으로 나간다면 어떨지 잠시 상상해 보자.

소음을 유발하는 바퀴도 없고 진동을 유발하는 도로도 없다. 텅 빈 우주를 가로지르는 운동은 매우 부드럽고 고요해서, 우리가 등속운동을 하고 있다는 단서를 찾을 수 없다.

사실 이렇게 상상할 필요도 없다. 주위를 둘러보자. 우리는 이미 지구라고 부르는 우주선을 타고 우주 공간을 항해하고 있다. 지구라는 우주선의 빠른 운동은 소음이나 진동을 일으키지 않기 때문에 우리는 그 운동을 전혀 알아차리지 못한다.

한 친구에게 이런 이야기를 하자 믿기지 않는다는 반응을 보였다. "우주선이라고? 하지만 지구에는 로켓이 없잖아!" 인공적인 우주선에 지구를 비유하는 것이 친구에게는 기이하게 들렸을 것이다. 하지만 친구는 우주선이 계속 로켓을 쏴야 움직일 수 있다고 암시하는 혼란스럽고 오해를 불러일으키는 영화 속 장면에 현혹된 것이었다. 사실은 그렇지 않다.

우주선의 로켓은 속력을 높이거나 늦출 때 혹은 방향을 바꿀 때만 필요하다.[5] 일단 원하는 속도로 움직이기 시작하면, 로켓은 꺼지고 대부분의 이동 시간 동안 더는 로켓이 필요하지 않다. 로켓이 꺼진 우주선은 진동이나 다른 방해 없이 우주 공간을 순항할 수 있다.[6]

로켓이 꺼진 우주선은 항상 공기 저항과 싸워야 하는 비행기나 도로, 난기류, 움직이는 내부 부품들에 의한 마찰력과 싸워야 하는 자동차와는 다르다. 엔진이 작동하지 않는 비행기는 충돌을 피하기 위해 지상으로 미끄러지듯 착륙해야 하며, 시동이 꺼진 자동차는 곧 멈추게 된다. 하지만 우주선은 그렇지 않다.

SF 영화나 TV 프로그램에서는 이 점을 종종 잘못 그리고 있다. 예를 들어, 〈닥터 후(Doctor Who)〉의 한 에피소드(스포일러 약간 있음)에서는 장거리 여행 중인 대형 우주선을 방문한 박사가 우주선 어디에서도 진동이 없다는 것을 깨닫는다. 이에 박사는 우주선의 엔진이 가동 중이 아니라고 생각한다. 이런 일은 불가능하다고 생각한 박사는 우주선이 기존에 없던 수단을 통해 우주를 여행하고 있음이 틀림없다는 결론을 내린다.

불쌍한 박사가 상대성원리를 완전히 거꾸로 이해하고 있다는 생각에 웃음이 나왔다. 여기서는 진동이 없는 게 문제가 아니라 오히려 진동이 있는 것이 우주선에 무언가 문제가 있다는 신호이다. 텅 빈 우주 공간을 등속으로 순항하는 데 로켓이 필요하지 않다는 사실은 그냥 지구를 생각해보면 알 수 있다.

이 에피소드를 쓴 작가는 공기와 물에서 물체가 운동하는 것을 본 경험에서 얻은 상식을, 이 상식이 전혀 통하지 않는 우주 공간에서의 운동에 적용했던 것이다. 하지만 작가를 비판할 생각은 없다. 이런 실수는 너무나 당연한 것이니까! 17세기의 천재 과학자 요하네스 케플러도 비슷한 오해를 했다. 게다가 〈닥터 후〉는 어디까지나 SF 소설이므로, 과학적 오류를 담고 있을 수도 있다. 우주에 대한 몇 가지 오해쯤은 이야기의 재미를 위해 충분히 용인할 만하다. 그럼에도 불구하고 〈닥터 후〉와 같은 이야기들은 과학적 '사실'을 사람들이 이해하기 어렵게 만드는 심리적 선입견을 더욱 강화한다.

지구에 대해 말하자면, 지구는 로켓이나 그 밖의 어떤 추진 장치도 필요하지 않다. 지구는 태어날 때부터 움직이고 있었는데, 우리 태양계의 다른 행성들과 함께 초기의 태양을 둘러싸고 있던 회전하는 먼지 원반에서 생겨났다. 약한 인력인 중력의 영향만을 받는 이 엔진 없는 지구의 여행은 부풀어 올랐다가 죽어갈 태양이 행성들을 종말로 이끌 때까지 계속될 것이다.[7]

우주선과 달리 비행기는 엔진을 계속 가동해야 한다. 비행기를 띄우기 위해서는 공기가 필요하지만, 대가가 따른다. 즉 비행기는 항상 공기를 밀어내며 나아가야 하므로 공기 저항과 끊임없이 싸워야 한다.

여하튼 비행기 안에 있으면 공기 저항으로부터 보호받을 수 있으며, 비행기 내부는 마치 고립된 공간처럼 행동한다. 대기가 난기류일 때는 비행기가 불안정하게 움직이고 예측할 수 없이 흔들리기 때문에 비행기가 움직이고 있음을 느낄 수 있다. 비행기가 속도를 높이거나 늦출 때, 상승 또는 하강하기 시작할 때도 비행기의 움직임을 느낄 수 있다. 하지만 비행기의 운동이 충분히 안정적일 때는 우리가 움직이고 있다는 사실을 증명할 방법이 없다.

내가 운영하는 블로그의 한 독자는 이런 일화를 들려주었다. "언젠가 2층 구조로 된 거대한 제트기인 A380 상층에서 낮잠을 자고 일어난 적이 있는데 너무나 조용해서 아직 비행 중이라는 사실을 깨닫는 데 30초나 걸렸어요. 잠자는 동안 비행기가 착륙한 줄 알았다니까요!"

소음이 더 큰 비행기 안에서도 우리가 얼마나 빠르게 날고 있는지 맞혀보는 재미를 느낄 수 있다. 비행기의 운동이 안정적이라면 (밖을 내다보거나 바람이 비행기 동체 옆을 지나는 소리를 자세히 듣지 않고는) 속도가 시속

그림 3 집에서 수직으로 점프하면(왼쪽) 원래 있던 지점에 착지하게 된다. 한 발짝 떨어진 곳에 놓여 있던 가방은 우리가 착지할 때 여전히 같은 곳에 놓여 있다. 머리 위를 나는 비행기에서 점프를 할 경우에도 집에서 점프할 때와 마찬가지이다(왼쪽). 하지만 지상에 있는 사람에게는 점프가 포물선을 그리는 것으로 보인다(오른쪽). 그러나 당신의 운동은 비행기의 운동과 동기화되어 있기 때문에 비행기 바닥의 같은 지점에서 점프했다가 착지하게 된다.

200킬로미터인지, 300킬로미터인지, 400킬로미터인지 알 수 있는 방법은 없다. 비행기 안은 평상시와 하나도 다르지 않다! 일정한 속력이라면 비행기 통로에서도 땅위에서 하는 것처럼 쉽게 공받기 놀이를 할 수 있다.

또 다른 놀이를 해보자. 비행기 뒤쪽으로 가서 눈을 감고 방향 감각을 없애기 위해 몇 바퀴 돈다. 그런 다음 눈을 뜨기 전에 비행기가 어느 방향으로 가고 있는지 맞혀보라. 상대성원리 때문에 방향을 맞히기가 쉽지 않다.

아니면 보는 사람이 아무도 없을 때 비행기 안에서 최대한 높이

뛰어보자. 집에서 점프할 때와 완전히 똑같다는 것을 알게 될 것이다. 다시 말해 비행기의 바닥에서 수직으로 올라갔다가 수직으로 떨어진다. 이 사실을 어떻게 알았느냐고 묻지는 말라. (좋다, 보채지 마시라. 비행기 안에서 점프를 한 것은 열한 살 때였고, 결과에 깜짝 놀랐다.) 우리가 점프해서 공중에 떠 있는 동안 비행기는 기수 쪽으로 움직이지만 그렇다고 비행기의 뒷벽이 우리를 향해 다가오지는 않는다. 집의 침실에서 똑바로 뛰어오를 때, 집의 벽이 다가오지 않는 것과 마찬가지다. 두 경우 모두 우리는 〈그림 3〉의 왼쪽에 표시된 것과 같은 경험을 하게 된다. 한편, 지상에 있는 사람이 우리를 본다면 〈그림 3〉의 오른쪽처럼 점프가 포물선을 그리는 것처럼 보이지만, 비행기는 항상 우리와 함께 움직이기 때문에 점프를 해도 언제나 비행기 바닥의 같은 위치에 착지하게 된다.

◯

속력의 상대성을 이해하는 것은 '지상 속력(ground speed)'과 '대기 속력(airspeed)'을 별도로 추적해야 하는 조종사에게 매우 중요하다. 공기에 대한 날개의 속력인 대기 속력은 비행기의 비행 가능 여부를 결정한다. 대기 속력이 너무 낮으면 비행기가 하늘에서 떨어지고, 너무 높으면 비행기가 부서질 수 있다. 대기 속력은 비행기가 이륙할 수 있는 시점을 결정한다. 왜냐하면 비행기가 날아오를 수 있는 양력을 제공하는 것이 바로 날개 위로 밀려오는 공기이기 때문이다. 하지만 비행기가 활주로 끝에 얼마나 빨리 도달하는지, 출발 공항에서 목적지까지 얼마나 빨리 이동하는지를 결정하는 것은 지상 속력이다. 강풍이 불면 이 두 속력은 크게 달라질 수 있다. 한번은 뉴욕에서 제네바에 있는 LHC를 방문하기 위해 가는 길에 대서양을 거의 음속에 가까운 속력으로 비행한 적이 있다! 만약 그 속력이 우리 비행기의 대기 속력이었다면, 비행기는 산산조각이 났을 것이다. 하지만 비행은 하나도 문제가 되지 않았다. 비행기는 시속 320킬로미터로 불어오는 엄청난 뒷바람(tailwind)에 의해 밀려갔기 때문에, 지상 속력만 비정상적으로 빨랐을 뿐이었다.

상대성이론은 또한 비행기가 가능한 한 맞바람(headwind)을 받으며 이륙하는 이유도 설명해준다(《그림 4》참조). 비행기의 날개가 비행에 필요한 충분한 양력을 만들려면, 최소한의 대기 속력이 필요하다. 이륙할 때 맞바람을 맞으면 바퀴가 지면을 움직이는 속력보다 공기가 날개 위

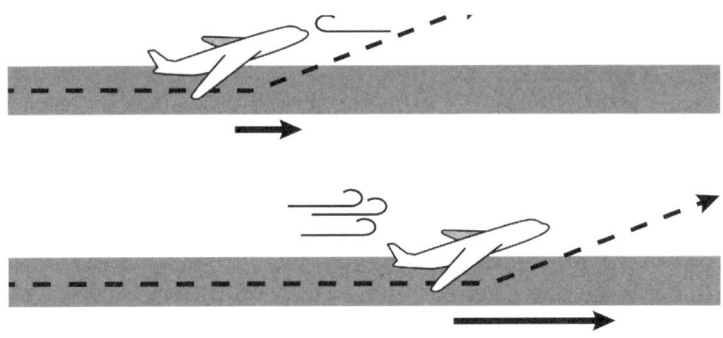

그림 4 (위) 맞바람을 맞으며 비행하는 비행기는 대기 속력보다 낮은 지상 속력으로 이륙할 수 있다. (아래) 뒷바람을 맞는 비행기는 대기 속력보다 더 높은 지상 속력이 필요하므로 이륙을 위해 더 긴 활주로가 필요하다.

로 더 빨리 지나가기 때문에 — 대기 속력이 지상 속력보다 높기 때문에 — 지상 속력이 비교적 낮아도 이륙이 가능하다. 반대로 뒷바람을 타고 이륙하면 상황이 반전이 되어 이륙에 필요한 대기 속력에 도달하려면, 훨씬 더 높은 지상 속력이 필요하다. 더 높은 지상 속력에 도달하려면, 더 긴 활주로가 필요하고, 따라서 문제가 발생했을 때 대처할 시간적 여유가 줄어든다. 착륙할 때도 마찬가지다. 맞바람을 맞으며 비행하면 훨씬 더 낮은 지상 속력으로도 공중에 떠 있을 수 있고, 따라서 정지하는 데 필요한 활주로의 길이도 줄어든다.[8]

하지만 비행기나 승객에게 영향을 미치지 않기 때문에 조종사들이 신경 쓰지 않는 한 가지가 있는데, 바로 '우주 속력(space speed)', 즉 우주 자체에 대한 비행기의 속력이다. 그러나 우주 속력이란 것은 존재하지 않는다. 우주 속력이라는 개념 자체가 무의미하기 때문이다.

3
등속운동
겉보기보다 쉬운

'나는 어디에 있는가? 그리고 어디로 가고 있는가?'

이와 같은 실존적 물음은 우리가 인생사의 피할 수 없는 문제를 헤쳐 나가는 동안 반복해서 떠오른다. 이런 물음은 대개 은유적인 의미를 갖는다. 하지만 만약 이 질문을 문자 그대로 고지식하게 받아들이면, 쉽게 답하기 어렵다는 것을 알게 된다.

잘하면 우리는 우주 안에 있는 다른 물체들을 기준으로 우리의 위치와 운동에 대해 어느 정도는 설명할 수 있다. 이를테면, 우리가 지구상에서 어디에 있고, 지면에 대해 얼마나 빠르게 움직이고 있는지 말할 수 있는 것처럼 말이다. 지구가 어디에 있고 얼마나 빠르게 움직이는지 말하려면, 우리는 태양, 심지어는 우리 은하의 중심을 기준으로 설명해야 한다. 그러려면 우리 은하의 위치를 다른 은하들과 비교하여 정확히 파악해야 한다. 마지막으로 이 작업을 끝내려면, 다른 은하들의 위치와 속력 그리고 이동 방향을 결정해야 한다. 하지만 우리는 은하들의 상대적 위치는 말할 수 있어도, 이들이 실제로 우주의 어느 곳에 있는지는 알 수 없다. 우주에는 격자(grid)나 은하들의 배치 체계가 존재하지 않기 때문에, 우리 마음대로 우주에 있는 은하나 다른 것들의 공간적 위치를 지정하거나 정의할 수 없다.[1]

우리 우주에는 위치와 시간 모두에 대해 명확하게 정의할 수 있는 개념이 없다는 사실은, 우리가 왜 다중운동적, 전운동적, 이중운동적인 특징을 가질 수밖에 없는지를 보여주는 핵심적인 이유 중 하나이다. 만약 다른 물체와 무관하게 우주에서 우리의 현재 위치를 측정할 수 있다고 가정하고, 지금으로부터 1분 후 마찬가지로 우리의 새로운 위치를 측정할 수 있다고 가정해보자. 두 위치를 비교하면 1분 동안 우리가 얼마나 많이 움직였는지 알 수 있기 때문에, 다른 물체와 비교하지 않고서도 우주에서 우리가 하는 운동의 속력과 방향을 알 수 있다. 그러나 이런 지식은 우리가 등속운동을 할 때 자신의 속력과 방향을 알 수 없다는 갈릴레오의 상대성원리와 모순이 된다. 따라서 우리 우주에서 위치를 명확히 지정하는 것은 상대성원리 자체에 의해 말이 안 된다. 아울러 등속운동은 오직 다른 물체에 대해 상대적으로만 규정할 수 있고, 다른 물체의 위치와 운동 역시 우리 혹은 또 다른 물체에 대해 상대적으로만 규정할 수 있다.

대부분의 아이들처럼 나 역시 시계, 지도, 속도계를 사용하면 시간, 위치, 속력을 모두 명확하게 알 수 있다고 막연하게 생각하며 자랐다. 그런데 이것이 사실이 아니라는 것을 깨닫고는 큰 혼란에 빠졌다.

우리 우주에는 어디에도 닻을 내릴 곳이 없다. 우리는 평생을 우리가 어디에 있는지 또 어디로 가고 있는지 명확히 말할 수 없는 채로 살아가게 될 것이고, 이것이 바로 우리가 받아들여야 할 현실이다.

/   3.1 상대성원리는 어떻게 현대세계를 형성했는가   /

상대성원리는 인류의 역사와 문화 — 적어도 세계 일부 지역에서는 — 에서 상당히 중요한 역할을 해왔다. 다소 과감한 주장이긴 하지만, 이렇게 말한 데는 다 이유가 있다.

    태양과 별들이 매일 동쪽에서 뜨고 서쪽으로 지는 모습을 관찰하면, 하늘의 모든 것이 하루에 한 번씩 지구를 돌고 있는 것처럼 보인다. 반면 지구는 우주만물 중에서 유일하게 정지해 있는 것처럼 느껴진다. 여기서 지구와 인간은 우주의 한가운데에 위치하게 된다. 이것이 바로 상식처럼 여겨졌던 것이다.

    수천 년 동안 많은 문화권에서 지구가 우주의 중심이고 지구가 정지해 있다는 것을 자명한 사실로 여겼다. 우리는 스스로를 얼마나 중요한 존재처럼 느꼈을까! 이 얼마나 터무니없는 생각인가! 등속운동을 감지할 수 없다는 사실을 깨닫는 순간 우리의 상식은 무너지기 시작했다.

    역사적으로 지구가 자전하고 있다고 주장한 사람들도 꽤 많았다. 고대 그리스의 헤라클레이데스, 인도 굽타 제국의 아리아바타(Aryabhata), 천 년 전 이란의 아부 사이드 알 시지(Abu sa'id al-Sijzi) 등이 지구 자전을 주장했는데, 아마도 더 많은 사람이 있었을 것이다. 그리고 5세기 전 근대 유럽 과학의 태동기에 니콜라우스 코페르니쿠스가 있었다. 그러나 이들 모두 당시 사람들에게 상식이 없다는 조롱을 받았다. 우리가 지구 자전으로 인해 시속 수백 킬로미터로 움직이고 있다면[2] 왜 우리는 그것을 느끼지 못할까? 왜 우리는 어지럽지 않은 걸까? 한 발 더 나아가 왜 우리는 지구 밖으로 튕겨 나가지 않을까?

당연한 의문이었다. 빙글빙글 도는 접시 위에 쌀알을 올려놓으면, 쌀알은 사방으로 튕겨져 나간다. 자전하는 지구 역시 우리를 그렇게 만들 것처럼 보인다. 이런 반론이 워낙 심했기 때문에, 코페르니쿠스가 사망한 해인 1543년에서 한참이 지난 1600년에도 케플러의 후원자였던 티코 브라헤를 비롯한 많은 천문학자들이 여전히 태양계 운동에 대한 코페르니쿠스의 관점을 받아들이지 않았다. 브라헤는 코페르니쿠스와 자신의 정밀한 관측을 통해 다른 행성들이 태양 주위를 돌고 있다는 사실을 확신했지만, 태양과 별들은 여전히 하루에 한 번씩 지구를 돌고 지구는 정지해 있다고 믿었다. 브라헤는 이렇게 썼다. "이토록 빠른 운동은 매우 무겁고, 밀도가 높으며 불투명한 몸체를 가진 지구에는 어울리지 않는다." 티코 브라헤의 관점에도 나름 일리가 있었다. 즉 지구가 운동한다는 사실을 부인함으로써 우리가 지구의 운동을 느끼지 못하는 이유를 명확하게 설명할 수 있었던 것이다.

사실 이런 질문들에는 답이 있다. 오늘날 우리는 지구 중심을 향하는 중력이 우리를 튕겨 나가게 하는 힘보다 훨씬 크다는 것을 안다. (같은 맥락에서 회전하는 접시 위에 끈적끈적한 물질을 바르고 쌀알을 붙여두면 쌀알이 접시에서 쉽사리 튕겨 나가지 않는다. 쌀알을 튕겨 나가게 하려면 접시를 훨씬 더 빠른 속도로 회전시켜야 한다.) 만약 지구의 자전이 너무 빨라서 하루가 몇 시간밖에 되지 않는다면, 적도 근처에 있는 사람들은 중위도에 있는 사람들보다 지구에 훨씬 더 느슨하게 붙어 있게 될 것이다. 그러나 하루가 24시간인 지구에서 위도에 따른 차이는 너무 미미해서 우리가 느낄 수 없고, 오직 정밀한 측정을 통해서만 감지할 수 있다.

게다가 앞서 지적했듯이, 지구의 자전은 4분마다 1도씩 휘어지는 거의 직선에 가까운 등속운동이다. 상대성원리 때문에 우리는 이와 같은 직선에 가까운 등속운동을 감지할 수 없으며, 이 때문에 우리는 지구 자전을 느끼지 못한다.

안타깝게도 이러한 답은 기본 상식보다 훨씬 정교하고 복잡한 개념들이어서 뉴턴 이전 시대에는 알 수 없는 것들이었다. 당시에는 중력이나 운동에 대해 온전히 이해한 사람이 없었기 때문에 이들 문제에 대해 결정적인 논의를 진행하기가 어려웠던 것이다.

이론적으로는 자전하는 지구가 여전히 우주의 중심에 있는 것이 가능했다. 하지만 실제로는 그렇지 않았다. 케플러가 정밀한 측정을 통해 확인한 것처럼, 우리 행성인 지구는 초속 32킬로미터로 태양 주위를 공전한다. 이처럼 더 빠르고 안정적인 공전 운동 역시 갈릴레오의 상대성원리 때문에 우리가 전혀 느끼지 못하는 것이다.[3]

지구가 궤도 운동을 하고 있다는 것을 인식하게 되면서, 우주의 중심이 다른 곳에 있음을 알게 되었다. 그럼에도 불구하고 태양은 여전히 독특해 보였다. 태양은 하늘의 다른 모든 빛보다 밝게 빛나고, 다른 모든 행성들도 태양이 우주의 중심축인 것처럼 태양 주위를 돌고 있었기 때문이다. 빛과 열의 원천이자 행성을 지배하는 태양에 가까이 있다는 이유로 우리는 여전히 우주에서 특별한 지위를 가지고 있다고 생각했다.

하지만, 곧 몰락이 다가오고 있었다. 고대 그리스 시대에도 태양은 단지 가까이에서 본 하나의 평범한 별에 지나지 않는다고 생각하는 사람들이 있었다. 이 생각은 17세기부터 과학적으로 검토되기 시작했고, 19세기에 들어서 태양이 우주의 중심이 아니라는 것이 확인되었다. 20세기 초반에 이르러서는 우리가 태양과 같은 별들로 이루어진 거대 도시, 즉 은하(galaxy)에 살고 있다는 사실이 분명해졌다. 갈릴레오의 망원경은 이미 밤하늘을 가로지르는 하얀 띠인 은하수가 실제로는 무수히 많은 빛의 점들로 이루어져 있다는 사실을 보여주었다. 좋은 쌍안경만 있어도 직접 확인할 수 있었다. 오늘날 우리는 그 은하수가 무수히 많은 별로 이루어진 거대한 나선형 구름인 우리 은하의 가장자리라는 것을 알고 있다.

이 거대한 별들의 도시에서 태양은 어떻게 보면 평균보다 약간 훌륭하기는 하나 절대 특별하지 않은 별일 뿐이다. 태양은 우리 은하의 빽빽한 중심부에서 멀리 떨어져 있으며, 은하의 나선형 팔의 조용한 변두리에 자리잡고 있다.

우리 은하는 상당히 크긴 하지만 여전히 평범한 편에 속하며, 팽창하는 거대 우주에 흩어져 있는 수십억 개의 은하 중 하나일 뿐이다. 게다가 우리 은하가 우주의 중심 근처에 있다는 증거는 전혀 없다. 사실, 우주의 중심 자체가 존재하지 않는 것으로 보인다. 은하들은 서로에 대해 엄청난 속도로 텅 빈 공간을 가로지르며 움직이고 있다. 태양과 지구, 그리고 인류는 우주의 전체 그림을 알지 못한 채 이 거대한 흐름에 떠밀려 가고 있다.

우리는 우주의 전체적인 규모가 공간적으로나 시간적으로 얼마나 거대한지 전혀 알지 못한다. 그럼에도 과학자들은 흔히 우주의 나이가 약 140억 년이라고 말하고, 마치 우리가 우주의 모든 것을 볼 수 있는 것처럼 이야기한다. 나도 이 책에서 그렇게 이야기할 것이다. 하지만 과학자들과 내가 말하는 "우주"는 우리가 다양한 종류의 망원경을 사용해 실제로 관측할 수 있는 우주의 영역, 즉 더 정확하게는 '가시 우주(visible universe)' 또는 '알려진 우주(known universe)'라고 부르는 영역을 가리킨다. 이 영역은 훨씬 더 크고 오래된 그리고 전체적으로 훨씬 더 광대한 우주의 아주 작은 한 부분에 불과할 수도 있다. 우리는 훨씬 더 멀리 떨어져 있거나 더 오래된 다른 우주 영역들이 존재하는지, 그리고 그곳의 기본 자연법칙이 우리의 자연법칙과 완전히 다를 수 있는지에 대해 추측만 할 수 있을 뿐이다. (이처럼 법칙이 서로 다른 여러 우주가 모여 있는 것을 다중 우주(multiverse)라고 부르기도 하지만, 이 책에서는 다중 우주라는 용어를 사용하지 않는다.) 따라서 우리의 지식에 한계가 있다는 점을 항상 염두에 두고 있어야 한다.

등속운동을 감각적으로 쉽게 알아차릴 수 없었기 때문에 사람들은 자신들이 우주의 안정되고 흔들림 없는 중심에 살고 있다고 믿게 되었다. 이런 착각은 우리 존재가 근본적으로 우주의 창조와 연결되어 있다는 순진한 직관을 뒷받침했다. 하지만 상대성원리의 발견은 우리에게 겸손을 가르쳐 주었다. 우리는 어디에도 중심이 없는, 아무것도 없는 그저 허허벌판의 한가운데에 살고 있다는 사실을 깨닫게 된 것이다. 우리는 거대한 우주에서 목적지도 없이 무의미한 속력으로 엄청나게 빠르게 떠돌고 있을 뿐이다. 이제 지구와 지구 생명체가 우리 우주에서 독특하고 특별하다고 주장하기가 더는 쉽지 않다.

과학의 다른 발견들도 인간이 우주에서 차지하는 위치에 대해 새로운 시각을 열어주었다. 최근에는 많은 별이 여러 개의 행성을 거느리고 있다는 사실을 알게 되었고, 이 점에서 우리 태양도 특별할 것이 없음을 알게 되었다. 지구상의 모든 대형 생물들은 비슷한 생화학적 분자를 기반으로 하고 있어, 인간 역시 다른 생명체와 역사를 공유하는 많은 종 중 하나에 불과하다는 것을 보여주었다. 한편 고래, 돌고래, 코끼리, 침팬지의 지능과 정서적 깊이 역시 과거에 생각했던 것만큼 인간과 큰 차이가 없다는 사실도 밝혀졌다. 복잡한 언어와 추상적인 사고, 복잡한 감정을 가진 생명체가 우주 전체에 오직 인간뿐이라는 주장은 날로 믿기 어려워지고 있다.

하지만 브라헤와 다른 회의론자들이 던진 질문에 답하는 과정에서 상대성원리는 코페르니쿠스의 제안을 둘러싼 논쟁을 해결하는 데 기여했고, 우주가 얼마나 광대하고 변화무쌍한지를 깨닫게 해주었다. 이러한 깨달음은 우리 스스로가 차지했던 왕좌, 즉 상식 위에 세워진 보잘것없는 착각의 왕국을 지배하던 우월함을 영원히 무너뜨렸다. 돌이켜보면 참으로 부끄럽기 짝이 없는 일이다.

상대성원리는 현대 과학의 발전에도 핵심적 역할을 했다. 갈릴레오가 처음으로 상대성원리를 인식하고 수십 년이 지난 후, 뉴턴은 이를 자신이 세운 운동 법칙과 중력 법칙의 기초로 삼았다. 여기에는 뉴턴이 정립한 세 가지 "운동의 법칙" — 즉, 세계가 움직이는 방식을 설명하는 규칙들 — 도 포함된다. 운동 법칙의 두 번째와 세 번째 법칙은 시간이 지나면서 수정되었다. 그에 반해 갈릴레오를 비롯해 이전의 여러 사상가가 이미 제안하고, 관성의 법칙으로 알려진 첫 번째 법칙은 수 세기에 걸친 치열한 과학적 검증에서도 살아남았다. 하지만 여기서는 '관성(inertia)'이라는 단어가 여러 의미를 담고 있어 혼란을 초래하기 때문에 사용하지 않고, 대신 첫 번째 법칙을 '등속운동 법칙(coasting law)'이라고 부르고자 한다.

상대성원리와 긴밀하게 연결되어 있는 등속운동 법칙은 다음과 같이 이야기한다. '어떤 물체가 일정한 속력으로 움직이고 있고, 다른 물체에 의해 미는 힘이나 당기는 힘을 받지 않는다면(즉, 외부의 영향이 없다면), 이 물체는 영원히 같은 속력과 같은 방향으로 운동을 계속할 것이다.'

이 법칙은 여러분의 관점에서 볼 때 정지해 있는 물체에도 적용된다. 다시 말해, 정지해 있는 물체를 그대로 두면, 앞으로도 계속 정지해 있을 것이라는 의미이다.

앞서 언급했듯이, 등속운동 법칙은 동물이나 엔진이 달린 기계에 대해 우리가 알고 있는 상식과 모순이 되는 것처럼 보인다. 인간은 가만히 있지 않아도 되고, 마음만 먹으면 걸을 수 있다. 우주선은 외부 힘이 작용하지 않더라도 로켓 엔진을 이용해 이동할 수 있다. 하지만 사실 이런 상황은 혼자 고립되어 있는 물체(또는 고립된 물체들의 집합)에만 적용되는 등속운동 법칙의 전제를 위반하고 있다. 걸어 다니는 생명체는 "혼자" 있는 것이 아니라, 지구 위에 있고, 발로 지면을 밀고 있기 때문이다. 엔진이 달린 우주선 역시 고립된 물체가 아니다. 우주선 그리고 엔진에서 나오는 배기가스 등 여러 구성 요소로 이루어져 있으므로 등속운동 법칙을 우주선 하나에만 적용할 수 없다.

1학년 물리학 수업에서 등속운동 법칙을 처음 접하는 많은 학생이 혼란을 경험하는 이유는 일상생활에서 직관적으로 터득하는 앎과 상반되기 때문이다. 아이들에게 한번 등속운동 법칙에 대해 물어보라. 만약 물리학을 배우지 않은 어린 시절 누군가 등속운동 법칙을 들려주었다면, 나 역시 등속운동 법칙이 틀렸다고 주장했을 것이다. "등속운동? 그건 말도 안 돼요! 모든 것은 결국 멈추잖아요!"

이건 그냥 상식처럼 느껴진다. 공을 던져보라. 유리를 깨뜨려보라. 바닥에 있는 먼지를 쓸어보라. 모두 처음에는 움직이다가 잠시 후에는 운동을 멈춘다.

하지만 뉴턴이 우리에게 설명했듯이, 지구상에서 등속운동 하는 물체가 거의 없는 주된 이유는 '마찰력(friction)' 때문이다. 마찰력은 한 물체가 다른 물체와 서로 맞닿아 문지르는 힘으로, 때로 접촉하는 물체들이 서로 쉽게 지나가지 못하도록 "막으려는" 힘인 '항력(drag)'을 만든다. 우리가 일상에서 보는 모든 물체에는 마찰력이 작용하므로, 등속운동 법칙이 왜 성립하는지 이해하려면 일상적인 경험을 넘어서야 한다.

상상력이 필요하다는 뜻이다. 다시 말해, 마찰력이 없을 때 사물이 어떻게 움직일지 상상할 줄 알아야 한다.

예를 들어 책을 가져와 탁자 위에서 미끄러지게 한다고 가정해보자. 책이 탁자에 긁히고 책 표면이 탁자와 마찰을 일으키면서 항력이 발생한다. 항력은 책이 탁자 위에 멈출 때까지 운동을 방해하면서 책의 속도가 느려지게 한다. 하지만 이제 같은 책을 얼어붙은 연못 위에서 미끄러지게 한다고 상상해보자. 얼음은 미끄러워서 탁자보다 항력이 더 적기 때문에 책은 더 멀리 그리고 더 서서히 느려지며 이동할 것이다. 얼음 위에 물이나 기름이 얇은 층을 이루고 있다면, 마찰력이 훨씬 더 줄어든다. 표면이 매끄러울수록 책의 속도는 더 서서히 느려지고 더 멀리 이동할 수 있다.

책 밑면에 자석을 붙이고 초전도체라는 특수 물질로 만든 표면 위에 올려놓으면 표면의 초전도 특성으로 인해 자석이 공중에 뜨게 되고 책 역시 공중에 뜬다. 이 상태에서 책을 밀면 책이 표면에 닿지 않고 미끄러지기 때문에 항력이 전혀 발생하지 않는다. 그러면 책은 뉴턴이 주장한 것처럼 초전도 표면의 가장자리에 도달할 때까지 등속운동하게 된다.[4]

그렇다면 우리가 해야 할 일은 모든 표면이 무한히 매끄럽고 공기저항이 없는 세상은 어떤 모습일지 한번 상상해보는 것이다. 이때에야 비로소 뉴턴이 이해했던 세상이 보이기 시작할 것이다. 이제 누군가 여러분을 밀면, 여러분은 의자나 벽에 부딪히기 전까지 운동을 멈출 수가 없으며, 방 안을 등속운동하게 된다. 식탁 위의 접시를 건드려서는 안

된다. 접시가 식탁을 떠다니다 가장자리까지 미끄러져 가 떨어질 테니까. 깨진 유리병 조각들은 온 주차장에 미끄러지듯 퍼져나갈 것이다. 또 평소처럼 걷는 것도 포기해야 한다. 마찰력이 없는 표면에서 걸으려 하면, 빙판길에서 미끄러지지 않으려고 허우적거리는 사람처럼, 제자리에서 꼼짝 못 하게 될 것이다. 이런 상상을 할 수 있어야 비로소 마찰력이 어떻게 우리 삶을 지배하는지, 그리고 마찰력이 운동에 대한 우리의 상식을 어떻게 형성했는지 알 수 있다.

갈릴레오와 뉴턴 훨씬 이전에는 아리스토텔레스의 운동 법칙, 즉 정지 법칙(resting law)이 있었다. 한때 너무나 당연한 것으로 여겨졌던 이 법칙은 모든 고체 물체의 자연 상태는 멈춰 있는 것, 즉 정지 상태라고 주장한다. 아리스토텔레스에 따르면 움직이는 물체도 그대로 두면 점점 느려지다가 결국에는 멈춘다. 사람이나 엔진이 물체를 계속 밀어주어야만 멈추지 않고 움직일 수 있다.

오늘날 우리는 달, 행성, 별들이 어떻게 움직이는지를 이해하고 있기 때문에 우주의 모든 것에 정지 법칙을 적용할 수 없다는 것을 알고 있다. 만약 모든 것에 정지 법칙이 적용된다면, 태양, 지구, 달은 모두 점점 느려질 것이다. 이 과정에서 중력이 이들을 서로 끌어당겨, 먼저 달이 지구와 충돌하고, 다음으로 녹아내린 지구와 달의 잔해가 태양에 빨려 들어가면서 사라질 것이다. 사실, 우리 태양계의 모든 행성과 달, 그리고 우주의 모든 별 주위의 행성도 같은 운명을 맞이했을 것이다. 결국 별들도 은하의 중심부로 끌려 들어갔을 것이다. 중력이 우주를 지배하며 모든 것을 파괴했을 것이다.

하지만 지금까지 이런 일은 일어나지 않았고, 그런 조짐조차 전혀 없다. 즉, 적어도 우주 공간에 대한 관측 결과는 정지 법칙이 틀렸음을 보여준다. 지구에서 정지 법칙이 틀렸다는 것을 증명하는 일은 더 어렵다. 그러나 정지 법칙은 근본적으로 상대성원리와 모순된다는 심각한 개념적 문제를 안고 있다. 갈릴레오의 원리에 따라 작동하는 우주에서는 등속운동 법칙이 참이어야 하고 정지 법칙은 거짓이어야 한다. 그 이유를 알아보자.

등속운동 법칙과 정지 법칙 모두 정지한 물체는 계속 정지해 있다는 점에서는 의견을 같이 한다. 하지만 움직이는 물체에 대해서는 서로 다른 이야기를 한다. 등속운동 법칙은 움직이는 물체는 앞으로도 계속해서 움직인다고 말하는 반면, 정지 법칙은 움직이는 물체가 점점 느려지다가 결국에는 정지한다고 이야기한다. 따라서 움직이는 물체가 '나는 앞으로도 영원히 등속운동을 하고 싶다'고 말하면, 등속운동 법칙은 미소를 지으며 이렇게 말할 것이다. "문제없어요. 편히 쉬면서 책을 읽고 낮잠을 자도 됩니다." 하지만 정지 법칙은 얼굴을 찡그리고 고개를 저으며 이렇게 말할 것이다. "흠, 그건 비용이 많이 들 거예요. 엔진과 무한한 연료 공급이 필요할 겁니다. 아니면 무한한 체력을 가진 누군가가 계속해서 밀어주든가요."

이처럼 정지 법칙은 등속운동 상태에 있는 것과 정지 상태에 있는 것이 근본적으로 다르며 구별할 수 있다고 주장한다. 그러나 이것은 상대성원리와 상충된다. 둘 중 하나는 포기해야 한다. 아리스토텔레스의 정지 법칙 아니면 갈릴레오의 상대성원리.

반면, 등속운동 법칙은 갈릴레오의 상대성원리와 편안하게 공존한다. 마찰력과 같은 복잡한 효과가 없다면, 등속운동이나 정지한 상태 모두 똑같이 힘이 들지 않으며, 둘 사이에 관측 가능한 어떤 차이도 존재하지 않는다. 둘 다 엔진이나 외부 힘을 필요로 하지 않는다.

거의 400여 년 동안, 등속운동 법칙과 상대성원리의 개념은 변함없이 온전하게 남아 서로 긴밀하게 얽혀 있었다. 아인슈타인과 동료들이 공간, 시간, 중력에 대한 개념을 수정하여 물리학의 많은 부분을 뒤흔들었던 20세기 초의 위대한 과학혁명에서도 등속운동 법칙과 상대성원리는 살아남았다.

하지만 우리의 상식은 등속운동 법칙을 이해하는 데 어려움을 겪는다. 왜냐하면 일상에서 물체가 등속운동하는 것을 거의 본 적이 없기 때문이다. 걷기, 자전거 타기, 또는 자동차 타기 등 우리가 경험하는 일상적인 운동은 결코 공짜가 아니다. 힘을 쓰거나 연료를 소비하지 않는다면 운동은 곧 멈추고 만다.

운동이 힘이 들지 않을 수도 있다는 사실은 지구 대기권 밖에서 더 쉽게 체감할 수 있다. 지구에서 몇 킬로미터를 달리면 땀이 흐르고 숨이 차지만, 국제우주정거장 밖에서 우주 유영을 하는 우주비행사는 1초도 안 되는 시간에 같은 거리를 아무런 힘도 들이지 않고 이동할 수 있다. 우주비행사는 공기가 없는 지구 상공에서 조용히 떠다니며 몇 분 만에 바다와 대륙을 횡단한다. 제트기가 대기권 내에서 대륙을 횡단하려면 공기 저항과 싸워야 하므로, 많은 연료를 소모한다《그림 5》. 마찬가지로 지상의 자동차는 몇 시간, 몇 백 킬로미터만 달려도 다시 기름

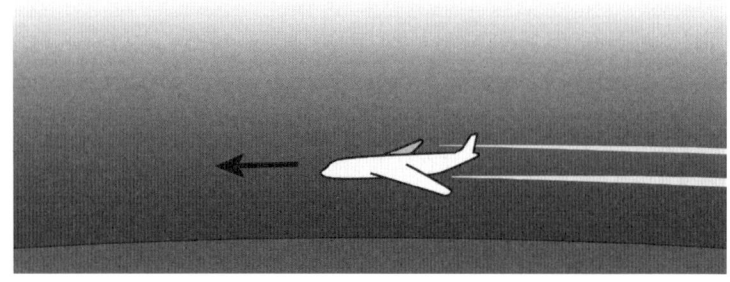

그림 5   대기 중을 나는 비행기는 공기 저항에 맞서기 위해 엔진을 계속 가동해야 한다. 하지만 대기권 밖 위성은 엔진을 사용하지 않고도 비행기보다 훨씬 빠른 속도로 미끄러지듯 움직일 수 있다.

을 채워야 하지만, 우주선은 연료 충전 없이도 행성이나 소행성처럼 태양을 중심으로 수십억 년 동안 넓은 궤도를 따라 순항할 수 있다.

지구 역시 마찰력이 없어 계속해서 등속운동을 할 수 있기 때문에 빈 공간을 쉽게 미끄러지듯 움직인다. 지구는 궤도를 유지하기 위해 엔진도, 연료도, 친절한 거인도 필요하지 않다. 이 점에 우리는 감사해야 한다.

이 책에서 '빈 공간(empty space)'이라는 표현을 여러 번 사용했지만, 그 의미를 제대로 정의하지는 않았다. 빈 공간이 이미 언급했던 '우주 공간(outer space)'●과 같은 것인지 궁금할지도 모르겠다. 물론 우주에는

● 보통 지구 대기권 밖의 공간을 의미한다.

꽤 많은 빈 공간이 있긴 하지만, 우주 공간과 빈 공간은 실제로는 다르다.

많은 경우 우주 공간은 "지구 대기권 바깥에서 충분히 멀리 떨어진 곳"을 의미한다. 또는 모든 별, 행성, 위성, 기타 암석으로부터 멀리 떨어져 있는 우주의 어떤 부분을 가리키며, 때로는 이를 '심우주(deep space)'라고도 부른다. (NASA는 "심우주"라는 용어를 좀 더 가까운 곳에 적용하지만, 나는 천문학자들이 흔히 사용하는 것처럼 은하들 사이의 공간 — 은하들 사이의 극도로 텅 빈 영역 — 을 의미하는 용어로 사용한다.) 물론 우주 공간은 대부분 비어 있고, 심우주는 그보다 더 비어 있다는 것이 사실이지만, 여기서 이야기하는 '빈 공간'은 우주에서 가능한 한 모든 물질이 제거되어 아무것도 없는 상태로 만들어진 영역을 뜻한다.

만약 상자가 있고 그 안에서 가능한 모든 것을 — 모든 종류의 원자와 아원자 입자까지 전부 — 제거한다면, 상자 안에 남는 것이 바로 빈 공간이다. 이 빈 공간을 '진공(vacuum)'이라고도 한다. 진공은 무(無)에 가장 가까운 상태이다. 하지만 이 책의 뒷부분에서 살펴보겠지만, 진공은 아인슈타인 이전의 물리학자들이 깜짝 놀랐을 정도로 매우 흥미로운 성질을 가지고 있다.

/ **3.2 필과 상대성원리** /

이제 상대성원리를 충분히 이해했으니 다시 힉스 필으로 되돌아가보

자. 질량이 무엇인지, 장(場)이 무엇인지 몰라도 우리는 힉스 핍이 옳지 않다는 것을 알 수 있다. 좀 더 정교한 버전의 힉스 핍을 이야기해보자.

옛날 옛적 우주의 가장 초기 순간에 힉스장은 잠들어 있었다. 질량이 없던 물체들은 혼자서 정처 없이 빠르게 우주를 이리저리 날아다녔다.

그러다가 힉스장이 깨어났다. 힉스장은 우주의 끝에서 끝까지, 위에서부터 아래까지 온 우주를 영원히 가득 채웠다.

그 순간부터 힉스장은 우리를 둘러싼 광활한 당밀(糖蜜)의 바다 ― 또는 다른 버전에서는 끝없는 수프, 빽빽한 덤불, 수많은 사람들 무리, 또는 높이 쌓인 눈 ― 처럼 존재해왔다. 물체들이 힉스장을 통과해 움직이려고 하면, 힉스장이 물체를 느리게 만든다. 그리고 이렇게 느려지면서 물체는 질량을 얻게 된다. 힉스장이 물체의 운동을 더 많이 방해할수록 물체의 질량은 더 커진다.

이렇게 해서 우주의 모든 물체들이 오늘날의 질량을 갖게 되었다. 이제 뭉칠 수 있게 된 물체들이 우주를 돌아다니며 새로운 관계를 맺고 우주에서 함께 춤을 추기 시작했다. 곧 별들이 하늘을 가득 메웠고, 우주는 우리가 아는 모습이 되었다.

얼핏 들으면 이 핍은 상당히 그럴듯하다. 하지만 사실은 거짓이다. 이 힉스 핍은 질량을 가진 물체가 등속운동을 하지 못하고 오히려 느려진다고 주장함으로써 등속운동 법칙과 모순이 된다. 또한 힉스장이 등속으로 움직이는 물체에 대해 한 가지 역할(힉스장은 물체를 느려지게 만든다)을 하지만 정지한 물체에는 전혀 다른 역할(아무 일도 하지 않는다)을 한다고 주장하기 때문에 상대성원리와도 모순이 된다. 만약 이 힉스 핍이 사실이라면, 힉스장은 상대성원리에서 허용하지 않는 것, 즉 정지 상태와 등속운동을 구분해야만 한다.

앞서 말했듯, 우리 역시 완전히 고립된 공간 안에서조차 자신의 운동 상태를 알 수 있게 된다. 힉스 핍은 우리와 고립된 공간이 질량이 있기 때문에, 움직이고 있다면 힉스장이 우리를 느려지게 할 것이라고 주장한다. 하지만 고립된 공간 안에서도 속력이 느려지는 것을 감지할 수 있다. 경험을 통해 익히 알고 있듯이, 자동차나 비행기가 급격하게 속도를 줄이면 몸이 앞으로 쏠리는 느낌을 받는 것이다. 따라서 만약 움직이고 있는 중이고, 힉스장이 우리를 느려지게 한다면 속력의 감소를 분명히 느낄 수 있을 것이다. 반대로, 정지 상태라면 속도의 변화가 없으므로 아무런 느낌도 없을 것이다. 이런 차이만으로도 우리는 자신이 움직이고 있는지 아니면 정지해 있는지 쉽게 판단할 수 있다. 이는 갈릴레오의 상대성원리와 완전히 모순된다.

다행히도 힉스장은 물체를 느리게 만드는 역할을 하지 않으며, 한 번도 그런 일을 한 적이 없다. 만약 그랬다면 정지 법칙이 참이 되어, 끔찍한 결과가 초래되었을 것이다. 힉스장으로 인해 모든 물체가 결국 멈춰버렸을 테니까.

정지 법칙이 널리 받아들여지고, 아직 누구도 달이나 태양, 행성의 본질을 이해하지 못하던 시절, 많은 초기 과학자들은 물체가 느려지는 것과 질량이 서로 관련이 있다고 생각했다. 사실 물체의 속력이 느려진다고 해서 물체의 질량이 생기는 것은 아니며, 또 질량이 속력을 느려지게 하는 것도 아니다. 빠르게 질주하든 아주 느리게 움직이든 간에 등속운동은 아원자 입자들에서와 마찬가지로 거대한 행성에도 똑같이 적용된다. 아울러 모든 물체는 질량이나 속력에 상관없이 외부의 간섭이 없다면 계속 등속운동을 한다.

따라서 힉스 핍은 갈릴레오, 뉴턴, 아인슈타인과 노골적으로 모순된다. 힉스 핍은 전근대적인 우주관을 옹호할 뿐만 아니라 물리학의 핵심에 심오한 내부 모순을 불어넣고 있다. 오직 힉스 핍을 버려야만 우리는 우주에 대한 일관된 개념을 유지할 수 있고, 그 핵심에 있는 상대성원리를 보존할 수 있다.

빛을 비추는 것보다 그늘을 드리우는 것이 훨씬 쉽다. 힉스 핍의 문제점을 가감없이 보여주기는 했지만, 사람들이 쉽게 이해할 수 있고 제대로 된 설명으로 바꾸는 데는 훨씬 더 오랜 시간이 걸릴 것이다. 하지만 이 책이 끝나기 전에 우리는 힉스장과 상대성원리가 어떻게 조화를 이루는지 알게 될 것이다.

2부

질량

상대성원리와 등속운동 법칙에 따르면, 어떤 속력이든 간에 등속운동을 계속하는 데는 아무런 노력이 필요하지 않다. 하지만 정말 그렇게 아무 노력이 필요하지 않다면, 왜 일상생활에서 현대적 교통수단을 제외하고는 등속운동이 많이 보이지 않는지 궁금할 것이다. 왜 물건들은 침실 안을 이리저리 날아다니지 않을까? 왜 우리는 주변에 있는 사물들과 비교할 때, 걷거나 뛰는 정도의 속력 이상으로 움직이지 못하는 것일까?

우리 주위에는 빠른 속도(velocity)로 움직이는 것들이 넘쳐난다. 다만 우리가 인식하지 못할 뿐이다. 지금도 우리 얼굴을 강타하고 있는 공기 분자들만 해도 (우리를 기준으로 보면) 제트기보다 빠르게 움직이고 있다. 하지만 이 공기 분자들의 속도조차도, 방 안의 벽이나 심지어 우리 몸속 깊은 곳에서 가끔씩 튀어나오는 입자들에 비하면 느린 편이다. 이 입자들은 방사성 붕괴라고 불리는 자연 과정에 의해 생성되는데, 이 과정에서 하나의 원자가 다른 종류의 원자로 변하게 된다. 원자력 발전소 사고처럼 다량의 방사능이 발생하면 매우 위험할 수 있지만, 아무리 깨끗한 환경이라 하더라도 우리 주변과 몸 안에는 항상 소량의 자연 방사능이 존재한다. 사실 자연 방사능은 지구 내부에 열을 공급하여 대륙이 떠다니게 하는 데도 기여한다. 따라서 이런 고속의 방사능 부산물은 피할 수 없다. 다행히 우리 몸은 방사능이 일으키는 미세한 손상을 복구하는 능력을 가지고 있다.

한편, 몇 초마다 '뮤온(muon)'이라는 입자가 머리 위의 먼 우주에서 생성되어 우리 몸을 통과한다. 뮤온의 기원은 '우주선(cosmic ray)'으로, 우주선은 우주 공간에서 날아오는 모든 고속 입자를 통칭하는 용어다. 우주선이 지구 상층 대기권에 있는 원자들과 충돌하면, 이 충돌로 인해 뮤온이 생성되고, 이렇게 생성된 뮤온은 여객기보다 백만 배 빠른 맹렬한 속도로 지구 표면을 향해 돌진해온다.

이 엄청나게 빠른 악마(뮤온)들이 우리 몸에 부딪히거나 통과하는 데도 아무것도 느끼지 못한다는 사실이 이상하게 느껴질 수도 있다. 하지만 이런 입자들을 감지한다고 해서 생존과 번식에 뚜렷한 이점이 있는 것도 아니다. 말하자면 뮤온은 먹이의 위치나 위험, 잠재적인 짝에 대한 단서를 주지 않는다. 따라서 인간이나 다른 동물들은 진화 과정에서 이 입자에 민감한 신경 세포를 발달시킬 필요가 없었다. 물론 뮤온을 감지하는 것이 불가능한 것만은 아니다. 우리 눈은 극도로 미세한 것을 감지할 수 있고, 후각도 마찬가지이다. 하지만 새로운 감각을 얻으려면 대가가 따른다. 태아 때부터 관련한 감각 기관을 만들어야 하고, 자원도 필요하다. 필요하지 않다면 굳이 자원을 소모할 이유가 없는 것이다. 이런 이유로 우리의 감각, 뇌, 그리고 상식은 뮤온의 존재를 인식하는 능력에서 완전히 비껴나 있는 것이다.

아쉬운 일이기는 하나, 여전히 의문은 남는다. 주변이 온통 엄청나게 빠른 운동들로 소용돌이치고 있는데, 어떻게 우리는 그 소용돌이 속으로 빨려 들어가지 않는 것일까? 본질적으로 우리의 운동을 방해하는 것은 아무것도 없다. 사실 우리는 태양이나 먼 별, 기타 천체에 대해 빠르게 움직일 수 있고, 실제로 그렇게 움직이고 있다. 여기에는 마찰력이 한 몫 한다. 만약 우리가 갑자기 방 안에서 세게 내던져진다면, 공기 저항과 바닥의 마찰력이 곧바로 우리의 속력을 느려지게 만들 것이다. 그렇다면 우리는 왜 처음부터 그런 식으로 내던져지지 않는 것일까?

답이 어떻든 간에 우리로서는 다행스러운 일이다. 평균적인 공기 분자 속력으로 현관을 지나 집 안으로 들어가고 싶지는 않을 테니까.

인간이라는 종은 익히 알려진 특징이 하나 있다. 바로 고집이 세다는 것이다. 우리는 변화를 의심하고 변화에 저항하는 성향이 있다. 이러한 심리적 비타협성에는 장점도 있지만 대가도 따른다. 놀라운 것은 우리 뇌만 고집스러운 게 아니라는 점이다. 우리 몸도 마찬가지다. 우리가 '질량(mass)'이라고 부르는 이 변화에 대한 물리적 저항이야말로 자연계의 보이지 않는 소용돌이 속에서 우리가 안전하게 살아갈 수 있도록 해주는 요인이다.

4
우주에 대항하는 갑옷

우화 한 편으로 시작해보자.

지구에 두 종류의 인류가 살고 있다고 상상해보자. 하나는 '호모 사피엔스(우리)'이고, 다른 하나는 '호모 폴리스티렌(Homo polystyrene, 우리의 사촌인 스티로폼 인간)'이다. 우리 사촌들은 겉모습과 크기에서 우리와 비슷해서 언뜻 보기에는 구분하기 어렵다. 하지만 몸 안은 다르다. 살과 뼈는 스펀지처럼 가벼워서, 흔히 스티로폼으로 널리 판매되는 폴리스티렌만큼이나 약하다. 호모 폴리스티렌 성인의 몸무게는 우리가 아기였을 때 몸무게와 비슷해서 쉽게 들어 올릴 수 있을 정도이다.

이렇게 가벼운 스티로폼 사촌들은 몸이 가볍고, 어쩌면 더 빠르게 돌아다닐 수 있기 때문에 행운아라고 부러워할지도 모르겠다. 하지만 바람이 부는 날의 삶은 어떨까?

호모 사피엔스라면 바람이 부는 날에는 모자가 날아가지 않도록 꼭 붙잡아야 할 수도 있다. 하지만 스티로폼 인간들에게는 모자가 날아가는 것 정도는 아주 사소한 문제에 불과하다(《그림 6》). 스티로폼 인간은 심지어 성인이라도 바람에 나무 위로 날려가거나 강물에 휩쓸리지 않기 위해 벽이나 기둥을 꼭 붙잡고 있어야 한다. 일상생활은 마치 허리케인 속에서 사는 것처럼 위험천만할 것이다.

질량은 세상으로부터 우리를 지켜주는 갑옷과 같아서, 자연이 우리를 날려 보내거나 쓸어가려는 힘에 저항할 수 있게 해준다. 크기는 같으나 질량이 훨씬 적다면, 비닐봉지나 마른 낙엽처럼 미풍에도 이리저리 휩쓸릴 것이다. 떨어지는 작은 나뭇가지에 부딪혀도 쓰러질 수 있고, 심지어 포근한 햇빛의 아주 미세한 압력과 싸워야 할지도 모른다.

그러니 시골길이나 도시의 인도를 아무 걱정 없이 걸을 때마다 자신을 지켜주는 질량에 감사해야 한다. 스티로폼 인간의 삶은 결코 부러

그림 6　호모 사피엔스는 바람이 부는 날 모자를 잃어버릴 수 있지만, 스티로폼 인간은 크기는 같아도 질량이 훨씬 적기 때문에 바람에 날아갈 수 있다.

워할 만한 것이 아니다.

◯

'질량'이라는 속성은 변화를 마주했을 때의 끈질김(tenaciousness), 또는 고집스러움(stubbornness)의 한 형태이다. 구체적으로 말하면, 어떤 물체의 질량은 물체의 운동을 변화시키려는 모든 시도─물체의 속력을 증가 혹은 감소시키거나 운동 방향을 바꾸려는 시도─에 저항하는 물체가 지닌 비타협성(intransigence)을 의미한다. 만약 물체가 정지해 있다면, 물체의 질량은 물체를 움직이게 하려는 모든 시도에 저항한다.

바람이 불어 우리를 길 건너편으로 날려 보내려 한다. 우리 몸은 바람에 저항을 하는데, 이 저항성은 몸의 크기나 키, 두께, 화학적 성분, 나이, 온도 때문에 생기는 것이 아니다. 물체는 자신의 질량 때문에 저항한다.

우리 모두 물체의 이런 고집스러움에 대해 잘 알고 있다. 우리는 돌을 던지는 것이 결코 쉽지 않다는 것을 안다. 돌을 개울 너머로 던지려면, 힘이 필요하다. 돌의 질량이 클수록 더 많은 힘이 필요하다.

물체가 이미 운동하고 있는데 물체의 속력이나 운동 방향을 바꾸려고 하면 저항이 발생한다. (이 때문에 '관성(inertia)'이 때로 질량의 동의어로 사용되기도 하지만, 이 책에서는 혼동을 피하기 위해 관성이라는 용어를 사용하지 않을 것이다.) 주먹만 한 크기의 공을 여러분에게 던졌다고 가정해보자. 속이 빈 플라스틱 공이라면 맨손으로도 쉽게 잡아서 멈출 수 있다. 하지만 표준

야구공처럼 질량이 무거운 공이라면 훨씬 더 힘을 써야 할 것이다. 만약 공이 납덩이로 만들어졌다면, 큰일이 날 수도 있다!

방금 이야기한 예시는 같은 재료로 만든 두 물체를 비교하지 않는 한, 질량이 크기와 무관하다는 것을 보여준다. 벽돌 두 장은 벽돌 한 장의 질량보다 크고, 큰 화강암 바위는 작은 화강암 바위보다 질량이 커서 더 비타협적이다. 하지만 같은 화강암 바위라도 부피면에서 바위보다 두 배나 커다란 물병보다는 질량이 더 크다. 그리고 우리의 스티로폼 인간 쌍둥이 형제는 우리보다 훨씬 질량이 적다.

4.1 비유적 표현

질량을 완전히 이해하기 위해서는 질량이 물질(matter)이 아니라는 사실을 인식하는 것이 중요하다. 질량과 물질, 이 두 단어 사이의 관계는 종종 혼란을 일으키는데, 이는 인간 언어의 세세한 부분들이 어떻게 우주에 대한 이해를 방해하는지를 보여주는 좋은 예다. 언어적 문제는 물리학 책에서는 부적절하고, 좋게 봐줘도 관계가 없는 것처럼 보일 수 있다. 하지만 결코 그렇지 않다.

언어는 인간의 모든 집단적 활동에서 중추적인 역할을 한다. 엄격한 방법과 수학적 법칙을 자랑하는 과학마저도 인간의 의사소통이나 오해의 문제로부터 자유로울 수 없다. 과학 용어들은 종종 낯설어서, 혹은 용어가 익숙해 보여서(이게 더 문제다) 뜻을 오해하는 경우가 많다는 점에서 문제를 일으킨다.

입자물리학자들이 쓰는 언어는 여러 면에서 일상 언어와 비슷하지만, 그중에는 물리학계에서 통용되는 뜻을 담은 전문 용어도 있다. 일상 언어와 과학 전문 용어, 그리고 더 교묘한 무언가 — 바로 거짓 친구(false friend)* — 가 뒤섞여 있는 것이다. 여기서 거짓 친구란 다른 나라 언어나 특정 분야의 언어에서 우리가 알고 있는 단어와 똑같이 들려서 별도의 정의가 필요 없을 것처럼 보이는 단어를 말한다. 예를 들어, 프랑스어로 '메드쌩(médicin)'이라는 단어가 있는데, 대부분의 영어 사용자는 이 단어가 영어 '약(medicine)'과 같은 의미일 것이라고 자연스럽게 추측하지만, 실은 '의사'를 의미한다. 물리학 용어에서도 비슷한 문제가 흔하게 발생한다. '질량(mass), 물질(matter), 힘(force), 파동(wave), 장(field), 값(value)'처럼 간단해 보이는 용어들 — 사실 이 책에서 쓰이는 거의 모든 중요한 단어들 — 은 일상 언어의 표준적인 의미와는 다른 뜻을 가지고 있다. 오히려 '단열성(adiabaticity)'이나 '열역학(thermodynamics)' 같은 전문 용어는 사용하기 전에 명확하게 정의해야 하므로, 사실 별 문제가 되지 않는다. 가장 위험한 것은 거짓 친구이다. 이들은 처음에는 친근하게 느껴지지만, 결국 뒤통수를 치게 된다. 앞으로의 여정에서 우리에게 진정한 친구는 많지 않을 것 같으니 항상 경계심을 가져야 한다. (필요하다면 이 책의 용어 해설을 적극 활용하기 바란다!)

새삼스러운 일은 아니다. 모든 전문 분야는 저마다의 전문 용어와

● 철자와 발음이 비슷하지만 실제 의미는 전혀 다른 단어를 뜻한다.

거짓 친구들이 있다. 야구를 좋아하는 사람들은 'walk, run, strike, base' 같은 단어가 야구 경기에서 일상 언어와 전혀 다른 의미를 갖는다는 것을 안다.* 또한 테니스에서 'love(러브)'는 전혀 예상치 못한 의미를 갖는다. 음악가들에게 'sharp(샵)'과 'flat(플랫)'은 모양과 아무런 관련이 없으며, 'scale(음계), measure(박자), tonic(주음)' 등 많은 단어들이 일상과는 다른 의미로 새롭게 정의된다. 일기예보에 등장하는 태풍은 '눈(eye)'이 있어도 보지 못하고, 'cold front(한랭전선)'에는 warm back(따뜻한 뒤쪽)이 있는 것도 아니다. 인간의 거의 모든 활동 영역에서 언어는 부분적으로 재활용되며, 널리 쓰이는 단어들의 용도가 변경되어 새로운 의미로 사용되기도 한다.

어떤 분야에 익숙해지면, 그 용어가 새로운 의미를 지닌다는 사실을 잊은 채 거짓 친구를 아무렇지 않게 쓰기 쉽다. 경험에서 우러나온 이야기다. 예를 들어 "Electrons are massive particles"라는 문장을 생각해보자. 영어로 보면 이 말은 좀 이상하게 들린다.** 전자는 매우 작기 때문에 말도 안 되는 소리처럼 느껴지는 것이다. 하지만 물리학계 용어에서 'massive'는 "0이 아닌 질량을 가지고 있다"는 의미로 재정의되어 있기 때문에 이 문장은 "전자는 질량을 가지고 있다"는 올바른 의미가 된다. 나는 이런 식의 문장을 6개월 동안 블로그에 써왔는데, 눈이 밝은 한 독자가 'massive'가 거짓 친구라는 사실을 지적해주었다. 이후로는

● 야구에서 walk는 볼넷, run은 득점, strike는 스트라이크, base는 루를 뜻한다.
●● 일상 영어에서는 '전자는 거대한 입자다'라는 뜻이 되어 일종의 형용모순처럼 들린다는 말이다.

오해의 소지가 있는 곳에서는 이 단어를 조심해서 쓰고 있고, 이 책에서도 다시는 쓰지 않을 것이다.

마찬가지로 '물질(matter)'이라는 단어도 가능하면 피하려 하지만, 이 단어의 경우 사정이 조금 다르다. 아이러니하게도 과학과 수학의 여러 분야에서는 같은 단어가 서로 다르게 쓰이거나 때로는 심지어 모순적인 의미로 사용되기 때문에 전문가들끼리도 의사소통이 안 되는 경우가 생긴다. 예를 들어, 'field(장)'라는 단어는 물리학자에게는 뜻이 한 가지이지만, 수학자에게는 완전히 다른 의미를 가진다. 또 농부에게는 또 다른 뜻을 갖는다. 지구의 대기가 '금속(metal)'으로 이루어져 있다는 말이 믿겨지는가? 많은 물리학자에게 금속은 일상 언어에서처럼 전기를 전도하는 고체 결정 물질을 의미하지만, 천문학자들은 이 단어를 별 내부에서 핵을 형성하는 모든 원자를 가리키는 데 쓴다. 이 정의에 따르면 수소와 헬륨을 제외한 모든 원소가 금속에 해당하므로, 지구 대기뿐만 아니라 지구상의 생명체도 대부분 금속으로 이루어져 있는 셈이다. 이다음에 거울에 비친 금속 생명체를 볼 때, 단어와 정의가 우리의 사고에 어떤 영향을 미치는지 한 번 생각해보라.

이런 점에서 'matter(물질)'만큼 혼란스러운 단어도 드물다. 입자물리학자들은 'matter'를 최소 두 가지 이상의 상반된 정의로 사용하고, 천문학자들 역시 또 다른 두 가지 뜻으로 사용한다. 모든 정의가 원자 (따라서 모든 일반적인 물체)가 물질의 예라는 점, 그리고 빛은 물질이 아니라는 점에 의견을 같이한다. 하지만 힉스 보손, 중성미자, 반양성자 같은 더 이색적인 존재들이 물질인지에 대해서는 의견이 일치하지 않는다. 심지어 천문학자와 입자물리학자들이 널리 사용하는 용어인 "암흑 물질(dark matter)"이라는 용어도 실제로 물질인지조차 명확하지 않다.[1] 물질이라는 단어는 이처럼 모호하고 혼란을 일으킬 소지가 크기 때문에 앞으로 이 단어를 최대한 쓰지 않으려 한다. 대신 원자로 이루어진 물체는 주로 "일반 물질(ordinary material)"이라고 부를 것이다.

또 다른 문제는 과학 분야의 용어에서 흔히 볼 수 있는 줄임말이다. 과학계에서는 표현이 길고 복잡해지는 것을 막기 위해 복잡한 개념을 한두 단어로 압축하고 축약하는 경우가 많다. 과학자들이 "암흑 에너지(dark energy)"라고 부르는 것이 좋은 예다. 오래전 우주는 급속하게 팽창했지만, 시간이 흐르면서 팽창 속도가 점점 느려졌다. 그런데 최근에는 우주의 암흑 에너지가 우주의 팽창 속도가 더 느려지지 않도록 막고 있다. 하지만 암흑 에너지는 실제로 에너지가 아니다! 암흑 에너지는 —아마도 힉스장과 비슷한 장이거나 혹은 빈 공간 자체의 한 측면, 또는 이 두 가지의 조합— 에너지(그리고 음압)를 '가지고 있는' 무언가이다. 비록 이 마지막 문장은 사실이긴 하지만, 애매하고 장황하다. 그래서 모두가 이 두 단어짜리 용어(암흑 에너지)를 쓰는 것이다. 편리하고, 간결하며, 인상적이고 기억하기 쉽기 때문이다. 전문가들은 암흑 에너지라는 용어에 어떤 의미가 숨겨져 있는지 알고 있기 때문에 이 용어가 정확하지 않다는 사실이 크게 문제가 되지는 않는다. 하지만 비전문가와의 대화에서 사용할 때는 단순한 문제로 끝나지 않는다.

이 책의 첫 부분에서 기억해야 할 가장 중요한 것을 한번 짚어보자. 물질은 물체를 만드는 실체이지만, 질량과 에너지는 물체의 속성이지 물질을 구성하는 실체가 아니다. 더 일반적으로 말하면, 앞으로 이 책에서는 속성과 물질을 구별하는 것이 매우 중요할 것이다.

호모 폴리스티렌의 우화에서 보았듯이, 질량은 물체가 바람의 힘이나 달려오는 아이와 부딪혔을 때 받는 충격, 혹은 세상살이에서 마주하는 온갖 힘이 밀어내려 할 때 얼마나 잘 저항할 수 있는지를 나타내는 속성이다. 질량은 키, 두께, 형태, 온도, 힘, 나이 등 우리 몸이 가진 여러 속성 중 하나이다. 물질과 달리 이러한 속성 중 어느 것도 실체가 아니다. 따라서 키나 나이 같은 속성을 가지고 물체를 만들 수 없듯 질량이나 에너지로 물체를 만들 수는 없다.[2] 대신, 일반적인 물체는 모두 원자라는 일상적인 물질로 이루어져 있다. 우리에게 익숙하지 않은 물체는 다른 종류의 물질로 만들어졌을 가능성이 크다.

질량과 물질은 우리가 학창 시절에 배운 내용과 관련해 또 다른 문제를 가지고 있다. 나는 화학 시간에 물체의 질량은 그 안에 있는 "물질의 양"이라고 배웠다. 이 정의는 뉴턴이 직접 도입한 것이다. 뉴턴은 물체가 더 많은 물질로 구성되어 있을수록 물체의 운동을 변화시키기가 더 어렵다고 주장했다. 왜 이런 관점이 화학 수업이나 일상생활에서 잘 통하는지 곧 살펴볼 것이다.

하지만 아원자 물리학에서는 뉴턴의 관점이 지닌 심각한 결함이 드러난다. 우리는 질량은 있지만 (대부분의 정의에 따르면) 물질로 구성되어 있지 않은 물체를 곧 만나게 될 것이다. 또한 (모든 기준에서 볼 때) 분명히 물질로 구성된 물체가 과거에는 질량이 전혀 없었을 수도 있다. 문제는 이것만이 아니다.[3] 현대물리학에서 사용하는 질량의 정의는 '물질'과는 아무런 관련이 없다.

이 책을 읽다 보면 올바른 이해를 방해하는 언어적 문제를 반복해서 만나게 될 것이다. 이 문제를 지적하는 과정에서 내가 고리타분한 문법학자나 용어를 대충 사용한다고 불평하는 시대에 뒤떨어진 잔소리꾼으로 보일 위험이 있다는 것도 안다. 하지만 우리가 어떤 말을 하고(또 하지 않고), 또 우리가 사용하는 언어가 무엇을 가리고 있는지 주의 깊게 살펴보는 일이 왜 우주를 이해하는 데 중요한지 곧 알게 될 것이다. 과학적인 담론의 비일관성과 모순성은 우리 인간이 어떻게 사고하는지, 그리고 과학이 실제로 어떻게 만들어지는지를 들여다볼 수 있는 창 역할을 한다. 이 창을 통해 우리는 우주를 설명하기 위해 사용하는 불완전한 단어에 대한 의존도를 줄이고 우주의 본질을 더 명확하게 바라볼 수 있을 것이다.

4.2 무게와 질량

수천 년 동안 자연철학자들은 물체의 무게와 질량이 같은 것이라고 생각했다. 하지만 뉴턴 자신이 깨달았듯이 무게와 질량은 원리적으로도 또 실질적으로도 다르다.

물체의 무게는 중력의 당김에 맞서 물체를 지면에서 일정 높이까지 들어 올릴 때 물체가 얼마나 무겁게 느껴지는지를 나타낸다. 반면 물체의 질량은 물체를 던지거나 잡으려고 할 때 얼마나 힘이 드는지를 나타내는 물체의 비타협성을 의미한다. (무게 효과와 비타협성 효과를 혼동하지 않으려면 물체를 수평으로 던지는 것이 중요하다.) 〈그림 7〉에서 볼 수 있듯이, 두 가지 다른 활동인 들기와 던지기는 서로 연관되어 있을 것 같지 않다. (상상이긴 하지만 이 둘이 전혀 관련이 없는 어떤 우주가 존재할 수도 있다.) 하지만 지구에 사는 우리의 일상에서는 무게와 질량이 항상 연관되어 있음을 알 수 있다. 말하자면 물체를 들어올리기 힘들수록 물체를 던지는 것도 더 힘들다. 우리는 어린 시절부터 무게가 많이 나가면 질량도 크다는 것을 체득한다. 무게와 질량이라는 두 단어가 같은 의미를 가진 단어라는 것은 거의 상식과도 같다.

이러한 관찰은 던지기에만 국한되지 않는다. 물체의 운동을 변화시키는 모든 방법에서도 같은 사실이 드러난다. 벽돌 상자를 멜 때는

그림7 　중력의 끌어당김에 맞서 물체를 들어 올리는 어려움(회색 화살표)은 물체의 무게에 비례해서 커진다. 반면 물체를 수평으로 던질 때의 어려움(검은색 화살표)은 물체의 질량이 비례해서 커진다. 심우주에서는 물체의 무게가 0이지만, 질량은 변하지 않는다. 말하자면 지구에서 물체를 던질 때와 마찬가지로 똑같이 어렵다는 뜻이다.

비슷한 크기의 스티로폼 상자를 멜 때보다 훨씬 더 큰 힘이 필요하듯이, 벽돌의 속력을 바꾸는 것 역시 스티로폼 상자의 속력을 바꾸는 것보다 훨씬 더 힘들다. 예를 들어, (마찰력의 영향을 줄이기 위해) 벽돌과 스티로폼이 든 두 개의 상자를 가벼운 바퀴가 달린 수레에 올려놓은 다음 수레를 동일한 크기의 힘으로 밀었다고 가정해보자. 벽돌 상자의 비타협성이 미는 힘에 대해 더 효과적으로 저항하므로, 결국 스티로폼 상자를 실은 수레는 벽돌 상자를 실은 수레보다 훨씬 더 빠르게 움직일 것이다.

질량과 무게가 겉보기에 동일해 보인다는 사실은 중요한 결과를 낳는다. 이는 직접 실험을 통해 확인할 수 있다. 다양한 무게를 가진 금속 물체, 이를테면 열쇠와 크기가 아주 다른 동전 두 개를 준비하자. 또는 아주 무거운 책 한 권과 훨씬 가벼운 책 한 권을 준비한다. 허리 높이에서 두 물체를 양손에 하나씩 들고 있다가(친구의 도움을 받아도 좋다) 동시에 떨어뜨린다.

이 실험을 직접 해본 적이 없고, 관련 글을 읽거나 영상으로만 본 적이 있다면 꼭 한 번 실험해보길 바란다. 가끔 친구나 지인들에게 이 실험을 보여주곤 하는데, 두 물체가 정확히 동시에 바닥에 떨어지면서 만들어내는 경쾌한 "쾅" 소리가 즐겁기도 하지만, 우리 우주의 경이로움이 새삼 감탄스럽기 때문이다. 게다가 물리학은 실험 과학이므로 결과를 미리 알고 있더라도 직접 눈으로 확인하는 것만큼 확실한 경험은 없다.

최근에 이 실험을 일곱 살짜리 아이 둘에게 보여주었다. 아이들의 표정이 정말 재미있었다. 특히 남자아이는 눈이 휘둥그레졌고, 여자아이는 엄마에게 "마법이야!"라고 외쳤다. 소녀는 직접 실험을 해보기 전까지는 내가 마술사처럼 속임수를 부리는 줄 알았다고 했다. 실제로 종이 클립과 무거운 돌이 마치 보이지 않는 막대로 단단히 연결된 것처럼 똑같이 떨어지는 것을 보면, 정말 마법 같기도 하다. 내 친구 말마따나 물리학과 마법은 모두 신비롭지만, 마법은 환상이고, 물리학은 실제로 일어나는 일이다.

아이들 대부분은 깃털과 종잇조각이 바위보다 더 천천히 땅에 떨어지는 것을 본 후 무거운 물체가 가벼운 물체보다 더 빨리 떨어진다는 직관을 갖게 된다. 하지만 이러한 직관이 틀렸다는 것을 스스로 알아차리는 경우는 매우 드물다. 과학 수업이 흥미롭고 인상적이지 않으면, 흔히 받아들여지는 상식에 의문을 제기하거나 상식이 현실과 다르다는 것을 알아차리지 못할 수도 있다. 깃털과 종이는 떨어지면서 공기의 영향을 강하게 받고, 공기는 중력의 끌어당김에 저항하기 때문에 우리를 헷갈리게 한다. 반면, 조약돌이나 금속 클립처럼 공기 저항을 덜 받는 물체는 큰 바위와 똑같이 급강하한다. 작은 물체의 운동이 중력에 의해 지배되는 한, 물체의 낙하 운동은 물체의 모양, 크기, 심지어 질량을 포함한 모든 속성과 무관하다.[4]

모든 물체가 동일한 낙하 운동을 하는 이유 — 물체가 지면을 향해 동일한 가속도로 떨어지는 이유 — 는 지표면에서는 모든 물체의 질량과 무게가 서로 정확히 같은 방식으로 연관되어 있기 때문이다. 이런 이유로 우리가 지구에 머무는 한, 물체의 무게를 측정하여 물체의 질량을 유추할 수 있는 것이다.

예를 들어, 지구에서 니켈의 무게는 페니보다 두 배 무겁다.* (즉, 중력이 페니보다 니켈을 더 세게 끌어당긴다.) 하지만 니켈은 페니보다 두 배 더 비타협적이기 때문에 중력에 절반만 반응한다. 니켈의 무게가 페니의 무게보다 더 무겁지만, 니켈의 더 큰 질량이 더 큰 무게 효과를 온전히 상쇄하기 때문에 니켈과 페니 두 동전은 정확히 같은 가속도로 낙하한다.

우리가 지구 표면에 있는 한(혹은 여객기나 잠수함처럼 지구 표면에서 아주 가까운 곳에 있는 한), 기본적으로 질량과 무게를 서로 호환해 사용할 수 있다는 것이 사실이다. 하지만 뉴턴은 중력은 변할 수 있지만 비타협성은 변하지 않는 상황 — 물체의 무게는 증가하거나 감소하지만, 질량은 달라지지 않는 상황 — 이 있다는 것을 깨달았다. 구체적으로 물체의 무게는 주변에 있는 다른 물체들의 위치에 따라 달라지지만, 비타협성, 즉 질량은 그렇지 않다. 그리하여 뉴턴은 이 비타협성에 '질량'이라는 이름을 따로 붙여 '무게'와 구분했던 것이다.

뉴턴에게 질량은 물체의 고유한 속성 중 하나다. 다시 말해, 물체 스스로 본래부터 가지고 있는 성질이다. 반면 중력은 여러 물체 사이의 관계에서 발생한다. 물체가 우주에서 움직일 때(《그림 8》 참조), 그 무게는 변해도 질량은 변하지 않는다.

우리가 우주를 여행할 때 지구, 태양, 달 등으로부터 얼마나 멀리 떨어져 있는지에 따라 몸에 작용하는 중력의 세기가 크게 달라진

---

* 니켈은 미국의 5센트짜리 동전이고, 페니는 1센트짜리 동전이다.

그림8 체중은 위치에 따라 달라지지만, 질량은 변하지 않다. 가까운 정지궤도 위성(G) 근처에서는 지구에서의 체중(E)의 40분의 1이 된다. 달(M)에서는 지구 중력이 거의 없고, 달의 중력만 받아서 체중이 지구에서의 6분의 1이 된다. 모든 물체로부터 멀리 떨어져 있는 심우주에서의 체중은 거의 0에 가깝다.

다. 지구 표면은 지구 중심에서 대략 6,400킬로미터 떨어져 있다. 만약 지구의 기상 패턴을 감시하는 고즈(GOES) 기상위성[5]이 돌고 있는 고도 35,200킬로미터까지 더 올라가면, 우리의 무게(질량이 아니다!)는 지상의 무게에 비해 40분의 1로 줄어들어 침실에 있는 베개 무게와 비슷해진다. 달에서는 지구의 중력이 거의 미미해지는데, 달이 우리를 자신의 중심으로 끌어당기는 힘은 평소 지구에서 느끼는 중력의 6분의 1에 불과하다. 만약 거대한 천체들로부터 멀리 떨어져 있는 심우주로 여행한다면, 우리의 무게는 사실상 0이 된다. 하지만 그 모든 순간에도 우리 몸의 질량 — 말하자면, 내가 여러분의 속력을 높이거나 낮추려고 할 때 직면하게 되는 어려움 — 은 절대로 변하지 않는다.[6]

이 이야기를 하자 친구는 이렇게 물었다. "음, 그러니까 달에서는 벽돌 상자를 '들고' 있는 것이 지구보다 훨씬 쉽겠지만, '던지는' 것은 똑같이 어렵다는 말이야?"

"맞아!" 내가 대답했다. "던지거나 잡는 것은 지구에서와 똑같이 힘들지. 벽돌 상자 무게는 지구의 6분의 1에 불과하고, 상자를 떨어뜨리면 훨씬 천천히 떨어지며, 들기도 더 쉽지만, 만약 실수로 벽돌 상자에 부딪히면 지구에서처럼 똑같이 아플 거야."

같은 이유로 먼 별들 사이의 빈 공간에서도 공짜 점심은 없다. 거기서는 중력이 너무 약해 우주선과 그 안에 실린 물건들은 거의 무중력 상태가 된다. 만약 이들의 질량 역시 거의 사라진다면 ― 평소의 비타협성이 없다면 ― 지구에서보다 훨씬 더 작은 힘으로도 훨씬 빠르게 움직일 수 있을 것이다. 로켓을 잠깐만 작동해도 우주선을 엄청난 속력으로 가속해 연료를 거의 사용하지 않고도 지구로 돌아올 수 있다. 하지만 안타깝게도 우주선의 비타협성은 실제로 달라지지 않는다. 따라서 지구로 빠르게 돌아오기 위해 처음 로켓을 점화할 때는 여전히 많은 양의 연료가 필요하다.

이 점을 다른 방식으로 살펴보자. 친구에게 고즈 기상 위성의 고도인 35,200킬로미터 상공에서 니켈 동전 한 개를 떨어뜨려 달라고 하자. 친구가 동전을 떨어뜨리는 순간, 지구에 있는 우리는 허리 높이에서 페니 동전과 니켈 동전을 동시에 떨어뜨린다. 언제나 그렇듯, 지상에 있는 페니 동전과 니켈 동전은 동시에 바닥에 떨어진다. 하지만 그 시간 동안 친구의 니켈 동전은 엄지손가락 길이만큼도 떨어지지 않는다. 친구의 동전이 느리게 떨어진다는 사실은 무게와 질량의 차이를 보여주는 예라고 할 수 있다. 두 개의 니켈 동전은 질량이 같지만, 친구의 니켈 동전은 지구 중심에서 매우 멀리 떨어져 있고(달과 태양은 그보다 훨씬 더 멀리 떨어져 있어서) 무게가 크게 줄어든다. 다시 말해 친구의 니켈 동전의 비타협성은 지구에 있는 니켈 동전과 동일하지만, 받는 중력은 훨씬

약하기 때문에 지표면 근처에 있는 두 동전보다 훨씬 느리게 떨어지는 것이다.[7]

몇 년 전 일이다. 이 주제로 수업을 마치고 나자 몇몇 학생들이 주위에 모여 질문을 던졌다. 내가 지구 표면에서 달까지 이동하는 동안 중력의 세기가 어떻게 변하는지를 설명하자 한 학생이 눈을 반짝이며 이렇게 말했다. "달에 가면 몸무게가 줄어든대!"

그러자 다른 학생이 맞받아쳤다. "그래, 언젠가 달 다이어트가 유행할 거야. 사람들이 진짜로 줄이고 싶은 건 '질량'이라는 것을 깨닫기 전까지는 말이지."

깜짝 놀라 말문이 막혔다. 지금껏 이런 점을 말한 적이 한 번도 없었고, 나를 가르친 스승들도 마찬가지였기 때문이다.

순간 세 번째 학생이 손으로 이마를 탁 치며 외쳤다. "체중계에 올라가서 몸무게를 확인하는 게 왜 효과가 없는지 '이제야' 알겠네!"

열쇠를 떨어뜨리면 열쇠가 바닥에 닿는 데 대략 0.5초가 걸린다. 달은 28일마다 지구를 한 바퀴 돈다. 이 두 가지 사실은 분명 서로 관련이 없어 보인다. 하지만 뉴턴은 이 두 현상이 서로 관련이 있다고 생각했다. (뉴턴은 열쇠를 낙하시키는 중력이 달을 궤도에 머물게 하는 데도 동일하게 작용한다고 생각했다.) 지금은 너무나 쉽고 당연하게 느껴져서, 인류가 이 생각에 도달하는 데 왜 그토록 오랜 시간이 걸렸는지 이해하기 어려울 수 있다. 하지만 다 이유가 있다. 겉으로 보기에 이 아이디어에는 치명적인 결함이 있다. 명백히 틀린 것처럼 보인다!

다시 말해, 만약 무게와 질량을 같은 것을 나타내는 두 단어라고 본다면 뉴턴의 생각이 명백히 틀렸다는 생각이 들 것이다.

　뉴턴 이전의 철학자와 과학자들은 대체로 하늘의 법칙이 지상의 물체를 지배하는 법칙과 다르다고 생각했다. 상식적으로 보면 지극히 당연했다. 지상의 모든 물체는 땅으로 떨어지지만, 태양, 달, 행성, 별들은 땅으로 떨어지지 않고 하늘에 떠 있는 것처럼 보이기 때문이다. 어떤 사람들은 하늘에 있는 물체는 중력, 즉 땅으로 끌어당기는 힘을 받지 않는다고 생각했다. 또 다른 사람들은 불타는 나무에서 불꽃과 연기가 위로 올라가듯이, 발광하는 천체는 자연적으로 위로 솟아오른다고 생각했다. 어떤 사람들은 천체들이 투명한 구체에 붙어 있으며, 이 구체가 하루에 한 번 지구 주위를 회전한다고 주장하기도 했다.

　뉴턴 시대에 이르러서야 이러한 주장 중 어느 것도 옳지 않다는 것이 분명해졌다. 실제로는 모든 것이 어떤 형태로든 '운동'과 관련이 있었다. 태양과 다른 천체들이 매일 하늘을 가로질러 이동하는 것은 실제 운동이 아니라 지구의 자전으로 인한 착시 현상일 뿐이다. 하지만 달이 한 달 동안 보름달에서 그믐달로, 다시 보름달로 변하는 것은 달이 지구를 공전하기 때문이다. 겨울에서 여름으로 가면서 태양의 위치가 변하고, 행성들이 하늘을 가로지르며 복잡한 경로를 그리는 것은 지구를 포함한 행성들이 태양 주위를 공전하고 있음을 보여준다.

　이러한 공전 운동은 중력과 운동 사이의 균형을 통해 오랜 세월 유지되고 있다. 〈그림 9〉는 달의 공전을 잘 설명하고 있다. 지구의 중력이 없다면, 달은 일정한 속력으로 직선 경로를 따라 이동하는 등속운동을 할 것이다. 반대로 달이 지구에 대해 순간적으로 정지한다면, 지구

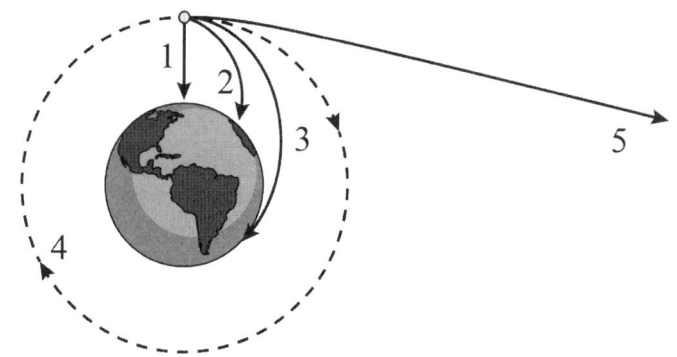

그림 9　지구 대기권을 훨씬 벗어난 곳에서 정지한 물체를 떨어뜨리면, 이 물체는 지구 중심을 향해 이동한다(1). 오른쪽으로 너무 느리게 움직이면, 낙하하여 지구와 충돌한다(2), (3). 물체의 속력이 너무 빠르면, 지구에서 완전히 벗어나게 된다(5). 하지만 적당한 속력으로 움직이면 물체의 운동이 중력과 균형을 이루어 지구 주위를 공전한다(4).

중력은 달을 곧장 "아래로"(즉, 지구 중심을 향해) 끌어당겼을 것이다. 그림에서 보듯이, 달의 초기 운동이 옆 방향으로 움직인다면, 달의 궤도는 지구를 향해 떨어지면서 곡선을 그린다. 달이 더 빠르게 움직일수록 지구와 충돌하기 전에 달은 지구 주위를 더 멀리 돌게 된다. 결국, 달이 충분히 빠르게 움직이면서도 너무 빠르지 않을 때 달의 운동과 지구 중력이 균형을 이루게 된다. 이때는 지구가 달을 끌어당기지만, 달이 지구와 충돌할 수도 없고 달이 지구로부터 도망칠 수도 없기 때문에 달은 지구와 어느 정도 일정한 거리를 유지하면서 지구를 공전을 하는 것이다. 같은 원리로 행성들도 태양 주위로 공전할 수 있다.[8]

　하지만 누구보다도 먼저 이 아이디어가 사실일지도 모른다고 생각할 무렵의 뉴턴은 여기에 심각한 잠재적 장애물이 존재한다는 것을 잘 알고 있었다. 달과 지구 사이의 거리(약 400,000킬로미터)는 이미 2천 년 전에 원근법의 원리를 이용하여 측정한 바 있었다.[9] 또한 지구와 달 사이의 거리와 지구를 한 바퀴 공전하는 데 걸리는 시간이 대략 한 달 걸리는 것을 이용해, 달이 지구 주위를 공전하는 속력이 약 초속 1킬로미터라는 것도 알고 있었다. 따라서 뉴턴은 달의 중력이 지구 표면에서와 같이 강력하다면 ― 즉, 달이 지구를 향해 떨어지는 가속도가 우리가 지상에서 열쇠를 떨어뜨릴 때와 같다면 ― 달의 운동과 중력 사이에 큰 불균형이 생긴다는 것을 바로 알 수 있었다.[10] 그렇게 되면 달이 처음 생겨날 때부터 〈그림 9〉의 곡선 ⑵와 유사한 경로를 따라 지구에 충돌했을 것이다.

뉴턴은 달의 운동과 중력이 균형을 맞추려면, 지구의 중력이 지표면에서 우리를 끌어당기는 힘보다 달 근처에서 훨씬 약해야 한다고 생각했다. (사실 수천 배나 더 약하다.) 이렇게 약한 인력이라면, 달 표면에서 떨어뜨린 열쇠가 바닥에 닿는 데는 30초나 걸릴 것이다! 그럼에도 불구하고 그 정도의 힘만으로도 달과 지구는 함께 묶여 있을 수 있다. 지구를 태양에 묶어두는 중력의 효과도 이보다 훨씬 강한 것은 아니다.[11]

뉴턴은 선배 과학자들, 특히 케플러와 하위헌스의 연구를 바탕으로, 지구에서 어떤 물체까지의 거리가 두 배가 되면, 그 무게가 이전의 4분의 1로 감소한다고 추론했다. (이를 '역제곱 법칙(inverse square law)'이라고 하는데, 그 이유는 거리가 2배가 되면, 힘의 세기가 거리 제곱의 역수인 4분의 1로 줄어들기 때문이다. 마찬가지로 거리가 세 배가 되면, 무게는 9분의 1로 줄어든다.) 달과 지구 중심 사이의 거리는 지구 중심에서 지면까지의 거리의 대략 60배이다. 60의 제곱은 3,600이므로, 달에 작용하는 지구의 중력은 질량과 무게가 같다고 가정했을 때보다 약 3,600분의 1로 줄어든다. 뉴턴이 보여주었듯이, 이 정도의 힘이 바로 달의 운동과 균형을 이루고, 달이 우아하게 궤도를 유지할 수 있게 하는 비결이다.

뉴턴은 이제 막 시작 단계에 있었다. 뉴턴은 중력이 보편적인 (universal)* 힘이라는 대담한 제안을 했는데, 이는 일반적으로 모든 물체는 서로를 끌어당기며, 특히 지구가 달을 끌어당기는 것처럼, 두 물체 사이의 끌어당기는 힘인 중력은 역제곱 법칙에 따라 거리가 증가하면 거리 제곱에 반비례하여 감소한다는 것을 의미했다. 이를 바탕으로 뉴턴은 행성 운동을 설명하기 위해 행성을 끌어당기는 태양의 중력을 고려했다. 그렇게 뉴턴은 각 행성이 궤도에서 움직이는 속력을 정확하게 예측했을 뿐만 아니라, 결정적인 세부사항, 즉 각 행성의 궤도가 왜 완벽한 원 궤도가 아니라 타원 궤도인지도 설명할 수 있었다.

이후 뉴턴은 하늘에서 바다로 관심을 돌렸다. 만약 중력이 정말로 보편적이라면, 지구가 달을 끌어당기는 것처럼 달도 지구를 끌어당겨야 한다! 게다가 중력은 거리가 멀어질수록 약해지기 때문에, 달의 인력은 지구 중심보다 달에 가까운 지구 쪽에서 강하고 달에서 먼 지구 쪽에서는 약하다. 이 불균형한 중력으로 인해 지구에서 달을 마주 보고 있는 쪽과 그 반대쪽 모두에서 바닷물이 사람 키보다 크지 않게 조금

● 지상뿐만 아니라 온 우주에 적용된다는 뜻이다.

부풀어 오르는 현상이 생긴다.[12] 지구가 매일 자전하기 때문에 우리는 해안가의 각 장소에서 하루에 두 번 물이 오르내리는 것을 볼 수 있다. 이로써 뉴턴은 세상에서 가장 오래되고 가장 신비한 수수께끼 중 하나인 조석(潮汐)에 대해 답을 제시하였다. 하루에 두 번 일어나는 밀물과 썰물은 단순히 지구에 미치는 달의 중력 때문만이 아니라, 지구 전체에 걸쳐 달의 인력이 달라지기 때문에 발생한다. 만약 무게와 질량이 같았다면, 달이 미치는 중력의 차이도 없었을 것이고, 지구의 조석 현상도 없었을 것이다.[13]

뉴턴의 대담한 생각은 우리가 식탁을 끌어당기고 식탁 역시 우리를 끌어당긴다는 것을 의미한다. 그런데 왜 우리는 식탁이 끌어당기는 힘을 느끼지 못할까? 중력이 놀라울 정도로 약한 힘이기 때문이다. 지구 전체의 중력조차도 너무 약해서 우리가 발을 들어 올리거나 공을 던지는 것을 막을 수 없다. 부엌 식탁이 끌어당기는 힘이나 길거리에서 마주치는 사람의 중력은 그보다 수십억 배나 더 약하다.

뉴턴은 독특한 성격을 가진 사람이었다. 뉴턴은 자신의 발견을 세상에 서둘러 알리기보다는 오랜 세월 혼자만 간직하고 있었다. 마침내 자신의 이름이 붙은 혜성의 76년 궤도 주기를 알아낸 것으로 유명한 에드먼드 핼리(Edmond Halley)가 뉴턴의 놀라운 발견을 알게 되었고, 뉴턴에게 세상에 공개할 것을 설득했다. 이렇게 과학사상 가장 위대한 책인 『프린키피아(Philosophiæ Naturalis Principia Mathematica)』(라틴어 '자연철학의 수학적 원리'의 줄임말)가 출판되었다. 이 책에서 뉴턴은 처음으로 우주의 수많은 미스터리에 대한 답을 세상에 내놓았다.

뉴턴은 우주가 지상의 영역과 천상의 영역으로 구분되어 있다고 생각하던 대부분의 유럽인과 세계 여러 지역 사람들의 생각을 완전히 뒤바꿔놓았다. 뉴턴은 자신의 원리를 적용해 여러 상황을 성공적으로 예측함으로써 우주에는 중력이 지배하는 단 하나의 제국만이 존재한다는 사실을 밝혀냈다. 하늘의 작동 원리는 그리 신비로운 것이 아니었다. 하늘의 운행 원리를 알기 위해 지구 밖으로 나갈 필요도 없었다. 그냥 해변에 가는 것만으로도 충분했다.

행성과 달을 공전하게 하는 중력이 우리를 끌어당기고, 우리도 같은 힘으로 끌어당기고 있다는 깨달음은 인간이 우주에서 차지하는 위치에 대한 인식에 큰 변화를 가져왔다. 이미 코페르니쿠스, 케플러, 갈릴레오 등은 지구가 우주의 중심이 아니라는 사실을 밝혀냈다. 뉴턴을 통해 우리는 하늘을 밝히는 천체가 여기 지구에 존재하는 물체와 동일한 물질로 이루어졌다는 사실을 알게 되었다. 천체와 인간의 몸은 모두 같은 법칙을 따르는 것이다.

이는 우리가 하늘만 바라봐서는 결코 짐작할 수 없는 사실이었다. 모든 것을 깊이 생각하고, 질량이 곧 무게가 아니라는 것을 우리에게 가르쳐줄 뉴턴과 같은 인물이 필요했던 것이다.

한번은 이 주제를 가지고 열을 올리며 강의하고 있는데, 뒤에 앉은 학생 중 하나가 몸을 뒤로 젖혀 기지개를 켜더니 장난스럽게 웃으며 물었다. "그러니까 우리와 우주를 하나로 만들어준 사람이 바로 뉴턴이란 말이죠?"

나는 그 말을 곰곰이 생각해보았다. 우리가 우주와 영적으로 하나라는 생각은 오래전부터 있어 왔다. 하지만 우리가 우주와 물리적으로 ― 완전히 물질적인 의미에서 ― 하나라는 생각은 훨씬 더 급진적인 발상이었다.

뉴턴은 우리와 우주가 하나라는 것이 사실임을 증명했을 뿐만 아니라, 실제로 이들에 적용할 수 있는 공식도 제시했다. 뉴턴 이전에는 그 누구도 달로 가는 우주선을 설계하거나 지구 주위의 궤도에 위성을 보내는 방법을 상상하지 못했다. 뉴턴의 공식을 보완한 아인슈타인의 업적은 블랙홀과 우주 팽창을 연구하는 특정한 천문학 분야 혹은 GPS 내비게이션이나 행성 간 장거리 비행과 같은 높은 정밀도가 필요한 경우에서 아주 중요한 역할을 담당한다. 하지만 뉴턴의 원래 방법도 여전히 많은 분야에 적용해도 될 정도로 충분히 정확하다. 심지어 오늘날에도 나사와 같은 우주탐사 연구소에서 계획을 수립하는 데 여전히 뉴턴의 공식을 사용하고 있다.

중력과 운동이 균형을 이룰 때 공전 궤도가 가능하다는 뉴턴의 개념은 암묵적으로 우주 공간에는 운동을 방해하는 마찰력이 없다는 전제를 깔고 있다. 뉴턴의 공식은 오직 상대성원리와 등속운동 법칙이 우주에 적용될 때만 천체의 운동을 제대로 설명할 수 있다. 만약 우주에 마찰력이 있어서 행성들이 느려진다면, 우리의 일상에서처럼 상대성원리의 의미가 모호해지고 만다. 마찰력이 존재하면 행성에는 등속운동 법칙 대신 정지 법칙이 적용되어 끔찍한 결과를 초래했을 것이다.

하지만 뉴턴의 성공 이전에는 우주 공간에 마찰력이 없다는 사실이 결코 명백하지 않았다. 지구에서는 마찰력이 너무 흔하기 때문에 우리 상식 속에 깊이 뿌리내렸고, 심지어 행성의 세계에서도 마찰력이 보편적으로 존재한다고 가정하는 것이 지극히 자연스러운 일이었다. 코페르니쿠스가 행성들이 태양 주위를 공전한다고 제안했지만, 이 아이디어를 확고히 한 사람은 케플러였다. 케플러는 행성 운동을 이전에는 절대 불가능했을 정확도로 이해하게 해주었으며, 심지어 태양이 행성에 힘을 가한다는 생각을 했다. 하지만 케플러는 오늘날 SF 작가들이 등속운동을 하는 우주선에 로켓이 필요하다고 이야기하는 것과 똑같은 오해를 하고 있었다.

케플러는 암묵적으로 행성들이 마찰력의 영향을 받는다고 상상했기 때문에 〈그림 10〉에 회색 화살표로 표시한 것처럼 태양이 옆에서 힘을 가해주지 않으면 행성들이 점점 느려지다가 결국 멈출 것이라 가정했다. 마치 부모가 움직이기 싫어하는 어린아이를 뒤에서 살짝 밀어 앞으로 계속 움직이게 하는 것처럼, 이 힘이 행성을 궤도에 머물게 하는 원동력이라고 여겼다. 케플러는 수십 년 동안 이 문제를 고민했지만, 행성에는 마찰력이 없을 수도 있으며, 힘이 작용하지 않는다면 행성들은 멈추지 않고 오히려 등속운동 법칙에 따라 직선으로 움직이며 태양에서 점점 멀어질 수도 있다는 생각은 전혀 하지 못했다. 마찰력이 없고 등속운동 법칙이 적용되는 행성들이 궤도를 유지하려면, 〈그림 10〉의 검은색 화살표로 표시된 것처럼 태양을 향하는 힘이 필요하다. 이것은 뉴턴과 뉴턴의 동시대 사람들에게는 자명한 생각이었다.

케플러는 채 예순을 넘기지 못하고 1630년 사망했다. 상대성원리에 관한 갈릴레오의 저서는 1632년에 출간되었다. 만약 케플러가 몇 년

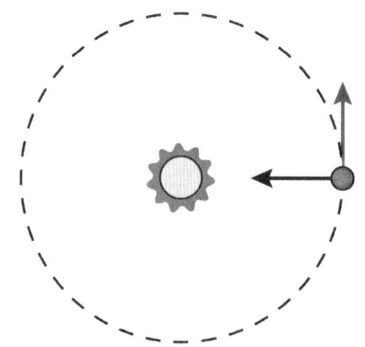

<u>그림 10</u> 케플러는 행성들이 궤도를 따라 움직이려면 밀어주는 힘(회색 화살표)이 필요하다고 생각했다. 뉴턴은 등속운동 법칙을 가정하고, 행성들이 태양 쪽으로 끌어당겨져야(검은색 화살표) 공전 운동을 한다고 추측했다.

더 살아 갈릴레오의 저서를 읽었다면, 행성 운동을 이해하는 데 큰 도움이 되지 않았을까?

여기서 케플러에 관해 이야기하는 이유 중 하나는 우리 모두에게 위안을 주기 위해서이다. 우리 중 케플러만큼 똑똑한 사람은 거의 없을 것이고, 그조차도 평생을 행성 궤도 문제와 방대한 정밀한 데이터를 연구했음에도 불구하고 상대성원리나 등속운동 법칙을 알아내지 못했다. 수천 년 동안 대부분의 사람들, 심지어 전문가들조차도 물체를 누군가 밀어주지 않으면 물체가 계속해서 움직일 수 없다고 생각했다. 역사적으로 몇몇 고립된 학자들(특히 페르시아의 사상가 아부 알리 이븐시나(Abu 'Ali ibn Sina)와 프랑스 철학자 장 뷔리당(Jean Buridan) 등)이 등속운동 법칙을 제안하기도 했지만, 뉴턴처럼 세계의 작동 원리를 완전히 일관성 있게 설명하는 데까지는 이르지 못했다. 새로운 기술, 특히 망원경이 등장하고, 뛰어난 과학자들이 잇따라 등장하면서 등속운동 법칙이 보편적인 원리로 받아들여졌으며, 마침내 우리 주위의 다양한 운동을 이해할 수 있게 되었다.

등속운동 법칙과 상대성원리를 발견한 지 수 세기가 지난 지금도 이들 원리는 여전히 개념적으로 이해하기 어렵다. 우리 일상에서는 마찰력이 거의 눈에 보이지 않게 매 순간 운동을 방해하기 때문에 물체를 계속해서 움직이게 하려면 끊임없이 밀어주어야 한다는 것이 당연하게 느껴진다. 현대의 교통수단이 산업화 이전 시대의 교통수단에 비해 상대성원리에 대한 직관을 얻을 수 있는 기회를 더 많이 준다는 점에서 갈릴레오 시대의 사람들에 비해 우리가 몇 가지 이점을 가지고 있는 것은 사실이다. 하지만 오늘날 우리의 두뇌가 수백 년, 심지어 수천 년 전 사람들보다 더 뛰어난 것은 아니다. 당시 사람들에게 이해하기 어려웠던 개념은 지금도 여전히 이해하기 어렵다. 우리 조상들과 우리 사이의 가장 본질적인 차이는 단 하나뿐이다. 그들은 뉴턴 이전에 살았고 우리는 뉴턴 이후에 살고 있다는 점이다.

자연과 자연의 법칙은 어둠 속에 숨어 있었다.
하나님이 이르시되, '뉴턴이 있으라!' 하시니 모든 것이 밝아졌다.[14]

5
아인슈타인의 등장
정지 질량

우리 우주의 많은 측면들이 상대적이다. 등속운동도 그중 하나다. 우리는 등속운동의 상대적 특성에 대해 서로 의견이 다를 수 있지만, 각자의 관점에서는 모두 옳을 수 있다. 하지만 어떤 사물의 특정한 속성은 이 사물을 바라보는 관찰자와는 무관하다. 이러한 사물의 고유 속성은 물체의 본질을 파악하는 데 도움이 되기 때문에 특별한 관심의 대상이 된다.

예를 들어, 내가 연구하는 건물을 생각해보자. 이 건물의 겉보기 높이는 상대적이다. 도로 건너편에서 보면 건물이 작아 보이지만, 건물 바로 옆에서 보면 건물이 하늘의 절반을 가릴 만큼 커 보인다. 하지만 이 건물이 4층 높이라는 사실은 논란의 여지가 없이 분명하다. 건물을 멀리서 보든, 가까이서 보든, 어떤 운동을 하면서 보든 상관없이 누구나 창문이 네 줄로 나란히 있는 것을 셀 수 있다. 4층이라는 높이는 건물의 고유한 높이로, 보는 사람의 관점과는 무관하다.

　이처럼 많은 개념이 내재적 개념과 상대적 개념으로 나뉜다. 이를테면 밝기를 생각해보자. 전구 바로 옆에서는 전구 빛에 눈이 부시지만, 전구에서 멀리 떨어져 있으면 전구가 어둡게 보인다. 우리는 이것을 '겉보기 밝기(apparent brightness)'라고 하는데, 겉보기 밝기는 관측자와 전구의 관계에 따라 달라지는 상대적인 속성이다. 하지만 전구와 포장지에 인쇄된 실제 빛의 양은 전구를 관찰하고 있는 사람과는 전혀 무관하다. 이 양은 전구 자체의 고유한 속성이기 때문이다.

　마찬가지로 스피커의 최대 음량은 앰프의 최대 볼륨에 의해 고유하게 정해져 있지만, 스피커 소리가 얼마나 크게 들리는지는 우리가 스피커에서 얼마나 떨어져 있는지에 달려 있다. 온도계로 측정했을 때 섭씨 20도인 어떤 방의 온도는 상대적으로 따뜻한 날에는 춥게 느껴지고, 추운 날에는 따뜻하게 느껴질 수 있다. 등등.

　언젠가 이런 질문은 받은 적이 있다. "과학자들은 왜 굳이 상대적 속성에 신경을 쓰나요? 사물의 고유한 속성에 집중하는 것이 더 쓸모 있고 중요하지 않나요?"

　내가 대답했다. "글쎄요. 과학자들은 때로 어떤 현상이 특정한 관점 또는 여러 관점에서 어떻게 보이는지 설명하고자 할 때가 있습니다. 예를 들어 천문학자들은 어떤 별이 우리 지구에서 볼 때 얼마나 밝게 보이는지, 그리고 별 자체의 고유 밝기가 얼마나 되는지 둘 다 알아야 할 때가 많습니다. 좀 더 일반적으로 말해서, 측정 결과를 올바르게 해석하려면, 측정이 어떤 관점에서 이루어졌는지 이해하는 것이 매우 중요할 수 있습니다. 따라서 상대적인 개념도 종종 필요합니다."

뉴턴 시대에는 질량을 고유하고 명확한 물체의 내재적 속성이라고 생각했다. 질량은 물체를 밀었을 때 물체의 비타협성을 측정하여 알 수 있었다. 또한 질량은 물체가 포함하고 있는 물질의 양과 같다고 생각했는데, 정확히 동일한 양의 물질이 중력을 일으키는 원인인 것처럼 보였다. 뉴턴이 관찰과 실험을 통해 알아낸 바로는 두 물체 사이의 중력은 오직 두 물체의 질량과 두 물체 사이의 거리에 의해 완전히 결정되었다.

하지만 아인슈타인은 비타협성을 측정하는 방식에 따라 실제로는 다른 결과가 나온다고 추측했고, 과학자들은 당시의 실험 기법을 사용해 이것이 사실임을 밝혔다. 모든 논란이 정리되고 나서야, 질량에는 여러 버전이 존재하며, 그중 대부분은 상대적인 것임이 분명해졌다.

이제 '질량'이라는 개념이 갑자기 복잡해졌기에 질량이라는 용어를 좀 더 신중하게 사용해야 한다. 이 책에서는 '비타협성'이라는 단어를 계속해서 사용할 것이다. 비타협성이라는 용어는 질량을 어떻게 해석하느냐보다는 질량을 어떻게 측정하느냐에 초점을 맞춘 표현이다. 다시 말해, 만약 자유롭게 움직이는 물체를 밀었을 때 운동이 어떻게 변하는지를 측정한다면, 이는 우리의 관점에서 물체의 비타협성을 측정하는 것이다.

여러분 곁을 지나가는 물체를 밀어보면, 뉴턴조차도 놀랄 만한 사실을 발견하게 된다. 물체의 비타협성이 속력에 따라 달라진다는 것이다. 또한 물체를 운동 방향과 평행하게 밀었는지, 아니면 수직으로 밀었는지에 따라서도 물체의 비타협성이 달라진다. 측정 결과는 모두 관점에 따라 달라진다. 같은 물체를 다른 속력으로 움직이는 또 다른 관찰자가 똑같은 방식으로 밀면서 측정하는 비타협성은 우리가 측정한 것과 다를 수 있다.

이처럼 비타협성을 측정할 수 있는 여러 방법에 각기 다른 이름을 붙일 수 있으며, 각각의 방법에 대해 별도의 상대적 질량 개념을 정의할 수 있다. 그러나 한 가지 예외('상대론적 질량(relativistic mass)'이라고 부르는 것으로 아래에서 설명한다)를 제외하고는 굳이 각각의 상대적 질량에 이름을 붙일 필요는 없다.

이 책에서 비중은 작지만, 이름을 붙여야 할 또 다른 상대적 질량이 있다. 이 질량은 비타협성과 관련된 것이 아니라 중력과 관련된 질량이다. 이름에서도 알 수 있듯이, 이것을 '중력 질량(gravitational mass)'이라고 한다. 1910년대에 중력이 어떻게 작용하는지 연구하던 아인슈타인은 중력이 끌어당기는 힘과 물체가 중력에 반응하는 방식 모두가 관점에 따라 달라질 수 있다는 사실을 깨달았다!

중력 질량이 상대적이라는 사실은 아인슈타인의 중력 이론을 다루는 책이라면 반드시 중점적으로 다뤄야 할 내용이다. 하지만 이 책에서는 '정지 질량(rest mass)'이라고 부르는 또 다른 중요한 질량을 집중적으로 살펴볼 것이다.

앞서 언급한 다른 형태의 질량들이 모두 상대적 질량인 것과 달리, 물체의 정지 질량은 물체의 고유한 질량으로 관점과 무관하다. 즉, 정지 질량은 물체의 운동이나 관찰자의 운동 상태에 따라 달라지지 않기 때문에 '불변 질량(invariant mass)'이라고도 불린다. 입자물리학에서 정지 질량이 중요한 이유는 어떤 입자의 정지 질량이 그 입자의 고유한 특성 가운데 하나일 뿐만 아니라 모든 동일한 종류의 입자는 정확히 같은 정지 질량을 갖기 때문이다. 또한 입자들이 힉스장에서 얻는 질량 역시 바로 정지 질량이다. 다시 말해, 힉스장은 입자의 상대적인 속성이 아니라 입자의 본질적인 속성을 만들어내는 역할을 한다.

'정지 질량이란 처음에 물체에 대해 정지해 있는 — 물리학 용어로 말하면 "정지 상태에 있는" — 누군가가 그 물체를 밀었을 때 물체가 보이는 비타협성을 말한다.' 만약 우리가 어떤 물체에 대해 움직이고 있다면, 이 물체를 밀어서 물체의 운동이 어떻게 변하는지 측정할 수는 있지만, 이렇게 측정한 비타협성은 물체의 정지 질량이 아니다. 오직 물체가 우리의 관점에서 처음에 정지해 있는 경우에만 우리가 측정한 물체의 비타협성이 물체의 정지 질량과 일치한다.

물론 우리는 자기 자신에 대해 정지 상태에 있으므로, 의자에 앉아 자세를 바꾸거나, 걷기 시작하거나, 갑자기 멈출 때 느끼는 자기 몸의 비타협성이 바로 우리의 정지 질량이다. 또한 주방 도구나 휴대전화처럼 직접 다루는 대부분의 물체에 대해서도 정지 상태에 있다. 따라서 이러한 물체에 대해 우리가 경험하는 것은 이들 물체의 정지 질량과 관련이 있다. 공을 던지려고 할 때도 마찬가지다.

정지 질량이 물체의 내재적 속성인 이유는 논쟁이나 토론의 여지가 없기 때문이다. 이를테면 관찰자에 따라 연구실이 크다 혹은 작다고 생각할 수는 있지만, 모두가 창문이 네 줄이라는 사실에 동의하는 것처럼, 서로 다른 관찰자마다 우리의 비타협성을 다르게 측정할 수는 있어도, 우리가 우리 자신에 대해 스스로 측정한 값을 놓고는 이의를 제기할 수 없다. 모든 사람이 우리가 우리 자신과 손에 든 휴대전화, 신고 있는 신발에 대해 정지해 있다는 사실을 알고 있다. 아울러 우리가 우리 자신, 손에 든 휴대전화, 신고 있는 신발에 힘을 가해 반응을 측정하는 모습을 모든 사람이 지켜볼 수 있다. 그리고 우리가 측정 결과를 종이에 기록하는 과정도 모두 지켜볼 수 있다. 우리가 한 행동, 알아낸 것, 기록한 것은 관찰자의 관점에 따라 달라질 수 있는 것이 아니며, 모두 논쟁의 여지가 없는 사실이다.

뉴턴이 질량에 이렇게 다양한 종류가 있다는 사실을 몰랐던 데에는 간단한 이유가 있다. 우리에 대해 정지해 있는 물체의 경우, 모든 종류의 질량, 즉 내재적 질량과 상대적 질량이 완전히 동일하기 때문이다. 일상적인 속도로 움직이는 물체의 경우에는 차이가 있지만, 두 질량의 차이는 지극히 미미하다. 심지어 지구에 대해 초속 수 킬로미터로 움직이는 행성들조차도 이러한 질량 차이가 쉽게 드러나지 않는다. 예를 들어, 지구에 있는 관찰자가 측정한 화성의 정지 질량, 중력 질량 그리고 다른 상대론적 질량 등은 수십억 분의 몇 정도밖에 차이가 나지 않는다. 여기에는 앞서 언급한 상대론적 질량, 즉 움직이는 물체를 운동의 진행 방향으로 밀 때 물체가 보여주는 비타협성도 포함된다.

하지만 극단적인 속력에서는 질량 차이가 커질 수 있다. 만약 어떤 물체가 초속 100,000킬로미터로 우리 옆을 쏜살같이 지나간다면, 이 물체의 상대론적 질량은 정지 질량보다 19퍼센트 더 크다. LHC(대형 강입자 충돌기)에서 양성자를 최고 속도로 가속시키면, 이 양성자의 상대론적 질량이 정지 질량보다 수천 배 커진다는 사실이 밝혀졌다. 하지만 이는 지구에 정지해 있는 관찰자의 관점에서 그렇다는 것이다. 만약 양성자와 함께 움직이는 사람이 있다면, 그 사람은 양성자가 정지해 있다고 간주하고, 양성자의 상대론적 질량이 정지 질량과 다르지 않다고 볼 것이다(〈그림 11〉 참조).

입자물리학자에게 이런 차이는 학문적으로 사소한 문제가 아니다. 만약 누군가 LHC를 설계하는 과정에서 사용하는 공식 중 하나에 잘못된 종류의 질량을 실수로 넣는다면, 입자가속기는 제대로 작동하지 않을 것이다.

이 책에서 정지 질량이 매우 중요한 개념이기도 하고 또 정지 질

그림 11 　(왼쪽) 두 개의 똑같은 전구가 있다. 앤드류에게는 더 가까이 있는 왼쪽 전구가 더 밝게 보인다. 젤다에게는 그 반대다. (오른쪽) 두 개의 똑같은 벽돌이 있고, 둘 다 정지 질량이 같다. 앤드류의 관점(및 우리의 관점)에서 보면, 아래쪽 벽돌이 오른쪽으로 이동하므로 더 큰 비타협성을 가진다. 반면 젤다의 관점에서 보면, 위쪽 벽돌이 왼쪽으로 이동하므로 더 큰 비타협성을 가진다.

량의 정의가 다소 이해하기 어려울 수 있기 때문에 다른 관점에서 정지 질량을 이야기해 보고자 한다. 다양한 운동이 공존하는 우리 우주에서는 "어떤 물체가 정지해 있다"라고 말하는 것 자체가 무의미하다. 따라서 정지 질량이 정지한 물체의 비타협성이라고 말하는 것도 적절하지 않다. 대신, 정지 질량이란 '그 물체에 대해 상대적으로 정지해 있는 누군가가 측정한' 물체의 비타협성이라고 말해야 한다. 미묘한 차이지만, 이 차이는 무의미한 것과 의미가 있는 것의 차이이기도 하다.

정지 질량의 정의에 '상대적(relative)'이라는 단어가 들어가는 것이 혼란스러울 수 있다. 혼란을 막기 위해 정지 질량이 비록 상대적인 운동에 따라 정의되지만, 정지 질량이 왜 내재적 속성인지 보여주는 또 다른 명확한 예를 살펴보자.

정지 질량이 상대적이지 않다는 말은 우리 모두가 정지 질량을 어떻게, 누가 측정해야 하는지에 대해 동의한다는 뜻이다. 따라서 어떤 측정 방법이 더 나은지에 대해서는 논란이 여지가 없다. 어떤 물체의 정지 질량을 구하는 가장 쉬운 방법은 모두가 동의하는 '특권을 가진 관찰자(privileged observer)'에게 정지 질량을 측정하게 하는 것이다. 특권을 가진 관찰자란 물체와 같은 운동을 하는 관찰자로, 이 관찰자가 보기에 물체는 정지해 있는 것처럼 보인다.

이를테면 여러분이 내 휴대전화의 정지 질량을 알고 싶다고 하자. 그런데 나는 자동차를 타고 여러분 옆을 지나가고 있다. 물론 여러분은 내 휴대전화를 손에서 밀 수 있고, 그 반응을 볼 수 있다. 하지만 그때 측정되는 비타협성은 여러분의 관점에서 본 값이지, 휴대전화의 정지 질량이 아니다. 왜냐하면 여러분의 관점에서는 내 휴대전화가 움직이고 있기 때문이다.

내 휴대전화의 정지 질량을 알고자 한다면, 오히려 나에게 그 값을 측정해 달라고 요청해야 한다. 여러분은 내가 움직이고 있다고 생각하지만, 나는 나 자신이 정지해 있다고 생각한다. 하지만 우리 둘 다 나와 휴대전화의 운동이 완전히 같다는 데 동의한다. 이것이 핵심이다. 다시 말해, 우리는 내가 특권을 가진 관찰자이고, 여러분은 그렇지 않다는 점, 즉 나는 휴대전화를 정지해 있는 것으로 볼 수 있지만, 여러분은 그렇지 않다는 점에 동의하는 것이다.

따라서 여러분이나 내가 휴대전화의 정지 질량을 알고 싶다면, 내가(혹은 내 옆에 앉아 있는 또 다른 승객처럼 휴대전화에 대해 정지해 있는 사람이) 휴대전화의 비타협성을 측정하고, 여러분은 그 결과를 나에게 물어야 한다. 그리고 그 반대로 하면 안 된다는 데에도 우리의 의견은 일치한다!

이것이 핵심이다. 누가 특권을 가진 관찰자인지, 누가 아닌지에 대해서는 아무런 이견이 없다(《그림 12》 참고). 그래서 우리는 모두 어떤 물체의 정지 질량이 얼마인지에 대해 동의할 수 있는 것이다. 만약 그렇지 않다면, 이 방법은 결코 제대로 작동하지 않을 것이고, 결국 우리는 끝없는 논쟁에 빠질 것이다.

어떤 물체의 정지 질량을 알고 싶을 때마다 특권을 가진 관찰자를 구해서 측정해야 한다는 점이 불편하게 느껴질 수도 있다. 실제로 특권을 가진 관찰자를 찾는 일은 쉽지 않을 수 있다. 다행히도 이 문제를 해결할 수 있는 방법이 있다. 우리가 어떤 물체에 대해 특권을 가진 관찰

그림12 　차 안에 있는 휴대전화의 정지 질량은 휴대전화에 대해 정지해 있는, 즉 차 안에 있는 사람이 측정한 휴대전화의 비타협성이다. 인도에 서 있는 사람의 경우, 휴대전화의 비타협성은 휴대전화의 정지 질량보다 더 크다. 모든 관찰자는 이러한 진술에 동의한다.

자가 아니더라도 다음과 같은 절차를 통해 물체의 정지 질량을 알아낼 수 있다.

1. 우리가 보는 관점에서 물체의 속력을 측정한다.
2. 우리가 보는 관점에서 물체의 비타협성을 측정한다. 그리고
3. 아인슈타인이 처음 제시했고 수많은 실험에서 검증된 공식을 찾아 앞의 두 가지 측정 결과를 사용해 물체의 정지 질량을 계산한다.[1]

다시 말해, 특권을 가진 관찰자의 경우, 정지 질량과 비타협성이 정확히 일치하지만, 다른 관찰자의 경우, 물체의 정지 질량은 비타협성보다 작으며, 더 복잡한 절차를 거쳐야만 정지 질량을 알 수 있다. 다행

히도 특권을 가진 관찰자든 특권을 갖지 못한 관찰자든 모두가 최종적으로 얻는 답에 동의한다.

참고로, 물체의 정지 질량을 측정하기 위해 반드시 물체가 물리적으로 가까이에 있을 필요는 없다. 우리와 물체가 평행하게 등속운동을 하면서 둘 사이의 간격을 일정하게 유지하는 것으로 충분하다. 이를테면 의자에 앉아 있으면서 1킬로미터 정도 떨어진 탁자 위에 놓인 물체에 강한 레이저 펄스를 발사하여 물체의 비타협성을 측정할 수도 있다. 레이저 펄스에 반응하는 물체의 운동(우리가 보는 관점에서)은 물체의 비타협성(역시 우리 관점에서의)을 반영하며, 이 경우 측정한 비타협성은 물체의 정지 질량이 된다.

약간 의미가 다르기는 하지만, 정지 질량이 내재적 속성이어야 하는 이유를 갈릴레오의 상대성원리를 통해 다른 방식으로 설명할 수 있다. 이 논리는 사실 많은 유사한 물체의 속성에도 적용된다.

만약 갈릴레오의 원리가 없었다면, 우리 주변 사물들의 기본적인 거동이 시간에 따라, 하루하루, 매달마다, 계절마다 안정적으로 유지된다는 보장이 없었을 것이다. 우리는 아침에 우리 몸을 지탱해준 의자가 저녁에도 잘 지탱해줄 것이라고 생각하고, 3월에 생선을 구운 오븐이 10월에도 비슷한 생선을 구울 수 있다고 당연하게 생각한다. 하지만 우주가 반드시 이런 식으로 작동해야 한다는 규칙은 없다.

실제로 지구가 자전하고 태양을 공전함에 따라 우리가 우주 공간을 가로지르는 운동은 매일, 계절마다 변한다. 만약 등속운동이 내재적인 의미를 갖는 우주라면, 우리 주변 사물의 기본적인 행동도 시간에 따라 우리의 운동이 달라질 때마다 극적으로 변할 수 있었을 것이다. 우리는 이미 지구와 태양의 관계 때문에 생기는 하루하루의, 계절과 계절의 온도 변화를 경험하며 살고 있다. 하지만 만약 하늘을 가로지르는 우리의 운동이 변화한다는 이유만으로, 벽에 칠한 페인트 색깔, 음식의 맛, 중력의 세기 등이 크게 달라진다면 어떻게 될까?

다행히도 우리 우주에서는 상대성원리 덕분에 이런 일이 일어나지 않는다. 예를 들어, 우리 부엌이 우주에서 얼마나 빠르게 움직이는지에 따라 오븐의 고열 조리 기능이 달라진다고 상상해보자. 오븐을 고열 조리 모드에 맞추고 내부 온도를 측정하면, 우리와 오븐이 얼마나 빠르게 움직이는지 알 수 있게 된다. 이는 갈릴레오의 원리를 위반하는 것이다. 상대성원리에 따르면, 고열 조리 모드로 설정된 오븐 내부의 온도는 오븐의 운동 상태와는 상관없이 일정해야 한다.

같은 논리가 우리가 측정한 우리 자신의 비타협성(즉, 우리의 정지 질량)에도 적용된다. 만약 우리의 정지 질량이 우리의 운동 상태에 따라 달라진다면, 우리는 심지어 고립된 공간 안에서도 이를 이용해 우주에서 움직이는 우리의 속력을 추론할 수 있다. 고립된 공간 안에서 함께 이동하는 모든 물체의 정지 질량도 마찬가지다. 하지만 상대성원리는 이러한 추론이 불가능하다고 이야기한다. 따라서 우리의 정지 질량 및 같은 공간에 함께 있는 물체의 정지 질량은 다른 관찰자가 우리에 대해 어떻게 움직이느냐와 무관할 뿐만 아니라 우리의 운동 상태와도 무관해야 한다.

과학에서 정지 질량의 중요성은 그 역사에서도 잘 드러난다. 첫 번째 단계는 뉴턴이 물체의 무게는 다른 물체와의 상대적 위치에 따라 달라지지만, 질량은 위치와는 무관한 물체의 내재적 속성이라는 사실을 깨달은 것이다. 이후 아인슈타인은 뉴턴의 관점을 정교화하며, 정지 질량을 다른 유형의 질량과 구분했다. 이는 정지 질량이 물체의 위치뿐만 아니라 물체의 운동 상태와도 독립적이기 때문이다. 우리가 우리 자신의 정지 질량에 대해 말할 때, 집에 있는지, 달에 있는지, 먼 나라로 비행하고 있는지, 우주선을 타고 목성으로 빠르게 날아가고 있는지 설명할 필요가 없다. 같은 이유로 전자의 정지 질량은 전자가 어디에 있는지, 무엇을 하고 있는지 모르더라도 우리가 확신할 수 있는 속성이다. 전자의 정지 질량은 전자의 고유한 속성이며, 따라서 이 책에서 매우 중요하게 다뤄질 것이다.

하지만 정지 질량의 진정한 의미는 과학자들이 '광자(photon)'를 발견하고 이해하기 시작하면서 더욱 분명해졌다. 광자는 빛을 구성하고 있는 입자로, 놀랍게도 모든 광자의 정지 질량은 0이다.

우리는 광자를 직접 본 적이 없지만, 우리 눈은 광자의 존재를 암묵적으로 알고 있다. 광자의 입자적 특성은 우리가 사물을 보는 데 중심적인 역할을 한다. 망막 안에는 옵신(opsin)이라는 단백질 분자들이 있다. 시각은 각각의 옵신 분자가 개별 광자를 흡수하면서 시작된다. 광자를 흡수한 옵신 분자는 모양이 변하며 반응하고, 이로 인해 복잡한 과정이 시작되어 시신경을 통해 전기 신호가 전달된다.

하지만 대부분의 빛, 이를테면 전파, 마이크로파, X선 등은 인간의 눈으로는 전혀 포착할 수 없어서 본 적도 없고 볼 수 있었던 적도 없다.

여기서는 눈으로 볼 수 없는 이런 빛을 통틀어 '비가시광(invisible light)'이라고 부를 것이다. 중요한 점은 가시광과 비가시광의 차이가 순전히 생물학적이라는 것이다. 즉, 우리 눈의 옵신 분자는 가시광의 광자는 흡수하지만, 비가시광의 광자는 흡수하지 못한다. 하지만 우주의 관점에서는 모든 광자가 질적으로 동일하다. 따라서 물리학자들은 가시광과 비가시광을 모두 동등하게 취급하며, 이 책에서도 동일하게 다룰 것이다.

빛이 고유한 속도를 가지고 있다는 것은 익히 잘 알려져 있으며, 과학자들은 이를 c로 표시한다. 이 속도는 개별 광자의 이동 속도이기도 하다. 과학자들이 수 세기 전에 발견한 것처럼 c는 대략 초속 30만 킬로미터다. 어떻게 보면 광자의 속도는 엄청나게 빠르다. 가장 빠른 우주선도 이 속도에 근접하지 못한다. 내가 지난 15년 동안 탔던 자동차는 총 주행거리가 30만 킬로미터를 넘지 않았다. c의 속도라면 (말 그대로) 지구를 눈 깜짝할 사이에 한 바퀴 돌 수 있고, 머리부터 발끝까지 수십억 분의 1초 안에 이동할 수 있다.

하지만 다른 한편으로 c는 느리기도 하다. 빛이 지구에서 달까지 가는 데는 1초가 넘게 걸리고, 태양에 도달하는 데는 8분 이상이 걸리며, 가장 가까운 다음 별까지는 4년이 넘게 걸린다. 우리가 은하 탐사를 위해 로봇 우주선을 거의 c에 가까운 속도로 보낸다고 해도, 우리 생애 동안 방문할 수 있는 별은 수십 개에 불과할 것이다.

우리는 작은 존재이기에 빛을 토끼처럼 빠르다고 생각한다. 하지만 우주는 너무나 광활해서 우주의 관점에서 보면 빛은 거북이가 기어가는 것처럼 느리다.

행성 간 탐사를 할 때는 빛의 고통스러울 정도로 느린 이동이 문제가 된다. 우주선을 명왕성으로 보내는 뉴호라이즌 탐사 임무를 수행하던 팀은 우주선과 교신하려고 할 때 답신을 받기까지 참을 수 없을 만큼 오래 기다려야 했다. 탐사팀이 보낸 무선 메시지는 c로 이동했지만 우주선에 도달하는 데만 네 시간 반이 걸렸다. 우주선이 보낸 답신이 지구에 도착하는 데도 다시 네 시간 반이 걸렸다. 만약 우주선에 보낸 메시지에 오타라도 있다면, 그리고 우주선이 "다시 한번 말씀해주세요"라는 답신을 보낸다면, 탐사팀의 심정이 어땠을지 상상해보라. 행성과학자들은 정말로 어떻게든 이 속도를 더 높일 방법이 있었으면 하는 마음일 것이다.

한번은 언어와 단어를 사랑하는 친구가 물리학자들이 광속을 c라고 표시하는 이유를 물어본 적이 있다. 나는 c가 "속도"를 뜻하는 라틴어 '셀레리타스(celeritas)'에서 유래했으며, 거의 사용하지 않는 단어인 'celerity(민첩성)'와 'accelerate(가속하다)'라는 단어도 같은 어원을 가지고 있다고 설명해주었다.

"아!" 친구가 감탄하며 말했다. "그걸 생각 못했네. 나는 이제껏 c가 속도가 아니라 빛을 의미하는 줄 알았어."

사실 c가 빛을 뜻하지 않아서 천만다행이다. 왜냐하면 c는 빛의 속도뿐만 아니라, 이 책의 서두에서 잠깐 언급했던 우주 공간의 파동인 중력파의 속도도 나타내기 때문이다. 실제로, 물질로 구성된 모든 물체는 빛의 속도 혹은 그 이하의 속도로 이동해야 한다. 따라서 c를 가리키는 좀 더 정확한 이름은 '우주 제한 속도(cosmic speed limit)'이다. 이 제한 속도는 빛의 속성이 아니라 우주의 속성이다.

여러 종류의 질량 중에서 정지 질량의 중요성은 질량이 있는 물체와 질량이 없는 물체를 비교할 때 더 명확해진다. 대략적으로 말하면, 정지 질량이 0인 물체는 정확히 우주 제한 속도로 이동해야 하지만, 정지 질량이 0보다 큰 물체는 반드시 이 제한 속도보다 느리게 이동해야 한다. 이 점에 대해서는 모든 관찰자가 동의한다.[2] (여기에는 몇 가지 부연 설명이 필요하지만, 대부분은 여기서 다루지 않을 것이다. 지금 언급할 유일한 예외는 이 설명이 빈 공간을 통과하는 물체에만 적용된다는 것이다. 물이나 유리 같은 물질을 통과할 때는 정지 질량이 0인 물체라도 c보다 느리게 움직여야 한다.)[3]

사실 이 설명에는 뭔가 이상한 점이 있다. 속도는 관점에 따라 달라지는 값인데, 왜 우리는 빛의 속도만큼은 모두가 항상 동의할까? 다른 물체의 속도에 대해서는 동의하지 않으면서 말이다. 실제로 여기에는 일종의 모순이 숨어 있는데, 이는 물리학의 역사에서 매우 중요한 문제였다. 이 모순의 해결책은 아인슈타인 자신이 직접 제시했으며, 이에 대해서는 책의 뒷부분에서 살펴볼 것이다.

지금은 빈 공간에서의 빛의 속도에 대한 논리가 완전히 명확해지기를 바란다. 모든 빛―모든 색의 가시광뿐만 아니라 전파, 자외선과 X선 등 모든 종류의 비가시광까지―은 광자로 이루어져 있다. 광자는 정지 질량이 0인 입자다. 정지 질량이 0인 모든 물체는 항상 우주 제한 속도로 움직이기 때문에 모든 종류의 빛은 c의 속도로 이동해야 한다.

반대로, 0이 아닌 정지 질량을 가진 우리나 우주선 등은 결코 우주 제한 속도에 도달할 수 없으며, 제한 속도 이상이 되는 것은 더더욱 불가능하다. 정지 질량이 있는 모든 물체는 서로에 대해 c보다 느린 속도로만 움직일 수 있다.

질량과 속력의 감소를 연관시키는 힉스 핍과 정지 질량이 있는 물체가 정지 질량이 0인 물체보다 더 느리게 움직인다는 사실 사이에 어떤 연관성이 있다고 생각할 수 있다. 하지만 둘 사이에는 아무런 관련이 없다. 힉스 핍의 주장을 생각해보자. 힉스장이 물체의 속도를 늦추면 늦출수록, 물체는 더 큰 질량을 갖는다고 주장한다. (혹은 질량이 크면 클수록, 속도가 더 빨리 느려진다고 말한다. 이 두 가지를 구분하기 어려울 때도 있다.) 어쨌든 이는 등속운동 법칙과 상대성원리를 위배한다. 반면, 정지 질량과 c 사이의 진정한 관계는 등속운동 법칙을 유지한다. 즉, 정지 질량이 0이 아닌 고립된 물체는 c보다 느린 임의의 속도로 등속운동할 수 있고, 정지 질량이 0인 물체는 c의 속도로만 등속운동할 수 있다.

여기에 또 다른 이상한 점이 있다. 입자와 질량에 관해 여러 권의 책을 읽었다면, 어떤 책은 광자가 질량을 가지고 있다고 이야기하고, 어떤 책은 그렇지 않다고 이야기하는 것을 보았을 것이다. 이렇게 자연의 아주 근본적인 문제에 대해서조차 의견이 갈린다는 사실이 믿기 어려울 수 있다. 하지만 이렇게 의견이 갈리는 원인은 간단하다. 책을 쓴 지은이가 이야기하는 질량이 무엇인지에 따라 다르기 때문이다.

광자의 정지 질량이 0이고, 광자가 c로 이동한다는 사실이 이를 뒷받침한다. 하지만 광자의 중력 질량은 0이 아니다. 따라서 광자는 중력의 영향을 받는다.

아인슈타인의 가장 유명한 예측 중 하나는 중력이 빛의 경로를 휘게 한다는 것이었다. 천문학자들이 실제로 빛이 휘는 것을 관측했을 뿐만 아니라, 블랙홀, 암흑물질, 다른 별 주위의 행성 등 어둡거나 희미한 천체를 찾을 때, 종종 빛이 휘는 현상을 활용한다. 큰 질량의 블랙홀이나 중력 질량이 큰 천체의 중력은 그 뒤에 있는 천체에서 나오는 빛을 안쪽으로 휘게 한다. 이 때문에 곡면 유리로 만든 렌즈에 의해 물체의 이미지가 왜곡되는 것처럼, 이들 멀리 있는 천체의 이미지를 왜곡한다.[4] 큰 질량을 가진 천체의 중력이 빛과 광자를 끌어당긴다는 사실은 광자가 중력 질량을 가지고 있음을 의미한다.

어떤 관찰자가 물체를 정지 상태에 있다고 본다면, 물체의 정지 질량과 중력 질량은 동일하다. 하지만 관찰자가 그 물체가 움직이고 있다고 본다면, 상대론적인 중력 질량이 정지 질량보다 클 수 있다. 광자는 항상 운동 중이므로 0이 아닌 중력 질량과 0인 정지 질량을 동시에 가질 수 있다는 것은 전혀 이상하지 않다.[5]

중력 질량과 정지 질량을 구별하는 것은 또 다른 혼란을 일으킬 수 있다. 중력이 질량과 관련이 있고, 힉스장도 질량과 관련이 있다는 말을 들으면, 힉스장과 힉스 보손도 중력과 관련이 있을 것이라고 생각하기 쉽다. 하지만 실제로 이 둘은 관련이 없다. 중력 질량과 연관된 중력은 광자, 전자와 양성자를 포함한 모든 입자에 보편적으로, 그러나 관점에 의존하는 방식으로 영향을 미친다. 반면, 정지 질량과 연관된 힉스장은 관점과 무관하지만, 모든 입자에 보편적으로 관련되어 있다고 하기는 어렵다. 즉, 힉스장은 전자의 정지 질량 전부를 제공하지만, 양성자와 중성자의 정지 질량에는 일부만 영향을 미치고, 광자의 정지 질량에는 전혀 영향을 미치지 않는다.

역사적으로 광자의 발견은 개념적 전환점이었다. 광자 발견 이전의 과학자들은 모든 물체가 본질적으로 질량을 가지고 있다고 생각했다. 하지만 광자는 정지 질량이 없는 입자임이 증명되면서 이 가정은 깨지고 말았다. 그러자 또 다른 의문이 제기되었다. 왜 '어떤 것'은 정지 질량을 가지고 있을까?

이 문제는 철학적 색채를 띠고 있다. 만약 우주의 모든 기본 물체의 정지 질량이 광자의 정지 질량처럼 0이라면, 우주는 지금보다 훨씬 단순했을 것이다. 우주를 설명하는 공식들도 더 간결하고 복잡하지 않았을 것이다. 아울러 우주의 작동 원리와 우주를 설명하는 수학이 아름답고 우아해야 한다는 뉴턴과 아인슈타인의 철학적 관점에도 더 잘 들어맞는다. 우주가 우아하다는 견해를 진지하게 받아들인다면, 왜 우리가 우아하고 완벽한 우주에 살고 있지 않은지 의아할 것이다.

글쎄, 그와 같은 완벽한 우주를 소망하기 전에 그것이 정말 우리에게 최선인지 확인해야 하지 않을까?

물리학자들은 종종 존재하지 않는 우주를 상상하곤 한다. 이상하다고? 사실, 우리 모두가 다 그렇게 한다. 우리는 과거와 미래, 그리고 우리 세계와는 다른 세계에 대해 이러쿵저러쿵 시나리오를 쓰고 가정을 해본다. '내가 다른 고등학교에 다녔다면, 어떻게 되었을까? 둘째아이가 생긴다면, 삶이 어떻게 달라질까? 만약 세상에 거짓말하는 사람이 한 명도 없다면, 사회는 어떻게 돌아갈까?' 이처럼 '세상이 만약 이렇게 된다면'이라는 질문을 던져보는 것은 우리가 살아가는 실제 세계를 더 잘 이해하는 데 도움이 된다.[6]

물리학자들은 우리 우주를 더 잘 이해하기 위해 가상의 우주를 가정하고, 일상에서 우리가 던지는 질문보다 더 단순한 (때로는 더 기이한) 질문을 자주 던진다. 그리고 이러한 질문을 수학으로 옮김으로써, 물리학자들은 보통사람들이 상상하는 것보다 훨씬 더 정밀하게 시나리오를 실험해볼 수 있다.

자, 이제 나와 함께 우리 우주와 거의 비슷한 또 다른 우주를 상상해보자. 이 우주는 넓고, 팽창하고 있으며, 차갑다. 그곳에도 우주 제한 속도가 존재한다. 하지만 이 우주 안에는 정지 질량을 가진 것이 아무것도 없다.

우리 우주에서는 빛만이 우주 제한 속도로 움직이고, 우리가 마주치는 다른 모든 것은 그보다 느리게 움직인다. 하지만 이 상상 속 우주에서는 모든 물체가 우주 제한 속도로 움직인다. 아무도 별을 바라보기 위해 멈추지 않는다. 아무도 장미 향기를 맡으려고 멈추지 않는다. 아무도 생각하기 위해 멈추지 않는다. 아무도 운동을 멈추지 않고, 심지어는 아무도 속도를 늦추지 않는다.

설상가상으로 그곳에는 별도, 장미도, 생각도 존재하지 않는다. 별은 생성되어야 하고, 장미는 자라야 하며, 생각하려면 생각하는 존재가 필요하다. 하지만 세상의 모든 재료가 영원히 우주 제한 속도로 움직인다면, 어떻게 가스 구름이 붕괴되어 별이 만들어지고, 씨앗이 발아하여 장미꽃을 피우고, 뇌가 연결되어 생각을 할 수 있을까? 모래가 제자리에 머물기를 거부하고, 마치 태풍에 휩쓸리듯 순식간에 흩어져버린다면, 모래로 어떻게 모래성을 쌓을 수 있을까?

이렇게 쉴 새 없이 움직이는 우주는 우리 우주보다 훨씬 더 단순하다. 어디서나 똑같아 보인다. 성능이 뛰어난 현미경으로 보나 강력한 망원경으로 보나 그 모습은 항상 동일하다. 마치 기계로 칠한 하얀 벽처럼 매끄럽고 완벽하며 흠잡을 데 없는 모습을 하고 있다. 이것은 가장 우아한 우주다. 하지만 생명은 존재하지 않는다.

다행히도 우리가 아는 우주는 그렇게 우아하지 않다. 우리 우주는 격렬하고, 혼란스럽고, 다양하며, 수많은 구조와 복잡성으로 가득 차 있다. 왜 그럴까? 우리 우주에는 쉴 새 없이 움직이고, 생명이 없는 가상의 우주에는 없는 어떤 중요한 요소가 있기 때문이다.

우리 우주를 우아하지는 않지만 훨씬 더 생동감 있게 만드는 것은 바로 전자, 양성자, 중성자와 같은 정지 질량을 가진 물체이다. 이 입자들은 우주 제한 속도보다 느리게 움직여야만 한다(자연 법칙에 의해 반드시 그래야 한다). 이 입자들이 느려질 수 있다는 사실 덕분에 원자가 만들어질 수 있다. 원자는 제한 속도보다 느리게 움직여야 하므로 중력에 의해 거대한 원자구름을 만들 수 있고, 이 구름이 중력에 의해 붕괴되어 별과 행성들을 생성할 수 있다. 이렇게 만들어진 행성들 위에서 원자들은 서로 결합하여 물과 당(糖), 미네랄과 단백질 분자를 형성한다. 이 분자들은 다시 모여 DNA와 세포, 식물과 동물, 바위와 장미, 그리고 생각을 가진 뇌를 만든다.

　이 모든 것을 가능하게 하는 것이 바로 정지 질량이다. 살아있는 우리 우주의 원자와 별, 장미와 책 그리고 뇌는 모두 정지 질량 덕분에 존재할 수 있는 것이다.

○

이 우화는 우리 우주에 있는 물체가 왜 정지 질량을 가져야 하는지 설명하지는 않는다. 이 문제를 조금이나마 해결하는 것이 앞으로 이어지는 장들의 목표이다. 하지만 이 우화는 적어도 한 가지는 분명히 말해 준다. 만약 아무것도 정지 질량을 갖지 않는 우주라면, 그 이유를 묻는 존재조차 없을 것이라는 사실이다.

　여기서 상상 속의 완벽한 우주를 비판한 것이 친구이자 동료인 브라이언 그린과 그의 유명한 저서 『엘러건트 유니버스』를 살짝 놀리는 것처럼 보일 수도 있다. 하지만 사실은 아인슈타인, 심지어 뉴턴까지 거슬러 올라가는 하나의 세계관 전체를 가볍게 풍자한 것일 뿐이다. 아인슈타인은 자연을 설명하는 방정식이 단순하고 우아해야 한다고 믿었다. 이런 관점이 도움이 될 때도 있었고, 도움이 되지 않을 때도 있었지만, 우아한 우주라는 생각은 그린을 포함한 많은 이론물리학자의 문화적 미학에 깊이 스며들어 있다.

　우주의 근본 원리를 설명하는 공식이 우아한 것은 괜찮지만, 실제 우주 자체가 우아한 것은 그리 좋은 일이 아니다. 다행히도 우리는 두 가지 모두를 누릴 수 있다. 우리가 만든 여러 게임이 보여주듯이, 몇 가지 단순한 규칙만으로도 흥미롭고 복잡한 결과를 얻을 수 있다. 인간이 미적으로 아름답다고 여길 만한 단순한 자연법칙으로부터 믿을 수 없을 만큼 복잡하고 무질서한 우주가 탄생할 수 있다.

많은 물리학자는 자연법칙이 결국 아름다우며 단순할 것으로 기대한다. 하지만 분명히 해두자. 이것은 이론적 추측이자 희망 사항일 뿐이다. 지금까지 우리가 알고 있는 법칙들을 자세히 들여다보면, 본질적으로 이 법칙들이 우아하다는 증거는 많지 않다.

현대물리학에서 사용하는 공식들의 놀라운 점 중 하나는 공식이 그다지 복잡하지도 않지만, 그렇다고 또 아주 단순하지도 않다는 것이다. 공식이 단순한 경우가 있다면, 그것은 어떤 원리 때문이 아니라 우리의 지식이 아직 제한적이기 때문이다. 불완전한 정보는 무언가를 실제보다 더 이상적이고 세련되어 보이게 만들 수 있다. 지구는 멀리서 보면 완벽하게 둥근 파란색-흰색 대리석 구슬처럼 보인다. 하지만 이런 완벽함은 지구가 실제로 완벽해서가 아니다. 멀리 떨어져서 보면 바다, 대륙, 산맥, 구름, 사막 그리고 적도가 약간 부풀어 오른 것을 알아볼 수 없기 때문이다.

방정식에 대한 이런 관점은 1960년대와 1970년대의 전설적인 물리학자들, 그중에서도 레오 카다노프(Leo Kadanoff)와 케네스 윌슨(Kenneth Wilson) 등에게서 비롯된 것이다.[7] 이들은 태양과 달을 완벽한 구(갈릴레오와 동시대인들이 태양의 흑점과 달의 분화구를 관측하기 전까지는 그렇게 생각했다)로, 행성의 궤도를 완벽한 원(케플러가 타원이라는 사실을 깨닫기 전까지는 그렇게 생각했다)으로, 물을 연속적인 물질(아인슈타인과 동시대인들이 물 분자의 존재를 증명하기 전까지는 그렇게 생각했다)로 상상했던 과거의 자연철학자들보다 우리가 반드시 나은 위치에 있지는 않다고 경고한다. 우리는 자연의 기본 법칙이 우아한지 그렇지 않은지 아직 알지 못한다.

    이 책 뒷부분에서 살펴보겠지만, 힉스장은 우리가 알고 있는 장과 입자를 지배하는 법칙 중 가장 우아하지 않은 모습을 보여준다. 아름다움을 강조하는 사람들은 이 사실을 마치 불편한 가족이라도 되는 것처럼 외면하고, 대신 아인슈타인의 우아한 중력 이론에 집중하는 경향이 있다. 하지만 아인슈타인의 중력 이론조차도 여러 문제점을 안고 있다.[8]

    자연의 법칙이 우아해야 한다는 생각은 하나의 편견이다. 이 생각이 옳을 수도 있지만, 과학을 할 때는 자신의 편견을 우주에 투영하지 않도록 주의해야 한다. 과학자 개개인이 자기만의 선입견을 가질 수는 있다. 하지만 자기만의 편견이 있다는 사실을 스스로 인식하고, 또 여러 과학자가 모여서 서로 다른 시각이 균형을 이룰 때에야 문제가 생기지 않을 것이다. 그렇지 않으면, 우리는 태양이 완벽한 구가 아니라는 사실을 인식하지 못한 채, 태양이 완벽한 구인 이유를 설명하려는 헛된 노력을 하면서 다 함께 잘못된 방향으로 나아갈 것이다. 개인적인 성향이 어떻든 간에 우리는 항상 우주가 하는 이야기를 귀담아 들어야 한다. 이론적 추론이 아닌 실험과 관찰이 현대 과학의 토대가 되어야 하는 것이다.

6
세계 속의 세계
물질의 구조

많은 사람이 첫 화학 수업을 물리 수업보다 더 잘 기억하고, 더 즐거운 수업으로 떠올린다. 화학은 더 친숙하게 느껴진다. 시약, 설명서, 단계별 실험, 이상한 냄새와 함께 나타나는 흥미로운 결과물들. 마치 요리와 비슷하다. 실제로 요리는 상당 부분 화학이기도 하다.[1]

반면 물리 수업은 머릿속에 잘 남지 않는다. 물리는 추상적이고, 직관에 어긋나며, 복잡하고, 화학 실험만큼 재미있지도 않다. 물론 개인적으로는 그렇게 생각하지 않는다. 나 역시 중학교 2학년 때는 화학을 좋아했지만, 3학년 때 물리학에 푹 빠져들었다.

보통 교과 과정에서 기초 화학을 물리보다 먼저 배우기 때문에 질량을 비롯해 여러 과학 개념이 처음 소개되는 곳도 화학 수업이다. 문제는 화학 교과서에 나오는 어떤 설명들은 일상생활과 화학 실험실에서는 (거의) 참이지만, 다른 맥락에서는 전혀 맞지 않는다는 점이다. 따라서 우리가 우주를 제대로 이해하려면 학교 화학 시간에 배운 설명들을 잊어야만 한다.

앞서 우리는 잊어야 할 잘못된 설명 한 가지를 살펴본 적이 있다. 바로 질량이 물질의 양이라는 것이다. 이와 관련해 또 다른 잘못된 설명도 있다. 우리는 화학 시간에 질량이 "보존(conserved)" ― 영어로 "유지(preserved)" 또는 "불변(unchanged)"과 비슷한 뜻을 가진 거짓 친구 ― 된다고 배운다. 화학 교과서를 보면 질량은 절대 사라지거나 새로 생기지 않는다고, 처음에 있던 만큼만 마지막에도 남는다고 말한다.

화학 반응에 대한 이 놀라운 사실은 뉴턴 사후 한 세기가 지나고 나서야 비로소 현대 화학의 창시자 중 한 명인 앙투안 라부아지에(Antoine Lavoisier)에 의해 실험으로 증명되었다. 질량 보존의 법칙은 뉴턴의 법칙처럼 지금도 학생들이 배우고 있지만, 완전히 맞는 말은 아니라는 설명은 하지 않는다.[2]

화학 시간에 질량 보존을 배우는 이유는 모든 화학 반응에서 원자는 새로운 패턴으로 재구성될 뿐, 결코 새로 만들어지거나 파괴되거나 본질적으로 변화하지 않기 때문이다. 사실 이것이 바로 화학 반응의 정의다. 화학 반응은 원자가 한 종류(또는 '원소')에서 다른 종류로 바뀌는 핵분열이나 핵융합과 같은 핵반응과는 대조를 이룬다. 다시 말해, 화학은 원자 자체가 유지되는(즉, 물리학 용어로 보존되는) 과정만을 다룬다. 각 원소의 원자는 고유하고 일정한 정지 질량을 가지고 있기 때문에, 원자가 과정의 시작부터 끝까지 보존된다면 관련된 모든 것의 전체 정지 질량도 변할 수 없다. (질량이 변하더라도 적어도 화학 수업에서 중요하게 생각할 정도의 양은 아니다.)

　일상생활에서도 정지 질량은 보존되는 것처럼 보인다. 종이를 구겨도 종이의 정지 질량은 달라지지 않는다. 물웅덩이가 얼면 물이 팽창하지만, 물의 정지 질량은 변하지 않는다. 물에 소금을 넣어 녹이면, 소금물의 정지 질량은 원래 물의 정지 질량과 추가한 소금의 정지 질량을 더한 것과 같다. 이처럼 여러 상황에서 정지 질량은 변하지 않는다.

　일상생활에서 어떤 물체의 정지 질량이 증가했다는 것은 다른 곳에서 추가적인 정지 질량이 들어왔기 때문이다. 또 물체가 정지 질량의 일부를 잃었다는 것은 그만큼의 정지 질량이 다른 곳으로 이동했기 때문이다. 따라서 우주 전체의 정지 질량 총량은 변하지 않는다.

　하지만 원자가 파괴되거나 생성되거나 근본적으로 변화하는 과정, 또는 원자가 아무런 역할을 하지 않는 물리적 과정에서는 정지 질량이 반드시 보존될 필요가 없다. 정지 질량은 늘어나거나 줄어들 수 있으며, 전체의 합이 맞지 않을 수도 있다.

　이는 단순히 학문적 흥밋거리에 그치지 않는다. 만약 별 내부에서 정지 질량이 줄어들 수 없다면, 별의 핵융합로가 점화되지 않는다. 태양은 빛을 발하지 못하고, 지구는 얼어붙은 암석 덩어리에 불과했을 것이다.[3] 좀 더 일상적인 수준에서 이야기하면, 정지 질량의 감소 덕분에 특정 암 치료와 PET 스캔 같은 다양한 의료 시술과 진단이 가능하다. 그리고 정지 질량이 증가할 수 없다면, LHC는 힉스 보손을 만들어낼 수 없을 것이다.

　화학 시간에는 일반적인 물체의 정지 질량이 물체를 구성하는 원자에서 비롯된다고 가르치며, 원자를 이루는 아원자 입자 — 전자, 양성자 및 중성자 — 의 정지 질량은 당연한 것으로 여긴다. 따라서 물체의 정지 질량을 제대로 이해하려면, 화학을 뛰어넘어 아원자 영역으로 들어가야 한다. 이 여정에서 우리는 아인슈타인과 그의 가장 유명한 공식을 만나게 된다.

이를 위해 이제 우리 주변에서 볼 수 있는 평범한 물질이 어떻게 이루어져 있는지 간단히 살펴보려 한다. 인간 스케일에서 시작해 점점 더 작은 아원자 스케일까지 들어가는 사다리를 타고 내려가 볼 것이다. 이 여정의 또 다른 목적은 스케일에 대한 감각을 익히는 것이다. 스케일 감각은 이 책을 읽는 데에도 또 그 너머의 삶에도 유용하리라 생각한다. 본격적으로 시작하기에 앞서 물리학 도구상자 중에서 가장 중요하면서도 잘 알려지지 않은 강력한 도구 하나를 소개하고자 한다.

과학자들은 흔히 정밀한 사고를 하는 사람이라고 여겨지고, 물리학자들은 그중에서도 가장 집요할 정도로 정확함을 추구하는 사람으로 많이들 생각한다. 하지만 젊은 물리학자들이 반드시 습득해야 하는 가장 중요한 기술 중 하나는 언제 그리고 어떻게 '덜 정확하게' 생각해야 하는지 감을 익히는 것이다.

잠시 개인적인 이야기를 하자면, 어렸을 적부터 수학에는 나름 소질이 있었다. 초등학교 6학년 때는 같은 반 장난꾸러기 친구가 "걸어다니는 컴퓨터"라고 부르기도 했다. 또 물리학을 공부하면서는 복잡하고 정밀한 계산을 하는 방법을 배웠다. 하지만 현재의 그 어떤 컴퓨터보다 물리학자가 더 강력한 까닭은 언제 정확해야 하고 … 또 언제 정확하지 않아도 되는지를 배웠기 때문이라고 생각한다.

이성적인 사고는 과학에 필수지만, 자연을 탐구할 때 어느 정도까지 꼼꼼해야 하고 어느 정도까지는 대강 넘어가도 되는지에 대한 직관적 감각도 필요하다. 이런 직관이 없으면, 자연 세계를 제대로 파악할 수 없다. 자연은 너무나 복잡하고, 신경 써야 할 세부적인 사항들이 너무나 많기 때문이다.

이런 능력이 이색적으로 들릴 수도 있겠지만, 사실 여러분도 이미 이와 매우 비슷한 감각을 가지고 있다. 예를 들어, 누군가 여러분에게 언제 태어났느냐고 묻는다면, 어떻게 대답해야 할까? 그냥 "1971년생"이라고 답할 수 있고, 아니면 "1971년 2월 7일"이라고 날짜까지 알려줄 수도 있다. 혹은 시간이나 시간대까지 포함해서 말할 수도 있다. 당연히 질문의 맥락에 따라 적절한 수준의 답을 선택할 것이다.

만약 낯선 사람이 여러분에게 어디에 사는지 묻는다면, 상황에 따라 국가, 도시, 거리 혹은 전체 우편주소까지 대답할 수 있을 것이다. "지구에 삽니다"라고 대답하거나 위도와 경도 좌표를 알려주는 경우는 거의 없겠지만, 그런 대답이 적절할 것 같은 희한한 상황을 상상해볼 수도 있을 것이다.

이런 규칙을 깨면 우스운 상황이 벌어진다. 아이들은, 참 사랑스럽게도, 순진해서 이런 행동을 자주한다. 영화에서도 흔히 나오는 농담이다. 이를테면, 과학자가 자기 나이를 분 단위까지 정확하게 말한다든지, 또는 해외에서 선물을 사는데 배송지를 묻자 "아, 고향에서는 다들 저를 알아요. 그냥 제 이름이랑 '런던'만 적으세요"라고 대답하는 장면처럼 말이다.

그러니 내가 1미터짜리 자 옆에 서서 "저는 대략 1미터쯤 됩니다"라고 말하면, 학생들이 웃음을 터뜨리는 것도 지극히 당연하다. 다섯 살짜리 아이의 키는 1미터쯤일 수 있지만, 보통 어른의 키는 1미터보다는 2미터에 훨씬 가깝다. 그렇다면 나는 왜 물리학 수업 첫 시간에 누가 봐도 터무니없는 말을 당당하게 하면서 스스로 권위를 깎아내리는 것일까?

사실 내 키가 1미터쯤이라는 말은 터무니없거나 틀린 말이 아니지만, 이 말을 이해하려면 물리학자들이 사용하는 정확성의 규칙을 알아야 한다. 학생들이 웃은 이유는 내가 정확성의 규칙을 어긴 것처럼 보이기 때문이다. 하지만 사실 그 순간 나는 정확성의 규칙을 어기지 않았다는 것을 학생들에게 가르치고 있는 셈이다.

곧 우리는 원자, 은하, 아원자 입자, 그리고 인간과 우주를 넘나들며 이야기하게 될 것이다. 수십억 년부터 수십억 분의 1초의 시간까지 다룰 것이다. 이럴 때 2미터와 1미터의 차이는 전혀 중요하지 않으며, 오히려 혼란만 가중시키는 곁다리에 지나지 않는다. 마치 "몇 살이세요?"라는 질문에 분 단위로 대답하는 것이 쓰잘 데 없는 사족인 것과 비슷하다.

정확성의 규칙은 간단하다. 질문에 답하고, 개념을 이해하고, 어떤 목적을 달성하는 데 필요한 만큼만 정확하게 말하고, 그 이상으로 더 정확할 필요는 없다는 것이다. 정확성의 규칙은 누구나 알고 있는 원칙이지만, 물리학자가 되려면 이 원칙을 우주의 낯선 영역까지 확장해서 적용할 수 있어야 한다.

정확성의 규칙은 스케일에 대한 감각, 즉 어떤 미시적인 것이 다른 것보다 얼마나 더 큰지, 대략적으로라도 기억하는 데 도움이 되는 직관적 감각에서 중요한 역할을 한다. 이 규칙은 우주가 어떻게 작동하는지를 머릿속에서 정리하는 일종의 '마음 속 치트키'라고 할 수 있다. 물리학자에게 꼭 필요한 도구이기도 하며, 정확성을 적당하게 유지하는 것이 핵심이다. 바로 이 점이 중요한 물체들 사이의 관계를 더 쉽게 기억할 수 있는 비결이다.

일상적인 물질의 구조를 살펴보는 여정에서 우리는 점점 더 작은 스케일로 내려가는 사다리를 따라가게 될 것이다. 사다리를 한 단 내려갈 때마다 약 10만 배씩 크기가 줄어든다.[4] 하지만 사실 이렇게 말하는 것도 엄밀히 따지면 부정확한 표현이다.

예를 들어 "나는 50대입니다"라고 말할 때, 이는 분명 대략적인 표현이다. 하지만 때로는 누군가의 나이를 "예순"이라고 말할 때, 실제로는 (그렇게 말하지는 않았지만) "예순쯤"이라는 의미를 암묵적으로 담고 있기도 하다. 이 책에서 우리가 하려는 것도 바로 그런 식이다. 앞으로 100,000 같은 숫자(혹은 한 개의 1과 여러 개의 0이 붙은 숫자)를 자주 쓸 텐데, 이런 숫자들은 결코 정확한 수치가 아니라는 점을 기억하길 바란다.[5]

물론 100,000이라는 숫자는 대부분의 사람들이 쉽게 실감하기 어려운 크기이다. 하지만 학교에서 수업을 하다 보니 100,000을 대략적으로 파악하는 몇 가지 효과적인 방법을 찾아내게 되었다. 이를테면 이런 식이다. 100,000은 대략 커다란 읍이나 소도시의 인구수, 하루 동안의 초(秒) 수, 하루 동안 심장이 뛰는 횟수, 80킬로미터 정도를 걸었을 때의 걸음 수, 여름 한철 동안의 분(分) 수, 고속도로에서 2시간 동안 자동차로 이동한 거리를 인체의 길이로 나눈 수, 그리고 이 책에 들어 있는 단어 수에 해당한다. 개인적으로 마지막 것인 이 책의 단어 수가 가장 마음에 들고, 바로 그 전에 있는 것이 다음으로 좋다. 하지만 각자가 자신에게 가장 생생하게 와닿는 예를 찾으면 된다.

과학자들은 큰 수를 더 쉽게 표현하는 유용한 약식 표기법을 쓰는데, 여기서도 가끔 사용할 것이다. 예를 들어 100,000은 1 뒤에 0이 다섯 개 붙은 수이므로, 10^5이라고 쓸 수 있다. (이것을 그냥 큰 수에서 0을 일일이 세지 않도록 하는 약어로 생각해도 되고, 수학을 좋아한다면 진짜 거듭제곱, 즉 10을 다섯 번 곱한 것이라고 생각해도 된다.)[6]

6.1 인간에서 세포까지

'적당한 정확함'이라는 개념을 탑재한 다음 이제 여러분의 몸이 길이, 너비, 높이가 모두 100,000배로 갑자기 커진 모습을 상상해보자. 여러분이 두 발을 벌리면 자동차로 한두 시간 거리에 있는 도시(뉴욕에서 필라델피아, 런던에서 버밍엄, 고베에서 교토 등) 사이의 거리만큼이나 된다. 머리는 지구 대기권의 가장자리에 닿아 있을 것이다.

나머지 사람들은 어리둥절해 하며 여러분의 전체 모습을 한눈에 보지 못할 것이다. 하지만 인간은 개별적 존재가 아니라 세포라는 살아 있는 생명체들의 모여 서로 협력하며 다양한 기능을 수행하고, 그렇게 전체 인간 유기체에 이익을 주는 일종의 사회로 이해하는 것이 더 적합하다. 일반적인 인간 세포의 길이는 사람의 키보다 대략 100,000배 정도 작기 때문에, 여러분의 나머지 부분과 함께 세포가 10만 배로 커진다면, 우리는 세포를 쉽게 볼 수 있을 것이다.

인체의 세포 수는 사람마다, 그리고 날마다 다르다. 게다가 세포 수를 셀 때는 우리 몸 안에 살고 있는 수많은 박테리아를 포함해야 할지, 포함하지 말아야 할지도 정해야 한다. 그러나 대략적으로 말해, 우리 몸의 세포 수는 10^{13}에서 10^{14}개, 즉 10조에서 100조 개 사이이다.

이렇게 대략적인 추정만으로도 우리는 중요한 사실을 알 수 있다. 한 사람의 세포 수는 지구 전체 인구수(대략 100억 명, 또는 10^{10}명)보다 약 1,000배나 더 많다는 것이다. 한 미생물학자는 이렇게 표현했다. "인간 사회의 인구는 인체의 세포 수에 비하면 한참 못 미친다."

인간 사회가 얼마나 혼란스럽고 비효율적인지 생각해보면, 이렇게 엄청난 수의 세포로 이루어진 인간의 몸이 어떻게 질서를 유지하고 제대로 기능할 수 있는지 궁금할 법도 하다. 어떻게 그 많은 세포는 서로 엇갈리지 않고 협력하는 것일까? 이런 놀라운 물음들은 생물학자들이 고민하는 주제이며, 물리학의 방법론만으로는 다루기 어려운 영역이다.

6.2 세포에서 원자까지

이제 한 걸음 더 나아가보자. 세포보다 길이, 폭, 높이가 100,000배 작은 것은 무엇일까? 여기서 우리는 살아있는 세계와는 거리가 먼 물질의 기본 구성 요소들을 만나게 된다. 수소, 철, 금과 같은 원자와 물, 이산화탄소, 메탄(많은 집의 난방 연료인 천연가스)과 같은 몇 개의 원자로 구성된 분자가 그것이다.

세포는 현미경을 사용하여 촬영할 수 있지만, 원자는 너무 작아서 가시광선이 제대로 반사되지 못하기 때문에 현미경으로 촬영할 수 없다.[7] 그래도 원자의 이미지를 촬영하는 방법은 여러 가지가 있다. 예를 들어, 얇은 표면에 전자빔을 쏘고, 전자빔이 표면을 통과할 때 개별 원자가 전자빔에 미치는 영향을 측정할 수 있다. 이 측정을 통해 원자의 위치와 크기를 유추할 수 있고, 이 정보를 바탕으로 이미지를 만들 수 있다. 그 예가 〈그림 13〉에 나와 있다. 이미지 속의 각 "공"은 원자를 나타낸다. 원자의 폭은 세포보다 대략 10만(10^5) 배 작고, 사람의 키보다는 대략 100억(10^{10}) 배 작다.

과학자들은 투과전자현미경이 존재하기 훨씬 전부터 영리한 간접 추론을 통해 원자의 크기를 추정했다. 원자의 크기를 추정하는 문제는 1905년 아인슈타인의 박사학위 논문과 그해에 아인슈타인이 발표한 다른 유명한 과학 논문에서 다루고 있다. 아인슈타인의 연구와 당시 다른 과학자들의 연구 덕분에 마지막까지 원자의 존재에 회의적이었던 사람들도 원자가 실제로 존재한다는 사실을 받아들이게 되었다.

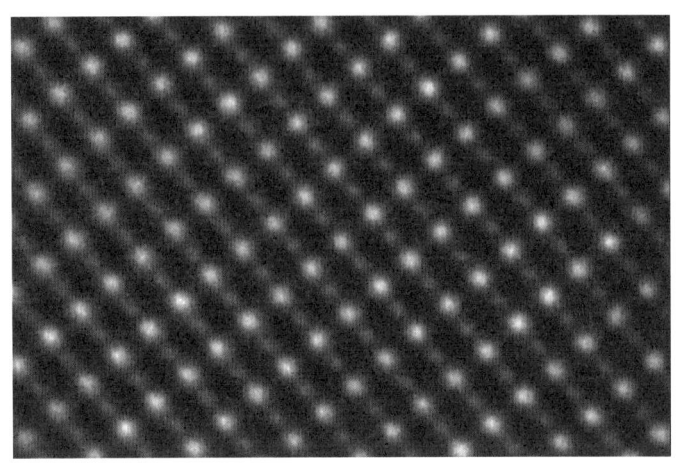

그림 13 투과전자현미경으로 얻은 결정 속 다양한 원소들의 원자 이미지. 투과전자현미경은 가시광선의 반사를 감지하는 대신, 물질이 좁은 전자빔을 얼마나 차단하는지 감지한다. 본래 이미지를 자르고 회전한 이미지.

과학자들이 전형적인 원자의 지름을 알게 되면서, 인간의 몸에 들어 있는 원자 수를 추정할 수 있었다. 그 수는 얼마일까?

10,000,000,000,000,000,000,000,000,000

바로 10^{28}개다. 0이 모두 28개로 내가 빠트린 것은 없는지 직접 세어보길 바란다.

여러분은 어떨지 모르겠지만, 나는 이 어마어마하게 큰 숫자에 현기증이 날 지경이다. 한번 생각해보자. 사람 몸에 들어 있는 원자 수는 지구의 모든 해변에 있는 모래알 수보다 훨씬 많고, 지구의 모든 숲에 있는 활엽수 잎과 침엽수 잎의 수보다도 많으며, 빅뱅 이후 지금까지의 시간을 초로 바꾼 값보다도 많고, 지구에 살았던 모든 사람의 심장 박동 수보다 많으며, 심지어 우리가 어두운 밤하늘에서 볼 수 있는 별, 우리 은하에 있는 수천억 개의 별뿐만 아니라 관측 가능한 모든 우주에 있는 모든 은하의 모든 별의 수보다도 훨씬 많다.

이렇게 터무니없이 큰 숫자를 인간의 뇌가 진정으로 이해할 수 있다고 설득할 수 있을지도 확신이 서지 않는다. 나 역시 이 숫자를 선뜻 이해하기 힘들다. 이렇게 엄청난 수의 원자가 어떻게 질서를 이루며 살아있는 생명체를 구성할 수 있는지 정말 놀라울 따름이다.

한 공학자와 대화하던 중 이에 대해 이야기를 나눈 적이 있다. 그는 생각에 잠기더니 이렇게 말했다. "어떤 의미에서 이 모든 것을 고등학교 화학 시간에 아보가드로 수^{8}를 처음 접했을 때부터 알고 있었어요. 하지만 진지하게 생각해 본 적은 없었죠. 그저 식에 들어가는 숫자일 뿐이었고, 내 몸과 관련이 있다는 것을 생각해본 적은 한 번도 없어요."

그 공학자가 특별한 경우라고는 생각하지 않는다. 나 역시 내 손을 내려다볼 때마다 항상 이 숫자를 마주하지만, 과학자로 수십 년을 살아온 지금도 여전히 실감이 나지 않는다. 하지만 사실 이 숫자는 결코 막연한 것이 아니다. 오히려 구체적인 현실에 대한 본질, 자연의 핵심적인 사실을 나타낸다. 말하자면 한 사람의 몸을 만들기 위해 필요한 원자의 수는 인류 전체가 평생 세어도 다 셀 수 없을 만큼 어마어마하다는 것이다.

우리 뇌는 이런 사실을 다루도록 설계되어 있지 않다. 물리학자는 아주 작거나 아주 큰 것을 다루기 위해 수학을 사용하는 법을 훈련받기 때문에 헷갈리지 않고 우주에 대해 정확한 결론을 내릴 수 있다. 하지만 0이 스물여덟 개나 붙은 숫자를 머릿속에 그려본다는 건 정말 쉽지 않은 일이다.

그럼에도 시도는 해본다. 가끔씩 새로운 접근법을 떠올리기도 하는데, 이를테면 이런 식이다. 정어리처럼 빽빽하게 사람을 집어넣는다면, 태양 안에는 몇 명이나 들어갈 수 있을까?

/ **6.3 원자에서 원자핵까지** /

물질이 원자로 이루어져 있을지도 모른다는 생각은 적어도 고대 그리스 시대까지 거슬러 올라간다. 이런 생각은 과학자의 시조 격인 데모크리토스(Democritus) 혹은 그의 스승 레우키포스(Leucippus)에게서 비롯된 것으로 보인다. 여기서 'atom(원자)'이라는 단어는 "더는 쪼갤 수 없는" 또는 "더는 나눌 수 없는"이라는 뜻을 가진 단어 '아토모스(atomos)'에서 유래했다. 19세기 초에 이르러 과학자들은 원자의 존재를 뒷받침하는 증거를 찾기 시작했다.

하지만 과학계에서 흔히 그렇듯 '원자'라는 단어는 부적절한 용어였다. 다행스럽게도 원자는 실제로 나눌 수 있다! 만약 그렇지 않았다면, 화학과 생물학은 존재하지 않았을 것이다.

이제 원자 안을 들여다보자. 제아무리 현미경이 좋아도 크게 도움이 되지 않는다. 현미경으로 보면 원자는 작은 공처럼 보이지만, 이는 단지 착각일 뿐이다. 만약 셔터 속도가 1초 정도 되는 카메라로 공중에 떠 있는 벌새를 찍으면, 새의 형태조차 거의 보이지 않고 날개의 흔적도 없는 흐릿한 사진이 나온다. 바로 이런 문제가 원자에서도 발생한다. 현미경이 너무 느리게 작동하기 때문에 원자를 찍은 이미지가 너무 흐릿해서 내부 구조를 볼 수 없는 것이다.

사실 사진을 찍는 속도에는 근본적인 한계가 있다. 원자 규모에서는 우리도 그렇고 우리가 쓰는 장비 모두가 원자를 직접 보고 느끼는 능력을 잃게 된다. 어떤 현미경이나 카메라로도 원자를 볼 수가 없다. 따라서 좀 더 간접적이고 정교한 접근 방법을 써서 자연을 탐구해야 한다. 결론의 확실성은 떨어지지 않지만, 사진 한 장이 천 마디 말보다 낫다는 것을 보여주는 이미지는 얻을 수 없다. 이런 이유로 우리가 무엇을 알고 있는지 이야기한 다음, 그 앎을 어떻게 얻게 되었는지도 조금씩 이야기할 것이다.

〈그림 14〉와 같이 바깥쪽에 전자가 있고, 안쪽에는 양성자와 중성자로 이루어진 원자핵이 있는 원자 그림을 본 적이 있을 것이다.[9] 이 상징적인 그림은 원자에 대한 몇 가지 올바른 사실을 담고 있지만, 어디까지나 원자를 개략적으로 그린 만화에 불과하다. 실제로는 사람을 막대기처럼 그린 그림보다 훨씬 부정확하다.

문제는 비율이다. 원자 만화 그림은 실제 원자와 너무나 비율이 달라서 거의 닮은 점이 없다. 우선, 원자핵이 실제보다 훨씬 크게 그려

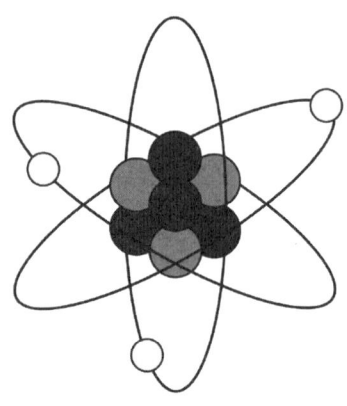

그림 14 전자가 양성자와 중성자로 이루어진 원자핵 주위를 돌고 있는 흔히 등장하는 원자 만화 그림. 전자, 중성자, 양성자를 구별하기 위해 음영을 다르게 그렸다. 실제 원자는 이 그림과 크게 다르다. 원자핵은 원자에 비해 아주 작고 전자는 원자핵보다도 훨씬 더 작다.

져 있다. 원자핵은 원자보다 길이, 폭, 높이가 100,000배나 더 작아야 한다. 또한 전자는 원자핵보다 훨씬 더 작아야 한다!

결과적으로, 원자 — 그리고 우리 자신을 포함해 원자로 이루어진 모든 것 — 의 대부분은 '빈 공간'이다.

만약 우리가 원자와 그 안의 전자, 원자핵까지 함께 부풀려서 원자의 크기를 고등학교나 대학교의 전형적인 교실 크기로 만든다고 상상해보자. 그러면 원자핵은 아주 작은 모래알 정도의 크기에 불과할 것이다. 전자들은 엄청난 속도로 빙빙 돌고 있지만, 너무 작아서 눈에 보이지도 않는다. 그 외의 공간은 완전히 텅 비어 있다.

간단히 말해, 모든 원자는 마치 가구와 공기까지 모두 치워버린 빈 교실에 모래알 하나만 떠다니는 것처럼 텅 비어 있다.

우리는 대부분 거의 비어 있는 상태로 이루어져 있다. 우리가 먹는 모든 것, 만지는 모든 것, 우리가 오르는 모든 산, 우리가 사는 지구 전체도 마찬가지이다. 거의 ― 그러나 완전히는 아니다 ― 비어 있는 셈이다.

이 이야기를 들은 친구가 열을 올리며 말했다. "뭔 소리야!" 친구가 반박했다. "말이 안 되잖아. 내가 대부분 비어 있고, 앉아 있는 의자도 거의 비어 있다면, 왜 내가 의자를 통과해 아래로 떨어지지 않는 거지?"

개인적으로도 물체가 거의 비어 있다는 것이 상식적으로 이해하기 힘들다는 점에 동의한다. 물질적인 것들은 비어 있는 것처럼 느껴지거나 비어 있는 것처럼 보이지 않는다. 혈액은 우리 혈관 안에 있고, 공기는 우리 폐 안에 머물러 있다. 우리가 먹는 음식은 실체감이 있다. 우리는 땅 속으로 떨어지지 않는다.

하지만 우리가 일상적으로 경험하는 현실은 사실 뇌가 우리를 위해 만들어낸 일종의 환상이다. 이 환상은 물리적 세계 자체가 아니라 우리의 감각이 물리적 세계와 상호작용한 결과에 기반한 것이다. 이 환상은 우리가 현실 세계에서 생존하는 데 도움이 되어야 하므로, 현실과 어느 정도는 관련이 있다. 이를테면 근처에 과일나무나 배고픈 호랑이가 있을 때, 이를 감지할 수 있어야 한다. 하지만 뇌가 만들어낸 환상은 우리가 생존하는 데 필요한 정보를 주는 것일 뿐 그 외에는 굳이 과학적으로 정확할 필요가 없다. 우리가 세상에서 만나는 많은 물체가 실체감이 있고 쉽게 통과할 수 없는 것처럼 보이는 이유는 이 때문이다. 즉, 인간이 일상생활에서 실제로 필요로 하는 대부분의 경우, 물체들은 마치 정말 실체감이 있고 견고한 것처럼 행동하기 때문이다. 진화는 실용성을 중시하지만, 물리학은 무엇이 실제로 존재하는지에 관심이 있다. 이 두 관점이 반드시 일치할 필요는 없다.

책의 후반부에 도달하면, 왜 우리가 의자를 통과해 땅으로 꺼지지 않는지, 즉 원자가 비어 있음에도 불구하고 '다른 원자'들을 통과할 수 없는지를 설명할 것이다. 아울러 중간 부분에서는 원자가 여기서 설명한 것보다는 조금 덜 비어 있다는 사실도 살펴보게 될 것이다. 하지만 지금까지 이야기했던 내용은 대체로 사실로, 이제 우리가 어떻게 그 사실을 알게 되었는지 설명하려고 한다.

원자핵이 매우 작고 원자가 비어 있다는 사실은 1911년에 밝혀졌다. 방사능 연구로 이미 노벨상을 받은 뉴질랜드 출신의 영국 과학자 어니스트 러더퍼드(Ernest Rutherford)는 자신의 조수 한스 가이거(Hans Geiger)[10]와 제자 어니스트 마스든(Ernest Marsden)이 실험실에서 수행한 놀라운 실험을 정확하게 해석했다. 두 젊은 과학자 가이거와 마스든은 빠르게 움직이는 입자 빔을 금 박막에 쏘았다. 입자 빔의 입자 대부분은 마치 금 박막이 없는 것처럼 그대로 통과했다. 하지만 극소수의 입자는 금 박막과 충돌 후 입사 방향으로 튕겨 나왔다. 이 현상을 관찰한 러더퍼드는 원자의 중심부에 아주 작지만 단단한 무언가가 존재한다는 사실을 증명해주었다.

원자가 비어 있음을 보여주는 또 다른 단서는 X선의 발견이었다.

X선의 광자 대부분은 사람의 몸을 통과한다. 심지어는 얇은 벽도 그대로 통과한다. 원자가 비어 있지 않다면, 이런 현상은 일어나지 않았을 것이다.

별은 또 하나의 인상적인 증거이다. 죽어가는 거대한 별은 폭발을 일으킨 후, 자체 중력에 의해 내부로 붕괴하여 '중성자별(neutron star)'이라고 불리는 중성자로 된 고밀도의 덩어리를 형성하면서 쭈그러든다. 중성자별은 일반적인 별과 같은 질량을 가지고 있지만 크기는 지구보다 훨씬 작다. 이 현상은 일반적인 물질이 극적으로 압축될 수 있다는 것을 보여주며, 원자가 비어 있음을 보여주는 또 다른 강력한 증거이다.

6.4 원자핵에서 지식의 경계까지

원자핵은 양성자와 중성자가 다소 빽빽하게 모여 있는 덩어리라고 생각할 수 있다. 양성자와 중성자 모두 크기가 원자보다 대략 10만 배나 더 작다. 그런 의미에서 원자 만화에서 그려진 원자핵은 실제보다 대략 10만 배 넘게 크게 그린 것이지만, 원자핵의 모양 자체는 크게 잘못된 점이 없다《그림 15》.

양성자는 1910년대에, 중성자는 1930년대에 발견되었다. 하지만 양성자와 중성자 모두 측정 가능한 크기를 가지고 있으며, 기본 입자가 아니라는 사실을 과학자들이 알게 된 것은 1950년대 후반에 이르러서였다. 당시 과학자들은 양성자와 중성자 안에 무엇이 들어 있는지 궁금

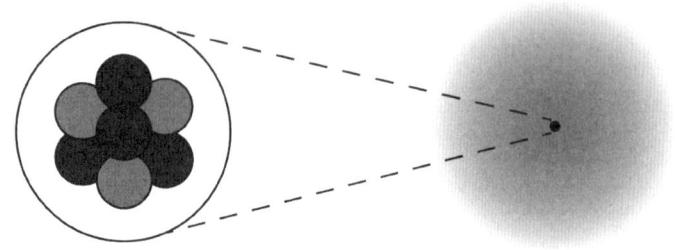

<u>그림 15</u> 양성자와 중성자로 이루어진 작은 원자핵 주위를 훨씬 더 작은 전자들의 구름이 둘러싸고 있는 원자 그림. 이 그림은 원자의 모습을 좀 더 잘 묘사하고 있지만, 여전히 비례가 맞지 않는다.

해 했다. 양성자와 중성자는 단단한 공일까 아니면 부드럽고 흐물흐물한 덩어리일까, 그도 아니면 더 작은 입자들로 이루어져 있을까?

1960년대 후반, 물리학자들은 러더퍼드의 획기적인 발견과 유사한 방법을 사용하여 이에 대한 답을 얻었다. 양성자에 전자를 입사하고 전자에 어떤 일이 일어나는지 측정함으로써 양성자와 중성자가 원자보다 훨씬 더 복잡하다는 것을 알게 된 것이다. 양성자와 중성자는 서로를 강하게 끌어당기며 우주 제한 속도 또는 그에 가까운 속도로 움직이는 입자들로 이루어져 있다. 이 새로운 입자들 사이에 작용하는 인력은 중력이나 전기력만큼이나 자연에서 근본적인 힘으로 '강한 핵력(strong nuclear force)'이라고 불린다.

양성자 내부의 빠른 입자에 관한 이 책의 설명이 다른 책에서 읽은 내용과 다를 수 있다. 많은 웹사이트와 책에서 양성자는 두 개의 업 쿼크(up quark)와 하나의 다운 쿼크(down quark)로 이루어져 있다고 설명한다. 여기서는 〈그림 16〉의 왼쪽에 업 쿼크와 다운 쿼크를 각각 u와 d로 표시하여 나타냈다. (이름과는 달리 이들 쿼크에는 실제로 위와 아래라는 것이 존재하지 않는다. 업 쿼크는 입자의 한 종류고, 다운 쿼크는 또 다른 종류의 입자일 뿐이다. 이 이름은 다른 많은 물리학 용어가 흔히 그렇듯 역사적 우연에서 비롯된 것으로, 이 이름이 싫다면 프레드 쿼크(Fred quark), 엘리스 쿼크(Alice quark)라고 불러도 무방하다. 마찬가지로 세 번째 종류의 입자인 "스트레인지 쿼크(strange quark)"도 실제로는 전혀 이상하지 않은 입자다. 이름이 장난스럽게 붙여졌음에도 지금까지 그대로 쓰이고 있다.)

이 단순한 세 개의 쿼크 그림은 1960년대의 구식 개념으로, 바로 양성자 핍(phib)이다. 오늘날에도 여전히 짧고 간결하게 설명하기 위해 정확성을 희생하는 이 방법을 자주 사용하고 있다. 잠시 후에 살펴보겠지만, 이 양성자 핍에는 어느 정도 진실이 담겨 있다. 하지만 여기서는 이런 '핍'을 피하려고 한다.

1970년대 초, 과학자들은 쿼크가 단순히 양성자 주위를 떠돌아다니는 것이 아니라, 그 안에서 서로 격렬하게 충돌하며 움직인다는 사실을 깨달았다. 게다가 쿼크와 함께 또 다른 종류의 입자가 존재한다는 것도 밝혀졌는데, 이 입자는 '접착제(glue)'라는 단어에서 따온 이름인 '글루온(gluon)'이라 불린다. 한참 뒤에 다시 다루겠지만, 글루온은 강한 핵력과 느슨하게 연관되어 있으며, 시적(詩的)으로 표현하면 양성자들을 "붙잡아 두는 접착제" 역할을 한다. 〈그림 16〉의 중앙에 나와 있는 것처럼, 글루온은(g로 표시했다) 양성자 내부에 풍부하게 존재한다.

이게 다가 아니다. 양성자 안에는 쿼크와 반쿼크(antiquark)가 쌍을 이루어 존재한다. 이에 대해 더 자세히 설명하기 전에 우선 반쿼크가

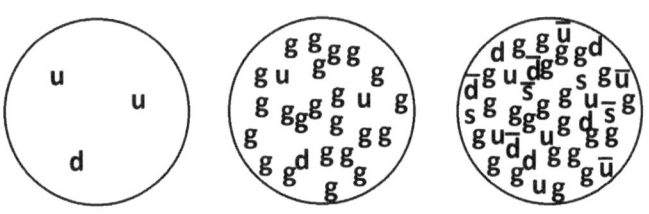

그림 16   가상의 한 순간을 포착한 양성자 내부의 모습. (왼쪽) 두 개의 업 쿼크(u)와 한 개의 다운 쿼크(d), (가운데) 끊임없이 개수가 변화하는 글루온(g), 그리고 (오른쪽) 쿼크와 반쿼크 쌍($u, \bar{u}; d, \bar{d}, s, \bar{s}$)으로 이루어져 있으며, 모두 c, 또는 c에 가까운 속도로 움직인다.

무엇인지 알아보자.[11]

아인슈타인의 상대성이론이 지배하는 우주에서는 모든 종류의 입자에 대해 반입자(antiparticle) 역할을 하는 다른 종류의 입자가 반드시 존재해야 한다는 것이 밝혀졌다. 업 쿼크의 반입자는 업 반쿼크다. 따라서 업 반쿼크의 반입자는 업 쿼크가 된다. 마찬가지로, 다운 쿼크의 반입자는 다운 반쿼크이며, 그 반대도 마찬가지다.[12]

중요한 것은 이 관계가 개별 입자 간의 관계가 아니라 입자 '유형(type)' 사이의 관계라는 점이다. 아인슈타인의 상대성이론에 따르면, 어떤 우주에 전자가 존재한다면, 양전자라고 부르는 전자의 반입자도 반드시 존재해야 한다. 그 반대도 마찬가지이다. 하지만 그렇다고 해서 모든 전자마다 짝이 되는 양전자가 반드시 존재한다는 의미는 아니다. 실제로 우리 우주에는 양전자보다 전자가 훨씬 더 많다. 마찬가지로 쿼크도 반쿼크보다 더 많이 존재한다. 우리는 이와 같은 물질·반물질 비대칭성이 왜 존재하는지 이유를 알지 못하며, 그 기원은 ― 이 책의 중심 주제는 아니지만 ― 오랫동안 풀리지 않는 수수께끼로 남아 있다.

어떤 경우에는 한 입자 유형이 그 자체로 반입자가 되기도 한다. 예를 들어, 광자는 자기 자신의 반입자이기 때문에 별도의 반(反)광자는 존재하지 않는다. 글루온, 힉스 보손 등 몇몇 다른 입자도 마찬가지이다. (이런 패턴의 기원은 단순하지만, 여기서는 다루지 않고 뒷부분에서 자세히 다룰 것이다.)

이제 다시 양성자로 돌아가 보자. 양성자에는 잘 알려진 세 개의 쿼크와 글루온 외에도 한 쌍의 업 쿼크와 업 반쿼크가 들어 있다. 그림에서는 u와 $\bar{u}$를 같은 수만큼 추가해서 표시했다. 마찬가지로, 다운 쿼크와 다운 반쿼크 쌍(같은 수의 d와 $\bar{d}$)도 있고, 가끔 스트레인지 쿼크와 스트레인지 반쿼크 쌍(같은 수의 s와 $\bar{s}$)이 나타나기도 한다.

〈그림 16〉의 오른쪽에 있는 그림은 글루온, 쿼크, 반쿼크가 복잡하게 뒤섞인 모습을 보여주는데, 양성자의 모습을 잘 보여줄 수 있도록 나름 최선을 다해 그린 것이다. 하지만 이 그림은 세 가지 점에서 오해의 소지가 있다. 첫째, 그림이 좀 복잡해 보이는데, 그 이유는 입자를 나타내는 글자들을 읽을 수 있는 만큼 크게 그렸기 때문이다. 실제로 각 쿼크와 글루온은 그 글자에 비해 매우 작다. 이처럼 양성자 내부도 원자와 마찬가지로 거의 대부분이 텅 비어 있다고 볼 수 있다. 둘째, 이 그림은 어디까지나 가상의 한 순간을 포착한 것에 불과하다. 양성자 안의 입자들은 우주 제한 속도 또는 그에 가까운 속도로 빠르게 움직이고 있다. 원자가 우아하고 질서정연한 구조를 지녔다면, 양성자는 거의 혼란

스러운 광란의 소굴에 가깝다. 셋째, 나중에 다시 다루겠지만, 양자물리학은 쿼크와 글루온에 대한 기본 개념을 뒤바꾸고 이 그림 자체를 다시 생각하게 하는데, 이는 전자와 원자 만화에 대해서도 마찬가지이다.

　양성자는 양성자 핍에서 그려지는 것보다 훨씬 더 복잡하긴 하지만, 진실 속에도 여전히 양성자를 단순화한 양성자 핍의 잔재가 남아 있다. 만약 양성자에서 모든 업 쿼크와 업 반쿼크를 모아 각 쿼크마다 반쿼크 하나씩 쌍을 이루게 하면, 두 개의 '여분(extra)' 업 쿼크가 남는다. 마찬가지로, 다운 쿼크 역시 하나가 남고, 스트레인지 쿼크와 스트레인지 반쿼크는 완벽하게 쌍을 이룬다.

　이렇게 보면, 1970년대 과학자들은 1960년대의 세 개의 쿼크 그림을 세 개의 여분 쿼크 그림으로 대체했다고 할 수 있다. 이 설명에 따르면 두 개의 업 쿼크와 한 개의 다운 쿼크가 글루온과 쿼크·반쿼크 쌍의 바다 속에 잠겨 있다. 이 입자들은 빠른 속도로 이리저리 날아다니며 서로 충돌하기 때문에 글루온과 쿼크·반쿼크 쌍의 수는 끊임없이 변한다. 때로는 두 개의 글루온이 충돌하여 같은 종류의 쿼크와 반쿼크로 변하기도 하고, 그 반대의 경우도 일어난다. 이런 충돌은 다른 글루온을 생성하거나 흡수하기도 한다. 하지만 이 모든 변화 속에서도 변하지 않는 한 가지가 있다. 다른 입자 무리들 속에서 항상 세 개의 여분 쿼크 ― 두 개의 업 쿼크와 한 개의 다운 쿼크 ― 가 존재한다는 점이다. 물리학 용어로 말하면, 쿼크의 수에서 반쿼크의 수를 뺀 값은 보존된다. 따라서 어떻게든 세 개의 여분 쿼크를 가진 물체가 만들어지면, 이 물체가 파괴되지 않는 한, 혹은 파괴될 때까지 여분 쿼크의 수는 절대 늘

거나 줄지 않고, 항상 세 개로 유지된다.[13]

　이러한 모든 복잡한 사정을 고려하면, 왜 양성자 핍이 지금까지 살아남았는지 이해할 수 있을 것이다. 핍은 한마디 말로 쉽게 설명할 수 있지만, 진실을 설명하려면 여러 페이지가 필요하기 때문이다.[14] 하지만 일반인들이 이해하기에는 설명이 너무 복잡하다는 이유로, 과학자들이 우리 몸과 주변에서 볼 수 있는 가장 흔한 입자인 양성자를 잘못 설명하는 것이 현명한 처사는 아니라고 생각한다. 게다가 이런 복잡함이야말로 이 책에서 중요한 의미를 갖는다. 우리의 정지 질량이 어디에서 오는지 이해하고, 힉스장이 자연에서 어떤 역할을 하는지 명확히 이해하려면, 양성자를 더 정확하게 묘사할 필요가 있는 것이다.

　중성자는 거의 양성자의 쌍둥이이다. 중성자를 만들려면, 양성자의 업 쿼크 중 하나를 다운 쿼크로 바꾸기만 하면 된다. 이것이 중성자 핍(즉, 중성자가 업 쿼크 하나와 다운 쿼크 두 개로 이루어져 있다는 설명)의 근거이다. 실제로는 중성자 내부 역시 양성자와 마찬가지로, 다른 입자들의 바다로 이루어져 있다.[15]

　다음으로 넘어가기 전에 몇몇 독자들이 궁금해 할 만한 문제 하나를 이야기하고자 한다. 흔히 반물질과 물질이 만나면, 강력한 폭발이 일어나면서 둘 다 파괴된다고 알려져 있다. '물질(matter)'에 대한 정의에 따르면, 양성자와 중성자는 물질의 대표적인 예이므로, 자연스럽게 쿼크는 물질이고 반쿼크는 반물질이라고 생각할 수 있다. 그렇다면 어떻게 우리 몸속에서는 쿼크와 반쿼크가 안전하게 존재할 수 있는 걸까? 왜 우리 몸의 양성자와 중성자는 저절로 폭발하지 않는 것일까?

여기서 우리는 입자의 거동을 지나치게 단순화하는 동시에 과장한 반물질 팝을 만나게 된다. 실제로 반양성자와 반중성자로 이루어지고 그 주위를 양전자가 감싸고 있는 반원자(anti-atom)들로 구성된 거대한 물체가 일반 원자로 이루어진 커다란 물체와 만나면 엄청난 폭발이 일어난다. 하지만 이것은 상당한 양의 원자와 반원자가 만났을 때의 이야기지 반물질 일반에 대한 이야기는 아니다. 어떤 종류의 입자 하나와 그 반입자 한 개가 만날 때는 다양한 일이 일어날 수 있다. 예를 들어, 업 쿼크와 업 반쿼크가 서로 충돌하면 두 개 또는 세 개의 글루온으로 변할 수도 있고, 다운 쿼크와 다운 반쿼크로 변할 수도 있으며, 심지어 아무 변화 없이 그대로 남을 수도 있다. 이 외에도 다양한 가능성이 존재한다. 아울러 이 과정은 반대로도 일어날 수 있다. 이러한 충돌과 변화는 양성자와 중성자 내부에서 지속적이고 안정적으로 일어나고 있다. 이 과정들은 우리에게 전혀 해가 되지 않고, 어떠한 손상도 일으키지 않으며, 항상 여분의 쿼크 수를 보존한다.[16]

6.5 여행의 막바지

2023년 현재, 우리는 이 상태에서 더는 나아가지 못하고 있다. LHC를 준현미경(quasi-microscope)으로 사용함으로써[17] 우리는 전자, 쿼크(와 반쿼크), 글루온 그리고 그 밖의 다양한 입자들이 원자핵보다 최소 10만 배 작다는 것을 알게 되었다. 우리가 아는 한, 이 입자들은 크기가 그보다 훨씬 더 작을 수 있고, 심지어 무한히 작은 크기의 점일 수도 있으며, 더 작은 어떤 것으로 이루어져 있지 않을 수도 있다. 이 입자들이 우주에서 가장 기본적인 물체들 중 하나일 가능성이 있기 때문에, 우리는 이들을 소립자(elementary particle) — "가장 기본적인"이라는 의미에서 소립자 — 라고 부른다.

친구 몇 명과 저녁 식사를 하면서 이 이야기를 하자 그중 변호사 친구가 자세를 바로잡더니 "잠깐만!"하고 소리쳤다. "실제로 그게 정말 기본 입자인지 모르는데, 무슨 자격으로 그렇게 부르는 거지?"

"아, 우리가 그런 자격이 있다고 주장하는 건 아냐." 내가 말했다. "물리학자들 역시 '소립자'라는 표현이 오해의 소지가 있는 줄임말이라는 것을 잘 알고 있어."

과학자들은 한때 원자가 소립자라고 생각했기 때문에, 지금도 화학시간에 원소 주기율표를 가르치고 있다. 얼마 전까지만 해도 과학자들은 양성자와 중성자도 소립자일지 모른다고 생각했다. 정말 정확하게 말하자면, 전자와 쿼크는 '현재까지는 소립자인 것으로 보이는 입자(up-to-now-apparently-elementary particle)'라고 할 수 있다.

하지만 내가 '현재까지는 소립자인 것으로 보이는 입자'라는 어색한 표현을 대안으로 제시하자, 식탁에 있던 모두가 얼굴을 찌푸렸다. "바로 그거야." 내가 웃으며 말했다. "그런 이름이 훨씬 더 정확하겠지만, 너무 길고 어색해서 아무도 쓰지 않을 거야."

물리학 분야에서는 줄임말들이 종종 그 의미를 모호하게 하는 것이 사실이다. 하지만 어느 전문 분야나 마찬가지이다. 복잡한 개념을 요약해 논의를 효율적으로 하기 위해 약어와 줄임말을 쓴다. 이렇게 하면 전문가들은 편해지지만, 그만큼 일반인이 전문가의 대화를 이해하기 어렵게 만든다.

이제 우리의 여정도 막바지에 이르렀다. 우리는 10만 배씩 단계를 내려가며 인간에서 세포로, 원자에서 원자핵으로 들어갔고, 마지막으로 현대 기술로는 아직 크기를 측정할 수 없는 물체, 즉 우리를 구성하는 "기본적인" 입자들이 존재하는 지식의 최전선까지 도달했다. 그 과정에서 우리 몸을 이루는 수많은 입자들, 원자의 거의 텅 빈 공간, 양성자와 중성자의 내적 복잡성에 대해 살펴보았다.

이 탐구의 여정을 더 깊이 계속할 수 있을지 ─ 현재까지는 기본 입자인 것으로 보이는 입자들이 실제로는 더 작은 무언가로 이루어져 있는지 ─ 는 오직 우리 후손들이 수행할 미래의 실험을 통해서만 답할 수 있을 것이다. 현재로서는 이것이 우리가 알고 있는 전부이다.

7
질량인 것(과 질량이 아닌 것)

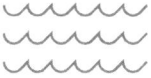

 누군가 흰쌀이 담긴 봉지를 건네면서 정지 질량을 알아내라고 한다. 쌀의 무게를 측정할 방법이 없다면, 어떻게 해야 할까? 유리구슬 10개의 질량은 유리구슬 1개 질량의 10배라는 원리를 이용해 대략적으로 쌀 한 봉지의 질량을 어림해볼 수 있다. 먼저 봉지 안에 쌀알이 대략 얼마나 되는지 추정한다. 그런 다음 일반적인 흰쌀 한 알의 정지 질량을 구한다. 이 두 값을 곱하면 쌀 봉지 전체의 정지 질량을 추정할 수 있다.
 비슷한 방식으로 우리 자신의 정지 질량도 추정할 수 있다. 이때 우리 몸은 봉지에, 몸속의 양성자와 중성자는 쌀알에 해당한다. 실제로 우리 몸의 정지 질량은 몸을 이루는 모든 원자의 정지 질량을 합한 값과 거의 같다. 전자의 정지 질량은 양성자나 중성자의 정지 질량보다 훨씬 작기 때문에 원자 각각의 정지 질량은 거의 원자핵의 정지 질량과 같다. 그리고 원자핵의 정지 질량은 원자핵 안의 모든 양성자의 정지

질량과 모든 중성자의 정지 질량의 합과 1퍼센트 이내의 오차로 일치한다.

중요한 것은 모든 양성자는 서로 완전히 동일하고, 모든 중성자도 완전히 동일하다는 사실이다. (이유는 이 책 후반부에서 다룰 것이다.) 게다가 양성자의 정지 질량은 중성자의 정지 질량과 거의 같으며, 그 차이는 1퍼센트 미만이다. 따라서 우리의 정지 질량은 1퍼센트 미만의 오차로, 우리 몸에 들어 있는 양성자와 중성자의 전체 개수에 양성자 한 개(또는 중성자 한 개)의 정지 질량을 곱한 값과 같다.

결국 일반적인 물체의 질량은 그 안에 들어 있는 양성자와 중성자의 양을 나타내는 척도라고 할 수 있다. 이것을 "물질의 양(quantity of matter)" 또는 "물질의 총량(amount of matter)"이라고 불러도 무방하다. 그건 정의하기 나름이다. 이런 이유로 질량이 물질의 양(또는 총량)이라는 뉴턴의 생각이 21세기 사전과 화학 수업에서 여전히 남아 있는 것이다.

하지만 정지 질량을 이해하고자 할 때, 이러한 통찰은 실제로 도움이 되지 않는다. 오히려 새로운 질문을 던지게 만든다. 양성자나 중성자의 정지 질량은 어디에서 올까? 게다가 전자, 쿼크, 힉스 보손 같은 소립자들은 내부에 양성자와 중성자를 가지고 있지 않다. 이들의 정지 질량은 또 다른 설명을 필요로 한다.

문제는 입자에만 국한되지 않는다. 블랙홀에서도 비슷한 문제가 발생한다. (갑자기 아원자 입자에서 기이한 우주 현상으로 이야기의 방향을 틀어 미안하지만, 다 그럴 만한 이유가 있다.) 이를테면, 전자와 양전자만으로, 혹은 심지어 광자만으로도 거대한 블랙홀을 만들 수 있다. 이때 블랙홀은 단 한 개의 양성자나 중성자를 삼키지 않고도 매우 큰 질량과 크기를 가질 수 있다. 말하자면 거시적 물체 — 비록 우리에게는 익숙하지 않지만 — 도 내부에 있는 중성자와 양성자의 수와는 무관하게 정지 질량을 가질 수 있다. 따라서 어떤 정의를 적용하더라도 이들의 질량은 '물질의 양'과는 아무런 관련이 없다.

현대물리학에서는 '물질'이나 '재료'라는 개념만으로는 더 이상 뉴턴이 내린 질량의 정의를 설명할 수 없다. 우리는 다른 접근 방법이 필요하다.

7.1 일석이조

현대물리학은 두 가지 근본적인 관계에 기반을 두고 있다. 두 관계 모두 1905년에 한 사람이 서로 관련이 없는 두 개의 과학 논문에서 공식으로 제시하며 추측한 것이다. 당시 저자는 스물여섯이었고, 박사학위 논문을 막 마무리하던 중이었다. 스물여섯에 박사 논문을 쓰는 것이 특별한 일은 아니다(나 역시 스물여섯에 물리학 박사학위를 받았다). 하지만 이 사람이 이룬 업적에 비하면, 나의 과학적 성취는 까마득하게 보이지도 않을 정도이다. 게다가 나는 특허사무소에서 일하며 가족을 부양하지도 않았다.

그렇다, 바로 알베르트 아인슈타인 이야기다. 당시 대부분의 박사 과정 학생들은 강의나 연구를 하며 생계를 유지했다. 하지만 아인슈타인은 취리히 대학에서 학부생으로 물리학을 공부하던 중 영향력 있는 한 교수의 심기를 건드리고 말았다. 아인슈타인의 능력을 몰라보고, 젊은이 특유의 오만함에 화가 난 교수는 아인슈타인을 블랙리스트에 올려 통상적인 박사학위 취득 경로를 밟을 수 없게 만들었다. 이런 사연으로 베른에 살면서 취리히의 또 다른 대학에 논문 제출을 준비하던 젊은 아인슈타인은 연구 이외의 생계 수단을 찾아야만 했다. 그리하여 베른의 특허청에서 일하게 된 것이다. 물리학 입장에서는 다행스럽게도 아인슈타인은 이런 상황에 굴하지 않았다. 독보적인 지적 능력과 더불어 아인슈타인과 함께 공부하던 물리학·수학 박사과정 친구들 덕분이었다. 동료들은 지역 대학 도서관에서 물리학 저널을 이용할 수 있게 해주고 연구 공동체도 제공해주었다.

1905년 발표된 두 개의 혁명적인 공식은 이전에는 서로 관련이 없다고 여겨졌던 두 물리량 사이의 뜻밖의 관계를 보여준다. 첫 번째 공식은 누구나 들어본 적이 있을 것이다. 바로 아인슈타인의 상대성이론 공식인 $E=m[c^2]$이다. 여기서 대괄호를 넣은 것은 c^2이 비교적 부차적인 역할을 한다는 점을 강조하기 위해서다. 이 공식에서 중요한 것은 E와 m이 서로 연결되어 있다는 점이다. 우주 제한 속도 c는 변하지 않으므로, E를 m으로 바꾸거나, 또는 그 반대로 바꾸려 할 경우, $[c^2]$은 킬로미터를 마일로 변환하는 데 필요한 인자와 유사한 변환 인자 구실을 한다.[1]

두 번째 관계식은 비교적 덜 알려진 양자 공식 $E=m[h]$이다. 이 공식에는 원자, 빛, 그리고 현대 전자공학과 컴퓨터를 포함한 모든 양자물리학의 비밀을 담고 있다. 이 공식은 아인슈타인보다 한 세대 먼저 인물로 당시 물리학계에서 큰 영향력을 행사했던 막스 플랑크(Max Planck)가 1900년 발표하였다. 플랑크 상수로 알려진 괄호 안의 물리량은 절대 변하지 않는 상수다. 따라서 이 공식은 E와 f 사이의 관계를 알려주며, 이때 [h]는 변환 인자 구실을 한다.

이렇게 해서 우리는 E를 다른 물리량과 연결하는 두 가지 공식을 갖게 되었다. 여기서 E, m, f가 무엇을 의미하는지 알고 있더라도 방심하면 안 된다! 두 공식에서 E가 같은 것을 의미한다고 — 같기도 하고, 다르기도 하다 — 섣불리 단정해서는 안 된다. E, m, f가 무엇을 나타내는지 명확하고 구체적으로 파악하는 것이 얼마나 중요한지는 곧 알게 될 것이다. 심지어 "등호(=)"가 무엇을 의미하는지도 조심스럽게 살펴봐야 한다! 그렇지 않으면, 공식의 의미가 모호해지고, 우주는 이해할 수 없는 존재로 남게 된다.

모든 유명한 인물과 사물에는 잘못된 정보가 안개처럼 껴 있기 마련인데, 아인슈타인과 그의 공식을 둘러싼 역사적 안개는 특히나 짙다.[2] 어렸을 적 아인슈타인에 대해 처음 들은 이야기 중에는 아인슈타인이 중학교 2학년 때 수학에서 낙제했고, 정식으로 물리학 교육을 받지 않은 외로운 특허사무국 직원이 혼자 힘으로 물리학을 혁신했으며, 핵폭탄을 개발할 때 핵심적인 역할을 했다는 것 등이 있었다. 이 모든 이야기는 신화에 불과하다.[3]

초등학교 4학년 때 선생님 한 분이 공식 $E = m[c^2]$이 핵무기 개발에 어떻게 기여했는지 대해 이야기하던 기억이 아직도 선하다. 선생님은 아인슈타인이 공식을 칠판에 처음 썼을 때, 방에 있던 사람들이 공식이 가진 끔찍한 의미를 바로 깨닫고는 눈물을 터뜨렸다고 이야기했다. 허무맹랑하기 그지없는 이야기다. 당시 아인슈타인은 무명의 학생이었고, 원자핵조차 아직 발견되지 않았던 때였다. 비록 방사능이 앙리 베크렐(Henri Becquerel)과 마리 퀴리, 퀴리의 남편인 피에르 퀴리(모두 1903년 노벨 물리학상을 수상했다)에 의해 관측되고 연구되기는 했지만, 당시의 지적 수준에서 방사능은 폭발물이 아닌 안정적인 에너지원이었다. 나는 오랫동안 선생님이 어떻게 이런 허황된 이야기를 믿게 되었는지 궁금했다.

아인슈타인이 상대성이론 공식을 처음으로 제시한 짧은 논문은 거의 주목받지 못했다. 막스 플랑크를 포함한 몇몇 물리학자들만이 이 공식의 독창성과 잠재적 중요성을 알아보았다. 하지만 이들조차도 상대성이론 공식이 보편적으로 적용된다고 확신하지는 않았다. 사실, 그래야만 한다. 과학에서 급진적인 아이디어는 결코 즉시 받아들여지지 않는다. 과학자들의 역할은 신중함을 유지하는 것이며, 건강한 회의주의는 잘못된 생각이 퍼지는 것을 막아준다. 이론물리학자가 제시한 새로운 공식이 제아무리 논리적이고, 우아하며, 흥미롭고, 생각을 자극하며, 심지어 혁명적으로 보인다고 해도, 이 공식이 실제 세계를 설명하는지는 오직 실험을 통해서만 확인해줄 수 있다.

이론적 아이디어를 검증하거나 반증하는 과정은 더디고 험난할 수 있다. 실제로 1906년에 발터 카우프만(Walter Kaufmann)이 수행한 실험은 아인슈타인의 공식을 반박하는 결과를 내놓았다. 하지만 물리학자들이 수없이 많은 경험을 통해 배운 것처럼, 실험 결과에 대한 판단은 독립적인 전문가 집단에 의해 재현되고 확인되기 전까지는 판단을 유보하는 것이 현명하다. 지식의 최전선에서 연구하는 일은 대개 기술적 한계를 끝까지 밀어붙여야 하기 때문에 어렵고, 오류도 드물지 않게 발생한다. 결국 한두 해 만에 카우프만의 실험에 결함이 있다는 것이 분명해졌다. 아인슈타인의 상대성이론을 둘러싼 어수선한 상황이 안정되기까지는 꼬박 10년이 걸렸다.

이런 시행착오는 과학에서 비일비재하다. 과학적 지식은 그리스 신화의 여신 아테나처럼 처음부터 완전히 성장하고 무장한 채로 태어나는 것이 아니다. 진실은 오직 서서히 드러나고, 점차 두껍고 단단한 갑옷을 갖추게 되는 것이다.

상대성이론 공식은 갑자기 하늘에서 뚝 떨어진 것이 아니다. 아인슈타인을 위해 길을 놓아준 다양한 방정식이 이미 조지 프랜시스 피츠제럴드(George Francis FitzGerald)와 헨드릭 로렌츠(Hendrik Lorentz)에 의해 만들어졌고, 앙리 푸앵카레(Henri Poincaré)는 몇몇 핵심적인 아이디어를 제시했다. 다른 물리학자들도 아인슈타인과 유사한 공식을 찾아내긴 했지만, 근거가 잘못된 경우가 많았다. 아인슈타인의 업적을 특별하게 만든 것은 공식 자체가 아니라 바로 개념적 도약에 있었다. 아인슈타인은 피츠제럴드-로렌츠 공식을 원작자들조차 상상하지 못했던 방식으로 새롭게 해석했다. 그리고 이 공식을 뉴턴 시대 이후로 당연하게 여겨졌던 우주의 근본 요소인 시간과 공간에 관한 새롭고 급진적인 비전의 중심에 놓았다. 이를 통해 아인슈타인은 우주에 대한 우리의 이해를 영원히 바꿔놓았다.

자신의 새로운 아이디어를 따라 논리적으로 결론을 이끌어가던 아인슈타인은 평범한 물체에도 숨겨진 에너지가 존재해야 한다는 사실을 깨달았다. 이렇게 아인슈타인은 상대성이론 공식에 이르게 되었다.[4]

7.2 상대성이론 공식이 말하지 않는 것

$E=m[c^2]$에 대한 해석은 책이나 웹사이트에서 다양하게 찾아볼 수 있지만, 이런 해석이 모두 옳은 것은 아니다. 어떤 사람은 "에너지가 물질로 바뀔 수 있고, 그 반대도 가능하다"라고 이야기하거나, 심지어 "에너지와 물질이 같은" 것처럼 이야기한다.[5] 하지만 이런 관점은 심각한 결함을 가지고 있다. 우선, 여기서 m은 '물질'이 아니라 '질량'을 의미한다. 게다가 앞에서 말한 관계는 애초에 말이 되지 않는다. 즉, 에너지와 물질은 개념적으로 완전히 다른 범주에 속한다. 에너지는 물체가 가지고 있는 속성이고, 물질은 어떤 물체를 구성하고 있는 근본이기 때문이다. 이 둘이 같다고 주장하는 것은 사람의 키가 빵과 같다고 말하는 것만큼이나 말이 안 된다. 또한 모든 물질은 에너지를 가지고 있지만, 물질이 에너지와 같지도 않고 반대되는 개념도 아니라는 점을 곧 알게 될 것이다.[6]

어떤 사람은 아인슈타인의 공식이 의미하는 것이 "에너지와 질량은 같은 것이다"라거나 에너지와 질량이 "동등하다" 혹은 "서로 같다"

라고 주장한다. 이런 해석은 에너지와 물질을 혼동하는 것만큼 잘못된 것은 아니지만, 그렇다고 완전히 옳은 것도 아니다. 이미 살펴본 것처럼, 질량에는 여러 종류가 있고, 앞으로 보겠지만 에너지에도 여러 종류가 있다. 따라서 서로 호환되지 않는 질량과 에너지를 선택한다면, 아인슈타인의 공식으로 이 둘을 연결할 수 없다.

그리고 "등호(=)" 기호에 대해서도 생각해볼 필요가 있다. 예전에 빌 클린턴 전 대통령이 특별검사의 심문을 받으면서 "문제는 'is'라는 단어(즉, '~이다'라는 말)를 어떻게 정의하느냐에 달려 있다"라고 말해 화제가 되었던 것을 기억할지도 모르겠다. 이 발언은 큰 웃음을 자아냈지만, 변호사나 철학자, 물리학자라면, 이런 언어적 꼼꼼함이 결코 정치인들만의 전유물이 아니라는 데 동의할 것이다.

등호 기호가 갖는 미묘함을 느끼기 위해 비슷한(그러나 완전히 비슷하지는 않은) 관계를 살펴보자. 오른손에는 10달러짜리 지폐가 있고, 왼손에는 1,000개의 페니 동전이 있다. 이 둘은 경제적으로 동일한 가치를 가지고 있어 교환이 가능하다. 하지만 그렇다고 해서 1,000개의 페니가 10달러 지폐와 문자 그대로 동일하다거나 심지어 완전히 동등하다는 의미는 아니다. 하나는 금속이고, 다른 하나는 종이로, 크기, 무게, 질량, 색, 가연성, 던졌을 때의 위험성 등 모든 면에서 완전히 다르다. 이 둘은 오직 특정한 맥락과 특정한 의미에서만 동등하다고 할 수 있다.

또한 여기서 언급하지 않은 부분에도 주의해야 한다. 이를테면 이 돈이 미국 달러인지 아니면 호주 달러인지, 그리고 마찬가지로 페니가 어디에서 온 것인지도 중요하다. 10 미국 달러는 1,000 호주 페니와 단순히 연결되지 않는다. 환율이 항상 변하기 때문이다.

하지만 다음과 같은 진술은 참이다. '만약 D개의 미국 달러를 가지고 있다면, 이것을 P개의 미국 페니로 교환할 수 있는데, 이때 P는 D의 100배이다.' 여느 물리학자와 마찬가지로 나 역시 기호를 쓰는 것을 좋아한다. 기호를 쓰면 실제보다 더 똑똑해 보이고, 공간도 절약할 수 있기 때문이다. 따라서 위의 문장은 다음과 같이 간단한 형태로 다시 쓸 수 있다.

$$P = D[100]$$

다시 말해, 은행에서 창구 직원에게 D 달러를 건네면 받을 수 있는 페니의 개수는 D에 100을 곱한 값이 된다.

보기와 달리 이 공식은 모든 면에서 페니와 달러가 완전히 동등하다는 의미는 아니다. 이 식에는 개념적 의미가 있다. 말하자면 미국 페니 동전은 미국 달러 지폐로 교환할 수 있다는 뜻이다. 또한 이 식은 수학적 의미도 가지고 있다. 대괄호 안의 "환율" 또는 "변환 인자"를 사용해 달러를 페니로 바꾸는 정확한 방법을 알려주는 것이다.

마찬가지로 상대성이론 공식에서 가장 중요한 부분은 수학이 아니다. 식을 기호로 쓰다 보니 수학적으로 보일 뿐이다. 실제로 이 공식은 어떤 종류의 에너지와 어떤 종류의 질량 사이의 관계를 담고 있다. 공식에서 $[c^2]$이 하는 유일한 역할은 변환 인자로서의 역할이며, 실제로 E를 m으로, 혹은 그 반대로 변환할 필요가 없는 한 $[c^2]$을 무시할 수 있다.

하지만 이 공식을 올바르게 해석하려면, 어떤 종류의 질량과 어떤 종류의 에너지를 가리키는지 알아야 한다. 이게 쉬울 것 같지만 그렇지 않다. 이 공식은 두 가지 매우 다른 방식으로 해석될 수 있기 때문이다. 과학 역사상 가장 유명한 공식이라고 할 수 있는 아인슈타인의 공식이 모호하다는 게 다소 당혹스럽다.

이 모호함의 근본적인 원인은 질량과 에너지 모두에 '내재적(intrinsic)' 버전과 '상대적(relative)' 버전이 존재하기 때문이다. 각각의 경우마다 상대성이론 공식에 대한 해석도 달라진다. (다행스럽게도 c는 모호하지 않다. c는 항상 우주 제한 속도를 의미한다.)

5장에서 우리는 질량의 내재적 버전과 상대적 버전을 나타내는 정지 질량과 상대론적 질량을 모두 살펴보았다. 아인슈타인의 공식을 해석하는 한 가지 방법은 정지 질량을 에너지의 내재적 버전과 연관시키는 것이다. 이 책에서는 이 해석을 일관되게 사용할 것이다. 두 번째 관점은 m이 상대론적 질량을 의미하고, E는 그에 상응하는 상대적 에너지 버전을 의미한다고 보는 것이다. (다음 장에서 이 두 가지 버전의 에너지에 관해 설명할 것이다.) 입자물리학 이론가들은 두 번째 해석을 거의 사용하지 않지만,[7] 다른 책이나 미디어에서는 종종 등장하므로 나중에 이에 대해서도 몇 마디 덧붙일 것이다.

하지만 이 두 가지 다른 해석을 구분하는 것보다 더 중요한 것은 이 둘을 혼동하지 않는 것이다! 질량의 내재적 버전은 에너지의 상대적 버전과 같을 수 없으며, 그 반대의 경우도 마찬가지다. 어떤 물리량은 관점에 따라 달라지고, 다른 물리량은 그렇지 않다면, 두 물리량을 단순히 연결할 수 없다. *m*과 *E*가 어떤 버전의 질량과 에너지를 말하는지 명확히 하지 않으면, 상대성이론 공식을 잘못 해석하는 위험에 빠질 수 있다.

어쩌면 사람들은 과학자들, 심지어 아인슈타인조차도 가장 중요한 방정식과 개념 안에 이와 같은 혼란이 뿌리내리도록 방치했다는 사실에 놀랄지도 모르겠다. 실제로 이러한 혼란은 비전문가들에게 종종 문제를 일으키는데, 특히 저자들이 자신이 다루는 질량의 종류를 명확히 밝히지 않을 때 더욱 그렇다.

친구 중 하나는 '질량'과 '에너지'에 모호한 부분이 있다는 사실을 알고는 깜짝 놀라며, 물리학자들에게 어른의 감독이 필요하지 않겠느냐고, 즉 외부인들로 구성된 위원회가 용어 사용을 감독해야 하는 것 아니냐고 말했다. 터무니없는 생각은 아니었기에 고개를 끄덕였다. 하지만 안타깝게도 물리학자를 감독할 언어 전문가가 없기 때문에 물리학 용어는 그것을 낳은 역사만큼이나 혼란스럽다. 새로운 용어는 만들어질 당시에는 그럴듯해 보이지만, 시간이 지나 지식의 공백이 메워지면서 처음의 용어가 종종 부적절하게 느껴지기도 한다. 그리하여 나눌 수 있는 것에 대해 '원자'라는 이름을 붙이고, 파동 같은 것에 대해 '입자'라는 이름을 붙이며, 전혀 이상하지 않은 것에 대해 '스트레인지 쿼크'라고 부르는 일이 생기는 것이다. 하지만 과거의 불행한 이름붙이기에 대해 불평하기는 쉽지만, 올바르게 되돌리는 일은 어렵다.

책을 읽으면서 우리는 문맥에 있는 단서를 활용해 저자가 정지 질량을 언급하는지, 아니면 상대론적 질량을 언급하는지 추측할 수 있다. 속력은 상대적이므로 "질량은 속력에 따라 증가한다"는 진술은 중력 질량(gravitational mass)이나 상대론적 질량과 같은 상대적 질량을 가리키는 것임을 알 수 있다. 반면, 어떤 물체의 질량이 명확하고 고정된 값을 가지고 있다는 주장 ─ 포괄적인 진술 ─ 은 오직 정지 질량만을 의미한다. 상대적 질량에 대해서는 포괄적인 진술을 할 수 없다. 상대적 질량은 물체의 운동뿐만 아니라 관찰자의 운동에 따라서도 달라지기 때문이다.

예를 들어, 어떤 저자가 전자 질량이 양성자 질량보다 작다고 말한다면, 이는 오직 정지 질량에 대해서만 참이 될 수 있는 포괄적인 진술이다. 개별 양성자와 개별 전자의 속력이 변하면, 상대론적 질량 역시 변하기 때문에 전자 질량이 양성자 질량보다 작다는 진술은 때로 거짓이 된다. 즉, 충분히 빠르게 움직이는 전자는 정지해 있는 양성자보다 더 큰 상대론적 질량을 가질 수 있다. (입자물리학자들은 수십 년 동안 전자를 이러한 속도까지 가속시켰다.) 이 논리는 중력 질량을 포함한 다른 상대적 질량 버전에 대해서도 마찬가지로 적용된다.

모든 전자는 동일하므로, 전자의 정지 질량도 정확히 같다. 이 때문에 책의 저자들은 "전자의 질량"이라는 표현으로 모든 전자를 한꺼번에 가리키는 포괄적인 진술을 할 수 있다. 하지만 각각의 전자는 저마다의 질량을 가지고 있고, 그 값은 전자가 어떻게 움직이는지, 또 어떤 관찰자가 보는지에 따라 달라진다. 따라서 '전자'의 '상대론적 질량'이라고 일반적으로 말하는 것은 의미가 없다. 특정 전자의 상대론적 질량은 특정 관찰자가 바라보는 경우에만 의미를 가진다.

정지 질량은 내재적이며, 물체의 속력이 변하더라도 고정된 값을 유지하지만, 여전히 다른 방식으로 변할 수 있다. 만약 관점과 무관한 어떤 변화가 물체에 발생하면, 물체의 정지 질량 역시 분명히 달라질 수 있다. 이를테면 물체의 일부가 떨어져 나가면 남은 물체의 정지 질량은 줄어든다. 모든 관찰자는 떨어져 나간 조각을 볼 수 있고, 남은 부분의 정지 질량에 대해 일치된 의견을 보일 수 있다. 다시 말해, 정지 질량의 변화는 그 자체로 내재적이다. (비슷한 의미에서 스피커의 음량 조절로 고유 음량을 높이면, 관찰자가 어디에 있든 스피커 소리가 커졌다는 데 모두 동의할 것이다. 이 변화는 겉보기 변화가 아니라 본질적인 것이기 때문이다.)

이 책에서 가장 중요한 것은 힉스장이 입자의 정지 질량을 변화시킬 수 있다는 사실이다. 이런 일이 발생할 경우, 이것은 관점의 문제가 아니다. 누구나 변화가 일어났다는 사실, 변화의 원인, 그리고 변화의 정도에 대해서 동의하는 것이다.

8
에너지, 질량, 그리고 그 의미

영어에서 '에너지(energy)'라는 단어는 종종 모호하게 심지어는 신비롭게 사용된다. 인터넷을 조금만 둘러봐도 알 수 있다. 웹 검색을 해보면, 오라(aura)는 "모든 생명체를 둘러싸고 있는 보이지 않는 에너지장"이라고 나와 있다. 양자 에너지가 주입된 카드와 캡슐도 구입할 수 있다. 수정(crystal)이 에너지를 저장하고, 전달하며, 변환하는 놀라운 능력을 가지고 있다는 사실을 알고 있는가? 이런 것들은 물리학자들이 이야기하는 "에너지"와는 완전히 다르다. 일상적인 대화에서도 우리는 "에너지를 빨아들이는" 사람에 대해 이야기하고, "푹 쉬고 나니 에너지가 충전된 느낌이다"라고 이야기하며, "좋은 에너지를 가진" 사람을 존경한다. 이런 표현들이 무슨 뜻인지 대충은 알지만, 그 의미를 정확하게 설명하기는 쉽지 않다.

반면 물리학에서 에너지는 아주 명확하게 정의되어 있다. 그럼에도 불구하고 에너지는 질량보다 설명하기가 더 어렵다. 이유는 에너지가 모호하기 때문이 아니라 물리적 물체(또는 물체들의 조합)가 에너지를 다양한 방식으로 조직할 수 있기 때문이다. 이 때문에 에너지를 몇 마디로 요약하는 것은 불가능하다.

영어에서 쓰이는 '에너지'의 몇몇 의미는 물리학적 맥락과 어느 정도 비슷한 점이 있다. 이를테면 "오늘은 에너지가 별로 없어 보이네요"라고 하면, 하루 종일 소파에 누워 있고 싶은 그런 상태라는 것을 뜻한다. 반대로 발걸음도 가볍게 거리를 활기 넘치게 돌아다니면, "오늘 아침엔 에너지가 넘치네요"라고 말할 수 있다. 한 시간 동안 얌전히 앉아 있던 아이는 "에너지가 많이 쌓여 있다"라고 말하고, 밖에 나가 뛰어놀게 하면 "에너지를 한껏 발산한다"라고 말한다.

이 중 어느 것도 물리학자가 말하는 "에너지"와 정확히 일치하지는 않지만, 아주 동떨어진 것도 아니다. 물리학에서 에너지는 활동할 수 있는 능력 — 자동차 배터리나 팽팽하게 당긴 활에서 볼 수 있는 '저장' 에너지 — 과 활동 그 자체 — 움직이는 자동차나 날아가는 화살의 '운동' 에너지 — 를 모두 포함한다.[1]

에너지는 자신을 감추는 데 능하기 때문에 우리를 곤란하게 한다. 저장 에너지와 운동 에너지는 때로 눈에 잘 보이고 명확하지만, 눈에 보이지 않는 것도 있어 그것이 에너지인지 쉽게 알 수도 없는 경우도 있다(〈표 1〉 참조). 일상생활에서 우리는 종종 에너지가 어디에서 오고, 어디로 가는지 인식하지 못해 오해가 생기기도 한다. 뉴턴이 운동, 질량, 중력의 기본을 이해한 이후에도, 과학자와 공학자들이 물리학적 에너지가 어떻게 작동하는지 알아내는 데는 150년이 넘게 걸렸다.

　게다가 '에너지'라는 단어는 거짓 친구에 가깝기 때문에, 물리학에서의 의미와 일상어에서의 의미를 혼동하지 않도록 주의해야 한다. 예를 들어, 일상어에서 죽은 닭이 에너지를 가지고 있지 않다는 것은 분명하다. 하지만 물리학의 언에서는 죽은 닭도 많은 에너지를 가지고 있다. 식품 포장지에 적힌 '칼로리(calorie)'라는 단어는 식품에 저장된 물리학적 에너지를 의미한다. 더 일반적으로 말하면, 물리학에서의 에너지는 먹이사슬을 따라 한 생물이 다른 생물에게 잡아먹힐 때마다 이동한다. 우리 각자는 몸에 에너지를 저장해두었다가 필요할 때 사용할 수 있고, 일상적인 활동을 하면서 에너지를 소모하고 잃게 되면, 다시 음식을 먹어 에너지를 보충해야 한다.

　그렇다면 한 생물이 다른 생물을 먹는 이 사슬의 시작점은 어디일까? 바로 식물이다. 식물은 광합성을 통해 태양빛에서 직접 에너지를

에너지			
운동 에너지		저장 에너지	
볼 수 있는	볼 수 없는	볼 수 있는	볼 수 없는
비행기의 비행	바람	팽팽하게 당긴 활	연료
지구의 자전	열	들어 올린 망치	배터리
강물의 흐름	소리의 이동	늘어난 스프링	화약

표1　운동 에너지와 저장 에너지는 모두 눈에 보이지 않거나 눈에 보이는 형태로 존재할 수 있다. 에너지는 어떤 형태에서든 다른 형태로 변환될 수 있다.

얻는다. 광합성은 광자의 운동 에너지가 생화학 분자에 저장된 에너지로 변환되는 과정이다. 또한 이 태양빛의 광자는 에너지를 태양 내부의 용광로, 즉 양성자를 중성자로 변환하는 (동시에 다른 아원자 입자를 생성하는) 자연의 핵반응로에서 얻는다. 결국 우리가 음식에서 얻는 에너지 ─ 여기서 말하는 것은 오라 에너지나 양자 에너지나 수정 에너지가 아니라 물리학적 에너지다 ─ 는 모두 아원자 입자에서 비롯된 것이다.

/ 8.1 에너지의 신비를 벗기다 /

19세기 물리학자와 공학자들은 에너지의 비밀을 밝히는 데 많은 관심이 있었다. 산업혁명이 막 시작되고 있었고, 최초의 엔진이 설계되고 제작되고 있었다. 엔진에는 연료가 얼마나 필요할까? 엔진은 얼마만큼의 일을 할 수 있을까? 어떻게 하면 엔진의 효율을 더 높일 수 있을까? 이러한 질문은 당시 기술에서 매우 중요한 문제였다.

엔진은 열을 이용하고 또 열을 만들어내기 때문에 열이 에너지와 어떤 관계가 있는지 이해하는 것이 필수적이었다. 열과 에너지가 어떻게든 연관되어 있다는 것은 직관적으로 알고 있었지만, 이 관계를 정확히 파악하는 것은 쉽지 않았다. 결국 과학자들은 열이 숨겨진 형태의 에너지 ─ 원자와 분자들이 눈에 보이지 않게 이리저리 움직이고 진동하여 갖게 되는 운동 에너지 ─ 와 관련이 있음을 깨달았다. 엔진이 어떻게 작동하는지 이해하기 위해서는 반드시 열의 발생과 소멸에 대해

알아야 했다.[2]

　일상적으로 나누는 대화라면 자동차에 대해 이렇게 설명할 수 있을 것이다. 자동차는 저장 에너지를 가진 연료를 싣고 있다. 자동차의 가속 페달을 밟으면, 엔진이 연료의 저장 에너지 일부를 사용해 자동차를 움직인다. 연료 연소가 멈추면, 즉 가속 페달에서 발을 떼면, 자동차는 점점 느려진다. 다시 가속 페달을 밟아 좀 더 에너지를 사용하지 않으면, 차는 얼마 가지 않아 멈추게 된다.

　이런 설명은 일상적 대화에서는 자연스럽게 들린다. 하지만 물리학적으로 보면 에너지는 이런 식으로 작동하지 않는다. 물리학자들도 자동차의 연료가 저장 에너지를 가지고 있다는 첫 번째 부분에는 동의한다. 하지만 엔진은 연료의 저장 에너지를 쓰는 것이 아니라 자동차의 운동 에너지로 전환한다. 움직이는 자동차는 단지 움직이고 있기 때문에 운동 에너지를 가지는데, 이 운동 에너지는 연료에서 온 것이다. 연료가 잃은 저장 에너지만큼 자동차는 운동을 통해 에너지를 얻게 되는 것이다.[3]

　자동차의 가속 페달에서 발을 떼면, 자동차는 서서히 속력이 느려진다. 하지만 속력이 느려지는 것은 자동차의 운동 에너지가 소진되어서가 아니다. 자동차의 운동 에너지가 조용히 눈에 보이지 않는 에너지인 열로 변환되기 때문이다.

　자동차의 운동 에너지를 은밀히 열로 바꾸는 가장 핵심적인 범인은 바로 엔진이 움직이고, 차축이 회전하며, 바퀴가 도로를 누를 때 표면이 서로 마찰하면서 발생하는 마찰력이다. 마찰력은 자동차의 질서

정연한 운동 에너지를 '흩어지기(dissipation) 과정을 통해' 우리 눈에는 보이지 않는 무질서한 운동 에너지로 변환한다.[4]

이런 과정이 일어나는 동안 물리학 에너지의 형태가 바뀌고 새로운 장소로 이동하지만, 물리학적으로 에너지의 총량은 변하지 않는다. 겉으로 보기에는 흩어지기를 통해 에너지가 사방으로 퍼져나가며 사라지는 것처럼 보인다. 하지만 에너지가 실제로 사라진 것은 아니고, 전체 에너지는 여전히 어딘가에 존재한다.

알고 지내던 한 과학교사는 아주 좋은 비유를 생각해냈다. 에너지는 마치 은행계좌에 있는 돈과 같다는 것이다. 예를 들어 천 달러의 월급을 받아 저금하면, 예금 계좌의 잔액이 늘어나는데, 이것은 연료 탱크에 연료를 채우는 것과 같다. 그런 다음 그 돈을 당좌예금 계좌로 이체하면, 이는 연료에 저장된 에너지가 자동차의 운동 에너지로 변환되는 것과 같다. 이후 몇 주 동안 당좌예금 계좌에서 ─ 대출금을 갚기 위해 은행으로, 식료품을 사기 위해 마트로, 수도료와 전기료를 내기 위해 수도 및 전기 회사로 ─ 돈이 서서히 빠져나간다. 이것은 자동차의 운동 에너지가 여러 곳에서 열로 흩어지는 것과 같다. 결국 당좌예금 계좌는 잔고가 0이 되지만, 천 달러가 세상에서 그냥 사라진 것은 아니다. 처음에 월급으로 받았던 천 달러는 결국 다른 사람들에게 나누어준 것일 뿐이고, 이제는 다른 사람들이 가지고 있다. 연료의 에너지는 사라진 것이 아니라 더 이상 자동차를 움직이는 데 쓰이지 않을 뿐이다. 연료의 에너지는 자동차나 도로의 여러 부분을 데우는 데 쓰였고, 거기서 다시 더 넓은 곳으로 흩어진 것이다.

이 비유가 훌륭한 이유는 물리학적 에너지가 돈과 닮은 점을 잘 보여주기 때문이다. 에너지는 정확히 측정할 수 있으며 — 우리는 고립된 물체나 물체들의 집합이 얼마나 많은 에너지를 가졌는지 정확히 계산할 수 있다 — 또 한 "계좌"에서 다른 "계좌"로 돈이 이동하는 양도 측정 가능하다. 다만 그 흐름을 추적하려면 세심한 주의가 필요하다.[5] 물리학에서 말하는 에너지는 일상에서 쓰는 에너지라는 말과는 완전히 다르다. 일상생활에서 이야기하는 에너지는 종종 모호하고 측정하기 어려우며, 때로는 어디선가 갑자기 나타나거나 영원히 사라지는 것처럼 보이기도 한다.

물리학적 에너지는 전체적으로 결코 새로 생기거나 사라지지 않는다는 사실을 '에너지 보존(conservation of energy)'이라고 한다. (여기서 보존이라는 말은 평소 사용하는 의미*와는 전혀 다르다. 물리학에서 쓰는 'conservation(보존)'이라는 말은 실제로는 "preservation"**을 의미한다.) 에너지 보존의 개념은 등속운동 법칙을 새로운 시각에서 바라보게 해준다. 이미 움직이고 있는 어떤 물체가 다른 물체로부터 완전히 고립되어 있다고 가정해보자. 이 물체는 고립되어 있기 때문에 운동 에너지를 빼앗을 어떤 것 — 마찰력, 공기 저항, 또는 빛이나 소리를 방출할 수 있는 어떤 것 — 도 없다. 따라서 이 물체의 운동 에너지는 반드시 일정하게 유지되어야 하고, 그에 따라 물체는 일정한 속도로 등속운동을 해야 한다.

● 지속 가능하게 관리하고 사용하는 것을 뜻한다.
●● 원래 상태를 그대로 유지한다는 뜻이다.

8.2 숨겨진 비밀

아직 질량의 내재적 버전과 상대적 버전이라는 측면에서 상대성이론의 공식이 어떻게 해석되는지 설명하지 않았다. 이를 위해서는 에너지의 내재적 버전과 상대적 버전이 필요하다.

우리는 물체 내부에 저장된 에너지, 즉 '내부 에너지(internal energy)'는 물체에 고유한 것임을 알게 될 것이다. 이 점에 대해 모든 관찰자가 동의한다. 하지만 내부 에너지는 물체의 운동에 의한 추가적인 에너지를 포함하지 않는다. 모든 운동은 상대적이기 때문에 운동 에너지 역시 상대적일 수밖에 없다.

또한 물체의 내부 에너지와 운동 에너지를 더한 물체의 '전체 에너지' 역시 상대적이다. 관찰자마다 물체의 속력에 대해 다른 견해를 가지기 때문에 전체 에너지의 값에 대해서도 의견이 달라질 수밖에 없다. 하지만 이 상대적 형태의 에너지는 특히 물리학자들에게 매우 중요하다. 고립된 물체(또는 고립된 물체들의 집합)의 전체 에너지는 보존되지만, 운동 에너지와 내부 에너지는 각각 따로 보면 일반적으로 보존되지 않기 때문이다.[6]

이제 휴대전화를 예로 들어, 내부 에너지와 전체 에너지의 개념을 좀 더 자세히 살펴보자. 매일 밤 휴대전화를 충전할 때, 발전소에서 생산된 에너지가 전자들에 의해 충전기의 선을 타고 이동한다. 휴대전화 내부에서는 전기 에너지가 변환되어 배터리의 화학 물질에 저장 에너지로 저장되고, 그 결과 휴대전화의 내부 에너지가 증가한다. 이것은 휴대전화의 내재적 속성이 본질적으로 변화한 것을 나타낸다. 따라서 모든 관찰자는 이제 휴대전화가 완전히 충전되었다는 데 동의할 것이다.

충전이 다된 휴대전화로 낮 동안 전화를 걸고, 사진을 찍고, 동영상을 볼 때 전화에 저장된 에너지는 빛, 마이크로파, 열과 관련된 운동 에너지로 그리고 카메라가 사진을 찍고 저장하는 데 필요한 전기 에너지로 변환된다. 휴대전화의 내부 에너지는 점차 줄어들고, 곧 다시 충전해야 한다.

어느 날 배터리가 50퍼센트 남은 상태에서 전원을 끈 휴대전화를 들고 대륙을 횡단하는 비행기를 탄다고 하자. 어떤 사람이 머리 위로 날아가는 비행기를 본다면, 휴대전화는 움직이고 있으므로 이제 내부 에너지뿐만 아니라 운동 에너지도 가지고 있다고 볼 것이다. 그렇다면 휴대전화의 운동 에너지는 어디에서 생긴 것일까? 비행기와 비행기 내부의 모든 것을 움직이기 위해 사용하는 비행기의 제트 엔진 연료에서 나온다. 하지만 제트 엔진 연료를 연소한다고 해서 휴대전화 내부에 에너지가 축적되는 것은 아니다. 아울러 단지 휴대전화를 빠르게 이동한다고 해서 충전이 되는 것도 아니다. 따라서 어떤 사람이 휴대전화가 빠르게 움직이는 것을 보더라도 휴대전화의 내부 에너지는 배터리가 절반만 충전된 상태 그대로임을 알 수 있다.

하지만 휴대전화를 갖고 있는 사람의 관점에서 볼 때, 휴대전화는 정지해 있으므로 운동 에너지는 없고, 따라서 휴대전화의 전체 에너지는 내부 에너지와 동일하다. 물론 휴대전화의 내부 에너지가 배터리가 절반만 충전된 휴대전화의 에너지라는 데는 동의한다. 지상에서 관찰하는 사람은 휴대전화가 운동 에너지를 가지고 있다고 생각하지만, 비행기를 탄 사람은 그렇지 않다고 생각하기 때문에 관찰자가 보는 휴대전화의 전체 에너지는 탑승자가 생각하는 전체 에너지보다 더 크다. 다시 말해, 휴대전화의 운동 에너지와 전체 에너지는 모두 상대적이다.

이와 대조적으로, 휴대전화의 내부 에너지는 내재적 에너지다. 우리 모두는 내부 에너지가 배터리 잔량이 50퍼센트인 휴대전화의 에너지와 같다는 데 동의한다. 아울러 비행 중에 휴대전화를 켜면 배터리가 다 떨어지기 전에 TV 드라마 두 편은 볼 수 있지만 세 편은 볼 수 없다는 데 모두가 의견을 같이 한다. (세 번째 드라마를 시청할 수 있는지 없는지 여부는 관점의 문제가 아니다. 만약 이것이 관점의 문제라면, 어떤 대화가 오갈지 상상해보라).

따라서 관점과 무관한 내부 에너지만이 정지 질량에 기여할 수 있다. 상대적 에너지인 운동 에너지는 그럴 수 없다. 이 내용이 〈표 2〉에 요약되어 있다.

하지만 우리가 지금까지 휴대전화 배터리에 저장된 에너지에만

	내재적 속도와 무관 관찰자 모두가 동의함	상대적 속도에 따라 달라짐 관찰자마다 의견이 다름
E의 의미	내부 에너지	전체 에너지 내부 에너지 + 운동 에너지
m의 의미	정지 질량 초기 정지 상태에서 본 비타협성	상대론적 질량 운동 방향으로 밀 때의 비타협성

표 2 　아인슈타인의 상대성이론 공식에서 E와 m이 가지는 두 가지 의미

주목한 것은 단지 예고편에 불과하다. 사실 휴대전화는 그보다 훨씬 더 많은 내부 에너지를 가지고 있다. 이것이 바로 아인슈타인이 상대성이론 공식을 통해 밝혀낸 것이다. 이 공식을 해석하기 위해 ① $[c^2]$을 m 쪽에서 E쪽으로 이동하고(즉, 나누고), ② 두 변을 서로 바꾸어 공식을 좀 더 간단하게 적어보자. 그러면 다음과 같이 된다.

$$m = \frac{E}{[c^2]}$$

이런 형태로 만들면 아인슈타인의 공식이 전달하려는 요점이 가장 명확하게 드러난다.

여기서 m을 물체의 정지 질량, 즉 정지 상태에서의 비타협성으로 해석해보자. 그리고 그에 상응하여 E를 내부 에너지, 즉 물체 내부에 저장된 에너지 양으로 해석해보자. 그러면 상대성이론 공식은 우리에게 다음과 같은 사실을 알려준다.

첫째, 이 공식은 개념적 의미를 가진다. 즉, 물체의 정지 질량은 물체가 가진 내부 에너지의 척도(measure)라는 것이다. 다시 말해, m(정지 질량)은 드러나지는 않지만 사실상 E(내부 에너지)인 셈이다.

둘째, 이 공식은 실제로 우리가 E를 m으로, 또는 그 반대로 변환하려는 경우 필요한 실용적이고 정확한 의미를 가지고 있다. 물체의 정지 질량은 내부 에너지를 변환 인자, 즉 우주 제한 속도의 제곱으로 나눈 값과 같다.

이제 우리는 뉴턴, 화학 수업, 그리고 사전에서 정의한 질량의 개념이 어디서 잘못되었는지 알 수 있다. 물체의 정지 질량은 내부에 있는 '물질의 양'이 아니라 '에너지의 양'이다. 에너지와 질량이 같은 것이라거나 일반적으로 동등한 것이라는 이야기가 아니다. 좀 더 구체적으로 설명하면, 물체의 정지 질량은 물체 내부에 저장된 에너지로부터 나온다는 의미이다.

이 사실이 아인슈타인 이전에 알려지지 않았던 데에는 간단한 이유가 있다. 일반적인 물체의 내부 에너지 대부분은 눈에 보이지 않고 숨겨진 형태로 저장되어 있기 때문이다. 우리는 이 책의 나머지 부분에서 이에 관해 살펴볼 것이다. 과학자들이 내부 에너지가 숨어 있는 곳을 발견하기 시작한 것은 19세기 후반에 이르러서였다.

모든 전자가 동일한 정지 질량을 가지고 있다는 사실에서 우리는 모든 전자의 내부에 저장된 에너지의 양도 같다는 것을 알게 되었다. 또한 전자의 내부 에너지는 결코 들어오거나 나가지 않으므로 증가하거나 감소하지도 않는다. 자동차나 휴대전화와는 완전히 다른 것이다. 왜 이런 일이 일어날까? 전자의 내부 에너지는 어디에서 오고, 무엇으로 이루어져 있으며, 왜 변하지 않는 걸까? 우리는 앞으로 이 문제를 깊이 탐구하게 될 것이다.

상대성이론 공식이 주는 교훈은 운동의 변화에 저항하는 완고함, 즉 비타협성이 에너지에서 비롯된다는 점이다. 물체를 던지거나 잡기 어렵게 만드는 것은 바로 물체 내부에 저장된 에너지이다.[7]

한편으로 휴대전화에 대해 이런 궁금증이 생길 법도 하다. 휴대전화를 충전하면, 정말로 휴대전화의 정지 질량이 늘어날까? 그렇다, 아주 미세하게 증가한다. 그리고 휴대전화를 사용하면, 정지 질량이 약간 줄어든다. 컴퓨터도 마찬가지다. 그러나 충전기로 들어오고 나가는 에너지의 양은 휴대전화나 컴퓨터를 구성하고 있는 원자에 저장된 에너지의 양에 비해 너무나 적기 때문에 차이를 느낄 수는 없다. 마찬가지로 태양 아래에 있는 바위가 햇빛에서 에너지를 흡수해 정지 질량이 증가해도 우리는 차이를 감지할 수 없다.

일반적인 물체의 내부 에너지 대부분 — 정지 질량의 대부분 — 은 물체를 이루는 양성자와 중성자에 저장되어 있다. 휴대전화를 충전하거나 사용할 때 드나드는 에너지는 휴대전화의 정지 질량을 10억 분의 1도 안 되게 변화시킨다. 사람 역시 체온을 발산하면서 내부 에너지를 조금씩 잃고 있지만, 그렇다고 해서 질량이 크게 줄어들지는 않는다.

만약 이런 변화들이 충분히 커서 우리가 느낄 수 있다면, 세상이 얼마나 신기했을까! 이를테면 뜨거운 공이 차가운 공보다 던지기 더 어렵거나, 완전히 충전된 휴대전화를 들어 올릴 때 더 무겁게 느껴지거나, 단지 추운 곳으로 이동하는 것만으로도 질량이 줄어든다면, 세상이 작동하는 원리에 대한 우리의 상식은 분명 지금과는 완전히 달랐을 것이다!

다음으로 넘어가기 전에 앞서 언급한 상대성이론 공식의 두 번째 해석에 관해 잠시 이야기해보자. 두 번째 해석은 E를 전체 에너지로, m을 상대론적 질량으로 보는 것이다. 이런 관점에서 보면, 물체의 상대론적 질량, 즉 이미 움직이고 있는 물체의 속력을 더 높이려고 할 때의 비타협성은 전체 에너지를 c^2으로 나눈 값이 된다. 전체 에너지와 상대론적 질량은 모두 속력에 따라 증가하고 관찰자의 관점에 따라 달라지므로, 이 해석은 서로 다른 두 물리량을 일관성을 가지고 해석할 수 있게 해준다.[8]

아이러니하게도 입자물리학자 대부분은 상대성이론 공식의 이 두 가지 단순한 해석 중 어느 것도 잘 사용하지 않는다. 우리는 세 번째 해석을 사용한다![9] 세 글자 E, m, c와 한 개의 숫자 2, 그리고 등호(=) 하나를 해석하는 방법이 이렇게 다양할 줄 누가 알았겠는가?

9
감옥에서 가장 중요한 것

이제 정지 질량이 사실상 내부 에너지라는 것을 알았으니 자연스럽게 이런 질문을 던질 수 있다. "사람의 정지 질량의 근원인 내부 에너지는 무엇이며, 어디에 저장되어 있을까?" 자세한 내용을 살펴보기 전에 우선 사람 몸에 얼마나 많은 에너지가 들어 있는지 생각해보자.

사람 몸이 가진 에너지를 최초로 계산한 사람은 바로 아인슈타인이었다. 자신의 상대성이론 공식이 특정 소립자뿐만 아니라 우주의 모든 물체에 적용되는 일반적인 공식이라고 생각한 아인슈타인은 사람 몸의 내부 에너지가 어디서 왔는지, 또 어디에 있는지 알지는 못했지만, 자신의 몸에 얼마나 많은 에너지가 들어 있는지 계산할 수 있었다. 아인슈타인이 처음 이 계산을 하고 어떤 생각을 했는지는 개인적으로 아는 바가 없다. 여하튼 아인슈타인은 상대성이론 공식이 실린 논문의 마지막 부분에 있는 매우 간결한 한 문장에 그 답을 담아 세상에 알렸다.[1]

이 답을 실제 맥락에 맞게 이해하기 위해, 먼저 사람이 숨을 쉬고 정상적으로 걸어 다니는 데 필요한 에너지를 추정해보자. 재미있게도 인체가 필요로 하는 에너지는 대략 60와트로, 구식 백열전구 한 개나 최신 LED 전구 몇 개가 소비하는 에너지와 비슷하다.

사람이 이렇게 일상생활에서 소비하는 에너지는 음식에서 얻는데, 우리 몸의 정지 질량에 저장된—주로 양성자와 중성자 안에 들어 있는—에너지에 비하면 아주 미미하다. 그럼 이제, 만약 우리 몸이 음식을 섭취하는 대신, 양성자와 중성자 내부에 저장된 에너지를 변환하여 에너지를 공급받는다고 상상해보자. 상대성이론에 따르면, 우리가 하루를 살아가는 데 필요한 60와트의 전력을 공급하기 위해서는 매초마다 1조(1,000,000,000,000) 개의 양성자와 중성자의 정지 질량을 변환해야 한다.

이 숫자가 많아 보일 수 있지만, 우리 몸에 들어 있는 양성자와 중성자의 개수인 10^{29}개, 즉 '10양(十秭) 개'에 비하면 아주 작은 숫자이다.[2] 따라서 60와트 전구를 1초 동안 밝히는 데 1조 개의 양성자가 필요하다면, 우리 몸에 저장된 에너지로는 이 전구를 약 '10경'(10^{17}) 초 동안 밝힐 수 있다. 이는 약 100억 년으로, 우리가 알고 있는 우주의 나이와 비슷하다.

만약 우리 몸에 있는 에너지를 더 빠르게 추출할 수 있다면, 100억 년 동안 전구 하나를 밝히는 대신, 1년 동안 100억 개의 전구를 밝힐 수 있다. 100억이란 숫자는 대략 미국에 있는 전구 수와 비슷하거나 오늘날 지구에 살고 있는 사람 수보다 약간 많은 숫자다. 우리 몸에 저장된 에너지로 12개월 동안 초강대국 미국 전체를 밝히거나 전 세계 인구가 필요로 하는 모든 칼로리를 공급할 수 있는 것이다.

이게 인상적으로 느껴진다면, 사람 몸의 모든 에너지가 한순간에 방출되어 광자, 전자, 그리고 기타 입자의 운동 에너지로 변환되는 상황을 상상해보라. 이렇게 방출되는 에너지로 발생하는 폭발력은 TNT 폭약 기가 톤(10억 톤)의 폭발력과 맞먹는다. 히로시마와 나가사키를 파괴한 핵폭탄보다 10만 배나 더 강력하다. 미국, 러시아, 중국이 보유한 전형적인 수소폭탄보다 천 배 더 강력하며, 지금까지 개발된 가장 강력한 핵무기 위력의 10배가 넘는다.[3] 이 위력은 1883년 크라카토아 섬을 파괴한 화산 폭발력보다 더 크고, 2022년 통가 공화국에서 발생한 유사한 화산 폭발력보다 더 강력하다. 지난 2천 년 동안 지구상에서 가장 큰 화산 폭발이었고, 수개월 동안 지구 기후에 영향을 미쳤으며, 전 세계적으로 흉작과 기근을 초래한 1815년 탐보라 화산의 폭발력만이 성인 한 사람이 지닌 폭발 잠재력보다 더 컸을지도 모른다.

잠깐만이라도 80억 명에 달하는 우리 인류가 얼마나 어마어마한 에너지를 지니고 있는지 생각해보라. 공룡을 멸종시킨 운석의 운동 에너지보다도 훨씬 큰 에너지이다. 지구 전체를 폭파시킬 정도는 아니지만, 지구의 단단한 지각을 완전히 녹여버리고도 남는 에너지이다.

이토록 엄청난 에너지가 인간의 몸에 저장되어 있다는 사실을 곱씹으면서 우리는 이 에너지가 없으면 아무것도 할 수 없다는 점도 잊지 말아야 한다. 만약 우리가 대도시와 그 주변 지역 전체를 파괴할 수 있는 에너지를 가지고 있지 않다면, 우리는 포장용 스티로폼이나 낙엽처럼 바람에 날아가버려 세상에서 살아가고 기능할 수 없을 것이다. 우리가 가진 이런 치명적인 파괴 능력은 제대로 작동하는 신체와 뇌, 즉 지구상의 지적 생명체로 존재하는 데 필요한 피할 수 없는 대가이다.

그렇다면 이 모든 에너지는 어디에서 온 것일까? 어떻게 우리는 각자의 몸 안에 10억 톤의 TNT에 해당하는 에너지를 품게 된 것일까? 이 질문은 이 책의 마지막 장에서 다룰 것이다.

천만다행인 것은 우리가 핵폭탄에 버금가는 에너지를 품고 있음에도 폭발할 위험이 없다는 것이다. 핵폭발이 일어나려면 연쇄 반응이 필요하다. 말하자면 하나의 원자핵이 붕괴하면서 주변의 다른 원자핵들도 연쇄적으로 붕괴시켜야 한다. 연쇄 반응을 시작하고 유지하려면, 우라늄, 플루토늄 등과 같은 특수 방사성 물질이 필요하다. 여러 가지 이유로 우리가 그런 물질로 만들어지지 않았다는 게 참으로 다행이다. 요컨대 우리는 원리상으로만 폭탄일 뿐, 실제로 폭발할 방법은 존재하지 않는다.

그나마 다행이다. 하지만 모르는 게 약이라고 이런 사실을 모르는 편이 더 나았을지도 모른다. 호기심과 창의성에 교활함, 잔인함, 그리고 비이성적 증오심까지 뒤섞인 인간이라는 좋은 정지 질량을 폭발로 바꾸는 능력이 없더라도, 이미 자기 자신과 주변의 모든 것에 엄청난 위협이 되고 있기 때문이다.

말하고 보니 사람들이 잘 모르는 다소 잔혹한 이중적 의미를 지닌 말이 하나 떠오른다. '대량 살상 무기(weapons of mass destruction)'라는 말을 들어본 적이 있을 것이다. 하지만 이 표현이 문자 그대로*라는 점은 미처 생각하지 못했을 것이다. 핵폭발을 일으키는 것은 바로 정지 질량의 파괴이기 때문이다. 에너지 보존 법칙에 따라 원자핵의 내부 에너지는 핵폭발과 함께 빠르게 움직이는 아원자 입자들의 운동 에너지로 변환된다. 내부 에너지가 인간이 만든 폭탄이 일으킨 폭발 에너지로 변환되는 과정에서 소량의 정지 질량이 우주에서 사라진다.

우리가 핵무기에 의한 대량 살상의 위협 속에서 위태롭게 살아가는 동안에도, 광활하고 무심한 우주는 수십억 년 동안 그랬던 것처럼 정지 질량을 이용해 별과 행성, 그리고 그 안의 존재들을 파괴하고 다시 생성하는 일을 아무렇지 않게 계속하고 있다. 원자핵에 숨겨진 에너지는 빈 공간을 밝히는 빛이 되고, 초신성을 폭발시켜 죽은 별의 내부를 은하 곳곳에 흩뿌린다. 인류의 운명은 과연 각주로라도 언급될 만한 가치가 있을까?[4]

◯

어쨌든 실존적 질문은 잠시 접어두고, 이제 물질을 이루는 대부분의 에너지가 담긴 양성자와 중성자의 정지 질량으로 다시 돌아가 보자. 내부 에너지는 어떤 성질을 가지고 있으며, 어떻게 생겨나는 것일까? 미리 말하자면, 힉스장은 여기서 그리 큰 역할을 하지 않는다.

---

* mass destruction(대량 살상)은 '질량 파괴'를 뜻하기도 한다는 말이다.

우리가 아원자 영역으로 떠난 여정에서 살펴본 것처럼, 양성자는 쿼크, 반쿼크, 그리고 글루온 등 수많은 입자들로 가득하다. 이 입자들은 모두 강한 핵력에 의해 서로를 끌어당기고 있다(〈그림 16〉참조). 이 힘은 너무 강해서 입자들은 우주 제한 속도, 또는 그에 가까운 속도로 이리저리 휩쓸아치면서 입자들이 도망가려고 하면 다시 끌어당겨서 입자들끼리 끊임없이 충돌하게 만든다.

원자가 우아한 무도회장이라면, 양성자는 혼란스럽고 격렬한 댄스 플로어와도 같다. 아울러 그 어떤 댄서도 댄스홀을 결코 빠져나갈 수 없다. 강한 핵력은 너무나 압도적이어서 쿼크나 글루온이 홀로 존재하는 모습은 결코 볼 수 없다. 각각의 입자는 항상 양성자나 중성자 안에 영구적으로 갇혀 있다.[5]

흔히 '가둠(confinement)'이라고 불리는 이 가두기 효과는 양성자와 중성자가 가진 몇 가지 놀라운 특징을 만들어낸다. 특히 가두기 효과는 양성자의 정지 질량이 양성자를 구성하는 입자들의 정지 질량보다 훨씬 더 큰 이유를 설명해준다.

상대성이론 공식에 따르면, 만약 어떤 물체가 내부 에너지를 가지고 있다면 — 즉, 항상 물체 안에 머무르며 물체와 함께 이동하는 에너지라면 — 내부 에너지는 물체의 정지 질량에 기여한다. 이는 내부 에너지가 어떤 형태를 가지는지와 무관하다.

이 점이 양성자와 중성자에게는 매우 중요하다. 업 쿼크와 다운 쿼크(그리고 반쿼크)의 정지 질량은 매우 작아서 양성자 정지 질량의 1퍼센트도 되지 않는다. 글루온은 광자와 마찬가지로 정지 질량이 0이다.

양성자의 정지 질량이 쿼크들의 정지 질량 합보다 훨씬 큰 이유는 그 안에서 빠르게 움직이는 입자들이 엄청난 운동 에너지를 가지고 있기 때문이다. 입자가 양성자 내부에 갇혀 있기 때문에, 운동 에너지는 절대 외부로 빠져나갈 수 없으며, 따라서 항상 양성자 내부에 머물러 있다. 양성자가 정지 상태에 있어 자체 운동 에너지가 없을 때도, 내부에 있는 입자들의 상당한 운동 에너지가 항상 존재하는데 이것이 양성자의 '내부' 에너지로 간주되어 양성자의 정지 질량에 기여한다.

양성자를 하나로 묶는 데 필요한 에너지가 정지 질량을 추가로 만들어내기도 한다. 강한 핵력으로 인해 생기는 이 저장 에너지는 늘어난 스프링이나 부풀어 오른 풍선의 고무에 저장된 에너지와 유사하다. 잡고 있던 풍선 주둥이를 놓으면, 늘어난 고무에 저장된 에너지가 내부 공기의 운동 에너지로 변환되어 풍선이 빠르게 쪼그라든다. 마찬가지로, 빠르게 움직이는 양성자 내부의 입자들이 밖으로 빠져나가지 못하게 붙잡아 두는 데도 에너지가 필요하다. 만약 강한 핵력을 없애거나 양성자의 바깥 껍질에 구멍을 낼 수 있다면, 안에 있던 입자들은 사방으로 튀어나갈 것이다. 이 저장 에너지는 양성자가 어디를 가든 함께 이동하기 때문에, 역시 양성자의 내부 에너지로 간주되어 정지 질량에 기여한다.

이처럼 강한 핵력은 양성자의 내용물을 가두고 빠르게 움직이게 함으로써, 양성자를 유지하는 동시에 정지 질량의 대부분을 담당하는 역할을 한다. 양성자의 정지 질량 중 극히 일부만이 내부 입자들의 정지 질량에서 나온다. 양성자의 예는 정지 질량이 어떻게 생겨나는지를 명확하게 보여준다. 우리는 정지 질량이 거의 없는 쿼크와 반쿼크, 그리고 정지 질량이 전혀 없는 글루온에서 시작해서, 결국 훨씬 더 큰 정지 질량을 가진 양성자 혹은 중성자를 얻게 된다. 원자에서는 거의 정반대의 상황이 벌어진다. 즉, 원자는 내부 입자인 전자, 양성자, 그리고 중성자의 정지 질량으로부터 거의 모든 정지 질량을 얻고 있다.

정지 질량과 관련해서는 전체가 부분의 합보다 더 클 수 있다(익숙한 여러 상황에서는 전체가 부분들의 합보다 작을 수도 있다).[6] 우리의 정지 질량 대부분은 양성자와 중성자에 있으므로, 우리 역시, 상대성이론 공식에 따라 부분들의 합보다 더 큰 존재이다.

힉스 보손이 발견되었을 당시 언론에서는 힉스장이 우주에 존재하는 모든 것에 질량을 부여한다는 말을 자주 했다. 이것 역시 핍, 심지어 나쁜 핍이다. 힉스장은 쿼크와 반쿼크에 정지 질량을 부여하지만, 우리 몸의 정지 질량에서 힉스장의 역할은 그리 크지 않다. 모든 일반적인 물체는 정지 질량의 대부분을 강한 핵력의 작용으로 얻는다.[7]

사실 힉스장이 존재하지 않아 쿼크와 반쿼크의 정지 질량이 0이 되더라도 양성자와 중성자의 정지 질량은 여전히 상당히 클 것이며, 오늘날과 크게 다르지 않을 것이다. 다시 말해, 정지 질량이 없는 입자들만으로도 정지 질량을 가진 양성자를 만들 수 있다는 말이다! 이것은 이 입자들을 가두는 힘과 상대성이론 공식이 결합될 때 언제나 가능한 일이다. 일단 입자들이 감옥에 갇히면, 입자의 운동 에너지 역시 함께 갇혀서, 자체의 내부 에너지가 없더라도 운동 에너지가 감옥의 정지 질량에 기여한다.[8]

"흥미로운 이야기네요." 과학을 전공하지 않은 성인 학생 중 한 명이 말했다. "그런데 이런 걸 어떻게 다 아는 거죠? 양성자 내부를 직접 들여다볼 수 있는 건 아니잖아요?"

당연히 들여다볼 수 없다! 양성자 정지 질량의 수수께끼를 풀기 위해 실험과 컴퓨터 연구가 모두 동원되었다. 강한 핵력에 대한 공식은 1970년대 초에 밝혀졌고, 이후 몇 년 동안 이 공식을 연구한 물리학자들은 현대적인 양성자와 중성자 개념을 발전시켰다. 세부 사항을 놓고 논쟁이 계속되었지만, 결국 컴퓨터의 성능이 향상되어 실제와 가까운 양성자 시뮬레이션을 수행할 수 있었다. 시뮬레이션과 함께 입자가속기에서 양성자의 내부를 측정한 실험 결과는 양성자(및 중성자)에 대한 물리학자들의 기본적인 이해에 근거가 있다는 것을 뒷받침했다.

쿼크의 정지 질량이 그다지 중요하지 않다는 사실을 보면, 전자의 정지 질량 역시 중요하지 않을 거라고 생각할 수도 있다. 그도 그럴 것이 전자는 원자 질량의 1퍼센트도 채 되지 않는 극히 일부만을 차지한다. 하지만 잘못된 생각이다. 이유는 전적으로 입자가 갇히는지 아니면 갇히지 않는지에 달려 있다.

양성자와 중성자 내부에 쿼크를 가두면, 강한 핵력으로 인해 양성자와 중성자의 크기가 정해진다. 쿼크의 정지 질량이 0으로 줄어든다고 해도, 양성자의 핵(核) 크기는 거의 변하지 않는다. 반면, 원자 내부에 전자를 가두는 전기력은 강한 핵력에 비해 훨씬 약하기 때문에 원자핵이 전자를 가둘 수 없다. 이것은 중요한 결과를 낳는다. 즉, 전자의 정지 질량이 작아지면, 전자가 원자핵으로부터 더 쉽게 이탈할 수 있게 되어 원자의 크기는 더 커지고(《그림 17》) 원자는 훨씬 더 약해진다. 만약 전자의 정지 질량을 지금의 1,000분의 1로 줄인다면, 원자는 1,000배로 커지고 매우 허약해져서, 우리 인간은 상온에서도 증발해 사라질 것이다.[9]

전자의 정지 질량을 서서히 0으로 줄이면, 차가운 우주 공간에서도 모든 전자가 원자핵에서 분리되어 빠져나오게 될 것이다. 정지 질량이 0인 입자가 된 전자들은 별빛처럼 우주 제한 속도로 날아간다. 원자는 완전히 분해되고, 일반 물질로 이루어진 모든 것은 아원자 수준의 "연기"처럼 사라져버릴 것이다.

만약 전자의 정지 질량이 순식간에 0으로 떨어지면, 훨씬 더 극적인 상황이 펼쳐진다. 여러분과 나, 그리고 지구를 포함한 모든 일반적인 물체들이 폭발할 것이다. 폭발은 수소폭탄에 비해 약할지도 모르지만, 지구와 지구상의 생명체들이 생존하지 못할 정도로 뜨겁게 지구를 달굴 것이다.[10]

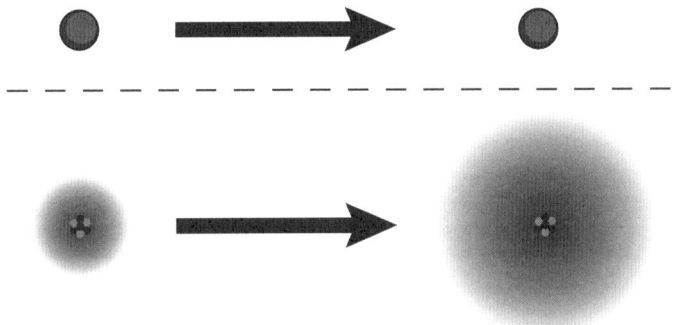

그림 17 (위) 쿼크의 정지 질량이 작아지더라도 양성자의 크기는 거의 변하지 않는다.
(아래) 전자의 정지 질량이 더 작아지면, 원자는 커지고 더 허약해진다.

비록 전자의 정지 질량이 작긴 하지만, 우리는 전자의 정지 질량 없이는 존재할 수 없다. 만약 전자의 정지 질량이 사라진다면, 지구상의 모든 것이 눈 깜짝할 사이에 사라질 것이다. 이렇게 볼 때 우리는 힉스장에 얼마나 깊이 의존하고 있는지가 드러난다. 만약 힉스장이 존재하지 않거나, 힉스장이 활성화되지 않아 이런 중요한 역할을 할 수 없었다면, 원자는 결코 형성되지 않았을 것이다.[11]

힉스장이 없거나 제대로 작동하지 않을 때 생기는 문제는 이게 다가 아니다. 양성자와 중성자에 일어나는 변화는 미미할 수 있지만, 일부 놀라울 정도로 섬세한 원자핵에 치명적 영향을 미칠 수 있다. 하지만 이에 관한 자세한 내용은 다루지 않을 것이다. 어차피 전자가 원자핵과 결합할 수 없다면, 어떤 원자핵이 살아남는지는 별로 중요하지 않기 때문이다.

전자는 원자를 흔드는 꼬리라고 할 수 있다. 이렇게 우리는 전자의 작지만 결정적인 정지 질량의 기원에 주목하게 된다.

강의에서 이 질문을 다루려고 하는데 수업을 듣던 한 은퇴한 의사는 의구심 가득한 표정으로 의자에 몸을 기대고 앉아 있었다. "그러니까, 전자가 힉스장에서 정지 질량을 얻는다면, 힉스장이 어떻게든 각 전자에 내부 에너지를 줘야 한다는 뜻인가요?"

내가 약간 머뭇거리며 그렇다고 답하자, 그의 얼굴에서 미세하게 승리감이 엿보였다. 내 말의 모순을 간파한 것이다. "하지만 선생님은 우리가 아는 한 전자는 크기가 없다고도 하셨잖아요. 그럼 말이 안 되는 것 아닌가요? 크기가 전혀 없는 물체 안에 어떻게 에너지가 있을 수 있죠?"

확실히 말이 안 되는 것처럼 보인다. 내부가 없는 입자 안에 어떻게 에너지를 담을 수 있을까? 이 수수께끼를 풀더라도, 더 많은 의문이 남는다. 예를 들어, 힉스장은 어떻게 우주에 존재하는 모든 전자에게 정확히 같은 양의 내부 에너지를 부여하고, 또 그 양을 수십억 년 동안 일정하게 유지할 수 있을까?

이 질문과 근본 원리에 대한 답을 찾으려면, 전자가 무엇인지, 장(field)이 무엇인지, 그리고 왜 이 두 가지가 서로 관련될 수 있는지를 명확히 이해해야만 한다. 지난 세기 중반에 물리학자들이 알게 된 것처럼, 전자는 우리가 흔히 이야기하듯 점(點)으로 그려서 표현하는 것과는 완전히 다르며, 내부 에너지는 우리가 만화에서 그리듯 원자를 작은 공으로 상상해서는 알 수 없는 방식으로 저장된다. 대신 우리는 우주를 놀라운 방식으로 이해해야 한다. 즉, 우주를 하나의 악기로, 전자를 양자적 음색(quantum tone)으로 바라보는 것이다.

3부

파동

물리학 교수들 중에는 연구실 문에 괴짜 만화를 테이프로 붙여놓고 있는 사람이 꼭 있다. 어느 만화에는 "입자들, 입자들"이라는 말이 쓰여 있고, 피곤에 절은 청소부가 실험실 바닥에 흩어져 있는 먼지를 쓸고 있는 모습이 그려져 있다. 하지만 전자와 쿼크가 정말로 먼지 알갱이처럼 생겼다면, 나는 아마 입자물리학자가 되지 않았을 것이다. 실제 현실은 그보다 훨씬 더 흥미롭기 때문이다. 사실 우리 몸과 우리 주변의 물체를 구성하는 입자들은 또한 파동이기도 하다.

바로 앞 단락의 마지막 문장은 물리학이라기보다는 신비주의처럼 들린다. 일상에서 접해서 알고 있는 파동을 생각하면, 이 말이 무슨 뜻인지 상상하기 어렵다. 우리가 파동을 가장 직접적으로 경험하는 것은 해변, 욕조 안, 호수와 강 등 물에서이다. 컵에 담긴 액체를 흔들거나 바람을 불면 파동을 볼 수 있다. 또 다른 익숙한 파동으로는 밧줄이나 기다란 천의 한쪽 끝을 흔들 때 그 위를 따라 이동하는 파동이 있다. 이런 사례를 통해 우리는 파동에 대한 상식을 쌓아 간다. 파동은 움직인다. 파동은 출렁인다. 파동은 퍼져나간다. 파동은 단단하기보다는 흐물

흐물하다. 파동은 물이나 공기나 천이나 바위처럼 눈으로 볼 수 있거나 최소한 느낄 수 있는 물질 안에서 일어난다. 그리고 파동은 영원히 지속되지 않는다. 우리가 직접 파동을 만들어도 얼마 지나지 않아 사라지고 만다.

사실 파동은 일상적 경험에서 훨씬 더 큰 역할을 한다. 우리는 빛과 소리가 모두 파동이라는 사실을 직관적으로 인식하지 못한다. 우리 뇌가 알아차리지 못하게 하는 것이다. 빛과 소리의 파동적 특성은 책이나 과학관, 또는 교실에서 배워야만 알 수 있다. 따라서 어른이든 아이든 간에 빛이 우주 끝까지 여행할 수 있다는 신기한 사실을 들어도 별로 이상하게 느끼지 않는다.

우리가 파동으로 이루어져 있다는 생각은 암만 생각해도 혼란스럽기 마련이다. 일상적인 물체들 중에서 명백히 파동으로 이루어진 것은 결코 접하지 못한다. 물이나 공기 속의 파동으로 어떻게 안정적인 구조물을 만들 수 있을까? 파동은 벽돌이나 나무판자처럼 개수를 세고, 정리하고, 배열하고, 서로 연결해서 수년, 수백 년 동안 한 자리에 고정시킬 수 있는 그런 것이 아니다. 전자, 양성자, 중성자가 입자라는 말을 들으면 직관적으로 이해가 되고, 이들을 마치 작은 공처럼 생각하면서 쌓아서 원자, 분자, 그리고 점점 더 복잡한 구조로 만들 수 있다고 생각한다. 하지만 파동은 어떨까? 자연은 어떻게 움직이고, 출렁이며, 흐물흐물하고, 금방 사라져버리는 것들로 탁자, 나무, 손, 심지어 행성 전체를 만들 수 있을까?

다시 한번 우리의 직관이 이해에 걸림돌이 된다. 우리는 우선 파동에 대해 더 깊이 이해하고, 우주가 어떻게 악기와 닮았는지 감을 잡을 필요가 있다. 이후에는 또 다른 질문들과 마주하게 될 것이다. 이 파동들은 무엇으로 이루어졌을까? 파동이 움직이는 빈 공간의 본질은 무엇일까? 그리고 미시적인 파동의 독특한 점은 무엇일까? 우리의 직관에 반하는 이런 질문에 대한 답을 통해 우리는 익숙하지 않은 종류의 파동이 어떻게 인간을 구성하는 기본 요소가 될 수 있는지를 이해하게 될 것이다.

10
공명

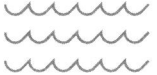

몇 년 전 어느 여름 오후, 작은 놀이터 벤치에 앉아 친구와 두런두런 이야기를 나누고 있었다. 친구의 아내와 아들은 그네를 타고 있었다. 아직 아이가 혼자서 그네를 탈 수 있는 나이가 아니었기에 엄마가 그네를 규칙적으로 밀어주고 있었다.

그때 휴대전화의 신호음이 울리고, 친구의 아내는 문자 메시지에 장문의 답장을 보내기 위해 옆으로 몸을 돌렸다. 아이 엄마가 문자를 보내는 동안 앞뒤로 오가던 그네가 마찰력에 의해 점점 높이가 낮아졌다. 그네가 멈춰 설 무렵 아이는 울음을 터뜨렸고, 엄마는 휴대전화를 집어넣고 다시 그네를 밀었다.

우리는 그네를 탄 아이가 앞뒤로 흔들리는 모습을 멍하니 지켜보고 있었다. 그때 문득 생각이 떠오른 나는 마치 계시를 받은 것처럼 한 마디 내던졌다.

"저게 바로 우주의 비밀이야."

"대체 뭔 소리야?" 친구는 재미있다는 듯 미소를 지으며 나를 바라보았다.

나는 친구에게 아내가 언제 그네를 밀어야 하는지 어떻게 아는지 물었다. 친구는 의아한 듯 눈썹을 치켜 올렸다. 내가 무슨 생각으로 그런 말을 하는지 도통 알 수 없다는 표정이었다.

"있잖아, 이건 전부 '공명(resonance)'에 관한 거야. 우주도 마찬가지고."

어렸을 적 그네를 타본 적 있거나 부모가 되어 그네를 밀어준 적이 있다면 그네를 언제 밀어야 할지 잘 알 것이다. 그네는 적절한 시점에 리듬에 맞춰 밀어야 한다. 그네가 뒤쪽으로 돌아와 멈출 것 같은 바로 그 순간에 밀어야 하는 것이다. 다시 말하면, '그네 자체가 언제 밀어야 하는지 알려준다.' 그네는 알고 있다. 만약 제대로 된 타이밍을 놓치면, 그네는 높이 오르지 못하고 움직임도 이리저리 흔들려서 아이가 짜증을 낼 것이다.

이것만큼은 과학적으로 따져 봐도 여전히 유용한 상식 중 하나이다. 여기서 우리는 적어도 이 상황에서 우리가 공명을 직관적으로 이해하고 있다는 것을 알 수 있다. (비슷한 직관으로는 진흙탕에 빠진 자동차를 꺼내려고 할 때, 자동차를 앞뒤로 움직이는 것을 들 수 있다). 공명은 그네, 시계, 악기, 그리고 우리 우주 전체가 작동하는 데 핵심적 역할을 한다.

소립자에 관한 책인데, 질량을 논의하고 다음에 바로 공명에 대해 이야기하는 이유가 분명치 않게 보일 수 있지만, 나름 의도한 것이니

양해하기 바란다. 공명과 정지 질량이 어떻게 연결되는지는 앞으로 여러 장에 걸쳐 점차 밝혀질 것이다.

공명을 쉽게 이해하려면, 진동의 기본, 즉 앞뒤로 움직이는 운동과 그 밖의 다양한 형태의 왕복 변화에 대해 살펴볼 필요가 있다. 우리가 가장 흔히 경험하는 진동은 음악과 관련이 있다. 기타나 기타 비슷한 악기들 — 류트, 시타르, 우드, 고토, 우쿨렐레, 바이올린, 첼로, 더블베이스, 지터, 덜시머 — 을 연주해본 적이 있다면, 이미 진동에 대한 귀중한 직관을 가지고 있을 것이다. 심지어 이런 악기를 연주하는 모습을 자세히 보지 못했거나 지금 당장 악기를 사용할 수 없다고 하더라도 한 가닥의 실만 있으면 필요한 모든 것을 스스로 배울 수 있다. (30센티미터, 또는 1미터 길이의 가는 실 하나면 충분하다. 실의 한쪽 끝을 문고리나 기둥 같은 고정된 물체에 묶고, 다른 쪽 끝은 나무 의자 등 무겁지만 움직일 수 있는 물체에 단단히 감는다. 그런 다음 의자를 움직여 실을 팽팽하게 해 손가락으로 튕겼을 때 소리가 들리도록 한다. 만약 소리가 나지 않고 실이 진동하는 것만 보인다면, 실이 충분히 팽팽하지 않은 것이므로 의자를 움직여 실을 더 팽팽하게 한 후 다시 튕기면 된다.)

실을 튕기면 진동이 시작된다. 이 진동을 눈으로는 잘 구분하지 못할 수도 있다. 일반적으로 진동 소리가 귀에 들릴 정도라면, 진동의 움직임은 인간의 눈으로 따라가기엔 너무 빠르다. 그럼에도 불구하고 실이 위아래로 움직이는 것이 흐릿하게 보일 것이다. 시간이 지나면 이 흐릿한 움직임이 사라지고, 소리도 점점 약해진다. 결국 줄은 다시 또렷하게 보이게 되고, 그에 따라 소리도 사라진다.

줄을 튕기거나, 플루트를 연주하거나, 종을 치면 우리는 일정 시간 지속되는 소리를 듣게 되는데, 이 소리는 주로 두 가지 특징을 갖는다. 하나는 '음높이(pitch)', '음(note)', 또는 '음조(tone)'인데, 여기서는 이 세 단어를 거의 같은 의미로 사용할 것이다.[1] 그리고 또 하나는 특정한 '소리 크기(loudness)' 또는 '음량(volume)'이다.

이것이 뇌가 인식하는 소리의 특징이다. 하지만 세상은 우리 뇌를 속이는 착각으로 가득 차 있으므로, 주의할 필요가 있다. 그렇다면 실제로 무슨 일이 일어나고 있는 것일까?

물리적 과정으로서의 진동 역시 크게 두 가지 특징을 가지고 있다. 첫째, 앞뒤로 움직이는 빈도이다. 매초 일어나는 (앞에서 뒤로 갔다가 다시 앞으로 돌아오는) 완전한 왕복 운동의 횟수를 진동의 '주파수(frequency)'라고 한다. 아이들이 타는 그네는 보통 초당 약 3분의 1회로, 한 번의 완전한 왕복 운동을 하는 데 3초가 걸린다. 반면 기타를 정면에서 봤을 때 가장 왼쪽에 있는 첫 번째 줄의 주파수는 초당 약 80회로, 눈으로는 따라갈 수 없을 만큼 빠르지만 우리 귀의 가청 범위 안에 있다.

둘째, 앞뒤로 움직이는 정도, 즉 진동의 크기인데 이를 진동의 '진폭(amplitude)'이라고 부른다. 부모가 아이를 세게 밀면 밀수록, 그네의 진폭이 커진다. 만약 부모가 휴대전화에 정신이 팔려 밀어주지 않으면, 진폭은 서서히 줄어든다. 마찬가지로 줄을 세게 튕기면 진폭이 커지고, 약하게 튕기면 진폭이 작아진다. 시간이 지남에 따라 진폭은 점차 줄어든다.

진동에서 주파수는 진동이 '얼마나 자주' 발생하는지를, 진폭은 '얼마나 멀리' 움직이는지를 나타낸다. 같은 음을 연주해도, 바이올린과 피아노의 소리가 다르게 들리는 이유인 '음색(timber)'과 같은 더 미묘한 차이에 관심이 없다면, 진동에 대해 알아야 할 것은 이 정도면 충분하다.

놀랍게도 진동의 두 가지 속성이 우리가 듣는 소리를 크게 좌우한다. 즉, 주파수는 음을 결정하고, 진폭은 음량을 결정한다. (더 정확히 말하자면, 진폭에 의해 결정되는 소리의 고유 음량과 달리 겉보기 음량은 우리가 기타에서 얼마나 멀리 떨어져 있느냐에 따라 달라진다.) 진동의 진폭이 줄어들면, 소리의 음량도 줄어든다.

이는 과학 입장에서는 행운과도 같은 일이다. 우리가 소리를 경험하는 방식이 실제로 일어나는 현상과 매우 밀접하게 일치하기 때문인데, 다른 감각들에서는 그렇지 않은 경우가 많다. 고대 그리스 학자들이 일상적으로 겪는 다른 현상들보다 소리를 더 잘 이해했던 것은 결코 우연이 아니다. 이들은 인간의 청각이 진동과 관련이 있다는 것을 알았다.

더 큰 진동은(다시 말해 진폭이 크면) 더 큰 소리에 해당한다(즉, 더 시끄러워진다). 더 높은 진동은(즉, 주파수가 더 높으면) 더 높은 음에 해당한다(즉, 더 높은 음높이의 소리가 난다). 높은 음과 낮은 음, 또는 높은 음높이와 낮은 음높이는 음악 용어로, 영어에서도 관용적 표현으로 널리 쓰인다. 이를테면 "She hoped to end her career on a high note(그녀는 자신의 경력을 성공적으로 마무리하고 싶었다)"처럼 말이다. (이미 이 용어에 익숙하다면, 이 단락의 나머지 부분은 건너뛰어도 된다.) 우리는 노래를 통해서 이 개념을 직관적으로 이해한다. "높은" 음은 목구멍 위쪽에서 나는 느낌이고, 우리가 낼 수 있는 소리 중 가장 날카롭고 높은 소리이다. "낮은" 음은 사자가 포효하는 것을 흉내 낼 때처럼, 우리 몸 아래쪽에서 울리는 느낌이 든다. 아이들과 대부분의 성인 여성은 대부분의 성인 남성보다 더 높은 음을 낼 수 있고, 소년들은 사춘기를 지나면서 목소리가 고음에서 저음으로 변한다.

여러 개의 현이 있는 악기에서 각 현이 서로 다른 음을 내는 이유는 현마다 진동하는 주파수가 다르기 때문이다. 일반적인 기타의 여섯 번째 줄은 첫 번째 줄보다 네 배 더 빠르게 진동하며, 더 높은 주파수로 인해 "더 높은 음"을 낸다. 피아노에서 가장 왼쪽에 있는 건반은 "낮은 음"을, 가장 오른쪽에 있는 건반은 "높은 음"을 내며, 각각 낮은 주파수와 높은 주파수에 해당한다.

이제 여기서 중요한 질문이 하나 등장한다. 줄을 튕기면 소리가 서서히 사라지지만(즉 음량이 감소하지만), 그동안 음높이는 일정하게 유지된다. 진폭은 소리의 크기에, 주파수는 음높이에 해당하므로, 이는 '튕긴 줄의 진폭이 줄어들어도 주파수는 변하지 않는다'는 것을 의미한다. 왜 그럴까?

물음에 대한 답이 무엇이든 간에 이는 음악과 악기에 있어서 지극히 중요한 사실이다. 만약 그렇지 않다면, 튕긴 줄은 순수한 음을 만들지 못하고, 소리의 높이가 불안정해서 사이렌 소리나 고양이 울음소리처럼 들릴 것이다. 혹시 1960년대 밥 딜런의 노래를 들어본 적이 있는가? 밥 딜런은 위대한 음악가이지만, 음정을 자유자재로 높였다 낮췄다 하는 음악 스타일 때문에 노래를 따라 부르기가 여간 힘든 게 아니다. 만약 우리가 갖고 있는 기타가 항상 그런 식으로 들린다고 상상해보라. (물론 밥 딜런의 기타는 그렇지 않았다.)

그뿐만 아니라 진폭과 함께 주파수도 변한다면, 악기 연주가 훨씬 더 어려워질 것이다. 악기 대부분은 연주자가 한 가지 동작으로 어떤 음을 연주할지 결정하고, 또 다른 동작으로 소리의 크기를 조절할 수 있다. 이를테면 첼로에서는 왼손 손가락의 위치가 음을 결정하고, 오른 팔로 활을 누르는 힘이 소리의 크기를 결정한다. 피아노에서는 어떤 건반을 누르느냐에 따라 음이 정해지고, 건반을 누르는 힘에 따라 음량이 달라진다. 이런 식으로 두 가지 동작이 명확하게 분리될 수 있는 것은 주파수와 진폭이 서로 독립적이기 때문이다. 만약 서로 연관되어 있었다면, 기타를 연주할 때 특정 음을 내기 위해 정확히 알맞은 세기의 힘으로만 튕겨야 했을 것이다.

다행스럽게도 악기 제작자와 음악가 모두에게 이런 불편한 상황은 기우에 불과하다. 이것은 공명이라는 놀라운 특성 덕분이다. 진동하는 많은 물체는 '공명 주파수'(또는 공진 주파수)를 갖고 있다. 이 물체를 교란한 후 그대로 두면, 물체는 진동의 진폭과 관계없이 항상 고유의 주파수로 진동하게 된다.[2]

이런 점에서 주파수는 일정하지만, 진폭은 그렇지 않다. 진폭은 악기를 더 세게 또는 더 약하게 튕기거나 치거나 불어서 쉽게 바꿀 수 있다. 아주 쉽고 자연스러운 일이라서, 아이들마저도 할 수 있다. (부모라면 누구나 공감하듯이 아이들은 항상 어떻게 하면 소리를 더 크게 낼 수 있는지 잘 알고 있다.) 이에 비해 현악기나 다른 악기의 주파수를 변경하는 것은 더 힘들고, 어린아이가 하기에는 인지 능력과 신체적 능력이 많이 부족하다.

공명 현상 때문에 줄의 주파수는 줄을 튕기는 방식과는 무관하게 정해진다. 기타 연주자가 손가락으로 줄을 튕기든, 피크로 튕기든 똑같은 음이 난다. 바이올리니스트는 활로 줄을 켜든 손가락으로 튕기든 같은 음을 낼 수 있다. 피아노의 88개 현 역시 건반과 연결된 해머로 치든, 신용카드로 긁든, 손가락으로 튕기든 모두 동일한 88개의 음을 만들어낸다. 물론 소리의 성질과 크기는 현을 연주하는 방식에 따라 달라지지만, 만들어진 음은 절대 변하지 않는다.

어떤 의미에서 주파수와 진폭은 서로 간섭하지 않으며, 우리는 이 사실을 알고 있다. 즉, 주파수는 소리의 크기에 영향을 주지 않으면서 음높이를 결정하고, 진폭은 음높이에 영향을 주지 않으면서 소리의 크기만 결정한다.[3]

종, 기타, 바이올린, 피아노, 파이프 오르간, 플루트, 트럼펫, 실로폰 등 지속적인 음을 낼 수 있는 대부분의 악기의 기본이 공명인 이유도 바로 이 때문이다. 공명은 악기 연주를 가능하게 해주고, 명확하고 일관된 음을 낼 수 있게 해준다. 공명이 없다면, 음악을 연주를 하는 일은 훨씬 더 어려워질 것이다.

인간을 만드는 것 역시 훨씬 더 어려웠을 것이다. 매우 실제적인 의미에서, '공명은 우주 전체의 근간'을 이루고 있으며, 우리를 비롯하여 다른 모든 것을 구성하는 소립자의 속성을 결정한다. 바로 이 지점에서 우리는 우주와 악기 사이의 유사점을 발견하게 된다.[4]

그렇다고 해서 우주가 우리가 음악을 만드는 방식 그대로 음악을 만든다고 말하고 싶지는 않다. 다양한 음을 체계적으로 낼 수 있는 기타는 복잡한 멜로디와 화음을 만들어내 인간의 감정과 분위기를 표현하는 데 이상적인 악기다. 반면 우주의 "음악"은 훨씬 제한적이며, 어떤 면에서는 우주가 기타보다 훨씬 덜 유연하다. 하지만 곧 알게 되겠지만, 바로 이 우주의 독특함 덕분에 우리는 훨씬 더 살기 좋은 세상에 있게 되었다.

"기타 비유가 혹시 끈 이론과 관계가 있는 거야?" 사회과학자로 취미로 음악을 하는 친구가 물었다. 친구는 (가장 야심찬 형태로) 우주의 근본적인 작동 원리를 이해하고, 모든 기본 입자와 힘을 하나도 빠트리지 않고 설명하려는 끈 이론에 관한 책을 막 읽은 터였다.[5]

"아니, 끈 이론은 전혀 다른 이야기야." 내가 대답했다. "여기서는 비유가 좀 달라. 대략적으로 이야기하면, 기타에는 진동하는 '줄(string)'이 있지만, 우주에는 진동하는 '장(field)'이 있지."

우주의 장, 즉 전기장과 자기장부터 힉스장까지는 실험을 통해 광범위하게 연구되어 왔으며, 우리는 우주장에 대해 많은 것을 알고 있다. 끈 이론은 그 다음 단계의 잠재적 지식으로, 이런 장들이 어디에서 오는지 설명하려는 시도이다.[6] 지금까지는 아무도 끈 이론을 실험으로 검증하는 방법을 발견하지 못했기 때문에, 현재로서는 가설에 머물러 있다. 이 책은 이미 알려져 있거나 곧 알 수 있는 것에 초점을 맞추고 있기 때문에 끈 이론이나 다른 가설적 이론들에 대해서는 되도록 언급을 자제하려 한다.

"그럼 그걸 '장 이론(field theory)'이라고 해?"

"맞아." 내가 인정했다. "장과 입자를 설명하는 데 사용되는 수학을 '양자장 이론(quantum field theory)'이라고 하지."

기타에 있는 줄을 교란하면 줄이 진동하는 것처럼, 우주에는 모든 방향으로 어디에나 장이 존재하며, 마찬가지로 장을 교란하면 장이 진동한다. 여기서 "것처럼"이라고 표현한 것은 이 비유에 결함이 있기 때문이다. 이에 대해서는 몇 장 뒤에서 다시 보완할 것이다. 하지만 비유의 본질은 여전히 유효하다. 우주는 하나의 악기와 닮아 있다.

10.1 에너지 흐름

아이가 탄 그네는 부모가 밀어주지 않으면 멈춘다. 모든 기타 줄의 소리도 서서히 약해진다. 우리가 물통에 부딪히면, 물 표면에 작은 파동이 일지만, 이 파동은 오래 지속되지 않는다. 일상생활에서 진동은 절대로 몇 주, 몇 년, 또는 몇 우주 나이 동안 지속할 수 없고, 왔다가는 사라진다.

진동이 사라지는 것을 당연하고 정상적인 것이라고 생각할 수 있지만, 사실 또 하나의 잘못된 상식이다. 움직이는 물체는 결국 정지한다는 잘못된 정지 법칙을 진동에 적용한 것에 불과하다.

등속운동과 마찬가지로 진동은 저절로 사라지지 않는다. 진동이 사라지는 것은 진동이 에너지를 빼앗기기 때문이다. 가속 페달을 더 이상 밟지 않으면, 흩어지기가 자동차의 운동 에너지를 빼앗아 자동차의 속도를 느려지게 하는 것처럼, 흩어지기는 그네를 탄 아이의 에너지도 빼앗아 간다. 사용 가능한 에너지가 줄어들면, 진동의 진폭도 따라서 줄어든다.

만약 흩어지기가 없다면, 물체가 영원히 등속운동 하는 것처럼 영원히 진동할 수 있다. 일상적인 물체에서는 결코 볼 수 없는 현상이다. 하지만 흩어지기가 없는 진동은 극단적인 미시세계에서는 흔하게 일어난다. 실제로 우리와 우리 주변의 사물들은 에너지를 소모시키는 마찰력이나 다른 과정이 없기 때문에 무한히 지속될 수 있는 진동들로 이루어져 있다. 어떻게 이런 일이 가능한지는 나중에 다시 살펴볼 것이다.

그럼에도 불구하고 진동에는 상대성원리에 해당하는 개념이 존재하지 않는다. 등속운동은 정지 상태와 같은 느낌을 주어 구분이 되지 않지만, 규칙적인 진동과 진동이 없는 것은 혼동될 수 없다. 둘은 전혀 다르게 느껴진다.

아이가 탄 그네의 경우, 흩어지기는 대부분 줄과 지지대 사이의 마찰력에 의해 발생한다. 이 마찰력은 그네를 탄 아이의 에너지를 빼앗아 열로 바꾼다. 따라서 그네가 멈추지 않게 하려면, 부모가 아이의 그네를 계속 밀어 마찰력이 빼앗은 에너지를 보충해주어야 한다.

하지만 기타 줄에서 일어나는 흩어지기는 훨씬 더 흥미롭다(《그림 18》). 기타 줄을 튕기면 줄에 에너지가 전달되는데, 이 에너지가 없으면, 기타 줄은 진동할 수 없다. 기타 줄의 진동 에너지가 서서히 흩어지면서, 마찰력은 에너지의 일부를 열로 변환한다. 에너지의 대부분은 기타 전체를 진동하는 데 사용되고, 이 진동이 소리 ― 움직이는 파동 형태의 공기 진동 ― 로 바뀐다. 이 공기의 진동은 움직이는 잔물결 형태로 퍼져나가는데 이것이 '음파(sound wave)'이다. 음파는 진동하는 기타에서 얻

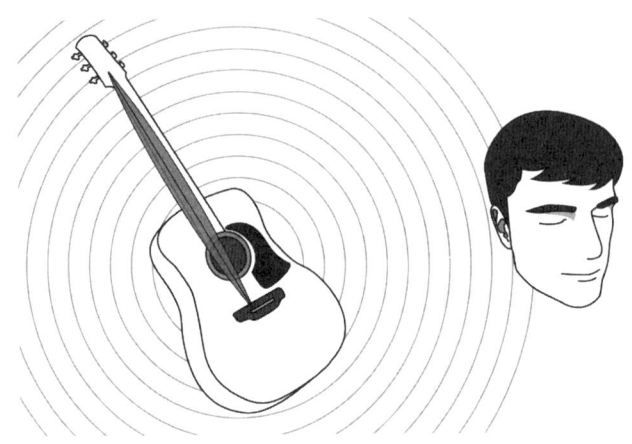

그림 18   기타 연주자가 줄을 튕겨서 에너지를 공급하면 기타 줄이 진동한다. 이때 발생한 음파는 이 에너지의 일부를 청중의 고막으로 전달하여 고막을 진동하게 한다.

은 운동 에너지를 외부로 전달한다. 기타 연주자의 손가락에서 시작된 에너지는 기타 진동을 통해 음파로 변환되고, 이 음파가 청중의 귀에 전달되어 고막을 진동하게 한다.[7]

이런 에너지의 흐름은 음악에서 매우 중요한 역할을 한다. 악기가 진동을 만드는 것도 필요하지만, 흩어지기가 진동을 음파로 변환하지 못하고 음파가 고막을 진동시키지 못한다면, 아무도 그 소리를 들을 수 없을 것이다. 이처럼 진동의 한 형태에서 다른 형태로의 변환은 일상적인 현상에서도, 입자물리학에서도 다양한 유사 사례가 있다. 이 주제에 대해서는 앞으로 다시 다루게 될 것이다.

줄을 튕기는 연주자의 손가락에서 시작된 에너지가 점차 열과 소리로 흩어지면서 기타 줄에 남은 에너지는 점점 줄고, 그 결과 기타 줄

진동의 진폭도 점차 작아진다. 그러면 기타 줄이 만드는 음파의 진폭 역시 줄어들기 때문에 청중은 점점 소리가 작아지는 것을 느낄 수 있다. 결국 기타 줄의 진동이 가진 모든 에너지가 모두 사라지면, 다시 고요가 찾아온다.

10.2 진자와 우주

아이가 탄 그네, 줄 끝에 매달린 공, 긴 사슬에 달린 열쇠. 이들은 모두 공명 진동과 흩어지기를 보여주는 간단한 물체인 진자의 예들이다. 또한 진자는 우주의 작동 원리를 이해하는 데 필수적인 통찰을 선사한다.

역사적으로 진자를 활용한 주요 사례로는 시계를 들 수 있다. 17세기 이전까지 최고의 시계는 태엽을 감아 동력을 얻는 방식이었다. 이 시계는 태엽이 풀리면서 기어 장치를 움직여 초를 세었다. 하지만 이 방식에는 한계가 있었다. 처음에는 시간이 잘 맞지만, 태엽이 풀릴수록 스프링이 기어를 밀어주는 힘이 약해져 시계가 점점 느려졌다.

이 문제를 해결한 것이 진자시계였다. 진자가 좋은 시계가 될 수 있었던 이유는 기타 줄이 맑고 일정한 음을 내는 것과 같은 원리 때문이었다. 태엽이 풀리면서 시계가 느려지는 태엽 구동식 시계와 달리 진자시계는 에너지가 줄어들어도 진폭만 작아질 뿐 진동 주파수는 변하지 않는다. 진자시계가 가진 신뢰성의 바탕에는 바로 공명이 있다. 갈릴레오 역시 젊은 학생 시절 진자의 이러한 특성을 알아차렸고, 수십 년 후 하위헌스가 이를 바탕으로 실용적인 시계를 발명했다. 이후 1930년 대까지 진자시계는 시간을 가장 정확하게 알려주는 시계로 남았다.

이 사실을 직접 확인해보고 싶다면, 종류는 상관없으니 아무 진자라도 하나 준비해 매달린 물체(추)를 한쪽으로 살짝 당긴 다음 놓아보라. 그러면 추는 특정 주파수로 진동할 것이다《그림 19》. 이제 추를 멈춘 후, 이번에는 추를 더 크게 당겼다가 놓아 더 큰 진폭으로 진동시켜보자. 운동이 더 커짐에도 불구하고, 주파수는 변하지 않는다는 것을 확인할 수 있다.

시간이 지나면서 마찰력으로 인한 흩어지기 때문에 진자의 진폭은 감소하지만, 주파수는 변하지 않는다. 원한다면 가끔씩 약간의 에너지를 추가하여 흩어지기에 의한 진폭의 감소를 막을 수 있다. 진자의 주파수와 같은 주파수로 규칙적으로 추를 밀면, 가장 효율적으로 흩어지기에 의한 진폭의 감소를 막을 수 있다. 부모가 그네를 타는 아이를 계속 밀어주는 것과 같은 원리이다.

진자의 주파수는 추를 당기든, 추를 망치로 두드리든, 추가 매달린 지지대를 건드리든 간에 항상 동일하게 유지된다. 무엇을 해도 변하지 않는다. 진폭은 우리가 조절할 수 있지만, 공명 주파수는 진자 자체에 내재된 속성이라 우리가 통제할 수 없다.

학교 다닐 때 3학년 무렵 이에 대해 배운 기억이 난다. 선생님은 사과를 줄에 매달고 여러 가지 방법으로 흔들어 보였다. 어느 순간에는 심지어 사과를 반으로 자르기도 했다. 선생님이 무슨 일을 하든 매달린 사과의 주파수는 변하지 않았다. 우리 모두 별다른 일이 없을 거라 생

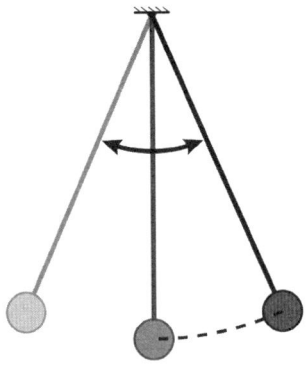

<u>그림 19</u> 진자의 주파수는 진자가 얼마나 자주 흔들리는지를 나타내고, 진폭은 진자가 얼마나 크게 흔들리는지(점선)를 나타낸다. 주파수와 진폭은(진폭이 아주 크지 않은 한) 서로 독립적이다.

각하며 방심하고 있는데, 마지막 순간에 선생님은 우리를 깜짝 놀라게 했다.

알고 보면, 진동의 공명 주파수를 바꾸는 것은 의외로 그리 어렵지 않다. 선생님이 무엇을 했는지는 조금 후에 다시 말할 것이다. 하지만 우선 여러 가지 방법으로 음높이를 변화시킬 수 있는 기타 줄에 초점을 맞춰 보자.

1. 기타는 보통 오른손으로 줄을 튕기고 왼손 손가락을 악기 목에 올려놓는 방식으로 연주한다. 기타 연주를 주로 담당하는 것은 왼손이며, 왼손이 없으면 6줄 악기는 6개의 음만 내게 된다. 왼손 손가락은 줄을 '짧게 하는 데' 사용된다. 손가락을 기타 줄 위에 올려놓고 기타 목 쪽으로 밀면, 줄이 두 부분으로 나뉜다. 오른손이 줄을 튕기면, 〈그림

그림 20 (왼쪽) 줄이 한 개 있는 기타. (가운데) 줄을 튕기면 전체 길이의 줄이 그 줄의 공명 주파수로 진동한다. (오른쪽) 기타 연주자가 줄을 손가락으로 눌러 줄의 길이를 짧게 하면, 공명 주파수가 높아져 더 높은 음을 낸다.

20>에서와 같이 기타 줄의 아래쪽 부분만 진동한다. 짧아진 줄은 전체 길이의 줄보다 더 높은 주파수로 진동하므로, 더 높은 음을 낸다. 기타의 사촌 악기들과 바이올린을 포함한 다른 많은 현악기에도 같은 원리가 적용된다. 줄을 얼마나 짧게 잡느냐에 따라 다양한 음이 나오기 때문에 악기가 복잡한 음악을 연주하는 데 필요한 다양한 표현을 할 수 있는 것이다.

플루트나 색소폰과 같은 관악기에도 비슷한 원리가 적용된다. 플루트 내부에는 진동하는 공기 기둥이 있다. 연주자의 손가락이 플루트의 모든 구멍을 막으면, 공기 기둥의 길이는 플루트의 길이와 같아진다. 연주자가 손가락을 들어 구멍을 열면, 구멍을 통해 공기가 빠져나가면서 공기 기둥의 길이가 짧아져 더 높은 주파수로 진동한다. 관악기의 전체 길이가 정해져 있음에도 불구하고 관악기가 다양한 음을 낼 수 있는 이유다.

마찬가지로 선생님께서 우리에게 보여주신 것처럼, 진자의 길이를 짧게 하면, 진동의 주파수가 높아진다. 진자의 줄을 절반만 잡아 줄의 윗부분이 움직이지 않도록 하면, 추가 흔들리는 주파수가 즉시 증가하는 것을 볼 수 있다.

1a. 기타와 다른 현악기, 그리고 관악기, 특히 프렌치 호른이나 트럼펫과 같은 금관 악기에서도 일반적으로 사용되는 더 높은 주파수를 얻기 위한 방법이 있다. 이 방법은 이 책에서 잠깐 소개할 "배음(overtone)"이라고 부르는 "배진동(harmonics)" 개념과 관계가 있다. 배진동은 줄이나 공기 기둥이 평소보다 더 빨리 진동하도록 속인다. 배진동을 일으키는 방법은 아주 많지만, 이런 방법들만으로는 복잡한 음악을 연주하기 어렵다. 이 때문에 저음 하나로만 배진동을 만드는 군용 나팔이나 오래된 사냥 나팔로는 비교적 단순한 곡만 연주할 수 있다.

배진동이라는 주제는 놀랍고 흥미로운 주제이다. 배진동은 인류의 음악에서 핵심적인 역할을 할 뿐만 아니라 양자물리학, 특히 원자의 구조를 이해하는 데도 중요한 역할을 한다. 무척 재미있는 주제이긴 하지만 지금 다루기는 좀 힘들 것 같다.

2. 기타는 기타 줄의 공명 주파수가 적절한 비율을 갖도록 맞춰져 있지 않으면, 대부분의 청중에게 듣기 좋은 소리를 내지 못한다. 기타가 듣기 좋은 소리를 내지 못할 때, 우리는 "음이 맞지 않았다"라고 이야기한다. 기타를 다시 "음이 맞게" 하려면 기타 연주자가 줄을 '조이거나 풀어서' 기타 줄의 주파수를 조절하는데, 이를 "줄을 튜닝한다"라고

한다.

구체적으로 말하면, 기타 줄은 한쪽 끝이 핀에 고정되어 있고, 다른 쪽 끝은 노브에 감겨 있다. 노브를 돌리면, 기타 줄이 조여지거나 느슨해져서 기타 줄의 공명 주파수가 높아지거나 낮아진다. (이 장의 서두에서 제안한 대로 직접 진동하는 줄을 만들어보았다면, 줄의 팽팽한 정도를 조절하여 이것을 확인할 수 있다.) 피아노를 포함한 대부분의 현악기도 같은 원리로 작동한다.

진자나 관악기의 경우에는 이런 간단한 조율 방식이 존재하지 않는다. 하지만 〈그림 21〉에서 볼 수 있는 것처럼 스프링 끝에 공을 달면, 공이 튀어 오르면서 우리가 방금 살펴본 공명 진동의 모든 특징을 보여준다. 스프링의 위쪽 코일을 손으로 잡으면 스프링이 더 단단해지는데, 그러면 여전히 움직일 수 있는 아래쪽 코일의 움직임이 제한되어, 공이 더 높은 주파수로 진동하게 된다.[8]

3. 기타와 피아노를 계속해서 다시 조율해야 한다는 점이 조금 아쉽게 느껴질 수도 있다. 왜 이 악기들은 한 번만 조율해서 계속 사용할 수 없는 걸까?

악기로 음악을 연주하면 당연히 손상이 생기기도 하지만, 심지어 몇 주 동안 보관만 해두었다 꺼내도 음이 맞지 않게 된다. 이는 '환경의 변화' 때문이다. 주로 온도와 습도의 변화가 줄에 영향을 주기 때문인데, 사실은 악기 전체에 영향을 주고 그 과정에서 줄도 변형되는 것이다. 좀 더 일반적으로 말하면, 대부분의 악기는 주변 환경에 민감하다. 이를테면 차가운 클라리넷은 따뜻한 클라리넷보다 공명 주파수가 더 낮다. 십대 시절 쌀쌀한 아침에 클라리넷을 연주할 때 종종 이런 문제

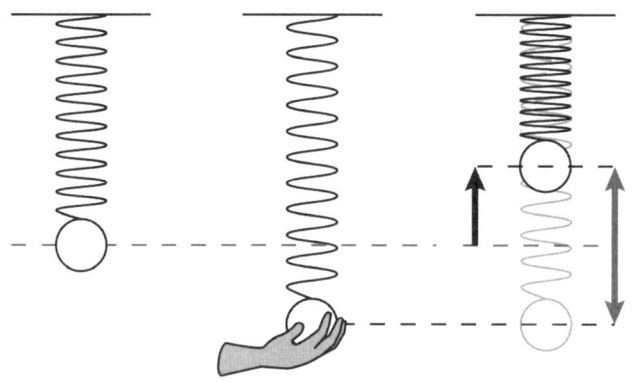

그림 21 (왼쪽) 스프링에 공이 매달려 있다. (가운데) 공을 당겼다가 놓는다. (오른쪽) 흩어지기로 인해 진폭(검은색 화살표)이 점차 감소하는 동안에도 공은 스프링의 공명 주파수에 따라 진동한다. 스프링을 더 단단하게 하면(조이면) 진동의 주파수가 증가한다.

가 생겼던 것이 기억이 난다. 보통의 공기 대신 다른 기체로 바꾸면 관악기의 주파수에도 비슷한 영향을 미친다. 아마 파티에서 헬륨을 들이마신 사람이 내는 높고 가느다란 목소리를 들어본 적이 있을 것이다.

진자에 영향을 미치는 요인으로는 진자가 매달려 있는 중력도 포함된다. 달의 중력은 지구 중력보다 약하기 때문에 진자의 주파수가 지구보다 달에서 더 낮다. 심우주처럼 중력이 거의 없는 곳에서는 진자의 주파수가 0에 가까워지고, 진자의 추는 사실상 무게가 없어져 흔들리지 않고 공중에 떠 있게 된다.[9]

기타의 공명 주파수를 바꾸는 이러한 방법이 모든 악기에 적용되는 것은 아니다. 피아노를 연주할 때는 줄의 길이를 짧게 할 수 없기 때문에 기타와 달리 피아노는 연주자가 원하는 각 음에 대해 별도의 줄이 필요하다. 좋은 길이를 짧게 하거나 조일 수가 없지만, 온도 변화와 같은 환경에는 반응하여 주파수가 달라질 수 있다.

앞서 우리는 우주가 기타와 비슷하다고 이야기했는데, 혹자는 어떻게 우주가 공명 주파수를 가질 수 있는지 의문을 가질 법도 하다. 대체로 크기가 큰 악기는 작은 악기보다 주파수가 낮은 경우가 많다. 바이올린은 높은 소리를 내고, 첼로는 낮은 소리를 낸다. 트럼펫은 튜바보다 더 높은 음역을 갖는다. 우주는 상상을 초월할 정도로 크기 때문에 공명 주파수가 터무니없을 정도로 낮을 것이라고 생각할 수 있다.

하지만 앞으로 살펴보겠지만, 우주에는 놀라운 비밀이 숨겨져 있어 초고주파로 진동할 수 있다. 우주 전체에 퍼져 있으면서도 1초에 수십억 조 번, 혹은 그보다 더 빠르게 진동할 수 있는 장(field)들도 있다. 그러나 기타의 주파수를 변화시키는 메커니즘이 우주에서도 작동하는지는 불분명하다. 기타 줄에는 끝이 있지만, 우주장에는 끝이 없다. 장은 우주 어디에나 존재하기 때문에 길이를 짧게 할 수도 없다.[10] 또 장에는 가장자리가 없기 때문에 기타의 노브처럼 장을 조일 수도 없다. 마지막으로 우주는 정의상 모든 것이기 때문에 우주가 따로 환경을 가질 수 있을지도 의문이다.

여기에 놀라운 사실이 숨어 있다. 즉 '하나의 장이 다른 장의 환경 역할을 할 수 있다는 것이다.' 실제로 나중에 살펴보겠지만, 힉스장의 주요 역할이 바로 여러 다른 장들의 환경 역할을 하는 것이다. 온도가 변하면 기타 줄의 공명 주파수가 바뀌는 것처럼, 힉스장이 작동하면 다른 장들의 공명 주파수를 변화시킨다.

이런 특징 때문에 우주는 기타보다 훨씬 더 복잡하다. 힉스장이 다른 장에 미치는 영향은 마치 어떤 기타 줄의 특성이 다른 줄의 음을 다시 맞추는 것과 비슷하다. 악기 제작자라면 당연히 이런 일이 안 생기도록 줄을 서로 분리하고 독립적으로 유지할 것이다. 그래야 각각의 줄을 따로 연주할 수 있고, 하나의 줄이 다른 줄에 미치는 영향도 제한적이기 때문이다.[11] 하지만 우주의 장들에는 이런 제한이 적용되지 않는다.

11
파동의 이해

기타 소리를 듣는 과정에는 〈그림 18〉(206쪽)에서 강조한 것처럼 일련의 사건들이 이어진다. 하지만 그 과정 속에는 잠재적으로 혼란을 일으킬 수 있는 무언가가 있다. 한 친구가 이렇게 말했다. "소리는 어떻게 악기에서 나와 나를 향해 이동하는 거야? 공기를 밀어내는 일종의 바람 같은 게 있는 건가?"

당연한 질문이지만, 답에는 놀라운 것이 숨겨져 있다. 악기를 켜면 '음파는 이동하지만, 공기는 이동하지 않는다'는 것이다. 이것은 파동의 일반적인 특징이자 우주를 이해하는 중요한 열쇠다.

하지만 먼저 가장 기본적인 것부터 짚고 넘어가야 한다. 앞으로 우리 주변의 모든 것이 파동으로 이루어져 있다는 사실을 설명할 텐데, 그러려면 먼저 '파동(wave)'이라는 단어의 정의에 동의해야 한다. 왜냐하면 이 파동이라는 단어 역시 오해를 부르는 거짓 친구이기 때문이다.

(이 분야에서는 누구도 쉽게 믿을 수 없다.)

일상적으로 쓰는 말에서 해변의 파도는 물 위에 솟은 하나의 물마루(crest)를 의미하며, 앞뒤로 골(trough)이 있어 다른 파도와 구분된다. 서핑에서 '파도가 부서진다'거나 '파도를 탄다'라고 할 때 바로 이런 하나의 파도를 말한다.

그러나 물리학계 언어에서 단순한 파동이란 일반적으로 하나의 파도가 아니라 마루와 골이 연속으로 이어지는 일련의 파동을 뜻한다. 물리학자와 대부분의 과학자, 그리고 녹음 엔지니어를 포함한 공학자들에게 "파동"이란 파동열(wave train) 또는 파동 집합(wave set)이라고 부르는 것을 의미한다. 이에 대해서는 〈그림 22〉에서 잘 보여주고 있다. 다시 말해, 일상 언어에서 파동은 하나의 물결을 의미하지만, 물리학에서는 연속된 물결 전체를 파동이라고 한다.

혹시 바닷가에서 규칙적으로 밀려오는 물결을 '파도들'이라고 생각하는지, 아니면 '하나의 파도'라고 생각하는지 궁금할지도 모르겠다. 여러 분야의 언어와 표현에 익숙하다 보니 나 또한 조금은 혼란스럽다. 어쨌든 이 책에서는 물리학적인 의미에서 단수형, 즉 파동(a wave)이라는 표현을 사용할 것이다.

마찬가지로 우리가 말을 할 때도 하나의 소리 파동, 즉 단수형의 파동을 만들어낸다. 물론 이 파동은 매우 복잡하고 불규칙하며, 하나의 음을 노래하거나 피아노 건반을 칠 때 만들어지는 소리 파동과는 사뭇 다르다. 음악적 음에서 나오는 파동은 훨씬 규칙적이고, 단순한 진동 모양을 갖고 있다. 우주에는 이처럼 규칙적인 파동과 불규칙한 파동이

<u>그림 22</u> 물리학 용어에서 단순한 파동은 비슷한 크기의 마루와 골이 연속적으로 이어진 것을 의미하지만, 일상적으로 쓰는 영어에서 파동은 단지 하나의 마루(음영 처리)만을 가리킨다.

모두 존재하지만, 여기서는 주로 단순하고 준음악적인(quasi-musical) 파동에 집중할 것이다. 이 파동은 〈그림 22〉에 제시한 것처럼, 일정한 높이와 깊이로 마루와 골이 규칙적으로 이어진 파동이다.

    진동과 마찬가지로 단순한 파동도 특정 주파수와 진폭을 가진다. 해변에서 파도의 마루가 부서지는 해안이 아니라 훨씬 더 멀리 떨어진 곳에서 바다를 바라본 적이 있다면, 바닷물이 출렁일 때 물 위에 앉은 새가 위아래로 오르내리는 모습을 본 적이 있을 것이다. 새가 위아래로 오르락내리락하는 빈도가 바로 파도의 주파수이고, 새가 올라가는 높이와 내려가는 깊이가 진폭이다.

    마찬가지로 긴 부두의 끝에서 바닷물이 부두의 기둥을 따라 반복해서 오르내리는 빈도가 파도의 주파수이고, 물의 상승 높이(및 하강 깊이)가 파도의 진폭이다. 세부 사항은 다르지만, 소리, 빛, 지진파 등 많은 다른 단순 파동도 유사한 특징을 가지고 있다.

    다시 물결 위에 떠 오르락내리락하는 새 이야기로 돌아가 보자.

이런 장면을 본 적이 있다면, 아마도 흥미로운 점을 눈치 챘을지도 모르겠다. 우리 학생 중 한 명도 이 부분이 의아하다고 말했다. "파도가 전부 … 그러니까 파도의 마루가 해안 쪽으로 다가오고 있잖아요. 근데 새는 파도와 함께 이동하지 않고 그냥 위아래로만 오르내려요. 왜 파도와 함께 이동하지 않는 건가요?"

어렸을 적 같은 의문을 가졌던 것이 기억난다. 아버지와 함께 지붕이 없는 조그만 배를 타고 낚시를 하러 갔을 때였다. 작은 부두 근처에서 모터를 끄고 앉아 있는데, 파도의 마루가 우리를 지나 부두 쪽으로 움직이고 있었다. 그런데 보트와 부두 사이의 거리는 그대로였다. 마치 파도가 보트를 밀고 가는 게 아니라 보트 아래로 미끄러지듯 지나가는 것 같았다. 왜 그런지 이해하기까지는 오랜 시간이 걸렸다.

파도의 마루가 모두 해안을 향해 이동하더라도 바닷물이 마루와 함께 이동하는 것은 아니다. 만약 바닷물이 파도의 마루와 함께 이동한다면, 더 많은 파도가 해변에 도달할수록 해수면이 계속 상승해서 심각한 홍수가 발생할 것이다.

실제로 파도의 마루가 부서지는 해변 바로 근처를 제외하면, 바닷물은 거의 이동하지 않는다. 파도의 마루가 지나갈 때 바닷물은 그저 약하게 흔들리며 작은 원을 그리듯 움직일 뿐이다. 전체적으로 봤을 때, 새나 배를 파도의 마루와 함께 옮길 만한 흐름은 없다. 파도가 부서지는 곳보다 깊은 바다에서 서 있거나 물에 떠 있으면, 지나가는 파도의 마루에 의해 해안 쪽으로 밀려가지 않는다는 것을 직접 느낄 수 있다. 이런 이유로 부서지지 않는 파도의 마루에서는 서핑을 할 수 없다.

이런 파도는 서퍼를 데리고 움직이지 않기 때문이다.

소리도 마찬가지이다. 소리 파동의 마루와 골은 기타에서부터 멈추지 않고 바깥으로 퍼져 나가지만, 어느 한 지점의 공기는 그저 약간 앞뒤로 진동하는 것뿐이다. 지진파 역시 수백 킬로미터를 이동할 수 있지만, 집을 통째로 옮기는 것이 아니라 그저 흔들기만 할 뿐이다. 이러한 파동의 특징은 우주가 작동하는 방식과 우리가 우주를 경험하는 방식에서 매우 중요하기 때문에 더 깊이 살펴볼 필요가 있다.

지금까지 이야기한 여러 파동들은 모두 '진행파(travelling wave)'로, 진행파는 기타와 우주에서 중요한 두 가지 단순 파동 유형 가운데 하나이다. 진행파에서는 파동이 생성된 곳에서 멀어지면서 마루와 골이 일정하게 한 방향으로 차례차례 이동한다. 먼 바다에서 폭풍우에 의해 만들어진 파도가 며칠 뒤 우리가 있는 햇살 가득한 해변에 도달하는 것도 진행파이다. 기타가 내는 소리, 연못에 돌을 던졌을 때 생기는 잔물결, 수 킬로미터 떨어진 단층선에서 발생한 지진으로 인한 흔들림, 이 모두

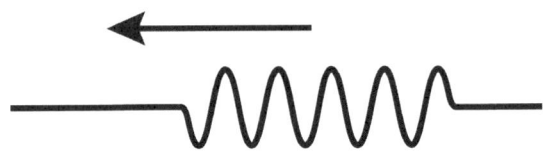

그림 23 다섯 개의 마루를 가진 진행파. 이런 파동은 긴 줄의 끝을 다섯 번 위아래로 흔들어 만들 수 있다. 이 파동은 진폭(파동의 마루의 높이와 골의 깊이 사이의 거리)과 주파수(파동이 지나갈 때 줄의 한 지점이 얼마나 자주 위아래로 움직이는지)를 가진다.

가 진행파다. 그리고 우주에서 가장 유명한 진행파는 바로 빛이다.

진행파는 우리가 직접 만들어볼 수도 있다. 아주 긴 줄(대략 6미터 정도)을 준비하거나 더 짧은 굵은 밧줄 혹은 슬링키(slinky)를 사용해도 된다. 이 줄의 한쪽 끝을 친구에게 잡고 있게 하거나 벽이나 무거운 의자에 묶은 뒤 줄을 팽팽하게 당긴다. 그런 다음 손을 빠르게 위아래로 몇 번 흔든 후 가만히 멈추면, 〈그림 23〉처럼 여러 개의 마루와 골(일상에서 쓰는 말로 하면 "몇 개의 파동들")이 있는 단순한 파동이 줄을 따라 빠르게 이동하는 것을 볼 수 있다.

(줄의 길이가 짧기 때문에 생기는 복잡한 문제를 지적하고 넘어가자. 진행파의 마루는 줄의 끝에 도달할 때까지 줄을 따라 이동한다. 그렇게 끝에 도달하면 공이 벽에서 되튀는 것처럼 마루도 줄의 끝에서 되튀어 다시 되돌아온다. 이러한 되튐(bounce)은 음파의 메아리와 유사하다. 하지만 메아리는 가까운 가장자리나 벽이 필요하기 때문에 광활한 우주의 파동과는 무관하다. 이런 혼란을 피하기 위해 줄이 무한히 길어서 파동의 마루가 끝없이 이동할 수 있다고 상상해보자.)

이제, 이 부분이 흥미로운데, 앞서 한 학생이 던졌던 질문에 대한 답이 여기서 나온다. 파동이 줄을 따라 한쪽 끝에서 다른 쪽 끝으로 이동하더라도 줄 자체는 어디로도 이동하지 않는다. 실제로 — 이 사실은 〈그림 24〉에서 볼 수 있듯, 줄에 종이클립을 끼워서 관찰해보면 알 수 있다 — 파동의 마루가 줄을 따라 수평으로 이동하는 동안, 줄의 작은 부분들 각각은 위아래로만 움직이며, 이동 거리도 아주 짧다. 다시 말해, 마루는 이동하지만, 줄 자체는 이동하지 않는 것이다.

잔잔한 연못이나 수영장에서도 진행파를 만들 수 있다. 물을 리듬

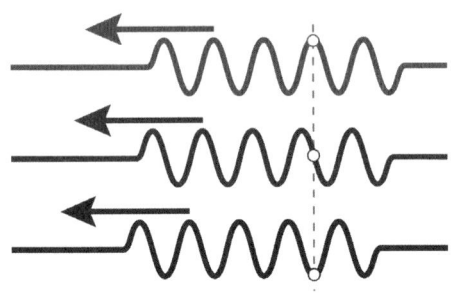

그림 24 왼쪽으로 이동하는 파동을 세 번의 연속적인 순간으로 포착해서 나타난 그림이다. 이 파동은 수평으로 이동하지만, 줄에 표시한 흰색 점이 있는 부분은 순전히 위아래로만 움직인다. 점선은 흰색 점들의 수평 위치가 시간이 지나도 변하지 않음을 보여준다.

감 있게 몇 번 살살 교란하면 된다. 조명이 좋으면 파문이 물을 교란한 지점으로부터 바깥쪽으로 퍼져나가는 모습을 쉽게 볼 수 있다. 파문을 일으킨 사람 혹은 물가로부터 멀리 떨어진 곳에 작은 물체가 물 위에 떠 있으면, 물결이 지나가면서 물체를 위아래로만 움직이게 할 뿐 옆으로는 거의 움직이지 않는다는 것을 알 수 있다.

스포츠 경기장에서 관중들이 "파도타기"를 할 때, 일렬로 선 사람들의 물결이 앉아 있는 관중석을 가로질러 움직인다. 이 파도의 마루는 경기장을 몇 바퀴 도는데, 그 속도는 어떤 사람이 달리는 것보다도 빠르다. 하지만 이 파도를 만드는 데 누가 달릴 필요도 없고, 심지어 걸을 필요도 없다. 사람들은 각자 자기 자리에서 일어섰다가 앉기만 하면 되고, 자리를 옮길 필요도 없다. 파도가 경기장을 몇 차례 돌고 나서 파도가 멈추면, 사람들은 원래 앉았던 자리에 그대로 있게 된다. 파도의 마루는 엄청난 속력으로 경기장을 수평 이동하지만, 이는 모두 사람들 각자가 위아래로 느리게 앉았다 일어나는 운동이 만들어낸 결과이다.

진행파의 속력은 파동의 주파수에 따라 달라질 수도, 달라지지 않을 수도 있다. 음파는 모든 주파수에서 동일한 고정 속력을 가지므로, 여러 코드의 음이 모두 동시에 우리 귀에 도달할 수 있다. 하지만 물에서의 파동은 더 복잡하다. 물결의 속력은 파동의 주파수와 수심에 따라 달라진다. 우주에 존재하는 파동 중 빛의 파동은 모든 주파수에서 동일한 고정 속력을 갖고 있지만, 이것이 우주 파동이 가진 일반적인 특징은 아니다. 예를 들어, 힉스장에서의 파동은 주파수에 따라 서로 다른 속력으로 이동한다. 힉스장의 파동에 대해서는 이 책의 뒷부분에서 다시 다룰 것이다.

아울러 전혀 이동하지 않는 파동도 있는데, 이를 '정상파(standing wave)'라고 부른다. 진행파와 달리 정상파의 마루와 골은 위치가 고정되어 있으며, 각 마루는 수직으로 수축하여 골이 되었다가 그 과정이 반대로 진행되어 다시 마루가 된다. 전체 파동은 제자리에서 진동할 뿐 수평 이동은 전혀 없다.

정상파 만들기는 처음에는 까다로울 수 있다. 줄, 밧줄, 또는 슬링키의 한쪽 끝을 잡고 — 진행파를 만들 때보다 약간 짧은 길이가 더 쉬울 수 있다 — 이번에는 조금 더 부드럽게 손을 위아래로 리듬감 있게 계속해서 움직인다. 임의로 선택한 주파수로 움직이면 줄이 불규칙하게 흔들릴 것이다. 하지만 어떤 특정 주파수에서 줄을 흔들면, 〈그림

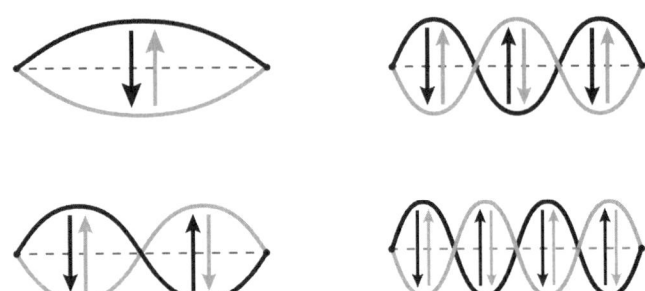

그림 25 (왼쪽 상단) 기타 줄에서 흔히 볼 수 있는 기본 정상파의 처음 상태(검은색)와 반주기 후(회색)의 정상파의 모습. 나머지 그림들은 이 기본 정상파의 처음 세 개의 배진동을 보여준다.

25〉에서 나타낸 것처럼, 일정한 간격으로 마루와 골이 몇 개 있는 놀라운 형태를 보인다. 줄의 운동은 주기적이어서, 매 반주기(half cycle)마다 각 마루는 골이 되고, 골은 다시 마루가 된다.

정상파에 마루와 골이 많을수록 정상파의 주파수가 증가한다. 현악기에서는 이런 모든 파동이 흥미롭다. 두 개 이상의 마루와 골을 가진 정상파가 현의 '배진동(harmonics)'이다. 하지만 이 책에서 가장 중요한 정상파는 가장 낮은 주파수를 가진 것으로 〈그림 25〉의 왼쪽 상단에 나와 있는 단순 진동하는 기타 줄과 가장 닮은 파동이다. 이 파동은 오직 하나의 마루가 하나의 골이 되고, 다시 하나의 마루가 되는 것만으로 이루어져 있다.

앞서 물리학자들은 파동을 여러 개의 마루와 골을 가진 것이라고 본다고 말했기 때문에, 혹시 이것을 파동이라고 볼 수 있는지 의문을 가질 수 있다. 하지만 실제로 정상파는 마루와 골의 개수가 얼마든지 될 ― 심지어 단 한 개만 있을 ― 수 있다는 것이 밝혀졌다.

이 정상파는 〈그림 20〉(210쪽)에서 볼 수 있는 것처럼 기타 줄을 튕겼을 때 나타나는 파동 ― 다른 악기에서도 비슷한 파동이 발견된다 ― 이다. 아울러 이 파동은 공명과 관계가 있다. 마치 아이의 그네가 앞뒤로 흔들리듯, 줄의 모든 부분이 항상 같은 방향으로 함께 움직이면서, 줄 전체가 좌우로 흔들린다. 이처럼 완전히 일치된 움직임 덕분에 〈그림 23〉과 〈그림 25〉에 나온 여러 파동 중에서도 유일하게 이 파동만이 줄의 공명 주파수로 진동한다.[1]

정상파는 진자 또는 그네의 진동과 유사하기 때문에, 기타 줄을 임의로 교란할 때 가장 쉽게 생성할 수 있는 파동이다. 정상파는 줄, 밧줄, 또는 슬링키로 가장 쉽게 만들 수 있는 파동이기도 하다. 그네를 밀 때 그네의 움직임에 맞춰 밀어줘야 하듯, 여기서도 비슷한 원리가 적용된다. 줄의 움직임에 맞춰 손을 들어 올리고 내리면, 어느새 자연스럽게 정상파가 만들어진다.[2]

정상파와 진행파는 공통점이 많다. 예를 들어, 마루와 골이 어떻게 움직이든 간에 진동하는 줄의 특정 지점은 오직 위아래로만 움직인다. 아무리 오래 줄을 흔들어도 줄 자체는 어디로도 이동하지 않기 때문에 반드시 그럴 수밖에 없다.

하지만 정상파와 진행파는 본질적인 차이도 있다. 진행파는 공명과 무관하기 때문에 진폭뿐만 아니라 주파수도 임의로 선택하고 제어할 수 있다. 앞서 진행파를 만들 때 사용했던 줄이나 연못으로 돌아가서 진행파를 만드는 과정을 반복해보자. 이번에는 줄을 흔들거나 물을 두드리는 주파수를 더 높이거나 낮춰보자. 진행파의 마루와 골이 서로 더 가까워지거나 더 멀어진다는 점만 제외하면 결과는 이전과 동일하다.

반면 정상파는 공명에 기반하기 때문에 주파수 선택이 훨씬 더 까다롭다. 줄에서 가장 단순한 정상파를 만들려면, 반드시 줄의 공명 주파수에 맞춰 손을 위아래로 움직여야 한다. 손을 움직이는 주파수를 공명 주파수보다 높게 하면 줄의 정상파가 사라진다. 또 손을 흔드는 주파수를 공명 주파수보다 낮게 하면 줄이 마지못해 진동할 뿐이다.

진행파와 정상파 이 두 종류의 파동 특성은 음악에 있어 필수적 요소다. 방금 강조했듯이, 기타 줄에는 고유하고 예측 가능한 주파수의 정상파가 형성된다. 그러나 어떤 소리가 귀에 들리려면, 기타 줄의 주파수와 동일한 주파수의 진행파인 음파가 공기 중에 생성되어 청중의 귀에 도달해야 하고, 다시 같은 주파수로 귀의 고막을 진동시켜야 한다. 이러한 현상이 안정적으로 일어나려면, '모든' 주파수의 진행파를 생성할 수 있어야 한다. 만약 정상파처럼 진행파가 특정 주파수로만 진동한다면, 대부분의 악기 음은 공기를 통해 전달되지 못하기 때문에 우리는 전혀 들을 수 없다. 진행파는 매우 유연하기 때문에 모든 악기가 만드는 모든 음을 어떤 주파수로든 항상 청중에게 전달할 수 있다.

두 번째 중요한 차이는 정상파가 일반적으로 끝이 있는 물체에서 생성된다는 것이다. 유한한 길이를 가진 줄에서 정상파를 만들 수 있지만, 같은 재질로 된 더 긴 줄을 사용해 정상파를 만들면, 공명 주파수가 낮아진다. 대륙의 길이 정도 되는 긴 줄이 만드는 정상파는 너무 낮은 주파수로 진동하기 때문에 우리가 알아차리기 어렵다. 그러나 진행파는 공명 주파수에 신경 쓰지 않기 때문에, 거대한 길이의 줄에도 존재할 수 있다. 마찬가지로 음파는 모든 가청 주파수를 가질 수 있다.

우주는 너무나 광대해서 우주에 정상파는 없고, 진행파만 있을 것이라고 생각할 수도 있다. 하지만 조금 전에 언급했던 것처럼, 우주는 엄청난 크기에도 불구하고 놀라울 정도로 높은 주파수로 진동할 수 있게 해주는 바로 그 비결 덕분에 우주의 일부 장들은 진행파뿐만 아니라 정상파도 가질 수 있다. 이렇게 볼 때 우주와 그 장들은 기타와 기타 줄과 닮은 점이 더 많아진다. 모양과 크기는 완전히 다르지만, 우주와 기타 이 둘은 모두 공명 주파수로 진동하는 정상파를 만들어낼 수 있다는 공통점이 있다.

파동은 우리가 보는 모든 곳에서는 물론이고, 심지어는 보이지 않는 곳에서도 발견된다. 바위, 물, 공기와 같은 고체, 액체, 기체뿐만 아니라 태양을 구성하는 이온화된 플라즈마, 혼잡한 도로의 교통 패턴, 그리고 많은 사람이 모인 곳에서도 파동이 나타난다.

이 모든 경우에서 단순한 파동이란 일반적인 물질에서 질서 있고 반복적으로 일어나는 교란을 의미하며, 이 물질을 파동의 '매질(medium)'이라고 부른다. 공기는 우리가 일상에서 듣는 소리의 매질이고, 물은 파도의 매질이며, 관중은 경기장을 도는 파도타기의 매질이다. 앞서 우리는 줄이나 밧줄도 '매질들(media)'로 작용할 수 있다는 점을 살펴보았다.

바다나 대기와 마찬가지로 통상적인 매질은 상당히 넓은 지역을 채우고 있거나 넓게 퍼져 있으며 오래 존재한다. 반면에 파동은 일반적으로 일시적이고 찰나적인 과도기적 현상이다. 파동은 매질의 한 부분에서 다른 부분으로 이동하여 새로운 영역으로 들어갔다가 다시 나갈 수도 있다. 이 과정에서 파동은 흩어지기를 통해 진폭이 작아지며 결국 소멸한다.

어떤 의미에서 파동은 매질로부터 만들어지지만, 매질과는 거의 독립적으로 존재한다. 매질은 한 가지 일을 할 수 있지만, 매질 속 파동은 완전히 다른 일을 한다. 산들바람이 불어 공기가 동쪽에서 서쪽으로 흐를 때에도 기타의 음파는 사방으로 퍼져 나가기 때문에 우리가 어디에 앉아 있든 기타 소리를 들을 수 있다. 언젠가 큰 강을 따라 떠내려가는 배 위에 있었는데, 강물의 흐름과 반대로 수면파의 마루가 '상류' 방향으로 움직이고 있었다. 관중들의 파도타기가 경기장을 수평으로 돌 때, 개별 관중은 수직으로만 움직이고 자리를 옮기지 않는다. 따라서 파동이 하는 일을 관찰한다고 해서 매질이 무슨 일을 하는지 알 수 없으며, 그 반대의 경우도 마찬가지이다.

또한 파동을 관찰한다고 해서 매질이 무엇으로 이루어졌는지도 알 수 없다. 우리가 소리를 듣는다고 해서 고막을 흔들고 있는 기체가 일반 공기인지, 순수한 산소인지, 또는 순수한 헬륨인지 알 수 있는 것은 아니다. 암석이 진동할 때는 화강암이든 사암이든 상관없다. 물이 바닷물이든 식초든 알코올이든 표면에서는 물결이 생길 수 있다. 파동은 어느 정도 매질의 세부적 성질을 초월하여 존재한다.

놀랍게도 파동은 일반적인 물체와 분명한 차이가 있음에도 불구

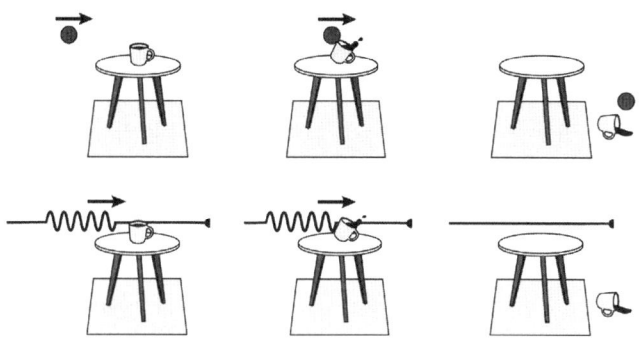

그림 26 (위) 공을 던져 탁자에서 컵을 떨어뜨릴 수 있다. (아래) 컵 근처를 지나가는 밧줄의 진행파도 같은 일을 할 수 있다.

하고 물체와 놀라운 유사성을 보인다. 〈그림 26〉에 나와 있는 실험을 머릿속으로 그려보거나 실제로 한번 해보라. 야외에 작은 탁자를 놓고 그 위에 작은 컵을 놓는다. 이제 고무공을 컵을 향해 조심스럽게 던진다. 조준이 잘되어 공이 컵을 맞히면, 컵은 쓰러지면서 탁자에서 떨어져 잔디 위로 굴러간다. 공 역시 잔디 위에 멈추면서, 자신이 컵을 쓰러트리는 역할을 했음을 보여준다.

이제 컵을 다시 탁자 위에 놓고 긴 밧줄을 탁자에 걸쳐 놓는다. 밧줄을 컵에 가깝게 두되 컵에 닿지는 않게 한다. 또한 밧줄은 팽팽해야 하지만 지나치게 팽팽하지 않도록 한다. 이제 밧줄에 진행파를 만든다. 제대로 진행파를 만들면, 진행파의 마루가 밧줄을 따라 이동해 컵을 쳐서 컵을 넘어뜨릴 것이다. 얼마 지나지 않아 진행파는 사라지고, 밧줄은 원래 상태로 되돌아간다.

이처럼 공에 운동 에너지를 주면 공은 빈 공간을 지나가면서 컵에 일부 에너지를 전달해 컵을 넘어뜨릴 수 있다. 마찬가지로 진행파에 약간의 에너지를 주면 파동은 밧줄(또는 다른 매질)을 따라 이동하면서 그 에너지 일부를 컵에 전달해 컵을 넘어뜨린다.

폭풍이 몰아칠 때 바닷물은 멀리 가지 않지만, 바람이 만든 파도는 해변을 침식하고 배와 집을 산산조각 낼 수 있다. 땅속에 있는 바위는 아무 데도 가지 않지만, 큰 지진파는 멀리 떨어진 다리와 아파트 주택을 무너뜨릴 수 있다. 강력한 폭발로 인한 대기의 진행파는 수 킬로미터 떨어진 집의 유리창을 깨뜨릴 수 있다. 에너지는 파동을 만들 수 있고, 이 파동은 먼 거리까지 에너지를 전달하여 물체를 파괴할 수 있다.

공과 파동 모두 정보를 전달할 수도 있다. 십대 자녀에게 밥 먹을 시간이라고 말하고 싶은가? '저녁'이라고 적은 종이뭉치를 던져서 아이의 컴퓨터 키보드에 올려놓을 수도 있고, 아니면 그냥 "저녁 먹자!"라고 소리쳐서 음파를 보낼 수도 있다. 행운을 빈다. 뭐 두 가지 방법 모두 똑같이 효과가 없기는 매한가지겠지만.

공과 파동이 유사점을 가지고 있음에도 불구하고, 주목할 만한 차이도 존재한다. 공을 탁자 앞에 두고 시작했지만, 결국 공은 탁자 뒤에 있게 된다. 공과 컵 모두 새로운 위치로 옮겨진 것이다. 반면 밧줄을 탁자 위에 걸쳐 놓고 시작한 경우, 밧줄은 여전히 제자리에 남아 있고 오직 컵만이 새로운 위치로 이동했다.

공은 분명히 물리적 사물, 즉 실체와 무게가 있는 물질로, 손에 쥐고, 던지고, 잡을 수 있고, 반으로 자르고, 저울로 무게를 재고, 코 위에서 균형을 잡을 수 있다. 더 일반적으로 말해 공은 그 자체로 존재하며, 우리가 던지는 대로 동서남북 어디로든 갈 수 있다. 하지만 밧줄 위의 파동은 이와 달리 잠깐 나타났다가 사라지는 현상이고, 매질에 갇혀 있다. 우리는 밧줄 위의 파동을 손에 쥐거나, 던지거나, 받거나 반으로 자를 수 없다.

따라서 파동과 공이 비슷한 효과를 낼 수 있다는 사실은 흥미롭지만, 그 의미를 너무 확대해석하면 곤란하다. 우리의 직관은 결국 이 둘이 근본적으로 다르다고 말한다. 결국, 파동은 '어떤 물질적인 것의 진동'을 포함하긴 해도, 파동 그 자체는 물질이 아니다.

아니 … '파동은 정말 물질이 아닐까?'

곧 우리가 세계의 양자적 본질과 마주하게 되면, 이 질문을 완전히 새로운 관점에서 다시 생각하게 될 것이다.

12
귀로 들을 수 없는 것과
눈으로 볼 수 없는 것

삶의 큰 즐거움 중 하나는 호수나 바다 위로 지는 석양을 바라보는 것이다. 눈과 귀가 즐겁다. 축제! 오렌지색, 장밋빛, 눈부신 회색으로 물든 구름들이 물결에 반사되어 빛나고, 잔잔하게 밀려오는 파도 소리와 서로를 부르는 새들의 지저귐, 하늘이 서서히 더 짙은 푸른색으로 변해갈 때 나무 사이로 바람이 스치는 소리가 들린다. 이런 저녁을 느낄 수 있는 우리의 감각에 고마울 따름이다.

하지만 감각이라는 것은 우리가 보통 알고 있는 것보다 훨씬 더 제한적이다. 결국 우리는 대부분의 소리를 거의 듣지 못하고, 대부분의 것을 보지 못한다.

우리는 자신의 지각에 너무 익숙해져 있어서, 그 지각이 실제로 어떻게 이루어지는지 거의 생각하지 않는다. "나는 기타 소리를 듣는다" 혹은 "나는 기타를 본다"와 같은 표현은 모호하고 복잡한 과정을 감추는 줄임말에 불과하다. 이는 '소립자'라는 단어가 실제로는 "현재까지는 소립자인 것으로 보이는"이라는 의미를 가진 줄임말인 것과 같다. 보통 이러한 줄임말은 별다른 해가 없다. 하지만 우리가 우주를 가장 근본적인 수준에서 이해하려고 할 때는 말과 생각, 그리고 지각에 의해 가려진 것들이 무엇인지 이해하는 것이 중요하다.

기타 줄을 퉁겼을 때 줄의 진동이 음파를 만들고, 이 음파가 방 안을 가로질러 우리 고막에 닿는다. 이때서야 비로소 듣는 과정이 시작된다. 음파는 고막을 진동시켜 달팽이관 액체에 파동을 일으키고, 이 파동은 청각 섬모(stereocilia)라는 미세한 털 모양의 구조에 의해 감지된다. 이후 섬모에서 발생한 전기 신호는 청각 신경을 따라 뇌로 전달되고, 뇌는 이 신호를 처리해 어떻게든 음악적 음색이라는 의식적 경험을 만들어낸다.

이 과정에서 우리의 귀와 뇌는 결코 기타와 직접적으로 접촉하지 않는다. 오직 우리의 외이도에 들어온 음파와만 관계를 맺을 뿐이다. 말하자면, 실제로 우리가 '듣는' 것은 소리의 파동일 뿐이다. 마찬가지로 우리가 '보는' 모든 것은 기타에서 반사되어 눈에 도달한 빛일 뿐이다. 우리는 이동하는 소리와 빛의 파동에 의존해 정보를 얻고, 눈과 귀로 이들 파동을 감지하며, 뇌가 그로부터 의미를 만들어낸다. 하지만 소리와 빛을 생성하거나 반사하는 물체 자체를 직접 듣거나 보는 것이 아니라 뇌가 물체의 존재를 추론할 뿐이다. 우리가 물체에 대해 아는 지식은 완전히 간접적인 것이다.

우리의 모든 감각 기관은 오직 정보가 우리 몸에 도달했을 때만 그 정보를 받아들인다. 그전에는 받아들이지 못한다. 이렇게 감각 기관이 받아들인 정보를 뇌가 해석하여 이를 바탕으로 주변 사물에 대한 어떤 개념을 얻고, 우리의 의식 속에 외부 세계의 모습을 그려낸다. 이렇게 그려진 그림을 우리는 마치 실재인 것처럼 생각하지만, 이 그림은 외부 세계를 부분적으로 재구성한 것이지 직접적인 이미지가 아니라는 사실을 인식하지 못하거나 잊고 지낸다. 우리가 주변 환경에 대해 알고 있는 모든 것은 간접적일 뿐만 아니라 불완전하다.

어느 오후 학교 강의시간에 학생들이 교실에서 전자음이 들린다며 불평했다. 나는 아무 소리도 듣지 못했다. 새삼스러운 일은 아니다. 젊은 사람의 귀는 중년의 귀가 감지하지 못하는 고주파 소리를 들을 수 있기 때문이다. 하지만 아이들조차 더 높은 주파수에서는 소리를 들을 수 없다. 이것이 바로 개에게는 들리지만 사람에게는 들리지 않는 '개 호루라기'의 원리다. 신장 결석을 파괴하거나 자궁 속 태아의 이미지를 얻는 데 널리 쓰이는 '초음파'는 개조차 들을 수 없을 만큼 높은 주파수의 음파이다.

코끼리가 듣는 소리 세계 역시 인간의 청각 범위를 뛰어넘지만, 주파수 범위의 방향이 반대이다. 이 사실은 과학자들이 '초저주파수(infrasound)', 즉 인간의 귀로는 들을 수 없는 낮은 주파수의 음파를 감지할 수 있는 장비로 코끼리의 의사소통을 연구하면서 비로소 밝혀졌다.

아무리 정교하다고 해도 우리 귀에는 한계가 있다는 사실이 그리 놀랍지는 않다. 세상을 측정하는 어떤 물리적 장치도 마찬가지 한계를 갖기 마련이다. 하지만 주목할 점은 '우리의 뇌는 이러한 한계에 대해 경고해주지 않는다'는 점이다.

한번은 친구가 이런 말을 한 적이 있다.

"어렸을 적에는 내 귀가 아주 작은 소리 빼고는 모든 소리를 들을 수 있다고 생각했어. 내가 듣지 못하는 '큰' 소리가 있다는 생각은 꿈에도 하지 못했어."

인류 역사의 대부분의 시간 동안, 크지만 들리지 않는 소리의 세계는 어른들에게조차도 알려지지 않은 영역이었다. 고대 그리스인들은 이런 큰 소리가 존재한다는 것을 의심했지만, 이에 대해 본격적으로 탐구하기 시작한 것은 최근 몇 세기 사이의 일이다.

세상은 온갖 밝은 빛들로 가득하지만, 눈에 보이지 않는 세계도 존재한다. 우리는 귀가 먹은 것만큼 ― 사실은 그보다 더 ― 눈도 멀어 있다. 우리가 매나 독수리에 비해 지각 능력이 떨어진다는 뜻이 아니다. 이런 맥락에서는 매나 독수리의 시력도 우리와 별반 다르지 않다. 일반적으로 쓰는 안경도 도움이 되지 않는 것은 매한가지이다. 19세기가 시작되기 전까지, 우리가 이렇게 눈이 먼 존재라는 사실을 알려주는 단서는 단 하나뿐이었다. 누구나 쉽게 볼 수 있는 단서였음에도 불구하고, 아무도 그 의미를 제대로 읽어내지 못했다.

"그 단서가 뭔데?" 친구가 물었다.

"무지개." 내가 대답했다. "왜 무지개가 그렇게 좁은지 생각해본 적 있어?"

친구는 잠시 생각하더니 이렇게 말했다. "지금까지 한 번도 생각해본 적 없어."

무지개는 정지 질량이 있는 물질적인 물체가 아니다. 무지개는 거울에 반사된 상과 비슷한 빛의 장난에 지나지 않는다. 하지만 소리의 메아리처럼 단순한 빛의 반사는 빛을 그렇게 극적으로 변화시키지 못한다. 무지개에서 가장 중요한 사실은 빗방울이 거울과 달리 투명하다는 것이다.

햇빛은 빗방울에서 반사될 뿐 아니라 빗방울 속으로도 들어간다. 들어간 햇빛은 '굴절'되어 경로가 휜다. 이후 굴절된 햇빛의 일부가 빗방울 뒷면에서 '반사'된다. 마지막으로 빛이 물방울을 빠져나갈 때, 다시 '굴절'이 일어나 들어올 때와 반대방향으로 이동한다(《그림 27》). 다시 말해, 햇빛의 이동 방향이 특정 각도만큼 달라지는데, 이것은 햇빛의 입사 방향에 대해 특정 각도에 있는 모든 빗방울이 빛을 우리 눈으로

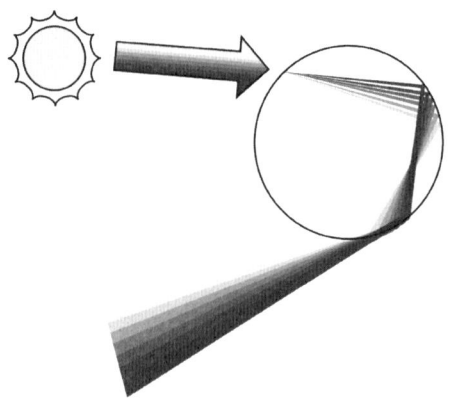

그림 27 빗방울 내부에서의 굴절, 반사, 그리고 2차 굴절은 햇빛을 다양한 주파수(또는 색)로 나눌 뿐 아니라, 약간 다른 각도로 내보낸다. 주파수가 나눠진 햇빛 중 일부를 우리는 무지개라고 부른다.

보낸다는 것을 의미한다. 절벽 위나 비행기 안에서 비가 내리는 구름을 위 또는 아래로 내려다보고 있다면, 완벽한 원형 무지개를 볼 수 있다. 대부분의 무지개가 원호인 이유는 우리가 보통 지상에서 빗방울을 올려다보기 때문이다. 물방울을 아래에서 올려다볼 경우, 원형 무지개의 아래쪽 부분이 지면에 가려져 원호 형태의 무지개를 보게 되는 것이다.

그렇다면 우리는 무지개 대신 창문에 반사된 햇빛처럼 무색인 흰색 빛의 띠를 볼 것이라고 생각할 수도 있다. 그러나 빛이 굴절할 경우, 낮은 주파수의 빛이 높은 주파수의 빛보다 조금 덜 휘어지기 때문에 주파수가 다른 빛은 빗방울에서 조금 다른 각도로 빠져나간다. 가시광선의 여러 주파수는 우리 뇌에서 다른 색으로 인식되기 때문에 원형 무지개는 다양한 색을 띠게 된다. 무지개 띠 바깥쪽은 빨강–주황, 안쪽은 보라–파랑, 가운데는 노랑–녹색으로 보인다.[1]

이렇게 해서 우리는 아름다운 무지개를 보게 되는 것이다. 그렇다면 왜 무지개는 그렇게 폭이 좁아 보일까?

사실 무지개의 폭은 좁지 않다. 단지 그렇게 보일 뿐이다. 인간의 눈이 볼 수 있는 범위가 제한적이기 때문이다.

무지개는 하늘의 많은 부분을 차지하는 아주 넓고 두터운 띠이지만, 우리는 그중 아주 일부분만 볼 수 있다. 우리 눈에 있는 옵신 분자는 무지개의 빛 중 극히 일부만 흡수하기 때문에, 무지개의 대부분이 보이지 않는다. 눈에 보이는 무지개 띠 위에는 두꺼운 적외선 띠가 있고, 아래쪽에는 비슷한 두께의 자외선 띠가 있다《그림 28》.

1800년까지는 이 사실을 아는 사람이 아무도 없었다. 천왕성을 발

그림 28 우리 눈은 적외선(IR)과 자외선(UV)을 보지 못하기 때문에 무지개의 폭이 좁아 보인다.

견한 윌리엄 허셜(William Herschel)이 비로소 무지개의 빨간색 띠 바깥쪽에서 눈에 보이지 않는 빛을 관찰하면서 처음 밝혀졌다. '적외선'이라 부르는 이 빛은 인체에 쉽게 흡수되어 피부를 따뜻하게 하고, 온도에 민감한 신경 세포에 전기 신호를 발생한다.[2]

허셜의 발견이 있은 지 채 1년이 지나지 않아, 요한 리터(Johann Ritter)가 무지개의 보라색 띠 아래에서 자외선을 발견했다. 자외선처럼 높은 주파수의 빛은 눈에 보이지 않지만, 피부를 그을리거나 화상을 입히고 심지어 피부암을 일으킬 수 있다. 리터는 자외선이 염화은을 검게 만드는 등 특정 화학 반응을 일으킨다는 사실을 이용해 자외선이 존재한다는 것을 증명했다.

이것은 또 다른 발견의 시작이었다. 과학자들은 우리가 볼 수 있는 빛은 오늘날 '전자기파(electromagnetic wave)'라고 부르는 것의 가능한 주파수 범위 중 극히 일부 영역에 불과하다는 사실을 점차 깨닫게 되었다. 전자기파라는 이름은 다음 장에서 만나게 될 전기장과 자기장의 복잡한 연관성을 반영한다.

우리는 소리와 빛을 경험할 때 이 둘이 서로 다르다고 생각한다. 하지만 이 둘 간의 차이는 실제로 우리의 내적 세계, 즉 청각과 시각 체계의 생리적 차이에서 비롯된 것이다. 실제 세계에서 음파와 광파는 많은 공통점을 가지고 있다. 음파와 광파는 모두 주파수, 진폭, 속력이라는 오직 세 가지 속성만을 가진다.[3] 음속으로 이동하는 음파는 주파수에 따라 귀로 들을 수 있는지, 또는 들을 수 없는지가 결정되고, 음파의 주파수는 우리가 느끼는 음높이를 결정한다. 반면 음파의 진폭은 음량을 결정한다. 마찬가지로 광파가 우주의 제한 속도로 이동할 때, 광파의 주파수는 우리 눈으로 볼 수 있는지 아니면 볼 수 없는지를 결정하고, 또 우리가 경험하는 색을 결정한다. 반면 광파의 진폭은 빛의 밝기를 결정한다.

우리의 뇌는 빛과 소리가 이렇게 유사하다는 사실을 전혀 알려주지 않을 뿐만 아니라, 우리가 보지 못하는 것이 듣지 못하는 것보다 훨씬 더 많다는 사실도 숨긴다. 인간은 초당 20주기의 낮은 주파수에서 초당 '2만' 주기의 주파수를 가진 음파를 들을 수 있다. 음악적으로 말하면, 인간이 들을 수 있는 가장 높은 주파수는 가장 낮은 주파수의 대략 1,000배가 되는데, 이것은 '10옥타브'에 해당한다. 피아노 건반은 이 10옥타브 중 7 옥타브 이상을 연주할 수 있다.[4]

하지만 빛의 경우, 우리 눈은 초당 약 430조에서 약 790조 주기 사이의 주파수만 감지할 수 있다. 따라서 눈으로 볼 수 있는 가장 낮은 주파수 대 가장 높은 주파수의 비는 430 대 790으로 대략 1:1.8에 불과하며, 이는 우리가 들을 수 있는 소리의 범위에 비해 훨씬 좁다. 음악적으로 표현하면 채 '1옥타브도 되지 않는 것이다!' 참고로 전자기 스펙트럼(electromagnetic spectrum)이라고 하는 전자기파의 전체 범위는 〈그림 29〉에서 개략적으로 보여주고 있듯이 실험을 통해 150옥타브가 훨씬 넘는 것으로 밝혀졌다. 전자기파의 주파수는 10억 년당 1주기 미만인 것부터 초당 10억 곱하기 10억 곱하기 10억(즉, 10^{27}) 주기 이상인 것까지 엄청나게 다양하다. 실제로는 이보다 훨씬 더 높은 주파수까지 있을 가능성이 크다. 우리 눈은 그중 극히 일부만 볼 수 있을 뿐이다.

전자기 스펙트럼은 매우 광범위하기 때문에, 과학자들은 〈그림 29〉와 같이 전자기 스펙트럼을 여러 구간으로 나누는 것이 편리하다는 것을 발견했다. 이렇게 나누는 것은 전적으로 임의적인 것으로, 가장 낮은 주파수에는 전파(radio wave)가 가장 높은 주파수에는 '감마선(gamma ray)'이 있으며, 그 사이에 마이크로파, 적외선, 가시광선, 자외선, 그리고 X선 등이 있다. 이들은 모두 유럽과 미국의 과학자들이 임의로 정한 주파수 범위에 붙인 이름일 뿐임을 기억해야 한다. 자연은 이런 식으로 구분하거나 범주를 만들지 않는다.

앞서 이미 언급했던 중요한 사실을 다시 한번 강조하고자 한다. 인간에게 가시광선의 파동은 보이지 않는 빛의 파동과 아주 다른 것처럼 보이지만, 얼마나 자주 진동을 하는지를 제외하면 본질적으로 다르지 않다. 모든 차이는 말 그대로 우리의 머릿속에 있다. 우리 눈의 옵신

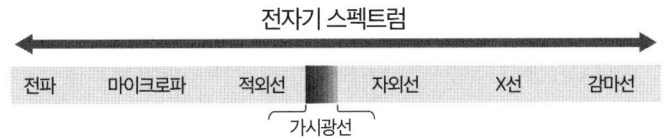

그림 29 왼쪽의 가장 낮은 주파수부터 오른쪽의 가장 높은 주파수까지 연속적인 주파수 범위를 개략적으로 보여주는 전자기 스펙트럼. 또한 과학자들이 임의로 나눈 눈에 보이지 않는 주파수 영역과 눈으로 볼 수 있는 매우 좁은 가시광선 영역(축척에 맞게 그려져 있지 않음)이 표시되어 있다.

분자는 가시광선 주파수 범위에 있는 광자만 흡수할 수 있다. 그 외의 다른 주파수의 빛(또는 광자)에는 아무런 반응을 보이지 않는다.

"근데 말이야," 어느 여름날 저녁 밖에 앉아 이야기를 나누던 친구가 물었다. "왜 무지개에는 어떤 색은 있고, 어떤 색은 없는 거야? 그러니까 왜 무지개에는 은색이나 분홍색, 갈색 같은 건 없는 거지?"

"맞아, 그런 색은 없지." 내가 고개를 끄덕였다. "근본적인 이유는 주파수는 물리적 세계의 일부이지만, 색은 인간의 생물학적·심리적 세계의 일부이기 때문이야. 이 둘은 일치하지 않아."

친구가 물었다. "그러니까 주파수는 외부 세계에 존재하는 것이고, 색은 우리 뇌가 그것을 인식하는 방식이며, 그 인식이 실제와 일치하지 않는다는 말이야?"

"맞아. 소리의 경우에는 꽤 단순해. 연주자가 기타나 피아노로 세 개의 다른 음을 동시에 연주하면, 우리는 세 가지 음을 동시에 들을 수 있어. 그걸 '화음(chord)'이라고 하지.

"하지만 만약 누군가 내 눈에 세 가지 서로 다른 빛의 주파수를 동시에 쏜다면," 내가 말을 이었다. "눈은 그 정보를 받아들인 후 대부분을 버리고, 남은 것들도 뒤섞어버려. 그러고 나서 남은 정보를 뇌로 보내면, 뇌는 그걸 또 한 번 뒤섞지. 이런 일들이 끝나면, 우리는 '하나의' 색을 의식적으로 경험하게 돼. 대개는 무지개에 없는 색이지. 게다가 우리가 심리적으로 경험하는 것은 각각의 주파수를 따로따로 보았을 때 느끼는 심리적 경험과는 거의 혹은 전혀 관련이 없을 수도 있어."

"아!" 친구의 남편이 끼어들었다. "이게 비디오 화면에서 빨강, 초록, 파랑 픽셀을 가지고 흰색을 만드는 것과 관계가 있는 건가?"

"아주 유명한 사례지." 내가 대답했다. "그리고 그 예는 흰색 빛이라는 것이 물리적 세계에는 존재하지 않는다는 사실을 보여줘. 실제로 존재하는 것은 '서로 다른 주파수를 가진 전자기파의 조합'이고, 인간의 눈과 뇌가 그것을 흰색으로 인식한다'는 거야. 흰색은 경험, 즉 인간 마음의 심리적 상태지, 외부 세계의 물리적 현상이 아니야.

"예를 들어, 방금 말한 것처럼 무지개에서 빨강, 초록, 파랑 빛을 골라서 동시에 같은 방향으로 우리 눈에 쏜다고 하면, 우리가 보는 것은 '흰색'이야. 그런데 그 흰색은 각각의 빨강, 초록, 파랑을 따로 혹은 나란히 볼 때의 심리적 경험과는 완전히 다르지.

"이게 다가 아니야! 완전히 조합을 달리해서, 이를테면 무지개 전체에 걸쳐 주파수가 다른 빛 10가지를 적절히 섞어서 동시에 눈에 쏘아도, 우리가 보는 색은 또다시 '흰색'이야. 이때의 빛의 패턴이 빨강-초록-파랑 조합과 전혀 다르다는 단서는 전혀 없어. 실제로 흰색 빛을 경험하게 해주는 방법은 무수히 많아. 예를 들어 햇빛의 흰색은 말 그대로 무지개의 모든 색이 합쳐져 이루어진 것으로, 비디오 화면에서 사용하는 단순한 빨강-초록-파랑 조합과는 완전히 달라.

"분홍색, 갈색, 자홍색 같은 색상도 마찬가지야. 이들 색의 경험들 역시 서로 다른 주파수의 빛을 여러 가지 방식으로 조합해서 만들어낼 수 있어. 그리고 이런 경우에도 뇌는 우리가 실제로 무엇을 보고 있는지 알려주지 않아."

"정말 놀라운데!" 친구가 의자에 몸을 기대며 감탄했다. "그럼 파랑 같은 색은 우리가 세상을 있는 그대로 보는 거고, 분홍 같은 색은 현실이 뒤섞인 걸(여러 주파수의 빛이 섞인 것을) 보는 거야?"

"파랑도 예외는 아니야." 내가 말했다.

"만약 무지개의 파란 부분, 그러니까 초당 650조 주기의 단일 주파수를 가진 전자기파를 눈에 쏘면, 우리는 파란색을 보게 돼. 하지만 하늘도 파랗게 보이잖아. 근데 사실은 그게 아니야."

"방금 '하늘이 파란 게 아니'라고 한 거야?" 친구의 남편이 거의 소리를 지르듯 말했다. 이 말에 근처 테이블 사람들의 눈이 우리에게 쏠렸다.

"하늘은 파랗지 않아." 차분하지만 단호한 목소리로 내가 말했다.

"그럼, 뭐야?" 친구의 말투에 조급함이 묻어 있었다.

하늘은 단지 인간의 뇌에 파란색으로 보일 뿐이다. 실제로 하늘에서 오는 가시광선에는 무지개에서 볼 수 있는 모든 주파수의 파동이 풍부하게 혼합되어 있다. 무지개의 파란색 영역에서 나오는 파동은 녹색과 노란색 영역에서 나오는 파동보다 진폭이 조금 크고, 주황색과 빨간색 영역에서 나오는 파동보다는 진폭이 훨씬 더 크다. 하지만 눈은 하늘의 빛을 흡수하고 처리하면서 복잡한 세부 정보를 대부분 걸러서 아주 소량의 정보로 줄인다. 이렇게 줄어든 정보만이 뇌로 전달되고, 뇌는 이를 다시 처리하여 의식 속에서 '하늘색'이라는 경험을 만들어 낸다.

요컨대 우리 눈은 빛의 주파수 대부분을 감지할 수 없을 뿐만 아니라, '눈으로 볼 수 있는' 빛의 세부 정보조차 대부분 포착하지 못한다! 눈은 센서(sensor, 감지기)이기도 하고 센서(censor, 검열관)이기도 하다. 눈은 가시광선 주파수를 제외한 모든 주파수에 반응하지 않으며, 심지어 가시광선 주파수에 대한 정보조차도 해석을 위해 뇌로 전송하기 전에 대폭 편집한다. 우리 뇌는 전체주의 국가의 정보기관과 유사하다. 말하자면, 뇌는 이미 검열된 정보를 가져와서 우리가 알아야 한다고 생각하는 세계로 다시 변형한다.

우리 눈에 비친 세상은 있는 그대로의 세상이 아니다. 기껏해야 닮은꼴에 지나지 않는다. 우리 눈은 사물을 있는 그대로 보여주는 투명한 창이 아니다. 오히려 카메라와 이 카메라에 연결된 비디오 화면처럼, 우리의 시각계는 '이미지를 만들어'낸다. 약간 다른 눈과 뇌를 가진 동물들은 결코 우리와 같은 방식으로 세상을 경험할 수 없으며, 이들의 의식에서 주파수와 색의 상관관계는 우리가 경험하는 관계와 분명히 다를 것이다. 심지어 사람들 중에도 색을 더 강하게 혹은 더 약하게 인지하는 등 대다수와는 다른 시각 체계를 가진 사람들이 있다. 이들의 경험 역시 나와는 확실히 다를 것이다. 상황이 이럴진대 자신들만의 고유한 빛 감지기를 가진 외계 생명체의 의식에 세상이 어떻게 보일지는 상상조차 불가능하다.

색은 주파수에 비해 훨씬 단순하지만 다른 한편으로는 훨씬 더 복잡하다. 색은 매우 심오하고 복잡한 주제라서 도서관에 가면 관련된 책들로 가득한 책장이 있을 정도이다. 우리에게 주는 중요한 교훈은 간단하다. 인간의 경험은 우리를 둘러싼 우주를 수동적으로 그리고 곧이곧대로 반영하지 않는다는 점이다. 우리가 경험하는 것은 철저히 편집되고, 가공되고, 재구성된 것이다.

옆에서 듣던 친구는 놀라움에 고개를 저었다. "정치에서는 보이는 게 다가 아니라고 하던데, 기본적인 지각도 그 정도일 줄은 몰랐네."

친구는 잠시 생각에 잠기더니, 첫 별들이 모습을 드러내면서 짙어지는 해질녘의 '파란' 하늘을 올려다보았다. 그러고는 이렇게 덧붙였다. "진화는 인간의 경험이 우리가 생존하고, 자손을 낳고, 종을 유지할 수 있을 만큼만 충분하고 적절하면 된다고 여겼겠지. 그걸로 족한데, 우리의 의식적 경험이 현실을 정확히 포착할 필요는 없었겠지."

나는 고개를 끄덕였다. "우리는 정확성이 아니라 생존에 최적화되어 있지. 그리고 한정된 두뇌 능력으로는 외부 세계에서 쏟아져 들어오는 엄청난 정보를 감당할 수 없어. 만약 우리의 감각이 쏟아져 들어오는 정보를 검열하지 않는다면, 완전히 과부하가 걸릴 거야. 이는 또한 우리가 물리적 우주에 대해 매우 편협한 개념을 가지게 된다는 것을 의미하지. 우리가 얼마나 많은 것을 놓치고 있었는지 깨닫게 된 건 오직 과학적 도구 덕분이야."

○

지난 2세기 동안 우리는 생물학적 감각 기능을 뛰어넘는 수많은 기술을 개발해왔다. 예를 들어, 적외선 고글은 눈에 보이지 않는 적외선을 전자적으로 가시광선 파동으로 변환하여 우리가 볼 수 있게 해주었다. 적외선 고글은 특히 밝게 빛나는 밤에 아주 유용하다. 이런 밤에는 생명체의 온도가 주변 환경의 온도보다 높아서 생명체가 주변 환경보다 적외선을 더 많이 방출하기 때문에, 적외선 파장에서는 생명체를 잘 볼 수 있다. 다양한 종류의 망원경은 물체를 확대해서 보여줄 뿐만 아니라 눈에 보이지 않는 현상을 눈에 보이는 이미지로 변환해 보여준다. 비단 시각에만 국한된 이야기는 아니다. 라디오는 보이지 않는 빛인 전파를 귀가 들을 수 있는 음파로 변환하고, 초음파 스캐너는 들을 수 없는 소리를 가시광선 이미지로 변환한다. 우리는 매일 아무 생각 없이 감각을 확장하는 도구를 사용하며, 얼마 전까지도 우리가 이해하지 못했던 세계의 다양한 특징들을 활용하고 있다.

    자신의 감각으로 느낄 수 있는 것만 믿겠다고 주장하는 사람들은 우주에 대해 우리가 알 수 있는 것들 중 대부분을 놓치고 있는 셈이다. 이들은 스스로를 속이고 있는 것이기도 하다. 결국, 휴대전화조차도 보이지 않고, 들리지 않고, 느껴지지 않는 것을 활용한다. 현대의 기기들이 인간의 감각을 넘어선 세계를 활용하는 마법 상자처럼 보인다는 사실은 물리적 세계에서 우리의 상식이 얼마나 취약한지를 다시 한 번 보여준다.

직접 보는 햇빛은 하얗게 보이고, 대기에 의해 산란될 때는 파랗게 보이지만, 해가 지고나면 상황이 달라진다. 달빛과 별빛 역시 대기에 의해 산란이 일어나지만, 이 산란된 빛은 퍼져 있고 희미하다. 별들 사이의 하늘 대부분이 우리 눈에는 검게 보이는 이유이다. 우리 눈이 아무런 빛의 파동도 감지하지 못할 때, 뇌는 '검정'이라는 의식적 경험을 만들어낸다.

하지만 칠흑 같은 밤하늘이라는 시 구절은 우리 눈이 보지 못하는 부분이 많다는 사실 때문에 생기는 또 다른 결과이다. 사실은 약 140억 년 전, 우주가 아주 뜨겁게 탄생하던 시기의 빛이 여전히 우주 공간을 가득 채우고 있다. 만약 우리의 눈이 가시광선보다 주파수가 천 배나 낮은 마이크로파를 볼 수 있다면, 우리는 하늘 전체가 희미하게 빛나는 '우주 마이크로파 배경(Cosmic Microwave Background)'을 볼 수 있을 것이다. 1965년 아르노 펜지어스(Arno Penzias)와 로버트 윌슨(Robert Wilson)은 마이크로파 수신기에 잡힌 뜻밖의 잡음을 통해 이 사실을 알게 되었다. 비둘기 배설물과 인간의 무선 통신 간섭을 제거한 후, 펜지어스와 윌슨은 결국 밤하늘이 희미하게 빛나고 있다는 결론에 도달했다. 마이크로파를 볼 수 있는 다른 눈을 가졌다면, 우주는 결코 어둡게 보이지 않았을 것이다.

우주 마이크로파 배경은 우리가 다루는 이야기에서 사소한 질문을 제기한다. 머나먼 심우주가 빈 공간과 같지 않은 중요한 이유 중 하나는 심우주가 이 미약한 마이크로파 광자들로 가득 차 있기 때문이다. 정밀한 과학 장비를 사용하면, 우주 마이크로파 배경에 대한 우리의 이동 속도를 측정할 수 있고, 이를 이용하면 심우주에서도 우리의 운동에 대한 단서를 얻을 수 있다.

그럼에도 불구하고 우주 마이크로파 배경은 갈릴레오의 원리를 그대로 유지한다. 첫째, 상대성원리를 엄격하게 적용하려면, 우주 마이크로파 배경의 광자가 들어갈 수 없는 고립된 공간이 필요하고, 우주 마이크로파 배경의 광자는 그 안으로 들어갈 수 없으므로 이 공간 안에서는 우리의 운동을 알 수 없다. 둘째, 지구, 비행기, 또는 원자와 같이 거의 고립된 공간에 상대성이론을 좀 더 느슨하게 적용할 때도 우주 마이크로파 배경은 공간에 너무 퍼져 있어서 운동에 영향을 미치지 못한다. (실제로 우주에서 볼 수 있는 거의 모든 상황에서 우주 마이크로파 배경은 무시할 수 있을 정도의 극히 미미한 항력을 생성한다.) 셋째, 우주 마이크로파 배경을 통해 알 수 있는 것은 어디까지나 '우주 마이크로파 배경에 대한' 상대적 운동일 뿐, 빈 공간에 대해 우리의 운동을 측정하는 것과는 전혀 다르다! 이러한 이유로 여기서는 우주 마이크로파 배경을 대부분 부연 설명과 미주로 대체하려고 한다. 우주 마이크로파 배경의 존재를 무시해서도 안 되지만, 그렇다고 마이크로파 배경이 이 책의 주요 개념에 영향을 미치지는 않는다.[5]

우리가 별빛은 물론이고 우주 마이크로파 배경의 광자까지 감지할 수 있다는 사실 자체가 하나의 수수께끼를 제기한다. 어쩌면 한 번도 생각해보지 않았던 문제일 수도 있다.

20대 초반 무렵 장거리 버스 여행을 하면서 옆자리에 앉은 초라한 행색의 대학생과 이야기를 나눈 적이 있다. 홀치기염색을 한 셔츠를 입고, 기타를 끼고 다니는 사람이었다. 그는 물리학에 대해 궁금한 점이 많았다.

"우주에는 소리가 없다는 걸 알아요." 그가 말했다.

"맞아요." 내가 맞장구를 쳤다. "공기나 다른 어떤 것이 없으면, 소리가 나지 않죠."

소리는 인위적으로 만든 진공을 포함해 '어떤' 빈 공간에서도 전달되지 않는다.[6] 예를 들어 기타를 유리 상자에 넣고, 상자 안 공기를 모두 제거한 다음, 원격으로 기타 줄 하나를 퉁긴다고 생각해보자. 기타 줄은 언제나처럼 정상파를 만들며 진동하겠지만, 소리는 들리지 않을 것이다. 기타 주변에 공기가 없으니 진동하는 기타 줄의 신호를 귀에 전달해 주는 진행파가 생성되지 않기 때문이다.

"하지만 우주 공간에서 기타 소리는 못 듣더라도, 기타 줄의 진동을 볼 수는 있지 않나요? 그렇다면 소리가 공기 중의 파동이라면, 빛은 어떤 파동인가요?"

아, 그렇다. 빛의 매질은 무엇일까? 빛이 먼 별로부터 지구로 이동할 때, 빛의 파동을 지탱하는 것은 무엇일까? 이 물음은 50년 동안 물리학의 핵심 쟁점이었다. 아울러 이 질문에는 매우 이상한 반쪽짜리 답이 있는데, 너무 기이해서 아인슈타인도 직접 풀어내야 했던 문제였다.

수 세기를 거치면서 사람들은 비로소 공기 없는 음파가, 바닷물 없이는 파도가 만들어질 수 없다는 것을 이해하게 되었다. 19세기 과학자들에게 빛이 파동이라는 것이 분명해지면서, 빛의 매질이 있어야 한다는 것이 당연해 보였다. 이 매질을 '발광 에테르(luminiferous aether)'라고 불렀는데, 내가 보기에 이 이름은 아름답고 멋지며, 동시에 어딘가 악마 같다는 생각이 든다. 이 에테르는 우주의 모든 곳, 심지어 평범한 물체 안에도 존재해야 했다. 그래야만 빛이 먼 은하에서 우주를 가로질러 지구에 도달할 수 있고, 빛나는 숯이나 촛불에서 원자들이 내뿜는 빛도 전할 수 있으며, 심지어 전파나 X선처럼 벽을 통과할 수 있기 때문이다.

　에테르라는 사랑스러운 이름에도 불구하고, 에테르가 존재한다는 증거를 찾으려는 수십 년간의 시도는 모두 물거품으로 돌아갔다. 전 세계의 가장 뛰어난 물리학자들도 이 문제로 골머리를 앓았다.

　이런 와중에 1905년 젊은 아인슈타인은 빛이 결국 소리와는 다르다고 제안했다. 발광 에테르가 존재하지 않는다는 이야기였다.

　아니, 어쩌면 에테르가 존재할지도 모른다. 하지만 에테르가 존재한다고 해도, 그 특성이 너무 기이해서 어떤 방법을 사용해도 감지하는 것은 불가능에 가깝다.

4부

장

바다의 파도는 자유롭게 바다를 누비지만, 그 여정은 육지에 닿는 순간 끝이 난다. 지진파는 지구를 가로질러 이동할 수 있지만, 암석 안에만 머물러 있다. 소리 파동은 대기권 가장자리에서 멈춘다. 하지만 빛의 파동은 계속 진행한다.

파도가 우주 공간으로 나갈 수 없다는 것은 당연하다. 물이 없는 곳에는 물의 파동도 존재할 수 없기 때문이다. 놀라운 사실은 광파는 이와 비슷한 문제를 전혀 겪지 않는 듯하다는 점이다. 빛은 '어디든' 갈 수 있는 것처럼 보인다.

이 사실은 빛의 매질이 우주 어디에나 존재하는 매질이라는 것을 암시한다. 하지만 만약 그렇다면, 빈 공간이 실제로 비어 있다고 말할 수 있는 근거는 무엇일까?

입자들은 빈 공간을 좋아한다. 아무런 저항 없이 쉽게 이동할 수 있기 때문이다. 파동은 빈 공간을 두려워한다. 매질 안에 머물러야 하는 운명을 타고났기 때문이다. 반대로, 파동은 매질을 따라 안정적으로 이동할 수 있지만, 입자에게 매질은 보통 자신을 끌어당기고 속도를 늦추는 장애물에 불과하다. 이렇게 입자의 매질과 파동의 매질의 상반된 특성을 생각해보면, 입자와 파동이 모두 텅 빈 우주를 자유롭게 가로지른다는 사실이 매우 당혹스럽게 느껴진다.

광자가 발견되기 훨씬 전부터 많은 과학자들은 빛이 입자로 이루어져 있을 것이라고 의심해왔다. 가시광선은 소리나 바다의 파도처럼 모서리를 돌아 휘지 않고, 직선으로 이동하는 것처럼 보였기 때문이었다. 이들 과학자 중에는 뉴턴도 있었다. 뉴턴은 행성의 궤도를 설명할 때 등속운동 법칙을 적용하면서 우주 공간은 텅 비어 있다고 가정했다. 이 가정은 빛이 입자로 이루어져 있다는 생각과는 잘 맞았지만, 빛이 파동이라면 진정한 빈 공간은 절대 넘을 수 없는 장벽이 된다.

하지만 빛이 파동일 가능성은 뉴턴보다 조금 앞서 이탈리아의 물리학자 프란체스코 그리말디(Francesco Grimaldi)가 자신의 실험을 바탕으로 이미 제안한 바 있었다. 곧 하위헌스도 그리말디의 견해에 동참했다. 이 두 가지 상반된 가설은 오랫동안 논쟁의 대상이었으나, 1802년 토머스 영(Thomas Young)이 가시광선의 파동성을 의심의 여지없이 증명하면서 결론이 났다. 빛이 입자로 구성되어 있다는 뉴턴의 추측은 틀렸던 것이다.

이로 인해 역설이 더욱 뚜렷해졌다. 빛이 태양과 별에서 지구로 이동할 수 있는 파동이라면, 빛의 매질인 발광 에테르는 분명 우주를 가득 채우고 있어야 한다. 그렇다면 빈 공간은 완전히 비어 있는 것이 아니다. 이게 사실이라면, 뉴턴은 왜 행성과 달의 궤도를 계산할 때, 이 에테르의 항력을 고려하지 않았을까? 왜 수십억 년에 걸친 마찰에도 지구가 느려지지 않았을까? 적어도 지구 대기 정도는 사라져야 하지 않았을까? 왜 우리와 지구를 구성하는 모든 것 — 전자, 양성자와 중성자 — 이 아무런 방해도 받지 않고 마치 광파처럼 우주 공간을 자유롭게 이동할 수 있는 것처럼 보이는 것일까?

이런 의문들이 핵심을 놓치고 있는 것은 아닌지 잠시 생각해 볼 필요가 있다. 어쩌면 지구와 다른 일반적인 물체는 이 질문에 대한 답을 알고 있을지도 모른다. 예를 들어, 이 입자들이 발광 에테르를 차단하여 우주를 안전하게 통과할 수 있는 보호막을 두르고 있다고 상상할 수 있다. 하지만 우리는 곧 지구와 태양, 우주선의 벽, 인간의 몸, 우리가 일상에서 마주하는 모든 것이 대부분 빈 공간이라는 사실을 떠올리게 된다. 단단한 암석조차도 실상은 미세한 먼지에 지나지 않는다. 따라서 우리가 우주를 여행할 때, 지구와 우리 몸만이 빈 공간처럼 보이는 우주를 통과하는 것이 아니다. 마찬가지로 '빈 공간도 우리를 통과한다.'

빈 공간이 우리 몸을 통과하는 것은 분명 아무런 문제가 되지 않는다. 우리는 심지어 그것을 알아차리지도 못한다.

이렇기 때문에 빈 공간이 정말 비어 있는지의 문제는 우리 모두와 직접적으로 관련이 있다. 뿐만 아니라 우리를 이루는 원자들과 우리가 보는 빛의 파동이 어떻게 겉보기에 텅 빈 공간을 통과할 수 있는지도 풀어야 할 수수께끼이다. 빈 공간에 어떤 매질이 존재한다면, 이 매질은 언제 어디서나 항상 존재하는 셈이다. 우리는 평생 동안 마치 아무것도 없는 것처럼 매질 속을 자유롭게 움직인다. 어떻게 된 일인지 물이나 공기와 같은 익숙한 매질과 달리 이 매질은 우리를 비롯한 모든 것이 엄청난 속도로 빈 공간을 통과해도 아무런 저항을 주지 않는다. 덕분에 갈릴레오의 원리와 등속운동의 법칙이 유지될 수 있는 것이다. 따라서 비어 있는 것처럼 보이는 공간에 실제로 매질이 존재한다면, 이 매질은 밀도가 극도로 낮거나 아주 특별한 성질을 가졌거나 아니면 둘 다일 것이다. 만약 그렇지 않고 정말로 아무것도 없다면, … 우리는 다시 처음으로 돌아가야 한다. 어떻게 별빛이 이 텅 빈 공간을 통과해 지구에 도달할 수 있는 걸까?

이 끓어오르는 혼란의 가마솥에 또 하나의 재료가 더해진다. 바로 빈 공간으로 분리된 물체에 영향을 미치는 힘들이다. 중력뿐만 아니라 전기력과 자기력도 멀리 떨어진 물체를 서로 끌어당기는 역할을 한다. 예를 들어, 지구의 자기장은 태양에서 날아온 전자를 지구의 극지방으로 이끌어 오로라를 만들어낸다. 이렇게 텅 빈 공간처럼 보이는 우주 공간을 가로질러 영향력을 행사는 힘들은 매질이 '존재'하기 때문일까, 아니면 그런 매질이 '존재하지 않기' 때문일까?

정말 심오하고 골치 아픈 문제들로 가득한 수수께끼와 역설들이다. '장(field)'이라는 개념은 이 문제들을 해결하는 데 도움이 될 것이다. 그 과정에서 우리는 빈 공간의 놀라운 성질과 씨름하게 될 것이고, 장을 우리가 익히 아는 어떤 매질과도 다른 매질로 인식하게 될 것이다. 이렇게 혼란은 어느 정도 가라앉을 것이며, 우리가 처음에 가졌던 관심사 — 운동의 신비와 정지 질량을 만들어내는 에너지의 기원 — 로 다시 돌아갈 수 있을 것이다. 하지만 이 모든 수수께끼에 대한 완전하고 만족스러운 해답을 기대하지는 말자. 나에게는 그런 해답은 없다. 아직 누구도 해결책을 갖고 있지 않다.

○

이제 우리는 이 책에서 가장 어려운 부분에 도달했다. 이 부분을 쓰는 것도 예상했던 대로 쉽지는 않았고, 또 읽는 것도 쉽지 않을 것이다. 여기서는 물리학자들마저도 낯설어하고 기이해 하며 쉽게 잡히지 않는 개념들을 소개한다. 이미 서두에서 여러 역설 ─ 입자와 파동, 빈 공간과 매질 ─ 을 소개했는데, 이 역설들의 해답 역시 그만큼이나 신비롭다. 이제부터 여기서 설명할 이야기들은 실험을 통해 옳다는 것이 밝혀졌지만, 아직 완벽하지는 않아 보인다. 빈 공간과 빈 공간 속 장(場)의 본질은 여전히 활발한 과학적 연구와 논쟁의 대상이다.

이 책의 서론에서 어떤 부분들은 한 번 이상 읽는 것이 도움이 될 것이라고 말한 바 있다. 바로 이 부분이 그렇다. 또는 이 부분과 이어지는 양자(Quantum) 부분을 한 번 읽고 나서 다시 함께 읽어보는 것도 좋겠다. 한 가지 확실한 것은, 물리학자가 되기 전이었다면, 나 역시 이 내용을 두 번은 읽어야만 했을 것이라는 점이다. 이 주제는 기이한 내용으로 가득하니, 혹시 이해가 잘 되지 않더라도 낙담하지 말고, 물리학자들 역시 마찬가지로 어려워 할 것이라는 사실을 기억하자.

13
일반장

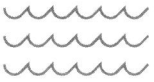

힉스 보손이 발견되고 얼마 지나지 않은 때의 일이다. 카페 야외 테이블에 앉아 오랜 친구에게 힉스장의 중요성에 대해 이야기하고 있었다. 친구가 장이 무엇인지 물었을 때, 나는 주머니에서 열쇠를 꺼내 공중으로 던졌다가 떨어지는 열쇠를 받았다.

"자, 지구가 어떻게 이런 일을 한 걸까?" 내가 물었다.

"어떻게 … 뭐가?" 친구가 말했다.

"어떻게든 지구가 열쇠를 붙잡아서 멀리 날아가지 못하게 한 거잖아. 어떻게 지구는 열쇠를 건드리지도 않고 이런 일을 할 수 있었을까?"

친구는 어리둥절한 표정으로 이렇게 말했다. "중력 … 아닌가? 내가 놓친 게 있나?"

내가 웃으며 말했다. "그래, 맞아. 중력이야. 근데, 뭔가 이상하지 않아? 뭔가 마술 같지 않아?"

친구는 내가 장난을 치고 있다고 생각했지만, 사실 장난을 치는 것은 내가 아니라 다른 무언가였다.

"지구가 직접 열쇠를 끌어당기는 게 아니야. 대신 중간 역할을 하는 제3의 존재, 즉 중력장이 있기 때문이지. 우리 행성과 달리, 이 중력장은 어디에나 존재해. 지구 안팎은 물론 우주 전체에 퍼져 있지. 바로 이 장이 땅과 열쇠 사이의 간극을 가로질러 작용하는 거야."

중력장만이 이 간극을 매개하는 매개체 역할을 할 수 있는 것은 아니다. 아마 집 어딘가에, 이를테면 냉장고 앞에 붙여 놓은 자석을 갖고 있을 것이다. 나는 서랍 안에 여러 개를 모아 두었는데, 모두 서로 달라붙어 있다. 하지만 자석이 달라붙는 것은 접착테이프가 달라붙는 것과는 다르다. 두 자석을 떼어놓았다가 가까이 가져가면, 자석이 서로 끌어당기거나 미는 것을 느낄 수 있다. 두 자석 사이에 종이나 판지를 넣어도 끌어당기거나 미는 힘은 사라지지 않는다. 보이지 않는 힘이 작용해서 두 자석이 닿지 않아도 서로 끌어당기는 것이다. 이 힘의 주인공이 바로 자기장이다.

건조기에서 막 꺼낸 양말도 마찬가지다. 양말이 서로 달라붙어 있는 경우가 있는데, 살짝 떼어놓아도 여전히 서로를 끌어당긴다. 빗으로 머리를 몇 번 빗은 다음, 빗을 머리에 가까이 가져가면 머리카락이 빗 쪽으로 끌려간다. 이 사례들에서 매개체는 전기장이다.

이처럼 직접 닿지 않은 물체들이 서로 영향을 주는 보이지 않는 힘은 자연에서 흔하게 볼 수 있다(〈그림 30〉). 이와 같은 "원격 작용"은 마치 마법처럼 보인다. 하지만 현대과학의 관점에서 보면, 이런 현상은 우리가 아주 익숙하게 여기는 어떤 것과 크게 다르지 않다.

테니스공을 침대 위에 놓는다. 그런 다음 침대 가장자리 근처에 갑자기 앉으면, 공이 앉은 쪽으로 굴러온다. 여기서 매개체 역할을 하는 것은 침대 매트리스다. 내가 매트리스를 눌러 꺼지게 만들었고, 그로 인해 기울기가 생겨 공이 움직인 것이다. 하지만 매트리스가 보이지 않는다고 가정하면, 공이 움직이는 원인이 관찰자들에게 명확하게 드러나지 않을 것이다.

신발에 긴 끈을 묶고, 끈의 다른 쪽 끝을 손으로 잡은 채 침실을 가로질러 걷는다. 이제 끈을 세게 잡아당겨 신발을 움직인다. 끈이 손과 신발 사이의 매개체 역할을 하는 것이다. 만약 여러분이 이 장면을 지켜보는데 끈이 투명해서 보이지 않는다면, 내가 마치 마법을 부리는 것처럼 보일 것이다.

선풍기를 방 한가운데를 향해 두고 최대 세기로 켠다. 창문은 선

  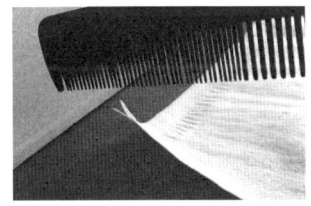

그림 30 (왼쪽) 자석(검은색 사각형) 주위의 자기장은 지구의 일정한 자기장을 따라 정렬되어 있는 나침반의 바늘을 회전시킬 수 있다. (오른쪽) 방금 사용한 빗 주위의 전기장에 의해 빗과 휴지가 접촉하지 않은 상태에서 빗이 휴지를 끌어당긴다. 이것을 '정전기'라고 한다.

풍기 옆에 있지만, 커튼은 어쨌든 흔들린다. 선풍기 근처의 강한 바람이 방 전체에 약한 기류를 일으키기 때문이다. 여기서는 보이지 않는 바람이 선풍기와 커튼 사이의 매개체 역할을 한다.

이런 일상적인 사례와 비교하면, 지구와 달 사이 혹은 두 자석 사이의 힘이 더 이상하게 느껴질 수 있다. 하지만 이는 매개체가 쉽게 보이지 않거나 느껴지지 않기 때문일 뿐이다. 말하자면 우리가 매개체를 감지하지 못한다 뿐이지, 매개체가 실재하지 않는다는 뜻은 아니다. 우리의 감각은 이전에도 초음파나 X선을 전혀 감지하지 못해 우리를 실망시킨 적이 있으니, 감지할 수 없다고 해서 매개체가 없다는 증거라고 생각하면 안 된다. 과학 장비를 사용하면 매개체들을 쉽고 확실하게 감지할 수 있으며, 충분히 극단적인 상황에서는 인간의 몸으로도 느낄 '수' 있다.

곧 우리는 장이 단순히 물체들 사이의 매개체 역할만 하는 것이 아니라 물체 그 자체를 만들어내는 데도 관여한다는 사실을 알게 될 것이다. 이에 대해서는 뒷부분에서 다시 다룬다.

먼저 모든 사람이 쉽게 느낄 수 있는 가장 친숙한 장부터 살펴보자. 바로 바람, 즉 공기의 흐름이다.

어렸을 적부터 지금까지 쭉 날씨에 관심이 많았다. 어린 시절 내가 살던 매사추세츠주 시골 마을에는 홍수, 열대성 폭풍, 눈보라가 몰아치곤 했는데, 때로는 전기 공급이 끊기기도 했다. 한번은 토네이도가 집에서 불과 400미터 떨어진 곳에서 소멸했는데, 당시 유입 기류로 인해 나무가 벗겨지고 집 거실의 유리창이 나뭇잎 범벅으로 되었다. 거실에 앉아 있었던 우리는 바로 코앞에 닥쳐온 위험을 전혀 인지하지 못하고 있었다. 이렇게 자연의 힘을 직접 경험하면서 나는 경외감을 느꼈고, 자연의 위력을 더 많이 알게 될수록 경외심은 더욱 커져만 갔다.

그 시절 내가 구입한 장난감과 도구들 중에는 바람을 측정하는 장치도 있었다. 이 장치는 아래쪽에 바람이 들어갈 수 있는 수평 구멍이 뚫려 있고, 속이 빈 수직 플라스틱 관으로 만들어져 있었다. 플라스틱 관 내부에는 작고 가벼운 스티로폼 공이 들어 있었다. 바람이 부는 날 바람이 불어오는 방향으로 구멍을 향하면, 공이 위로 떠올랐는데 관 옆에 있는 눈금을 이용해 바람의 속력을 추정할 수 있었다.

이 간단한 풍속계로 바람의 속력과 방향을 측정할 수 있었지만, 그렇다고 해봐야 한 군데의 바람만 측정할 수 있을 뿐이다. 이제 전 세계, 심지어 바다 위에도 골고루 흩어져 있는 백만 명의 아이들이 각각 작은 풍속계를 가지고 있다고 상상해보자. 이 아이들이 모두 바람을 측정하여 중앙 관측소에 보고하면, 우리는 지금 이 순간 지구 표면에서 바람이 어떻게 부는지를 상세하게 파악할 수 있다. 실제로 이런 일은 일기예보관이 해야 하는 일 중 하나이다. 예보관들은 〈그림 31〉과 같은 지도에 지상의 바람을 표시하기도 한다. 이 그림은 특정 날짜의 미국 전역의 바람을 나타내고 있다. 선의 밝기는 바람의 속력을 나타내고, 선의 방향은 바람의 방향을 가리키는데, 방향이 주로 서쪽에서 동쪽으로 향하고 있지만, 동부 해안 근처에서는 폭풍우를 중심으로 급격히 소용돌이치는 것을 볼 수 있다.

하지만 일기예보관에게는 바람 지도만으로 충분하지 않다. 예보

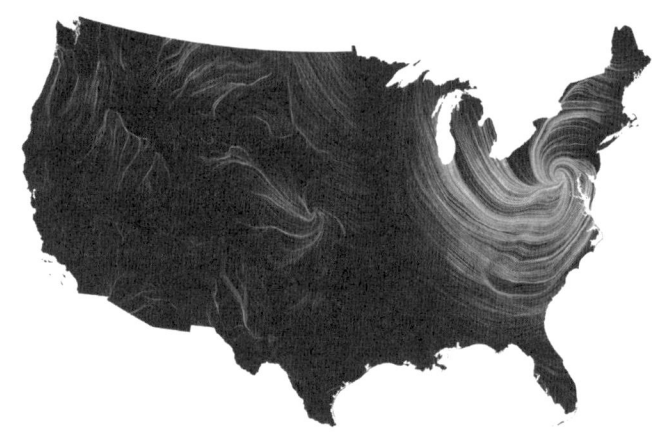

그림 31 열대성 폭풍 샌디가 대서양에서 상륙한 직후인 2012년 10월 30일 미국의 지표면 바로 위의 바람장(선의 방향과 밝기는 바람의 방향과 속력을 나타낸다). 마틴 와텐버그와 페르난다 비에가스의 "바람 지도"(hint.fm/wind).

관들은 대기 전체의 바람을 알아야 한다. 그래서 백만 명의 아이들에게 각자 풍속계가 달린 헬륨 풍선을 나눠준다고 가정하자. 미리 정해진 일정에 따라 풍선을 띄우면, 대기의 3차원, 즉 위도, 경도, 그리고 고도에 따른 바람 상태를 수집할 수 있다.

 이렇게 정교한 작업을 통해 우리는 특정한 순간의 지구 대기 전체의 바람 상태에 대한 완전한 데이터베이스를 구축할 수 있다. 이 데이터베이스는 대기가 존재하는 모든 곳에서 대기의 속성 — 대기 흐름의 속력과 방향 — 을 완벽하게 설명할 수 있다. 과학적인 용어로 표현하면, 이제 특정 시점의 '바람장(wind field)'을 파악한 것으로, 이는 바람이 어디에서 어떻게 불고 있는지에 대한 모든 정보를 담고 있다. 특정 위치에서의 바람장은 바로 그 순간 그곳에서 풍속계로 측정할 수 있는 바람 그 자체이다.

과학적 일기예보의 임무는 바람 정보와 (대기 중 각 위치에서의 기압과 같은) 다른 장에 대한 정보를 종합하여 앞으로 바람장이 어떻게 될지 예측하는 것이다. 예보관이 정확한 예보를 하려면 가능한 한 많은 정보를 확보해야 한다. 이를테면 월요일에 파리에서 바람만 측정하고 다른 정보는 전혀 알지 못하는 기상학자는 목요일의 파리의 바람을 예측할 수 없다. 정확한 예측을 위해서는 최소한 유럽과 대서양 상공, 지상에서부터 수 킬로미터 상공까지의 바람에 대한 정보가 필요하다. 미래의 날씨는 바로 이렇게 얻은 전체 바람장, 즉 모든 정보를 담은 데이터에서 탄생하는 것이다.

바람장은 일반장의 전형적인 예를 보여준다. 바람장은 평범한 매질(지구 대기의 흐름)의 변화 가능한 속성으로, 바람장을 완전히 이해하고 미래의 거동을 예측하기 위해서는 모든 곳에서 측정해야 한다. 일상생활과 물리학 수업에서도 이처럼 평범한 매질과 장이 많이 등장하는데, 오늘의 상태를 바탕으로 내일 어떻게 변할지 예측하는 것이 과학의 고전적인 목표이다.

물은 또 다른 매질이며, 물의 속성 중 하나가 압력이다. 만약 바다 곳곳의 압력을 모두 알고 있다면, 그것 자체로 바다의 압력장을 알고 있는 셈이다. 바람장과 마찬가지로 물의 압력장 역시 결코 만만하게 볼 수 없다. 압력장은 너무 깊이 들어간 잠수함을 산산이 부술 수 있기 때문이다.

지구의 암석은 '질량 밀도(mass density)' — 암석 덩어리의 질량을 이 암석 덩어리의 부피로 나눈 값 — 라는 속성을 가지고 있다. 예를 들어, 화강암의 질량 밀도는 세제곱센티미터당 대략 2.5그램이고, 지구 내핵의 질량 밀도는 이보다 네 배나 더 높다. 질량 밀도는 장의 모든 특징을 가지고 있다. 지구 내부 어디에나 존재하고, 암석의 한 가지 속성을 나타내며, 시간에 따라 예측 가능한 변화를 한다.

암석에는 또 다른 장들도 있다. 수백만 년에 걸쳐 모래와 진흙이 쌓여 형성된 사암과 같은 퇴적암층은 때로 산이나 협곡의 측면에 완벽하게 수평을 이루며 놓여 있다. 하지만 어떤 경우에는 강력한 지질학적 변형으로 인해 퇴적암층이 휘어진 형태로 나타나기도 한다. 암석층이 얼마나 또 어떤 방향으로 휘어졌는지는 암석의 또 다른 특성으로, 이를 "굽힘장(bending field)"이라고 부를 수 있다.

좀 더 미묘한 예도 있다. 큰 철 덩어리를 하나의 매질로 보면서, '자화(magnetization)'라는 속성에 대해 생각해보자. 자화란 철의 각 부분들이 얼마나(그리고 어떤 방향으로) 자성을 띠고 있는지를 나타내는 정도이다. 물체를 전체적으로 자화된 '자석'으로 생각하거나 전혀 자화되지 않은 상태로 생각하는 데 익숙한 사람 입장에서는 다소 낯설게 들릴 수 있다. 하지만 〈그림 32〉에서 볼 수 있듯이, 부분적으로 자화된 상태도 가능하며, 철 내부의 위치마다 자화의 정도가 다를 수 있는데, 이 자화의 분포가 바로 일반장(ordinary field)이다. (여기서 자화장을 우리가 익히 알고 있는 자기장과 혼동하지 않도록 주의해야 한다. 자화장은 '철 내부'에만 존재하는 반면, 자기장은 나침반 바늘의 방향을 결정하는 우주의 속성으로 '모든 곳'에 존재한다.)

일반장은 일반적인 매질의 한 성질을 나타내지만, 그 성질이 무엇인지 명확하지 않을 수도 있다. 바람장은 공기의 흐름에 대해 알려주고, 굽힘장은 퇴적암층의 변형 정도를 알려준다. 그렇다면 자화는 철의 어떤 성질을 나타내는 것일까?

지난 수 세기 동안 자석을 사용하고 만들었으며, 심지어 1800년대에도 자화장을 연구했지만, 자화장이 무엇인지에 대한 답은 20세기가 되어서야 밝혀졌다. 과학자들은 철과 같은 물질에서는 원자 자체가 작은 자석 역할을 한다는 사실을 알게 되었다. 자화되지 않은 철 조각에서는 원자들이 무작위로 배열되어 있기 때문에 원자의 자기 효과가 상쇄된다. 하지만 자화된 철에서는 원자들이 한 방향으로 정렬되어, 철 전체가 냉장고 문에 붙을 수 있을 만큼 뚜렷한 자석의 성질을 띠게 된다.[1]

우리의 감각으로는 철판 전체에 걸쳐 있는 자화장을 감지할 수 없

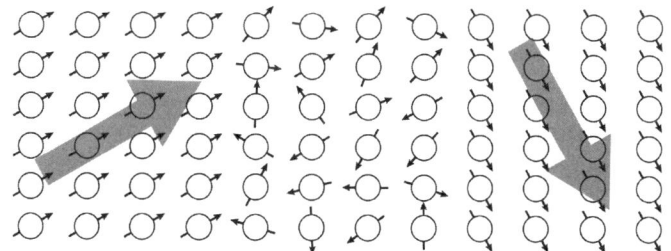

그림 32 철 덩어리 속의 원자들. 각각의 원자는 작은 자석(검은색 화살표)처럼 행동한다. 중앙에서처럼 원자들이 무작위로 정렬된 곳에서는 알짜 자화가 일어나지 않지만, 원자들이 정렬된 곳에서는 측정 가능한 자화장(회색 화살표)이 나타난다. 실제 크기로 그려져 있지 않다. 실제 원자 수는 표시된 것보다 훨씬 많다.

다. 하지만 우주는 거기에 자화장이 있다는 것을 알고 있다. 바늘을 철판 표면에 가까이 가져가 보면 확인할 수 있는데, 만약 바늘 바로 아래의 자화장이 0이라면 바늘이 움직이지 않지만, 철판의 자화장이 강하면 바늘이 철판의 자화장 방향에 맞춰 방향을 바꾼다. 실제로 이 방법을 통해 우리는 철 외부에서 자화장을 측정할 수 있으며, 머지않아 이 방법을 다시 사용할 것이다.

지금까지 매질이 장으로 표현될 수 있는 다양한 사례 ─ 익숙한 사례와 익숙하지 않은 사례 모두 ─ 를 살펴보았다. 이제 장과 매질의 관계를 좀 더 자세히 살펴보자.

중요한 사실은 '특정 유형의 장은 여러 다른 매질에서 발생할 수 있다'는 것이다. 예를 들어, 바람은 지구에만 국한되지 않는다. 지구, 화성, 타이탄(토성의 가장 큰 위성)에도 먼지 폭풍이 있다는 것은 세 천체 모두 대기와 바람장이 있음을 의미한다. 하지만 각 행성의 대기는 서로 다르다. 지구의 대기는 주로 질소와 산소로 이루어져 있고, 타이탄의 대기는 대부분 질소이며, 화성의 대기는 주로 이산화탄소로 이루어져 있다.

화성의 먼지 폭풍과 우리 행성인 지구의 먼지 폭풍은 같은 원인에 의해 생길까? 이 질문에 대해 우리가 어떻게 생각하느냐에 따라 답이 달라진다. 지구에서는 질소와 산소의 빠른 흐름으로 인해 먼지 폭풍이 발생하지만, 화성에서는 이산화탄소의 흐름이 원인이다. 하지만 이 구분은 본질적인 차원이 아님을 이해하길 바란다. 두 경우 모두 먼지를 이동시켜 높은 고도로 솟구치게 하는 것은 바람이다. 두 행성의 바람장이 서로 다른 기체에 기반하고 있다는 사실은 그리 중요하지 않다.

마찬가지로 압력장은 물에만 존재하는 것이 아니며, 잠수함을 쭈그러뜨릴 수 있는 능력도 물에서만 발휘되는 것이 아니다. 바다를 채우고 있는 것이 물이든 알코올이든 메탄이든 상관없다. 강한 압력장의 결과는 동일하다.

이들 사례는 장의 거동이 장이 발생하는 특정 매질과 독립적일 수 있다는 것을 보여준다. 굽힘장은 암석뿐만 아니라 고무와 금속에서도 발견되고, 질량 밀도는 모든 물질의 속성이며, 코발트는 철처럼 쉽게 자화된다.

장이 매질로부터 독립적이라는 사실은 여기서 매우 중요하다. 한편, 장의 독립성은 장을 연구하는 과학자들이 왜 장의 기원에 대해 이야기하지 않는지 알려준다. 장이 매질과 무관할 수 있기 때문이다. 우리는 특정 행성의 대기에 초점을 맞추지 않고도 바람의 일반적인 속성을 연구할 수 있다. 다른 한편으로, 장의 독립성은 왜 과학자들이 장의 기원에 대해 알지 못하는지, 또 왜 장에 대한 초기 실험이 장의 기원을 밝히지 못했는지 설명해준다. 화성의 대기를 구성하는 기체의 정체가 밝혀지기 훨씬 전에 이미 화성의 먼지 폭풍을 예측하였고, 나중에는 실제로 먼지 폭풍이 관측되었다. 인간은 지구가 자화되어 있다는 사실을 오랫동안 알고 있었지만, 자화를 생성하는 지구 내부 핵의 본질과 성질은 아직 완전히 밝혀지지 않았다. 같은 맥락에서 과학자들은 전기장과 자기장에 대해 깊이 이해하고 있지만, 이 장들의 매질이 무엇인지, 매질의 성질이 무엇인지 아직 알지 못한다.

반대로 '특정 매질은 여러 속성을 가질 수 있으며, 따라서 여러 장을 가질 수 있다.' 철 덩어리는 질량 밀도, 굽힘장, 자화장 등을 가질 수 있다. 대기(어느 행성이든 간에)는 밀도, 압력, 바람, 그리고 습도를 가지고 있으며, 모든 바다는 압력과 흐름을 가질 수 있다. 이들 각각의 속성은 매질에 따라 달라질 수 있으며, 장처럼 매질의 속성도 시간의 흐름에 따라 변할 수 있다.

만약 한 매질이 가진 여러 장을 관찰할 수 있다면, 장들이 상호작용하는 방식 — 즉, 서로에게 어떤 영향을 미치는지 — 을 연구하여 그 매질의 본질에 대한 단서를 얻을 수 있다. 예를 들어, 매질의 압력장, 흐름장(flow field), 질량 밀도장의 상호작용을 살펴보면 매질이 기체인지, 액체인지, 고체인지를 알 수 있을 것이다.[2]

장을 통해 매질의 세부적인 특징을 알 수 있는 또 다른 예로 아주 크지만 종이처럼 얇은 알루미늄판을 상상해보자. 너무 얇아서 현미경으로 들여다보지 않으면 두께가 있다는 사실조차 생각하지 못할 수도 있다. 하지만 이 판의 3차원적 속성은 장을 통해 드러난다.

설사 알루미늄판이 2차원 판이라고 해도 여기저기를 비틀거나 구부릴 수 있기 때문에 굽힘장이 존재한다는 것은 분명하다. 하지만 이 물체의 거동을 면밀히 연구해보면, 적어도 두 개의 다른 장이 더 있음을 곧 알게 된다. 이 장들의 기원이 〈그림 33〉에 대략적으로 나타나 있다. 하나는 알루미늄판의 숨겨진 3차원 구조가 압축되는 것과 관련이 있다. 알루미늄판이 무한히 얇다고 가정하면 이 압축장은 분명하게 드러나지 않겠지만, 종이처럼 얇은 판도 수백만 개의 원자가 겹겹이 쌓인 격자 구조이기 때문에 실제로 압축할 수 있다. 다른 하나는 기울임장

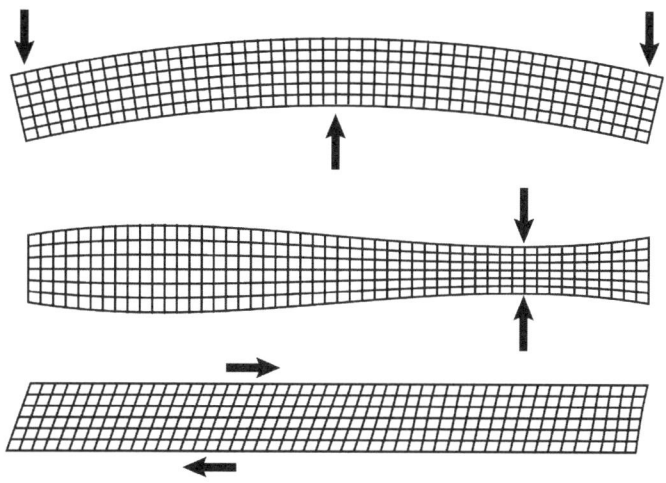

그림 33　얇은 알루미늄판의 굽힘장(맨 위)은 쉽게 볼 수 있지만, 압축장과 기울임장(가운데와 아래)은 겉으로는 잘 드러나지 않아 판의 숨겨진 세부 구조를 보여준다.

(leaning field)이라고 부를 수 있는데, 이는 판의 아래에서 위까지 알루미늄 원자들이 쌓여 있는 배열이 얼마나 기울어져 있는지를 나타낸다. 압축장과 기울임장, 그리고 어쩌면 그 밖의 다른 장을 발견하고 이 장들이 어떻게 거동하며 상호작용하는지 연구함으로써 매질에 대해 많은 것을 알아낼 수 있다. 이를테면 매질이 3차원 고체라는 사실도 알 수 있다.[3]

　이 예시는 과학자들이 연구 과정에서 자주 따라가는 길을 잘 보여준다. 보통은 어떤 매질을 발견한 다음 매질의 속성 — 즉, 장 — 을 알아내는 경우가 많지만, 때로는 그 반대로 가기도 한다. 먼저 어떤 장을 발견하지만 매질이 무엇인지 이해하거나 밝혀내지 못해 결국 그 장의 궁극적인 기원을 모르는 경우도 있다. 그러나 장의 거동을 연구하고, 장과 상호작용하는 더 많은 장을 발견해 나가면서 장을 더 깊이 이해할 수 있는 추가적인 정보를 얻게 된다. 결국 우리는 장의 진정한 본질과 그 장이 속한 매질의 본질을 이해하게 될지도 모른다.

◯

우리 우주에는 어디에나 존재하는 수많은 장이 있으며, 심지어 빈 공간 전체에도 퍼져 있다. (나는 이들을 통틀어 '우주장(cosmic field)'이라고 부르고자 한다.) 우리는 이 장들이 무엇인지, 어디에서 왔는지 거의 알지 못한다. 방금 이야기한 것들은 입자물리학자들에게는 피할 수 없는 문제들이다. 이 우주장들이 우주의 본질적인 구조와 바탕을 이루고, 어디에나 존재하는 매질의 속성이라고 상상하고 싶어지는 것도 무리는 아니다.

하지만 우리는 신중해야 한다. 이런 질문들은 그럴듯하게 들리지만, 실제로는 올바른 질문이 아닐 수도 있다. 우리가 일반장에 대해 쌓아온 많은 경험이 오히려 잘못된 길로 이끌 수도 있다. 실제로 과거에 그런 일이 한 번 있었는데, 그때 아인슈타인이 우리를 올바른 방향으로 이끌었다. 이에 대해서는 곧 이야기할 것이다.

입자와 마찬가지로 우주장도 기본적일(elementary) 수도 있고 아닐 수도 있다(여기서 기본적이라는 말은 "근본적(elemental)"이라는 의미이다). 양성자처럼 여러 쿼크로 이루어진 복합 입자가 있듯이, 다른 장들로 만들어진 복합장도 존재한다. 입자와 장 모두 '현재까지는 기본적인 것처럼 보인다.' 다시 말해 지금까지는 복합적이라는 증거가 나타나지 않은 우주장이라는 뜻이다.

이 책에서 다루게 될 거의 모든 우주장은 기본적인 (것처럼 보이는) 장이다. 복합 우주장이 입자물리학에는 가끔 등장하긴 하지만,[4] 이 책에서 복합 우주장을 언급하는 이유는 단 하나, 힉스장이 복합장일 수도 있기 때문이다. 지금까지는 힉스장이 기본장처럼 보이며, 이 책의 대부분에서 단순화를 위해 힉스장이 기본장이라고 가정할 것이다. 하지만 우리는 아직 힉스장에 대해 거의 알지 못하며, 가까운 미래에 실험을 통해 힉스장이 복합장의 징후를 드러낼 가능성이 있다. 이 문제에 대해서는 입자물리학자들이 현재 직면한 수수께끼를 다루는 뒷부분에서 다시 이야기하고자 한다.

지금까지 물리학자들이 발견한 '현재까지는 기본장처럼 보이는' 장은 대략 20여 개에 이르는데, 여기에는 중력장, 전기장, 자기장, 힉스장 등이 포함된다. 앞으로 이야기의 핵심은 기본장과 소립자 사이의 관계가 될 것이다.

다른 많은 단어와 마찬가지로, '장'이라는 단어는 물리학자들이 사용하는 의미와는 다른 여러 뜻을 가지고 있다. 하지만 이 단어는 또 다른 방언, 즉 사이비 물리학(seudophysics)에서도 많이 쓰인다. 사이비 물리학에서는 과학적이지 않은 개념도 과학적인 개념인 것처럼 보이게 하려고 장이라는 말을 사용한다. 이를테면 SF에서 유명한 "역장(force field)"은 보호막으로 쓰이지만, 실제로 물리학에는 존재하지 않는 개념이다. 물론 이미 앞에서 언급한 것처럼 어떤 장과 어떤 힘 사이에는 관련성이 있기는 하지만, 물리학적 개념으로 역장이라는 것은 존재하지 않는다. 인터넷 서핑을 하다 보면, "양자 에너지장"이나 "의식장(consciousness field)"을 설명하는 웹사이트를 볼 수 있는데, 이 장들 역시 물리학적인 장은 아니다.

한번은 이와 관련해 한 여성과 대화를 나눈 적이 있었다. 그는 그와 같은 사이비장(pseudofield)이 실제로 존재하며 자신이 그것을 느낄 수 있다고 주장했다.

"물리학자들이 이런 장을 믿지 않는다는 것을 알아요." 그가 말했다. "하지만 물리학자들이 너무 회의적인 건 아닐까요? 물리학자들도 어차피 자기장을 보거나 느낄 수 없으면서 자기장을 믿잖아요."

나는 대답하기 전에 잠시 생각에 잠겼다. 내가 보기에 그는 핵심을 놓치고 있었다. 우리 감각이 쉽게 감지할 수 없는 실재가 존재한다는 데는 이견이 없다. 예를 들어, 우리는 전파를 볼 수 없다. 그럼에도 우리는 전파가 실재한다는 것을 알고 있다. 만약 전파가 없다면, 장거리 통신이 불가능하다. X선이 실재하지 않는다면, X선 사진을 찍을 수 없고, 의사가 부러진 뼈를 고치고 암을 치료하는 데 사용할 수 없다. 신뢰할 수 있고 예측 가능하며 유용한 것은 말 그대로 거의 실재하는 것이며, 우리가 그것을 감지할 수 있는지 여부는 그리 중요하지 않다. 게다가 기술 덕분에 감지할 수 없는 것이 계속 감지 불가능한 상태로 남는 것도 아니다. 기계와 간단한 장치들은 종종 우리가 감지할 수 없는 것을 감지할 수 있는 것으로 바꿔주기도 한다. 그리고 여기서 이미 지적했듯이, 장이 충분히 강하면, 실제로 아무런 기술이 필요하지 않은 경우도 많다.

"물리학자들이 말하는 자기장과 다른 기본장은 눈에 보이지 않지만, 결코 불분명하거나 인간의 감각 너머에 있는 것은 아닙니다. 특별한 전문 지식이나 믿음이 없어도 누구나 경험할 수 있죠. 예를 들어, 머리카락은 보이지 않는 수많은 장에 매우 민감하게 반응합니다."

머리카락은 당연히 바람장을 감지하는 데 탁월하지만, 그 외에도 할 수 있는 일이 많다. 강한 전기장이 주변에 있을 때, 이를테면 겨울에 털모자를 벗거나 번개가 치기 직전에 머리카락은 전기장의 존재를 알려준다. 머리카락이 곤두서는 것이다. 중력장도 마찬가지다. 머리카락이 이리저리 떠다니지 않고 아래로 늘어지는 것을 보고 중력장이 존재한다는 것을 알 수 있다. 심지어 머리카락을 이용해 자기장도 감지할 수 있다. 머리카락에 끈적끈적한 철가루를 뿌리면, 나침반처럼 자기장에 반응한다.

머리카락은 또한 힉스장도 감지할 수 있다. 현재 우주 전체에 퍼져 있는 힉스장이 갑자기 사라진다면, 우리의 머리카락은—그리고 우리 몸 전체도—폭발할 것이다. 비록 극히 짧은 순간이긴 하지만, 머리카락의 폭발로 인해 힉스장의 존재를 알 수 있는 것이다.

"이런 방법은 누구의 머리카락에나 통합니다." 내가 말했다. "과학적 지식이나 열정이 전혀 없는 어린아이에게도 똑같이 적용되죠. 그러니까 물리학의 많은 장이 눈에 보이지는 않지만, 적절한 장치를 사용하면 확실하게 '느낄 수' 있습니다. 이런 장들은 실제로 인간의 감각—뭐 나의 감각이든 당신의 감각이든 간에—을 결코 초월한 존재는 아닙니다."

　물리학의 장과 사이비장의 중요한 차이점은 신뢰성과 명확성이다. 모든 물리학의 장, 또는 최소한 그 장의 파동은 명확하고 잘 정의된 정량적 방식으로 관찰하고 측정할 수 있다. 충분한 자원을 가진 사람이라면 누구나 측정을 반복할 수 있고, 그 결과도 설명하기 쉽다. 사이비 물리학의 장이 이러한 검증을 통과한다면, 그 장 역시 물리학의 장으로 받아들여질 것이다.

　하지만 그는 이런 기준에는 별다른 감흥이 없는 듯했다. 이 기준을 폐쇄적인 사람들만이 고집하는 너무 까다로운 요구 조건이라고 생각하는 듯했다. 내가 말했다.

　"과학자들의 기준을 좋아하거나 동의할 필요는 없습니다. 하지만 우리가 지키는 기준은 바로 이것입니다. 때로 물리학에서 '허상을 진실로 받아들이는 일은 절대 없다'는 확신이 지나쳐 실재하는 것을 인식하지 못하는 실수를 범할 수도 있다는 것을 인정합니다. 바로 이런 이유로 비록 과학적 지식이 한계가 있긴 하지만, 신뢰를 유지할 수 있는 것입니다. 우리가 물리학자로서 알고 있다고 주장하는 모든 것은 오랜 시간에 걸쳐 엄격한 검증 과정을 통과한 것들이라고 할 수 있습니다."

　그는 한동안 생각에 잠겼다. 그러더니 흥미로운 의견을 내놓았다. "저에게는 정반대예요. 때로 환상을 믿은 대가를 치르더라도, 진실일지도 모를 어떤 것을 거부하고 싶지는 않아요. 그러니까 제가 틀려서 의식장이 실제로 존재하지 않는다고 해도, 별로 해가 되는 건 아니잖아요. 누구에게 피해를 주는 것도 아니고요.

"과학자들의 태도가 정반대라는 사실은 한 번도 생각해본 적이 없었어요. 많은 게 설명되는 것 같네요."

정말 그렇다. 그래서 우리는 서로의 의견 차이를 인정하기로 했다.

14
기본장
첫 번째, 불안한 모습

이번 장은 우주의 작동 방식을 파악하기 위한 첫 번째 시도로, 지난 장에서 다룬 일반장의 비유를 통해 우주장을 이해하려고 한다. 이야기를 풀어나가면서 우리는 지난 한 세기 반 동안 여러 세대에 걸친 물리학자들의 발자취를 되짚어볼 것이다. 첫 걸음부터 우리의 접근 방식은 암초에 부딪힐 것으로 보이는데, 더 나아갈수록 어려움이 더 커질 것이다. 첫술에 배부를 것이라는 섣부른 기대는 하지 않는 것이 좋겠다는 말을 먼저 하고자 한다. 이 장은 모호하게 끝날 것이고, 우리는 그 이후에야 비로소 좀 더 확고한 기반으로 넘어가게 될 것이다.

하지만 반드시 이 길을 거쳐야만 한다. 경이로운 우주를 이해하려면, 지난 세기의 가장 위대한 과학자들조차 왜 우주를 이해하는 데 실패했는지, 그리고 왜 우주가 "불가능한 바다"라고 불릴 만한지 깊이 이해해야 한다.

앞선 장의 기본 메시지는 일반장이 일반 매질의 속성을 나타낸다는 것이었다. 이전 장에서 우리는 파동의 맥락에서 음파의 매질인 공기, 지진파의 매질인 암석 등을 통해 매질이라는 개념을 접했다. 이제 우리는 매질, 장, 파동이라는 세 가지 개념을 하나로 묶고자 한다.

우리는 첫 번째 삼자 조합인, 공기, 바람, 소리가 서로 어떻게 관련되는지 대체로 파악했다. 바람은 공기의 흐름이다. 음파는 공기의 파동이다. 특히 공기는 음파의 매질이고, 더 넓게는 바람의 매질이기도 하다. 하지만 이것이 전부는 아니다. 바람과 소리의 관계는 아직 더 설명이 필요하다. 이에 대해서는 곧 자세히 설명할 것이다.

암석, 굽힘장, 지진파로 이루어진 삼자 조합 역시 비슷한 연관성을 가지고 있다. 잠시 후 우리는 또 다른 삼자 조합 즉, 철과 자화장과 '스핀파(spin wave)'라고 불리는 것 사이의 관계도 살펴볼 것이다. 이번 장의 목표는 이들 삼자 조합이 일반적으로, 심지어 우주장들에서도 어떻게 상호작용하는지 탐구하는 것이다.

지난 장에서 철의 자화장에 대해 이야기하면서 살펴본 것처럼, 일반장의 근본적 해석이 때로는 어려울 수도 있다. 우주의 기본장에 이르면 우리의 무지는 훨씬 더 커진다. 한 가지 예외를 제외하고는 어떤 기본장도 그 매질이 밝혀진 것이 없고, 기본장의 속성도 알려지지 않았다. 더 나아가 일반장에 대한 우리의 경험과는 달리, 기본장이 정말 매질을 가지고 있는지조차 명확하지 않다. 어쩌면 기본장은 기존의 규칙을 깨뜨릴 수도 있다. 왜 안 되겠는가?

장에 대해서는 알려져 있으나 장에 해당하는 매질이 밝혀지지 않앉을 때, 우리는 그 장을 설명하기 위해서 익숙하지 않은 관점을 취해야 할 수도 있다. 예를 들어, 공기, 바람, 소리라는 삼자 조합을 다시 한번 생각해보자. 만약 우리가 공기에 대해 들어본 적도 없고, 공기의 존재를 짐작조차 못 한다고 가정해보자. 바람을 느끼고 또 바람이 미치는 영향을 봐서 바람의 존재를 알고 있기는 하지만, 바람의 발생 원인과 의미는 여전히 혼란스럽다.

우리에게 낯선 것이라 상상하기 어려운 일만은 아니다. 한 친구는 이렇게 말한 적이 있다. "그게 바로 어린아이들의 세계 아니겠어? 아주 어렸을 적, 끔찍한 폭풍이 동네 나무들을 부러뜨렸던 기억이 아직도 생생해. 그때는 바람이 그냥 공기의 흐름이라는 사실을 이해하지 못했거든. 바람이 눈에 보이지 않는 동물이라는 이상한 생각을 했다니까."

"정확한 지적이야." 내가 말했다. "그런 의미에서 보면, 전기장과 자기장에 관해서는 과학자들도 여전히 어린아이와 다름없지."

친구가 웃었다. "맞아, 나도 항상 물리학자들을 어른이 된 아이들이라고 생각해왔어."

"완전 맞아." 내가 웃으며 말했다. "무한한 호기심, 순진함도 많고, 세상 전체로 보면 아는 건 쥐꼬리만큼 적지."

심지어 공기에 대한 개념이 없더라도 과학자들은 다양한 풍속계를 이용한 세심한 관측을 통해 바람에 대해 많은 것을 알아낼 수 있다. 이를테면, 북반구에서는 폭풍이 반시계 방향으로, 남반구에서는 시계 방향으로 회전한다는 사실을 추론할 수 있다. 또한 하늘 높이 뻗어오른 구름을 관찰하고는 뇌우가 칠 때는 바람이 종종 위쪽으로 향한다는 것도 알 수 있다. 이렇게 연구를 통해 과학자들은 바람장과 대기의 압력장, 습도장, 온도장이 어떻게 관련되는지에 대한 공식도 유추할 수 있다. 이 모든 것은 공기에 대해 아무것도 몰라도 측정할 수 있다. 결국 이 공식들은 과학자들이 보다 근본적인 사실, 즉 바람장은 기체 매질의 흐름을 나타낸다는 것을 인식하는 데 도움이 될 것이다.

하지만 이런 사실을 이해하기 전 공기에 대해 무지했던 과학자들은 소리에 대해 어떻게 생각했을까? 소리는 공기의 파동과 관련이 있기 때문에 과학자들이 소리를 이해할 수 있을지 의심할 수도 있다. 하지만 그렇다고 해도 과학자들은 소리를 이해하려는 노력을 멈추지 않았을 것이다. 과학자들은 실험을 통해 '소리가 바람의 파동'이라는 결론을 내렸을 것이다.

"그럼 과학자들이 틀린 결론에 이른다는 말이야?" 친구가 물었다.

"아니." 내가 대답했다. "과학자들이 틀린 게 아니야. 소리는 공기의 파동이기도 하고 '또' 바람의 파동이기도 하지. 그러니까 같은 현상을 바라보는 두 가지 관점일 뿐이야. 과학자들은 단지 우리에게 덜 익숙한 관점을 어쩔 수 없이 택하게 되는 것뿐이지."

하나의 파동, 두 가지 관점. 잠시 후 우리는 공기, 바람, 소리에 대해 이들 관점이 어떻게 적용되는지 설명할 것이다. 아울러 몇 페이지 뒤에서는 이 개념이 얼마나 일반적인 것인지 강조하고, 아이디어를 더 잘 이해할 수 있도록 또 다른 예시도 제시할 것이다.

보통 소리를 공기라는 매질 속의 파동이라고 설명할 때, 우리는 '매질 중심적(medium-centric)' 관점을 취하는 것이다. 〈그림 34〉는 음파가 오른쪽으로 이동하는 순간의 모습을 그린 것이다. 매질 중심적 관점은 공기가 무슨 일을 하는지에 초점을 맞춘다. 즉, 공기가 어떤 곳(이를 파동의 마루라고 한다. 그림에는 어둡게 표시된 영역과 그곳을 가리키는 수직 화살표로 나타냈다)에는 더 밀집되어 있고, 다른 곳(이를 파동의 골이라고 하며, 밝게 표시된 영역)에는 덜 밀집되어 있다.

한편 바람도 파동을 만든다. 공기가 어딘가에서 더 밀집되려면, 그 위치로 공기가 흘러가야 한다. 마찬가지로 공기가 덜 밀집한 곳에서는 공기가 빠져나가야 한다. 요컨대, 바람은 파동의 마루 쪽으로 불고 골에서 빠져나온다. 이러한 흐름이 그림에 검은색 수평 화살표로 표시되어 있다. 마루나 골의 중심에서 바람장의 세기는 0으로 떨어진다.

따라서 〈그림 34〉를 보면 알 수 있듯 바람도 나름의 파문을 가지고 있다. 오른쪽으로, 그다음엔 0, 그다음엔 왼쪽, 다시 0, 그리고 다시

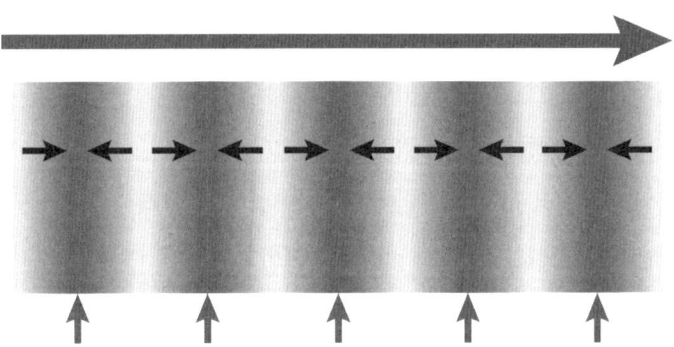

그림 34 오른쪽으로 이동하는 단순한 음파(긴 회색 화살표). 이 음파는 마루(짙은 색 음영과 수직 화살표로 표시된 더 밀집된 공기)와 골(옅은 색 음영으로 표시된 덜 밀집된 공기)을 가진다. 바람장 역시 파동을 만든다(검은색 화살표).

오른쪽으로. 이렇게 소리 파동 전체에 걸쳐 반복된다. 이 바람장 전체의 파동은 공기의 파동과 일치하며, 모두 오른쪽으로 이동한다. 따라서 공기 대신 바람에 초점을 맞춘 '장 중심적(field-centric)' 관점을 취하면, 이 소리 파동을 결국 바람장의 파동 — 공기라고 부르는 매질의 한 속성에서 나타나는 파동 — 이라고 이야기할 수 있다.

지금까지 이야기한 파동은 두 개가 아닌 하나의 파동이다. 〈그림 34〉가 보여주는 것처럼, 공기의 파동은 바람의 파동 없이는 존재할 수 없으며, 그 반대의 경우도 마찬가지이다. 따라서 두 가지 관점은 하나의 파동을 바라보는 두 가지 방식일 뿐이다. 하나는 공기를 강조하고, 다른 하나는 바람을 강조한다. 어느 관점을 선택하느냐는 우리에게 달려 있다. 공기, 바람, 소리 — 매질, 장, 파동 — 에 대해 잘 알고 있는 사람이라면, 비록 장 중심적 관점이 처음에는 다소 이상하고 특이해 보이지만, 두 관점 모두 똑같이 좋은 선택이다.

하지만 이제 이 그림의 일부만 알고 있다고 상상해보자. 이를테면 공기의 존재나 〈그림 34〉의 짙은 색이나 옅은 색으로 표시한 파동 패턴에 대해서는 전혀 모르는 과학자라고 가정해보자. 우리가 측정할 수 있는 것이라고는 검은색 수평 화살표뿐이고, 알 수 있는 것은 바람이 파문을 만들고 있으며, 그 파문이 오른쪽으로 이동한다는 사실 뿐이다.

이런 상황이 바로 이 불운한 과학자들에게 닥친 문제이다. 이들은 바람을 측정할 수 있지만, 근본적으로 자신들이 무엇을 측정하고 있는지는 알지 못한다. 그럼에도 실험과 관찰을 통해 바람장이 무슨 일을 '하는지' 알 수 있다. 바람이 강하면 나무를 쓰러뜨리고, 토네이도가 되어 소용돌이를 일으킬 수 있으며, 벽이나 고막을 밀어낼 수 있다는 사실을 안다. 과학자들은 바람의 거동에 대한 상세한 공식을 만들 수도 있다. 또 음파에 대해서도 진폭, 주파수, 속력, 그리고 사람의 귀에 미치는 영향 등 많은 것을 배울 수 있다. 우리가 소리를 들을 때마다 항상 바람장에 파동이 있다는 사실도 관찰할 수 있다. 따라서 과학자는 자연스럽게 장 중심적 관점을 취하여 소리를 바람의 진행파라고 설명하게 된다.

어떤 의미에서 장 중심적 관점은 불완전하다. 음파를 순수하게 바람의 관점에서 정의하면, 공기와 음파 사이의 근본적인 관계를 놓치게 된다. 하지만 과학자들이 소리와 바람에 대한 지식에서 무엇을 놓치고 있는지 알기 전까지는 이 설명이 최선일 수밖에 없다. 적어도 명확하고 구체적이기 때문이다.

반대로 과학자들이 매질 중심적 관점을 취한다고 상상해보자. 검은색 화살표만을 토대로 과학자들이 할 수 있는 말은 무엇일까? 생각할 수 있는 것은 무엇일까? '소리는 어떤 미지의 매질에서 발생하는 일종의 파동이고, 그 파동은 어떻게든 바람장에 파문을 만든다.' 맞는 말이긴 하지만, 너무 모호해서 쓸모가 없다. 어쩌면 과학자들은 이 매질에 소리 전달 에테르(soniferous aether)라는 이름을 붙일지도 모른다. '소리는 소리 전달 에테르 속 파동이다.' 이게 정말 도움이 될까? 이 말은 결국 자신들의 무지를 그럴 듯하게 포장한 것에 불과하다. 여전히 이 에테르가 무엇인지, 바람과 에테르가 어떤 관계를 가지고 있는지 알지 못한다. 물론 소리 전달 에테르가 무엇인지 추측해 볼 수는 있지만, 실험을 통해 뒷받침되는 증거가 없다면, 큰 의미가 없는 추측이다. 따라서 이러한 상황에서 매질 중심적 관점은 모호하고 추측에 불과해, 실제로 과학자들이 이 관점을 사용할지는 의문이다.

이런 상황이 얼마나 흔한지 보여주기 위해 또 다른 예를 들어보자. 〈그림 35〉의 상단에 표시한 철 자석을 생각해보자. 자석을 이루는 작은 원자 자석들이 모두 같은 방향을 가리키고 있기 때문에, 원자 정렬의 정도와 방향을 알려주는 자화장(앞 장의 〈그림 32〉 참조)이 철 전체에 걸쳐 균일하다. 만약 자석을 교란하면, 〈그림 35〉의 하단에 나타난 것처럼, '스핀파'라고 부르는 현상이 나타날 수 있다. 스핀파는 음파와 달리 파동이 지나갈 때, 원자의 위치가 변하지 않는다. 대신, 스핀파가 이동함에 따라 원자의 '배향(orientation)'이 파동 패턴에 따라 앞뒤로 흔들린다.[1]

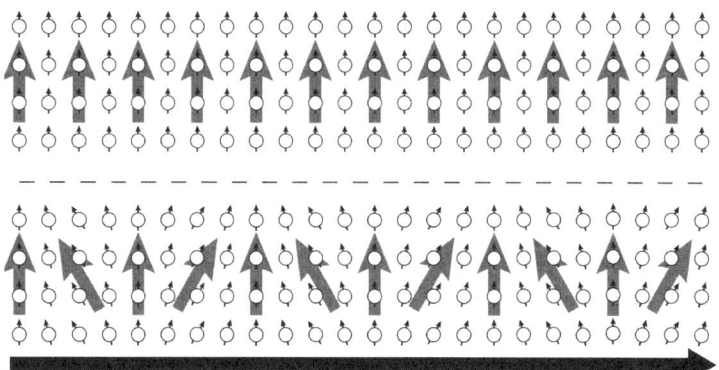

그림 35 (위) 자화된 철. 자화장(회색 화살표)에 따라 원자들이 정렬되어 있다. (아래) 자화된 철을 통해 스핀파가 오른쪽으로 이동하면, 원자의 배향과 자화장이 앞뒤로 흔들린다.

스핀파의 흥미로운 점 한 가지는 바닷물의 파도나 암석 속의 지진파와 달리 스핀파에서는 철 자체의 형태가 변하지 않는다는 것이다. 오직 철의 내부 속성 중 일부만 변할 뿐이다. 따라서 스핀파는 눈으로 볼 수 있는 것이 아니다. 스핀파는 철 내부, 미시적인 세계에 숨겨져 있다. 이 점이 매우 중요하다. 우리가 일상에서 관찰하는 대부분의 파동은 매질의 외형을 변화시키지만, 반드시 그런 것만은 아니며, 특히 우주와 관련된 곳에서는 더욱 그렇다.

방금 우리는 자석이 철로 이루어져 있고, 철은 원자로 이루어져 있으며, 원자들의 배향이 파동을 이루고 있다는 사실을 알고 있기 때문에 매질 중심적 관점에서 스핀파를 설명했다. 하지만 만약 원자가 배향을 가지고 있다는 것, 혹은 심지어 원자의 존재 자체도 모른다면, 이런 방식으로 스핀파를 설명하기는 매우 어려웠을 것이다. 만약 철이 완전히 보이지 않아서 고체인지, 액체인지, 기체인지, 아니면 다른 이질적인 물질인지 알 수 없다면, 더더욱 설명하기 어려울 것이다.

하지만 우리가 알지 못하는 세 가지 ― 철, 원자, 원자의 배향 ― 에 집중하는 대신, 실제로 관찰할 수 있는 것, 즉 자화장에 집중할 수도 있다. 〈그림 35〉에 흔들리는 회색 화살표로 표시한 것처럼, 모든 원자가 스핀파에 따라 앞뒤로 흔들리기 때문에 자화장도 함께 흔들린다. 음파의 경우와 마찬가지로, 여기에는 단 하나의 파동만이 존재한다. 원자의 배향이 흔들리지 않으면, 자화장 역시 흔들릴 수 없고, 그 반대의 경우도 마찬가지이다.

스핀파가 지나가면, 철 표면에 놓인 나침반 바늘은 자화장의 파동에 반응하여 스스로 앞뒤로 흔들린다. 철과 원자에 대한 지식 없어도 우리는 바늘의 행동을 관찰하여 스핀파를 자화장의 파동으로 감지하고 추론하고 측정하고 연구할 수 있다.

이런 식으로 장 중심적 관점에서 스핀파의 특성을 설명할 수 있다. 자화장과 그 기반이 되는 매질의 세부 구조 사이의 관계를 모르기 때문에 매질 중심적 관점을 취할 수는 없다. 아쉬운 일이기는 하지만, 우리가 아는 지식만으로 여전히 훌륭한 과학적 설명을 할 수 있다.

보이지 않거나 멀리 있거나 혹은 그 밖의 이유로 잘 드러나지 않는 매질을 다룰 때 이런 상황은 드물지 않다. 최상의 경우에는 매질, 장, 파동이라는 삼자 조합 전체를 이해하고, 그렇게 되면 매질 중심이든 장 중심이든 어느 관점이든 쓸 수 있다. 하지만 매질에 대해 거의 알지 못하거나 전혀 모를 때는 어쩔 수 없이 장 중심적 관점을 취할 수밖에 없다.

광파를 비롯한 우주의 거의 모든 파동에 관해서 현재 우리가 가진 유일한 관점은 장 중심적 관점이다. 이들 삼자 조합에 대한 우리의 지식은 불완전하다. 우리는 해당 매질(또는 매질들)을 관찰한 적이 없을 뿐 아니라, 그(또는 그들) 매질의 존재조차 확신하지 못하고 있다. 바로 이것이 물리학자들이나 이 책에서 불완전해 보이는 … 실제로 불완전한 장 중심적 관점을 채택할 수밖에 없는 이유다.

이 점을 염두에 두고 이제 가장 잘 알려진 몇 가지 기본장으로 시선을 돌려보자. 역사적으로 과학자들은 지금까지 우리가 만난 세 가지 기본장인 전기장, 자기장, 그리고 중력장을 장이 만들어내는 힘을 통해 처음으로 알게 되었다. 하지만 사실 아인슈타인 시절부터 물리학자들은 전기장과 자기장이 '전자기장(electromagnetic field)'이라고 알려진 하나의 장이 가진 두 가지 모습이라는 것을 이해하고 있었다.

19세기에는 전기 현상과 자기 현상 사이의 깊은 연관성이 점차 밝혀졌다. 예를 들어, 전기장은 전선에 전류를 생성할 수 있지만, 그 전류는 다시 전선 주위로 자기장을 만들어낸다. 혹은 움직이는 자석을 생각해보자. 자석은 주위에 자기장을 형성한다. 그런데 만약 우리가 자석 옆을 빠르게 지나가면, 자석 주위에는 일부는 자기장이 일부는 전기장이 생성되는 것을 확인할 수 있다.

1831년 현대물리학에서 사용하는 장의 개념을 발명한 마이클 패러데이(Michael Faraday)는 변화하는 자기장이 전기장에 반응을 일으킨다는 사실을 발견했다. 30년 후 제임스 클러크 맥스웰(James Clerk Maxwell)은 그 반대도 성립한다는 것을 깨달았다. 말하자면 변화하는 전기장이 자기장에 반응을 일으키고, 그 결과 자기장이 다시 전기장에 영향을 미친다는 것이다. 이로 인해 두 장 중 어느 한쪽의 파동이 다른 쪽에도 파동을 만들어내는 연쇄 반응이 일어난다. 그 결과 만들어지는 파동은 전기적이면서 자기적인 파동, 즉 '전자기'파가 된다.

더 나아가 맥스웰은 이 전자기파의 속도가 당시 측정된 빛의 속도와 일치한다는 것을 보여주었다. 그 후 맥스웰은 이에 근거해 가시광선뿐만 아니라 모든 빛이 전자기장 속의 파동, 즉 전자기파라고 제안했다.

공기가 음파뿐만 아니라 더 일반적으로 바람의 매질 역할을 하는 것처럼, 발광 에테르가 존재한다면 빛뿐만 아니라 전자기장 전체의 매질 역할을 할 것이다. 맥스웰은 19세기의 모든 과학자와 마찬가지로 발광 에테르가 존재한다고 가정하고, 이 에테르가 어떤 존재인지, 어떻게 이 에테르에서 전자기장이 발생하는지 몇 가지 제안을 했다. 그러나 실험을 통해 곧 맥스웰의 제안이 틀린 것으로 밝혀졌다.

중력장의 매질에 관한 질문 역시 오랫동안 답을 찾지 못했고, 뉴턴의 중력 공식은 어떤 실마리도 주지 못했다. 하지만 1905년 당시 물리학자들이 생각하던 상대성이론을 새롭게 정립하던 아인슈타인은 곧 뉴턴의 중력 이론이 자신의 새로운 아이디어와 공존할 수 없다는 것을 깨달았다. 아인슈타인은 10년에 걸친 노력과 시행착오 끝에 중력을 설명하면서도, 갈릴레오의 상대성원리를 현대적으로 해석한 자신의 이론과도 일치하는 새로운 공식을 찾아냈다. 바로 '일반상대성이론(general relativity)'이다. 일반상대성이론에 따르면, 빈 공간은 하나의 매질로 이해해야 하며, 뉴턴이 말하는 중력보다 훨씬 복잡한 중력장은 이 매질이 어떻게 휘어져 있는지 알려준다.[2]

이로써 아인슈타인은 기본장을 매질의 한 속성으로 설명할 수 있다는 점을 처음으로 구체적으로 보여주었다. 여전히 유일한 사례이기도 하다. 하지만 이 하나만으로도 우리가 우주에 대해 배울 수 있는 것이 엄청나다는 사실을 곧 알게 될 것이다.

공기와 암석과 물, 그리고 다른 많은 일반 매질도 파동을 생성할 수 있다. 그렇다면 빈 공간도 파동을 생성할 수 있을까? 아인슈타인 자신도 이 기술적으로 까다로운 질문 앞에서 혼란을 겪었다. 하지만 일반상대성이론은 실제로 빈 공간의 파동, 즉 앞서 몇 차례 언급한 바 있던

"중력파(gravitational wave)"의 존재를 예측하고 있다.[3]

중력파는 추상적인 개념이 아니다. 만약 큰 중력파가 지나가면, 우리가 분명히 감지할 수 있다. 우리의 귀와 눈이 각각 소리와 빛을 감지하는 것처럼 중력파만을 감지하는 감각 기관은 없지만, 중력파가 지나가면 실제로 느낄 수 있다. 중력파는 공간의 파동인 만큼, 우리의 몸을 늘리고 수축시킨다. 질량이 태양의 몇 배나 되는 두 블랙홀이 충돌할 때 근처에 있다면 우리는 몸이 일그러지는 것을 쉽게 느낄 수 있을 것이다. 실제로 블랙홀 주위에 너무 가까이 있다면 우리 몸은 산산조각날 수도 있다!

그렇다면 왜 우리는 중력파를 한 번도 느껴본 적이 없을까? 지구상에서 일어나는 가장 큰 화산 폭발이나 핵폭발조차도 너무나 미약해서, 그로 인해 발생하는 중력파는 최고의 과학 장비로도 감지할 수 없다. 강력한 중력파를 만들려면, 두 개의 거대한 블랙홀이 충돌하고 합쳐지는 것 같은 훨씬 더 거대한 격변이 필요하다. 이러한 거대 격변은 매우 드문 사건이어서 우리가 평생을 살아도 가까운 은하에서 이런 일이 발생할 가능성은 거의 없다. 하지만 가까운 곳보다는 먼 곳에 은하가 훨씬 더 많다. (대부분의 사람들이 여러분과 멀리 떨어진 곳에 사는 이유는 여러분이 살고 있는 동네보다 동네 바깥에 더 많은 주거 공간이 있기 때문이다.) 블랙홀이 충돌하여 합쳐지는 일은 대부분 먼 은하에서 일어난다. 블랙홀이 합쳐질 때 발생한 중력파는 처음에는 진폭이 크지만, 파동이 이동하면서 연못의 잔물결처럼 진폭이 점점 줄어든다. 지구에 도달할 때쯤이면 중력파의 진폭이 너무 작아 인간의 감각으로는 느낄 수 없다.

그럼에도 불구하고, 과학자들은 중력파의 존재를 확인했다. 약 50년 전, 천문학자 조지프 테일러(Joseph Taylor)와 러셀 헐스(Russell Hulse)는 서로 가까이에서 공전하고 있는 두 개의 중성자별을 발견했다. 각 중성자별의 공전 주기를 주의 깊게 측정한 결과, 공전 주기가 서서히 짧아지는 것을 발견했다. 아인슈타인의 중력 공식의 예측과 완벽하게 일치했으며, 이 한 쌍의 중성자별에서 중력파가 방출되고 있음을 확인한 것이다. 이 업적으로 헐스와 테일러는 1993년 노벨 물리학상을 받았다.

2015년에는 중력파를 직접 관측할 수 있었다. 최신 기술이 집약된 레이저간섭계중력파관측소(LIGO; Laser Interferometer Gravitational-wave Observatory)에서 실험을 통해 두 개의 블랙홀이 충돌하여 하나로 합쳐지면서 발생하는 중력파로 인해 지구가 반복적으로 수축되었다가 늘어나는 현상을 감지하는 데 성공한 것이다.[4] 이 중력파의 진폭은 너무 작아서 우리는 아무것도 느끼지 못한다. 이 중력파가 지날 때 지구의 지름은 원자 하나의 폭보다 작은 변화가 일어난다. 이렇게 미세한 변화를 관측한다는 것이 믿기지 않을 수도 있지만, LIGO를 만들고 운영하는 우리 동료들은 마치 양자 마법학교를 졸업한 마법사들 같았다. 노벨상? 당연히 2017년에 받았다. 그리고 이 비범했던 관측이 이제는 평범한 일상이 되었다. 주요 기술이 향상되면서 2023년 현재 LIGO와 파트너인 비르고(Virgo)와 가미오카중력파검출기(KAGRA; Kamioka Gravitational Wave Detector)는 일주일에 여러 번 우주의 특별한 사건에서 발생하는 중력파를 관측하고 있다.

이렇게 매질, 장, 파동이라는 삼자 조합이 다시 등장했다. 공기, 바람, 음파 그리고 물론, 철, 자화장, 스핀파와 마찬가지로 이제는 빈 공간, 중력장, 중력파의 조합이 있다. 이 관점에서 보면, 지구가 암석으로 이루어져 있고, 바다가 물로 이루어져 있는 것처럼, 우주 역시 빈 공간이라는 매질로 이루어져 있는 셈이다.

하지만 뭔가 이상하다. 빈 공간에는 불가사의한 무언가가 있다. 이 문장이 적힌 지면과 우리 눈 사이에 있는 조그만 틈에서도 드러난다.

물론 눈과 지면 사이는 공기로 차 있지만, 공기는 주의를 돌리는 요소일 뿐이다. 첫째, 공기를 구성하는 원자들 자체도 대부분 빈 공간이다. 둘째, 만약 여러분에게 우주복을 입히고 방 안의 공기를 모두 빼낸다면, 여러분과 책 사이는 진정한 빈 공간으로 분리될 것이다. 하지만 빛은 그 틈새를 쉽게 통과하기 때문에 여전히 책을 읽는 데는 문제가 없다.

친구에게 이 이야기를 했더니 친구는 이렇게 물었다. "60센티미터쯤 되는 빈 공간? 그게 뭐가 그렇게 이상해?"

"음, 빈 공간은 대부분의 사람들이 빈 공간이라고 생각하는 무(無)와는 아주 다르기 때문이야." 내가 지적했다. "물론 빈 공간은 가능한 한 비어 있지. 하지만 빈 공간에 정말 아무것도 없다면, 어떻게 빈 공간이 뒤틀려 중력을 만들 수 있을까? 어떻게 빈 공간에 파동이 생길 수 있을까? 어떻게 우주가 팽창할 수 있을까? 이러한 속성들은 빈 공간이 아무것도 없는 것이 아니라 고무나 천에 더 가까운 것처럼 느껴져."

"그래, 그건 이상하긴 하네." 친구가 인정했다. "근데, 말하고자 하는 게 뭐야?"

나는 몸을 앞으로 숙이며 말했다. "우리는 고무나 천을 보고 느끼는 데 아무런 어려움이 없어. 근데 왜 빈 공간은 한 번도 감지해본 적이 없을까?"

이 책에서 이미 여러 번 다루었던 비슷한 질문들을 떠올리면, 우리는 자연스럽게 우리의 감각이 또다시 한계에 부딪혔다고 생각할 수 있을 것이다. 단지 우리가 공간의 실체나 본질을 보거나 느끼지 못한다는 사실 자체는 아무것도 증명하지 않는다. 인간은 한계를 가지고 있기 때문이다. 어쩌면 이것은 우리가 직접 감지할 수 없는 또 하나의 현상일 뿐일 수도 있다.

하지만 문제는 그보다 훨씬 더 심오하다. 단순히 인간의 감각 문제만은 아니다. 지금까지 그 어떤 과학 장비로도 빈 공간의 물질성 ─ 즉, 무엇인가 존재한다는 것 ─ 을 감지한 적이 없다. 사실, 누군가 빈 공간의 실체를 발견하는 데 성공한다면, 가히 혁명적인 사건이 될 것이다. … 왜냐하면 이것은 우리가 매우 소중히 여기는 원리를 위반하는 것이기 때문이다.

바로 상대성원리 말이다.

'와, 정말?'

그렇다. 비록 빈 공간이 우주의 천 역할을 하고, 중력과 중력파를 생성하는 매질로 보이지만, 상대성원리는 우리가 빈 공간을 감지할 수 없으며, 영원히 그 상태를 유지해야 한다고 말하고 있다.

자, 이제, 이 모든 이야기는 인간의 뇌가 소화하기에는 너무나 벅차다. 우리는 한 걸음 물러서서 숨을 깊게 들이쉬고, 이 미친 우주가 우리에게 무엇을 말하려 하는지 이해해보려 한다. 이것이 이 장의 나머지 부분에서 우리가 해야 할 일이다.

이후에는 장과 입자, 그리고 우리 모두를 이루는 것들의 세계로 안내할 것이다. 하지만 방금 이야기한 내용을 진지하게 생각해야 한다. 심지어 존재의 가장 기본적인 부분조차도 여전히 우리가 이해할 수 없는 것이 너무 많다.

14.1 우주의 매질

빈 공간은 다른 어떤 매질과도 다르다. 빈 공간은 완전히 투명해서, 빛이 수십억 년 동안 지나가도 흐려지거나 느려지지 않는다. 또한 빈 공간은 완전한 투과성을 가지고 있기 때문에 우리와 우리 행성이 은하 중심에 대해 초속 240킬로미터로 빈 공간을 통과해도 아무런 방해를 받지 않는다. 빈 공간 내에서의 위치는 측정할 수 없고, 빈 공간에서의 등속운동은 감지할 수 없다. 이것이 바로 상대성이론의 원리다. 아울러 빈 공간은 어디에나 있다. … 아니 "모든 곳은 '빈 공간'이다"라고 해야 할지도 모른다. 과학자들에 따르면 빈 공간은 우주에 존재하는 모든 것을 담는 그릇이다.

빈 공간을 우리가 접하는 일반 매질과 비교해보자. 분명 암석과 철은 투명하지도 않고 투과할 수도 없다. 물은 어느 정도 투명하지만, 다이빙을 잘못하여 배로 수영장에 떨어져 본 적이 있는 사람이라면 다 알고 있듯이, 몸이 쉽게 뚫고 지나갈 수는 없다. 공기는 적어도 가시광선에는 투명하고, 우리는 쉽게 공기 속을 통과할 수 있다. 하지만 지구 대기권에 빠른 속도로 진입하는 물체는 대기가 투과성을 가진 매질이 아니라는 것을 실감할 것이다. 지구로 귀환하는 우주선에 열 차폐막이 필요하고, 대부분의 유성이 지상에 도달하기도 전에 증발해버리는 이유가 여기에 있다.

일반 매질은 벗어날 수도 있다. 우리는 지구의 암석, 바다의 물, 대기의 공기 안에 있을지, 아니면 밖에 있을 것인지 선택할 수 있다. 우리가 물질 안에 있을 때는 물질을 밀어내며 움직인다. 예를 들어, 수영을 할 때, 물은 몸을 통과하는 것이 아니라 몸 주위로 흐른다. 일반적인 물질로 만들어진 우리에게 친숙한 모든 매질에 해당하는 특성이다. 하지만 빈 공간은 다르다. 빈 공간은 '어디에나 존재하는 매질'이자 우주의 매질이다. 우리는 항상 빈 공간 안에 있으며, 또한 빈 공간 역시 항상 우리 안에 있다. 아무것도 없는 그런 장소에서, 즉 빈 공간이 없는 곳에 가서 빈 공간을 바라볼 수 있는 장소는 존재하지 않는다. 이는 곧 우주 바깥으로 나가는 것을 의미하기 때문이다.

빈 공간과 일반 매질 사이의 또 다른 중요한 차이는 빈 공간은 모아서 가지고 다니거나 보관하면서 자세히 조사할 수 없다는 점이다. 빈 공간을 바닷물과 비교해보자. 우리는 바닷물을 병에 담아 실험실에서 조사할 수 있다. 지능이 있는 물고기라면 공기를 병에 담아 바다 속에서 연구할 수도 있다. 우리 중 누구라도 물이 채워진 실험실이나 공기가 채워진 실험실로 커다란 바위를 가져올 수 있다. 심지어 공기, 물, 또는 바위가 담긴 병을 빈 공간으로 가져가 그곳에서 관찰할 수도 있다. 하지만 그 반대는 진실이 아니다. 병의 내용물을 모두 비우면, 병은 어떤 의미에서 빈 공간으로 가득 차 있지만, 그 빈 공간은 물처럼 병에 담겨 있지 않다. 병 안도 빈 공간이고, 병 밖에 있는 것도 역시 대부분 빈 공간이다. 심지의 병의 벽조차 대부분 빈 공간이다. 빈 공간을 병에 채워서 어디론가 가져갈 수는 없다. 병이 빈 공간을 담고 있지 않기 때문이다. 공기가 가득 찬 (그러나 대부분 빈 공간인) 실험실로 병을 옮길 때, 빈 공간이 벽을 통과해 안에서 밖으로 또 밖에서 안으로 드나드는 것을 막을 수는 없다.

창문을 닫고 자동차를 운전하면, 자동차는 마치 병과 같을 것이다. 자동차의 원자들을 다른 원자들이 투과할 수 없기 때문에, 외부 공기가 차 안으로 들어올 수 없고 내부 공기가 외부로 빠져나갈 수도 없다. 이 때문에 고속 주행 중에도 차 안에서는 바람을 전혀 느낄 수 없다. 하지만 차는 빈 공간이 침투하는 것을 막지 못한다. 자동차는 움직이면서 자동차 앞의 빈 공간을 밀어내거나, 자동차 내부의 빈 공간을 자동차와 같이 운반하지 않는다. 자동차의 원자들은 빈 공간을 가로질러 부드럽게 움직일 뿐이다.

우리가 길을 걸을 때도 마찬가지다. 공기는 우리 옆으로 흘러가지만, 빈 공간은 그렇지 않다. 빈 공간은 그냥 우리를 통과하고, 우리 역시 그대로 빈 공간을 통과한다.

이런 빈 공간의 기묘하고도 낯선 특징들은 발광 에테르에도 마찬가지로 적용되어야 한다. 만약 발광 에테르가 실제로 존재한다면, 이 역시 모든 곳에 존재하는 매질이어야 한다. 물질 바깥에 빛의 파동이 항상 존재할 뿐만 아니라, 전기장 역시 모든 원자를 하나로 묶어주는 중간 매질이기 때문이다. 발광 에테르는 빈 공간처럼 투명하고 투과성이 있으며, 발광 에테르 속을 이동할 때도 항력이 발생하지 않고, 병에 담거나 밀어낼 수도 없다. 우리는 아무런 힘을 들이지 않고도 발광 에테르 속을 자연스럽게 통과할 수 있고, 마찬가지로 발광 에테르도 아무 거리낌 없이 우리를 통과할 수 있다.

사실, 이러한 동일한 특성은 모든 기본장의 매질에도 반드시 적용되어야 하며, 더 일반적으로는 기본장이든 기본장이 아니든 상관없이 모든 우주장의 매질에도 적용된다. 어떤 우주장이든 우주의 모든 곳에 존재하므로, 만약 우주장의 매질이 존재한다면, 그 매질은 모든 곳에 존재하는 매질이어야 한다. 우주장의 매질은 투명하고 투과성을 가져야 한다. 왜 그럴까? '불투명하거나 투과성이 없는 '모든 곳에 존재하는 매질'이 단 하나라도 있으면, 우주 전체가 불투명해지거나 투과 불가능해지며, 혹은 두 가지 모두가 될 수 있기 때문이다.'

앞서 우리는 빈 공간이나 발광 에테르에서 물질적이거나 실체적인 어떤 속성을 감지하는 것은 상대성원리를 위반하는 것이라고 이야기했다. 여기서 이유가 무엇인지 설명하고자 한다. 이를 위해 먼저 일반 매질을 감지하는 데 잘 작동하는 몇 가지 확립된 방법을 살펴보자. 우리는 머지않아 이런 방법들이 빈 공간이나 발광 에테르를 감지할 가능성이 큼에도 불구하고, 왜 통하지 않는지 알게 될 것이다.

몇 년 동안 강의를 했던 시애틀의 중심에는 유니언 호수가 있다. 여름 주말이면 호수가 요트와 모터보트로 북적인다. 동쪽 강둑에는 캐피털 힐이 솟아 있고, 가파른 경사면 중간에는 고속도로가 있어 자동차들이 도시의 북쪽과 남쪽을 잇는 다리를 오간다. 퀸 앤 힐은 서쪽 해안의 대부분을 차지하고 있는데, 또 다른 남북을 잇는 고속도로와 다리가 위치하고 있다. 호수 남단에는 산업지역과 시애틀 도심의 고층 빌딩들이 늘어서 있고, 그 위 수천 미터 상공에서는 도시 남쪽 16킬로미터 지점에 자리한 시애틀 공항을 이착륙하는 제트기들이 오간다. 이런 와중에 수상비행기들이 호수 위에 직접 이착륙하는데, 이들 비행기가 어떻게 보트를 피해 다니는지 내 머리로는 도통 알 수 없다. 그 모습을 보노라면 마치 현대 교통수단이 펼치는 우아한 발레와 같다는 생각이 든다.

이런 풍경과 비슷하게 사방으로 움직이는 배들로 붐비는 호수나 항구를 가본 적이 있다면, 방향 감각을 잃고 자신이 어느 방향으로 얼마나 빠르게 가고 있는지 파악하기가 힘들 때가 있다. 어떤 의미에서 이 역시 상대성원리의 또 다른 예이다. 몸으로는 우리가 어떻게 운동하는지 감지할 수 없고, 눈으로 확인하려 해도 다른 배들 때문에 혼란스러워진다.

하지만 '호수에 대해' 자신이 정지해 있는지, 정지해 있지 않다면 어떻게 움직이고 있는지 쉽게 알아낼 수 있다. 가장 간단한 방법은? 그냥 손을 물에 담그면 된다!

손에 물살이 느껴지고, 손이 지나간 자리에 흔적이 남는다면, 우리가 움직이고 있다는 뜻이다. 이를테면, 손이 남쪽으로 밀리고(물살이 그 방향으로 생긴다면) 호수를 기준으로 북쪽으로 이동하고 있는 것이다. 배의 속도가 빠를수록 손에 느껴지는 저항도 더 세고, 물살도 더 강해진다.

마찬가지로 달리는 차의 창밖으로 손을 내밀면, 손이 뒤쪽으로 밀리는 것을 느낄 수 있는데, 자동차의 속도가 빠를수록 손이 더 강하게 뒤로 밀린다. 스케이트보드나 자전거를 타면서 막대기를 땅에 가볍게 대보면, (여러분의 관점에서) 막대기가 지면을 따라 뒤쪽으로 끌리면서 자국을 남긴다.

이와 같은 일반적인 접근 방식을 '항력 방법(drag method)'이라고 하자. 항력 방법은 일반 매질에 대해 자신의 운동을 알아내는 방식이다 (《그림 36》 참조). 쉽게 말해 어떤 물체를 매질 속에 밀어 넣거나 매질에 대고 움직이면, 이때 느껴지는 항력이나 물살을 통해 매질에 대한 자신의 속력과 방향을 알 수 있다. 게다가 엔진을 끄거나 발을 젓지 않거나 돛을 사용하지 않으면, 점점 속도가 느려지다가 결국 매질에 대해 정지하게 되고, 그렇게 정지 상태에 이르면 항력과 물살이 모두 사라진다.

그렇다면 이 항력 방법을 빈 공간이나 발광 에테르를 감지하는 데 사용한다면 어떻게 될까? 아무 일도 일어나지 않는다. 모든 곳에 존재하는 매질은 결코 항력을 만들어낼 수 없다. 만약 항력이 생긴다면, 심지어 고립된 공간 안에서도 항력의 존재 여부, 세기, 방향을 이용해 자신이 빈 공간에서 어떻게 움직이고 있는지 알아낼 수 있을 것이다. 하지만 이는 상대성원리를 위반하는 것이다.

따라서 갈릴레오의 상대성원리가 옳다면, 모든 곳에 존재하는 매질에서 항력이 발생하는 것은 불가능하며, 항력 방법으로는 매질의 존재를 직접 확인할 수 있는 희망이 없다. 우리는 다른 접근 방식이 필요하다.

다행스럽게도 모든 곳에 존재하는 매질의 존재를 감지하는 방법들이 있다. 이 중 지금 우리 목적에 가장 적합한 방법은 내가 '파동 속력 방법(wave speed method)'이라고 부르는 방법이다. 빈 공간과 (만약 존재한다면) 발광 에테르 모두 파동의 매질 역할을 한다는 것이 익히 알려져 있으며, 파동은 우주의 모든 기본장이 가지는 특징이기 때문에 이 방법은 충분히 시도해볼 만하다.

파동 속력 방법은 모든 방향에서 동일한 방식으로 거동하는 균일한 매질에 적용할 수 있다. 이 방법은 빈 공간이나 모든 곳에 존재하는 다른 매질에도 적용할 수 있는데, 이들의 장은 어느 한 방향이나 위치를 특별히 선호하지 않기 때문이다.

파동 속력 방법이 어떤 원리로 움직이는지는 〈그림 36〉에 나와 있다. 먼저, 한 방향에서 우리를 향해 오는 매질의 파동 속력을 측정한다. 그런 다음, 다른 방향에서 오는 동일한 파동의 속력을 앞의 결과와 비교한다. 매질에 대해 정지해 있다면, 모든 방향에서 오는 파동의 속력이 같을 것이다. 만약 우리가 움직이고 있다면, 파동의 속력은 방향에 따라 달라질 것이다.

예를 들어, 우리가 보트에 타고 있는데 자신이 물 위를 움직이고 있는지 알고 싶다고 해보자. 누군가에게 보트 북쪽에 돌을 떨어뜨리게

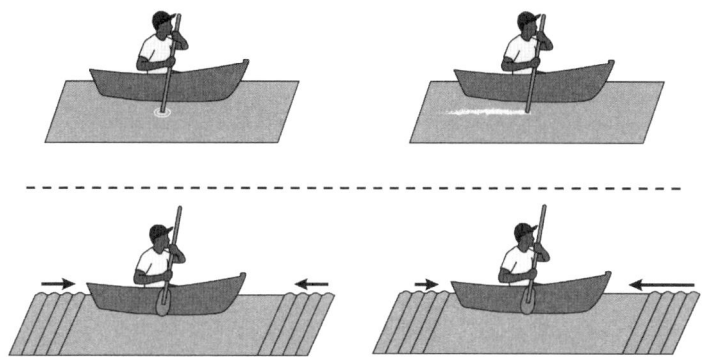

그림 36 정지한 사람(왼쪽), 또는 오른쪽으로 움직이는 사람(오른쪽)의 관점에서 일반 매질에 대한 운동을 결정하는 방법. (위) 항력 방법. 노가 물을 가르며 지나갈 때 생기는 물살을 보여준다. (아래) 파동 속력 방법. 파동의 속력이 검은색 화살표로 표시되어 있다.

하고, 그때 생긴 파문이 남쪽으로, 즉 우리를 향해 얼마나 빠르게 다가오는지 관찰한다. 그런 다음 비슷한 돌을 보트 남쪽에 떨어뜨리게 하고 이번에는 북쪽으로 이동하는 물결을 같은 방식으로 관찰한다. 동쪽과 서쪽에도 같은 방식으로 돌을 떨어뜨려 물결이 다가오는 속력을 측정한다. 만약 우리가 물에 대해 정지해 있다면, 모든 방향에서 오는 파문이 같은 속력으로 이동할 것이다.[5]

이제 우리가 탄 보트가 북쪽으로 이동하고 있다고 가정해보자. 그러면 남쪽(즉, 뒤쪽)에서 북쪽으로 이동하는 파동의 마루는 보트가 북쪽으로 이동하기 때문에, 보트를 따라잡기가 어렵다. 우리의 관점에서 보면, 북쪽으로 이동하는 파동 마루의 속력은 남쪽으로 이동하는 파동 마루의 속력보다 느리다. 이것이 바로 우리가 물 위를 움직이고 있음을 보여주는 증거다. 즉, 물결이 다가오는 속력의 차이를 통해 자신의 이동 속력과 방향을 알 수 있다.

수업을 듣던 한 학생이 이와 관련된 이야기를 들려주었다. "고래 관찰 여행을 갔을 때였어요. 배를 타고 먼 해변을 향해 천천히 이동하고 있었는데, 해변으로 향하는 파도가 우리 곁을 지나가고 있었죠. 그때 선장이 엔진을 최고로 올렸어요. 곧 배가 파도와 같은 속력으로 움직였는데, 파도가 마치 제자리에 멈춰 있는 것 같았다니까요!

물이 흐르는 방향과 같은 방향으로 더 빠르게 움직일수록 그 방향으로 진행하는 파도는 점점 더 느리게 움직이는 것처럼 보인다. 만약 보트의 속력이 파도의 속력과 완전히 일치하면, 파도의 마루와 골은 완전히 정지한 것처럼 보인다. 파도보다 더 빨리 움직이면, 파도를 앞지르게 되고, 파도는 뒤로 움직이는 것처럼 보인다.

초음속 항공기도 보트와 마찬가지로 음파를 따라잡거나 추월할 수 있다. 엔진만 충분히 강력하다면, 어떤 매질에서든 일반적인 파동을 앞지를 수 있다. 하지만 아무리 노력해도 이미 우리를 지나간 광파는 따라잡을 수 없다. 우리가 광파보다 더 빨리 움직이려고 하면 할수록, 광파는 항상 정확히 같은 속력, 즉 우주 제한 속도인 c로 우리에게서 멀어지는 것처럼 보인다.[6]

이 말을 들은 한 학생이 어색하게 웃으며 말했다. "음 … 언젠가 꿈을 꾸었는데 누가 제 서류 가방과 휴대전화를 훔쳐서 달아나기에 쫓아가는데, 제가 빨리 달릴수록 도둑도 더 빨리 달려서 거리가 점점 더 벌어졌어요. 빛도 그런 건가요?"

"비슷해요." 내가 대답했다. "그리고 여러분에게 다가오는 빛으로부터 도망치려고 해도 절대로 도망칠 수 없어요."[7]

"그러니까 제가 악몽에서 경험한 것이 현실이라는 말이군요." 질문은 던진 학생이 한숨을 내쉬었다.

나는 쓴웃음을 지으며 고개를 끄덕였다. "그렇다고 볼 수 있겠네요."

항력 방법과 마찬가지로 파동 속력 방법 역시 발광 에테르를 통과하는 운동의 특성을 절대 밝힐 수 없다. 따라서 이 방법으로는 에테르의 존재 여부를 확인할 수 없다. 어떻게 움직이든 간에 광파는 모든 방향에서 항상 같은 속력으로 우리에게 다가온다.[8] 마치 우리가 빛의 매질에 대해 항상 정지해 있는 것처럼 말이다.

반드시 이렇게 될 수밖에 없는 이유는 대안을 생각했을 때 분명해진다. 파동 속력 방법이 우리 우주에서 작동한다고 상상해보자. 그러면 우리가 발광 에테르를 따라 북쪽으로 이동할 때, 북쪽에서 오는 광파가 남쪽에서 오는 광파보다 더 빠르게 우리 옆을 지나가는 것을 보게 된다. 이 차이는 고립된 공간, 이를테면 방 양쪽 끝에 손전등을 두고 실험해도 분명하게 드러날 것이다. 두 손전등에서 나오는 빛의 속력 차이를 통해 우리가 에테르를 가로질러 움직이고 있다는 사실을 알 수 있는데, 이는 갈릴레오의 상대성원리를 위반하는 것이다. 따라서 상대성원리를 위반하지 않으려면 아인슈타인이 제안한 대로 두 손전등에서 나오는 빛의 속력은 항상 동일해야 한다.[9]

중력파로 파동 속력 방법을 시도해도 결과는 마찬가지다. 우리가 어느 방향으로 얼마나 빠르게 움직이든 간에 모든 방향에서 오는 중력파는 항상 우주 제한 속도로 이동한다. 우리는 결코 중력파를 따라잡을 수 없을 뿐 아니라 벗어날 수도 없다. (이 실험을 해본 사람은 아직 없다. 하지만 지금까지 관측된 중력파는 아인슈타인이 예측한 공식에 아주 정확하게 부합한다. 중력파 역시 빛과 마찬가지로 악몽 같은 속성을 가지는 것이다.)

빈 공간과 발광 에테르는 그 안에서 일어나는 우리 운동에 대해 어떤 단서를 주지 않으며, 실제로 빈 공간과 발광 에테르가 존재한다는 직접적인 단서조차 하나도 주지 않는다. 빈 공간과 발광 에테르는 항상 우리가 정지해 있는 것처럼 행동한다. 우리는 이들을 '운동 측정 불가능한(amotional)' 매질이라고 부를 수 있다. 우리가 어떻게 움직이든 이 매질에 대한 우리의 운동을 측정하는 것은 불가능하며, 이런 측정은 아무런 의미도 없는 것처럼 보인다.

생각해보면, 이런 사실을 미리 짐작할 수도 있었을 것이다. 만약 어디에나 존재하는 매질이 운동 측정 불가능하지 않았다면, 우리는 이들 매질에 대한 우리의 속력을 측정할 수 있었을 것이다. 하지만 이 매질은 어디에나 존재하기 때문에 고립된 공간 안에서도 발견된다. 따라서 고립된 공간 안에서도 우리의 운동을 측정을 통해 파악할 수 있을 것이다. 하지만 이는 갈릴레오의 원리가 참이라면 불가능한 일이다.

일반적인 물체나 우리 자신은 결코 운동 측정 불가능하지 않다. 실제로 우리는 움직이고 있다. 하지만 속력과 방향을 이야기하려면, 반드시 다른 물체를 기준으로 우리 운동을 이야기해야 한다. 아울러 어떤 물체든 운동의 기준이 될 수 있기 때문에, 우리뿐만 아니라 이 운동 측정 불가능한 우주에 존재하는 모든 물체의 운명은 다중운동적·전운동적·이중운동적이어야 한다. 다시 말해, 어떤 것의 속력을 정의할 수 있는 최고의, 가장 진실한 방법은 존재하지 않는다.

파동 속력 방법이 우주의 모든 곳에 존재하는 매질의 흔적을 전혀 보여주지 못한다는 사실은 우주에 항력이 없다는 사실보다도 훨씬 더 충격적이다. 우리는 어쩌면 극히 미미한 항력만을 주는 물질, 즉 실체가 거의 없다시피 하여 거대한 물질이 아무런 방해도 받지 않고 통과할 수 있는 마법 같은 물질을 떠올릴 수도 있을 것이다.[10] 하지만 파동 속력의 문제는 상상만으로 해결될 수는 없다. 일반적인 매질 혹은 일반적인 물질과 유사한 물질로 만들어진 매질에서 파동이 운동 측정 불가능하거나 악몽 같은 속성을 갖는 것은 문자 그대로 불가능하다. 논리적으로 모순이기 때문이다. 그건 삼척동자라도 알 수 있는 사실이다.

"만약 유니온 호수 주변의 모든 운전자, 선장, 조종사가 파동 속력 방법을 사용한다면, 이들 모두가 모든 방향에서 오는 광파가 우주 제한 속도로 접근한다는 사실을 발견할 거예요. 이들 모두가 서로에 대해 움직이고 있음에도 불구하고, 누구도 발광 에테르에 대한 자신의 운동을 감지할 수 없을 겁니다."

수업을 하면서 이렇게 말하자 학생 중 하나가 믿기지 않는다는 표정을 지었다. "그럼 머리 위로 날고 있는 비행기의 승객들은 분명 우리에 대해 움직이고 있지만, 빛의 매질에 대해서는 우리와 마찬가지로 정지해 있다는 이야긴가요? 논리적으로 말이 안 되는 것 같은데요!"

내가 씁쓸한 웃음을 지으며 말했다. "일반 매질이라면, 학생 말이 맞아요. 그건 말이 안 되는 이야기죠. 내가 물속에 정지해 있고, 여러분이 내 곁을 헤엄쳐 지난다면, 여러분이 물에 대해 정지해 있을 수 없어요. 그러나 우주 전체를 가득 채우고 있는 매질에 관해서는 여러분의 논리에 미묘한 허점이 있어요. 이 문제는 우리가 시간을 측정하고 해석하는 방법과 관계가 있죠. 로렌츠가 처음으로 추측하고, 아인슈타인이 확고한 이론으로 세운 것처럼, 시간의 흐름은 관점에 따라 달라집니다. 시계가 얼마나 빨리 똑딱거리는지는 그 시계가 관찰자에 대해 얼마나 빠르게 움직이는지에 달려 있어요. 거리 역시 비슷하게 관점에 따라 왜곡됩니다.[11]

"이것은 매우 중요합니다. 파동의 속력을 측정할 때는 파동이 일정 시간 동안 이동한 거리를 재기 때문입니다. 시간과 거리가 관측자에 따라 달라진다면, 속력을 측정하는 방법 역시 달라져야 합니다.

"여러분의 완벽하게 합리적인 논리는 모든 관찰자가 동의할 수 있는 시계를 사용해 속력을 측정한다고 암묵적으로 가정하고 있어요. 아인슈타인은 그렇지 않다는 것을 깨달았죠. 우리 각자가 자신의 시계를 사용해 파동 속력 방법을 적용하고, 빈 공간이나 발광 에테르에 대한 자신의 운동을 확인하면, 우리가 정지하고 있다는 결론에 도달하지요. 우리 가운데 누군가는 옳고, 누군가는 틀렸다는 것을 증명할 수 있는 실험은 존재하지 않아요. 파동 속력 방법은 중력장이나 전자기장의 매질에 대한 어떤 운동이나 그 존재를 알 수 있는 징후를 결코 밝혀내지 못합니다.

"물이나 공기 같은 일반 매질에서는 이런 일이 절대 일어날 수 없어요. 일반 매질은 시간과 공간에 영향을 줄 수 없기 때문이죠! 오직 우주만이 그런 일을 할 수 있어요."[12]

"그런데 이게 왜 중요한가요?" 세 번째 학생이 물었다. "우리는 그냥 중력장의 매질을 '볼' 수 있지 않나요?"

"실제로 빈 공간을 볼 수 있을까요?" 내가 반문했다. "우리는 물체 사이의 빈 공간이나 물체 내부의 빈 공간 — 물체가 차지하고 있는 공간 — 을 '추론'할 뿐이에요. 공간 자체를 보지는 못해요. 공간을 통해 보는 거지요. 우리는 물체를 보고, 거기에 공간이 존재해야 한다고 추측할 뿐입니다. 사실은 이보다 상황이 더 나빠요. 우리 눈은 단지 물체에서 나오는 빛을 감지할 뿐이라는 거예요. 이후에 우리의 뇌가 물체와 그 사이의 빈 공간으로 이루어진 세계의 그림을 구성하는 거죠."

"느낄 수는 있지 않나요?" 다른 학생이 손을 휘저으며 물었다. "손이 움직일 때 공간 속에서 움직이는 걸 느낄 수 있는데요"

"학생은 근육이 수축하는 걸 느끼고, 아마도 손 주위의 공기가 움직이는 것도 느낄 수 있을 거예요. 하지만 다시 말하지만, 우리는 태양 주위를 약 초속 32킬로미터로, 은하계 중심에 대해 초속 약 240킬로미터의 속력으로 움직이고 있어요. 그런데 그걸 느끼지 못하잖아요?"

더 이상의 반론은 없었다.

아마도 악몽처럼 느껴지지는 않을지라도 그에 못지않게 기이한 현상도 있다. 이미 우리에게서 멀어지고 있는 빛의 파동으로부터 도망치려 한다면, 그 빛은 더 느려지는 것처럼 보일 것이다.

빛이 c의 속력으로 남쪽으로 이동하고 있고, 우리가 북쪽으로 움직이기 시작하면, 우리와 빛 사이의 거리는 c보다 빠른 속도로 증가할 것이라고 생각하는 게 자연스럽다. 하지만 실제로는 그렇지 않다. 적어도 우리 관점에서는 그렇다. 우리가 보기에는 빛이 느려지는 것처럼 보이지만, 결국 우리와 빛 사이의 거리는 여전히 정확하게 우주 제한 속도만큼 벌어지기 때문이다.[13]

아무리 빠르게 빛의 파동을 쫓거나 도망치려 해도, 빛은 항상 c의 속도로 우리에게 다가오거나 우리에게서 멀어지는 것처럼 보인다. 이상하게 여겨질 수 있지만, 아인슈타인은 광파가 항상 일정한 속도로 이동해야만 갈릴레오의 상대성원리가 지켜진다고 보았다. 만약 광파가 이와 다른 행동을 한다면, 우리는 광파를 이용해 자신의 운동 속력과 방향을 알아낼 수 있을 것이다. 우리가 등속운동을 하고 있다면, 빛은 마치 우리가 정지해 있는 것처럼 행동한다. 따라서 빛이 어느 방향에서 우리에게 접근하거나 멀어지더라도, 항상 같은 속도로 다가오거나 멀어져야 한다.

빛의 이런 성질은 소리와는 완전히 다르다. 우리는 "음파의 속력"을 해수면 압력에서 초속 약 340미터라고 이야기한다. 하지만 모든 속력이 상대적이라면, 이 말은 무엇을 의미할까? 사실, 우리는 암묵적으로 소리의 운동은 소리의 매질을 기준으로 측정한다고 가정한다. 말하자면, 음파는 매질인 공기에 대해 초속 340미터의 속도로 움직인다는 것을 의미한다. 하지만 우리 은하 중심에 있는 누군가가 지구와 그 대기와 함께 움직이는 우리를 바라본다면, 그 음파 역시 우리와 함께 초속 약 240킬로미터의 속력으로 이동하고 있는 셈이다. 오직 자기 주변의 대기가 정지해 있다고 보는 관찰자만이 주변의 모든 음파가 초당 340미터의 표준 음속으로 움직이는 것을 볼 수 있다.

하지만 "광파의 속력"은 다른 의미로 사용해야 한다. 우리는 빛의 속력을 발광 에테르에 대한 속력으로 말할 수 없다. 왜냐하면 '운동 측정 불가능한' 매질에 대한 속력은 의미가 없고 측정할 수도 없기 때문이다. 실제로 우리가 파동의 속력이라고 할 때는 모든 관찰자가 측정한 속력을 의미한다. 속력은 상대적일 수 있지만, 광파의 속력은 누구의 관점에서 보더라도 항상 동일하다. 이것이 논리적으로 불가능해 보이고 상식적으로도 터무니없는 주장처럼 들릴 수 있지만, 시간의 상대성과 거리의 상대성이 이 문제를 해결해준다. 우리가 각자 자신의 자와 시계를 사용해 광파의 운동을 측정할 때마다 시간과 거리의 상대성이론은 서로를 정확히 상쇄해주어 어떤 상황에서도 항상 일정한 빛의 속력을 측정할 수 있게 해준다.

모든 것이 SF 소설이나 꿈에서나 나올 법한 이야기처럼 들린다. 하지만 우리가 낯선 도시를 돌아다닐 때 휴대전화를 통해 아무렇지 않게 활용하고 있는 일종의 현실이다. GPS 내비게이션은 매우 정확한 시간 측정을 필요로 하는데, 아인슈타인의 공식과 뉴턴의 오래된 공식 사이의 차이는 무시할 수 없을 만큼 크다. 만약 우리가 아인슈타인의 상대성이론을 부정한다면, 곧 엉뚱한 동네에 도착하거나 절벽으로 떨어질 수도 있을 것이다.

중력파나 전자기파와 달리, 다른 많은 기본장의 파동들은 우주 제한 속도보다 느리게 움직인다. 예를 들면, 힉스장이 그렇다.

한 학생이 손을 들었다. "힉스장의 매질에도 이름이 있나요?"

"아직 아무도 이름을 붙이지 않았어요." 내가 대답했다.

"힉스 에테르는 어때요?" 다른 학생이 제안했다.

"재밌네요." 내가 좀 퉁명스럽게 중얼거렸다. 하지만 종종 그렇듯, 첫 번째 제안은 아무리 별로여도 굳어지기 마련이다.

"힉스 에테르는 우주 제한 속도보다 느리게 움직이니까, 그럼 따라잡을 수 있다는 뜻인가요?" 첫 번째 학생이 이어서 물었다.

"네, 그래요." 나는 고개를 끄덕였다. "그리고 파동을 추월할 수도 있어요."

"그럼 힉스 에테르는 일반 매질과 더 비슷한 건가요?"

나는 고개를 저었다. "그럴 수는 없어요. 기억하세요, 어떤 우주장의 매질이든 어디에나 존재합니다. 심지어 고립된 공간 안에도요. 만약 이런 매질이 운동 측정 불가능하지 않다면, 여러분은 그 매질에 대한 자신의 속력을 측정할 수 있고, 그럼 자신의 운동을 감지할 수 있게 되죠. 그건 갈릴레오의 원리를 위반하는 것이 됩니다."

힉스 에테르의 운동 측정 불가능성은 힉스 핍의 주장과 달리 힉스 에테르가 어떤 항력도 작용할 수 없다는 것을 의미한다. 힉스 에테르는 빈 공간이나 발광 에테르처럼 투과성이 좋아야 한다. 그럼에도 불구하고 힉스 에테르는 파동의 속력이 더 느리기 때문에 악몽 같은 속성은 갖고 있지 않다는 점에서 이들과는 다르다.

그럼에도 힉스 파동에는 뭔가 기적적인 것이 있다. 힉스 파동은 다양한 속력으로 우리에게 접근하거나 멀어질 수 있지만, 운동 범위에는 제한이 있다. 어느 방향에서 오든 힉스 파동은 우주 제한 속도를 결코 초과할 수 없으며, 이는 모든 관찰자의 관점에서 참이다.[15]

얼핏 들으면 별로 특별할 게 없는 이야기라는 생각이 들 수도 있다. 마치 일반 여객기가 음속을 초과할 수 없다는 말과 비슷하게 들린다. 하지만 후자의 경우는 조금도 관점 독립적이지 않다. 우리 은하의 중심에 있는 사람의 관점에서 보면, 모든 비행기는 지구와 함께 이동하기 때문에, 초속 수백 킬로미터 이상의 속력으로 움직인다. 반면, 힉스 파동을 비롯한 많은 기본장의 파동은 관찰자 혹은 파동이 어떻게 움직이든, 모든 관찰자의 시점에서 볼 때, 속력이 c 이하로 제한된다. 곰곰이 생각해보면, 약간 소름 끼치는 일이다. 속력은 상대적인 것인데, 기본장의 파동들의 운동에는 본질적이고 관점에 독립적인 제약이 존재하는 것이다.

이 놀라운 현상 역시, 아인슈타인의 새로운 시공간 개념이 없었다면 논리적으로 불가능했겠지만, 상대성원리가 있기 때문에 일어나는 것이다. 만약 힉스 파동의 허용 속력 범위가 우리가 얼마나 빨리 움직이느냐에 따라 달라진다면, 그 범위를 측정함으로써 — 심지어 고립된 공간 안에서도 — 우주에서 자신의 운동을 알아낼 수 있을 것이다.

14.2 역사, 에테르, 그리고 잃어버린 고양이

물리학자들은 오랜 시간에 걸친 노력 끝에 우주에 대한 이해(또는 이해의 부족)에 도달했다. 어떤 의미에서 이 노력은 아직 끝나지 않았다.

발광 에테르의 수수께끼는 19세기 내내 물리학자들을 괴롭혔다. 한편으로, 지구가 자전하고 태양을 공전하면서도 대기를 잃거나 속력이 느려지지 않은 채 우리를 발광 에테르 속으로 데려간다는 사실은 에테르가 일반 물질과 매우 약하게 상호작용한다는 것을 시사한다. 하지만 광파와 일반적인 물질 사이의 상호작용은 전혀 약하지 않다. 바로 그렇기 때문에 일상에서 우리가 보는 대부분의 물체를 빛이 잘 통과하지 못하는 것이다. 그렇다면 매질이 아무런 움직임이나 활동 없이 가만히 있을 때는 어떻게 일반 물질에 아무런 영향을 주지 않으면서, 매질에 따라 전달되는 파동에는 강하게 상호작용하는 것일까? 이것은 자기모순처럼 보였다.

그럼에도 다른 일반 매질에 대해 그랬던 것처럼, 파동 속력 방법을 사용하면 에테르의 존재를 밝혀낼 수 있을 것임이 분명해 보였다. 이 어려운 측정은 1880년대에 새로운 실험 기법의 선두 주자였던 젊은 과학자 앨버트 마이컬슨(Albert Michelson)이 '간섭계(interferometer)'라고 부르는 장치를 개발하면서 가능해졌다. 간섭계는 파동의 속력 차이를 매우 정밀하게 측정할 수 있는 장치였다. (현대의 중력파 검출기에도 이 장치가 들어 있는데, LIGO의 I가 바로 간섭계를 의미한다.) 1887년 마이컬슨은 에드워드 몰리(Edward Morley)와 함께 지구가 에테르를 통과해 움직이는 것을 최악의 상황에서도 감지할 수 있을 만큼 강력한 간섭계를 만들었다. 마이컬슨의 접근 방식은 앞서 설명한 파동 속력 방법과 세부적으로는 다르지만, 개념적으로는 동일하다.

하지만 실험에서는 아무런 효과도 관측되지 않았다. 이 놀라운 결과를 발광 에테르를 통과하는 물질의 속성 때문이라고 설명하려는 시도가 있었다. 다시 말해, 마이컬슨과 몰리의 간섭계가 에테르 속을 움직이면서 변형이 일어나 기대했던 효과가 완벽하게 상쇄된 것일지도 모른다는 주장이 제기되었다. 하지만 이런 생각을 받아들이려면 결국 상대성원리를 포기해야만 한다. 만약 어떤 물체의 본질적인 구조가 빛의 매질을 통과하는 속력에 따라 달라진다면, 이 매질을 통한 등속운동은 정지 상태와 다른 것이 된다. 즉, 에테르를 통한 자신의 운동은 심지어 고립된 공간 안에 있더라도 주변 물체의 형태를 정밀하게 측정함으로써 감지할 수 있게 된다.

아인슈타인은 대학원생이자 특허사무국 직원이던 시절, 피츠제럴드, 로렌츠, 푸앵카레 등 갈릴레오의 원리를 포기하려 했던 유명한 물리학자들의 논문을 읽고 있었다. 아인슈타인은 파동 속력 방법이 왜 에테르의 존재를 드러내지 못하는지 설명하려 고군분투하면서 이들의 수학을 연구했다. 그리고 아인슈타인은 이른바 고르디우스의 매듭을 끊었다. 아인슈타인은 우리가 아무리 빠르게 움직인다고 해도 모든 방향에서 오는 전자기파의 속력이 항상 동일하다면, 갈릴레오의 상대성원리를 지킬 수 있다고 지적했다. 이는 곧 빛이 '악몽 같은 속성'을 가져야 하며, 빛의 매질은 어떤 일반적인 방법으로도 감지할 수 없다는 것을 의미한다. 아울러 이러한 악몽 같은 속성이 논리적으로 성립하려면, 공간과 시간이 우리의 상식과는 매우 다르게 행동해야만 했다.

로렌츠가 발명한 방정식을 재해석해 원래 창안자의 해석과는 전혀 다른 의미를 부여함으로써, 아인슈타인은 자신의 생각이 개념적으로나 수학적으로 모두 타당하다는 것을 보여주었다. 물질이 에테르를 통과할 때 형태가 변한다고 보면서 갈릴레오의 원리를 위반하는 대신, 실제로 변하는 것은 우리가 거리와 시간을 측정하는 방식, 즉 시공간을 이해하는 기본적인 방법이라고 생각한 것이다.

아인슈타인의 논리대로라면, 발광 에테르는 운동 측정 불가능한 매질이어야 했다. 하지만 아인슈타인은 한 걸음 더 나아가 발광 에테르가 아예 존재하지 않는다고 주장했다. 공간과 시간에 대한 상대성이론으로 인해 항력 방법이나 파동 속력 방법, 또는 그와 유사한 다른 방법으로 에테르를 검출하는 것이 불가능해졌고, 에테르가 존재한다는 실험적 증거도 전혀 없었기 때문이다. 따라서 아인슈타인은 에테르라는 개념 자체를 버려야 한다고 보았다. 결국 자존심이 있는 일반 매질이라면 운동 측정 불가능하면서 동시에 악몽 같은 속성을 가질 수 없기 때문이다.

정말 놀라운 제안이었다. 광파는 음파, 지진파, 압력파, 그리고 우리가 알고 있는 다른 어떤 파동과도 완전히 다르다. 아인슈타인은 체셔 고양이●의 웃음처럼 광파는 매질이 없이도 존재할 수 있다고 보았던 것이다.

"글쎄! 웃음이 없는 고양이는 본 적이 있지만," 엘리스는 생각

● 소설 『이상한 나라의 엘리스』에 등장하는 고양이

했다. "고양이 없는 웃음이라니! 내가 살면서 본 것 중 가장 기이한 일이야!"¹⁶

그렇다. 고양이 없는 웃음. 매질 없는 장. 참으로 기이한 일이다. 이런 발상을 하려면 루이스 캐럴이나 알베르트 아인슈타인의 상상력쯤은 되어야 하는 것이다.

과연 이런 일이 가능할까? 아인슈타인의 상대성이론 공식의 수학에 따르면 가능하다. 최근 수십 년 사이 물리학자들은 수학을 통해 겉으로 보기에는 말도 안 되어 보이지만 논리적으로는 모순이 없는 사실을 알아가는 일이 꽤 많아졌다.

하지만 10년 후 아인슈타인은 자신의 견해를 다시 생각하게 된다. 그 무렵 아인슈타인은 빈 공간이 중력장의 매질이며, 빈 공간이 발광 에테르와 마찬가지로 모든 특이한 성질—운동 측정 불가능성과 악몽 같은 속성—을 가지고 있다는 것을 깨달았다. 빈 공간과 중력장 사이의 관계는 발광 에테르와 전자기장 사이의 관계와 마찬가지였다. 빈 공간과 발광 에테르 모두 똑같이 이상했다.

이제 아인슈타인에게는 세 가지 가능성이 남아 있었다.

1. 빈 공간은 존재하지만, 발광 에테르는 존재하지 않는다.
2. 빈 공간과 발광 에테르 모두 존재한다.
3. 빈 공간과 발광 에테르 모두 존재하지 않는다.

첫 번째 선택지는 우아하지도 않고 대칭적이지도 않아 보였다. 아인슈타인은 중력장과 전자기장에 대해 우주 제한 속도를 보존하면서 서로 간단하게 맞아떨어지는 공식을 찾아냈다. 그렇다면 왜 어떤 장의 매질은 존재하고, 다른 장의 매질은 존재하지 않아야 할까?

세 번째 선택지는 분명 받아들일 수 없는 것이었다. 우리가 살고 있는 장소인 빈 공간이 실재하지 않는다면, 도대체 무엇이 실재한단 말인가?

아인슈타인은 결국 발광 에테르가 존재할 가능성이 높다는 결론에 이르게 되었다. 만약 그렇다면 우리는 우주의 두 번째 삼자 조합 — 발광 에테르, 전자기장, 전자기파 — 을 갖게 된다.

많은 물리학자가 여전히 전자기장이 체셔 고양이처럼 실체가 없는 장이라는 아인슈타인의 초기 견해를 선호한다. 실험적 측면에서 볼 때, 이 문제는 아직 열려 있으며 어쩌면 답을 내릴 수 없을지도 모른다. 하지만 아인슈타인처럼 두 번째 선택지를 받아들인다면, 발광 에테르는 일반 매질이라기보다는 빈 공간에 더 가까운 존재여야 한다. 다시 말해 투명하고, 투과성이 있으며, 모든 곳에 존재하고, 운동 측정 불가능하며, 악몽 같은 속성을 가져야 한다. 우리의 상식에 반하기는 하지만, 우리는 이러한 매질의 가능성을 인정해야 한다. 왜냐하면 앞서 살펴본 것처럼, 빈 공간이 바로 발광 에테르와 같은 특징을 가진 매질 중 하나이기 때문이다.

1920년경 아인슈타인은 테오도어 칼루자(Theodor Kaluza)의 연구에 관심을 갖기 시작했는데, 칼루자의 연구는 몇 년 후 오스카 클라인

(Oskar Klein)에 의해 확장되었다. 칼루자는 공간이 3차원이 아니라 4차원일 가능성(즉, 공간과 시간의 차원이 아인슈타인이 제안한 4차원이 아니라 5차원일 가능성)을 고려했다. 클라인의 설명에 따르면, 마치 어린아이가 종이를 보고 종이의 두께가 있다는 것을 깨닫지 못하는 것처럼, 우리는 시간과 공간 차원 중 하나가 너무 작아서 인식하지 못한다. 우리는 이미 〈그림 33〉(269쪽)에서 종이처럼 얇은 알루미늄판에 굽힘장뿐만 아니라, 덜 눈에 띄는 기울임장과 압축장도 있다는 점을 지적했다. 칼루자와 클라인은 빈 공간에 아주 짧은 여분 차원을 하나 더하면 이와 비슷한 현상이 발생한다는 점을 발견했다. 우리는 너무 크기 때문에 여분 차원을 직접 감지할 수 없으며 오직 평소 인식하는 3차원 공간만을 알 수 있다. 하지만 4차원 공간에서 아인슈타인의 중력장은 여러 개의 장 ― 중력장(휨), 전자기장(기울임), 라디온(radion)'이라고 부르는 또 다른 장(압축) ― 으로 나타난다. 이 중 라디온에 관한 내용은 다른 책의 주제이다.[17]

　칼루자와 클라인의 수학적 연구는 전자기장이 자신만의 고유한 매질을 가지고 있지 않을 수도 있음 ― 즉, 발광 에테르와 빈 공간이 같은 것일 수 있음 ― 을 시사했다. 질량 밀도와 자화가 모두 철의 특성인 것처럼, 전자기장과 중력장 모두 '동일한' 매질 ― 눈에 보이는 것보다 더 복잡한 구조를 가진 빈 공간 ― 의 속성일 수 있다는 이야기였다.

　이 아이디어가 매력적이라고 생각한 아인슈타인은 이를 양자물리학을 대체할 이론으로 발전시키기 위해 자신의 후반 인생 대부분을 이 개념을 발전시키는 데 매진했다. 비록 실패하긴 했지만. 오늘날에도 자연의 기본장들이 모두 단일 매질(또는 극소수의 매질)의 속성에서 유래한다는 개념은 여전히 인기가 많다. 예를 들어, 우리가 여기서 설명한 것보다 정교한 방식이긴 하지만, 끈 이론에서 이러한 현상이 자연스럽게 나타나는 것을 볼 수 있다.

하지만 이 아이디어를 뒷받침하는 실험적 증거는 전혀 없으며, 전자기장은 실제로는 매질이 없는 체셔 고양이장일 수도 있다. 사실, 중력장만 예외일 뿐, 모든 기본장이 체셔 고양이장일 수도 있다. 어쩌면 아인슈타인의 처음 주장이 옳았던 것일지도 모른다.

아니면 아인슈타인이 두 번 모두 틀렸던 것일 수도 있다. 그러나 여전히 세 번째 선택지가 남아 있다. 우주의 기묘한 특징인 운동 측정 불가능성과 악몽 같은 속성 등은 빈 공간이 실제로 존재하지 않는다는 것을 보여주는 단서가 될 수도 있지 않을까?

이 생각이 터무니없게 들릴지도 모른다. (나 역시 처음 이 아이디어를 접했을 때 그렇게 생각했다.) 하지만 색에 관한 이야기 — 인간의 뇌에서 만들어진 것임에도 불구하고 색이 얼마나 실제처럼 느껴지는지 — 를 기억해보자. '무슨 말이에요, 하늘이 파랗지 않다니? 흰색이나 분홍색이 존재하지 않는다니?' 사물 사이의 빈 공간도 실재처럼 보인다. 하지만 어쩌면 그렇지 않을 수도 있다. 어쩌면 이것은 단지 하나의 사고방식, 더 이상 필요하지 않은 사고방식일 수도 있고, 심지어 우주를 있는 그대로 보는 데 방해가 되는 요소일 수도 있다. 실제로 물리학자들은 우리가 실재한다고 생각하는 공간이 그저 세상을 이해하기 위한 선택적 보조물에 불과한, 즉 때로는 편리하기도 하고 때로는 불편하기도 하지만 결코 필수적인 것은 아닌 그런 가상의 우주를 연구하기도 한다.[18]

이 책의 나머지 부분, 즉 우주 전체에 존재하는 장에 관한 이야기는 암묵적으로 빈 공간이 존재한다는 가정에 기반하고 있다. 하지만 빈 공간이 실제로 존재하지 않을 수도 있다는 점을 명심해야 한다. 만약 빈 공간이 존재하지 않는다면, 여기서 말하는 이야기는 언젠가 전혀 다른 개념의 언어로 번역되어야 한다. 그런 일이 실제로 일어나더라도 너무 놀라지는 않길 바란다. 내가 물리학을 공부하면서 배운 것이 있다면, 시공간의 맥락에서 양자물리학은 아인슈타인과 그의 동시대 사람들이 상상했던 것보다 훨씬 더 많은 가능성을 우주에 제공한다는 사실이다. 언젠가 우리는 공간, 어쩌면 시간마저도 포기해야만 우주가 왜 그렇게 놀랍고 이해하기 힘들 정도로 기이한지 이해할 수 있을지도 모른다.

하지만 이 책에서 그 문제는 잠시 접어두고, 다양한 기본장이 단일 매질의 속성을 나타낼 수 있다는 아인슈타인의 아이디어로 돌아가 보자. 이러한 생각을 뒷받침할 만한 단서는 없을까? 여기 하나가 있다. 바로 우주 제한 속도다. 어쩌면 모든 우주장에서 파동이 동일한 제한 속도를 만족하는 이유는 아마 이들이 공통의 기원을 공유하기 때문인지도 모른다.

이렇게 보면, 중력과 전자기학에 대한 칼루자의 깨달음이 지니는 의미는 더욱 커진다. 칼루자는 전자기장과 중력장이 단 하나의 매질 — 즉, 확장된 형태의 빈 공간 — 에서 생길 수 있음을 보여줬을 뿐만 아니라, 전자기파와 중력파가 동일한 속력으로 이동할 운명이라는 것을 증명했다. 클라인은 칼루자의 아이디어를 더 분석하면서 이것이 전부가 아니라는 점을 깨달았다. 만약 우주에 추가적인 미시 차원이 존재할 경우, (오늘날 칼루자–클라인 모드[19]라고 불리는) 다른 장이 나타날 수 있다는 것이다. 이들 장에서의 파동은 속력 c로 이동하지는 않겠지만, 우리 우주의 기본장들과 마찬가지로 모두 동일한 우주 제한 속도를 넘어서지는 못한다.

그렇다면 자연의 모든 장이 하나의 공통된 매질, 어쩌면 근본적인 속력 제한이 내재된 일반화된 빈 공간에서 비롯된 것일 수 있을까? 이것은 과학자들의 기준에서 보면 매우 우아한 설명이 될 것이다. 지금까지 이 아이디어를 지지하거나 반박하는 실험적 증거는 없으며, 아인슈타인처럼 뛰어난 사람들도 이 주장이 사실이라고 설득력 있게 설명하지 못하고 있다.

하지만 이런 생각이 잘못된 것일 수도 있다. 첫째, 하나의 매질에서 여러 개의 장이 파생된다고 해도, 모든 장이 동일한 속도, 또는 동일한 제한 속도를 공유한다는 보장은 없다. 지진이 발생하면 같은 종류의 암석에서도 속력이 다른 여러 종류의 지진파가 발생한다. 철 조각의 굽힘장에서 진동은 스핀파와 같은 속력으로 움직이지 않는다. 둘째, 우주 제한 속도는 상대성이론에 대해서만 알려줄 뿐, 각 장의 기원에 대해서는 아무것도 알려주지 않는다. 앞서 살펴본 것처럼, 갈릴레오의 상대성 원리에 따르면 빛과 중력파는 악몽과 같은 특성을 가져야 하며, 그 매질이 운동 측정 불가능해야 한다. 따라서 시간과 공간의 작동 방식에 근본적인 조정이 필요하다. 그리고 이 조정은 더 이상 어떤 여지도 남기지 않는다. 만약 어떤 기본장의 파동이 빈 공간에서 c와 다른 일정한 속도로 이동하거나, c와 다른 제한 속도를 따르거나, 아예 제한 속도를 따르지 않는다면, 이 파동의 매질은 운동 측정 불가능한 성질을 가질 수 없다. 이런 파동은 우리가 고립된 공간 안에서 자신의 운동을 측정할 수 있게 해주는 불법적인 정보를 제공하게 되어 상대성원리를 정면으로 위반한다.

    우리는 아직 확실한 결론을 내리지 못하고 있다. 과연 우리는 무엇을 배운 것일까? 갈릴레오의 상대성원리와 아인슈타인의 우주 제한 속도가 확고하다는 점만은 분명해 보인다. 어디에나 존재하지만 운동 측정 불가능한 매질, 즉 일종의 확장되고 일반화된 빈 공간 개념을 암시하는 단서가 있긴 하다. 하지만 그 이상의 진전은 없다. 우리의 직관 역시 별 도움이 되지 않는다. 결국, 운동 측정 불가능한 매질이 존재할 수 있다는 사실을 우리가 몰랐다면 — 실험을 통해 빈 공간이 불가능한 바다처럼 행동하는 것을 관찰하지 않았다면 — 우리는 빈 공간이라는 매질을 믿지 않았을 것이다.

매질	장	파동
공기	바람장	음파
물	압력장	압력파
철	질량 밀도 자화장	밀도파 스핀파
알루미늄판	휨 압축 기울임	횡파 밀도파 층밀림파
빈 공간	중력장	중력파
발광 에테르(?)	전자기장	전자기파
힉스 에테르(?)	힉스장	힉스파
하나의 조그만 여분 차원을 가진 가상의 빈 공간	중력장 전자기장 라디온장 칼루자–클라인 모드	중력파 전자기파 라디온파 칼루자–클라인파
일반화된 빈 공간(??) [우리 우주(?)]	모든 기본장	모든 기본 파동

표3   하나 이상의 장과 해당 파동을 가진 다양한 매질. 물음표는 장이 존재함에도 불구하고, 장의 매질이 존재할 수도, 또는 존재하지 않을 수도 있음을 나타낸다. 하나의 여분 차원을 가진 가상의 빈 공간은 모든 곳에 존재하는 하나의 매질에서 다양한 기본장이 발생할 수 있다는 것을 보여주는 예다. 우리 우주도 이와 유사할까?

15
기본장
두 번째, 겸손한 모습

지난 장은 전문가들도 혼란스러워하는 질문들이 가득한 빠져나올 수 없는 늪으로 우리를 이끌었다. 우리는 가장 겸손한 방식으로 이 늪에서 벗어나려 한다. 즉, 잠정적으로 패배를 인정하고 한 발 물러서는 것이다.

다행히 전문가든 비전문가든 간에 우리는 다른 길을 택함으로써 놀랄 만큼 많은 진전을 이룰 수 있다. 이 책의 나머지 부분에서는 장 중심적 관점을 유지할 것이다. 우주를 하나의 매질로 보는 관점이 완전히 사라지지는 않겠지만, 일단은 기본장에 초점을 맞출 것이다. 기본장 역시 수수께끼들로 가득하나 훨씬 다루기 쉬우며, 많은 교훈을 얻을 수 있기 때문이다.

기본 개념을 이해하는 데 수많은 빈틈이 있기는 하지만, 기본장에 대한 연구는 괄목할 만한 성공을 거두었다. 지난 세기 동안 과학자들은 기본장의 작동 방식과 상호작용을 효과적으로 설명하는 공식들을 발견했다. 놀랍게도 2023년 현재, 실험에서 관찰된 현상 중 이들 공식과 직접적으로 그리고 명확하게 모순되는 것은 단 하나도 없다. 인류가 만들어내고 발견한 모든 것 중에서 이들 공식이 가장 정확하다고 할 수 있다.

간단히 말해, 우리는 알려진 기본장이 '무슨 일을 하는지'에 대해서는 (비록 불완전하지만) 놀라울 정도로 명확한 그림을 가지고 있다. 그럼에도 우리는 기본장이 '무엇인지'에 대해서는 거의 개념조차 가지고 있지 않으며, 심지어 기본장이 우리가 답해야 할 질문인지조차 확실하지 않다.

이러한 맥락에서 이 장의 목표는 이 책의 나머지 부분에 필요한 기본장의 핵심적인 측면을 강조하는 데 있다. 이어지는 '요약'은 다음 장으로 넘어갈 때 참고할 수 있도록 마련한 것이다.

먼저 몇 가지 공통된 용어를 정리해보자. 우리가 바람장에 대해 '잔잔하다'고 말하는 것과 철의 자화장에 대해 '자화되지 않았다'고 말하는 것은 매우 유사한 개념이다. 두 경우 모두 장(대기 중 모든 곳에서의 풍속과 방향, 또는 철 내부 모든 곳에서의 자화장)을 측정하면 값이 0이 나온다. 마찬가지로 "힉스장이 꺼져 있다"는 말은 어디에서 힉스장을 측정하든지 값이 0임을 의미한다. 일반적인 표현으로 우리는 이러한 특성을 가진 장을 '평균값이 0'이라고 이야기한다.[1]

여기서 '평균값'이라는 단어를 사용한 데는 이유가 있다. 물론 맥락이 명확할 때는 이 단어를 생략하기도 한다. 아무리 잔잔한 날이라도 바람의 속력이 하루 종일, 모든 곳에서 정확히 0인 경우는 없다. 항상 약간의 미풍, 소용돌이와 와류, 그리고 소리 파동이 존재한다. 마찬가지로 자화되지 않은 철의 자화장은 〈그림 32〉(265쪽)의 중간 부분에서 볼 수 있듯이 평균적으로는 0이지만, 원자 하나하나로 보면 그렇지 않다. 이렇듯 시간과 장소에 따른 작은 변동들은 대체로 문제가 되지 않기 때문에, 우리는 장의 일반적인 거동을 특징짓는 방법으로 장의 평균값에 초점을 맞출 것이다.

이와 비슷하게 바람장의 경우 '일정한 미풍', 자화장의 경우 '자화', 힉스장의 경우 '켜진 상태'라고 부르는 것은 '평균값이 0이 아닌' 상태를 보여주는 세 가지 예시이다. 시간과 공간의 특정 영역에서 장의 값을 측정해 평균을 내면, 어디서든 동일한 0이 아닌 값을 얻게 된다. 나는 이런 상태를 '상수이고, 균일한 장'이라고 부를 것이다.

이 절을 시작하면서 바람장을 소개한 이유는 바람장이 전형적인 일반장이기 때문이다. 바람장은 매질 전체에 걸쳐 존재하며, 동역학적(dynamic)이다. 즉 어떤 시공간에서의 거동이 가까운 곳의 이후 거동에 영향을 미친다는 의미다. 바람장은 종종 난류처럼 복잡한 행동을 보이기도 하지만, 때로는 매우 단순하게 행동하기도 한다. 말하자면 고요하거나 안정적일 수도 있고, 음파가 지나갈 때는 파동처럼 움직이기도 한다. 이런 특징들은 기본장에서도 흔히 나타나는 공통점이므로 주목할 만한 가치가 있다.

고요한 날이면 영미권 사람들은 "바람이 없다(There's no wind)" 또는 "바람이 잔잔하다(The wind is calm)"라고 이야기한다. 두 표현은 같은 상황을 의미하지만, 개념적으로는 약간의 차이가 있다. 첫 번째 표현은 고요한 날에는 '바람이 존재하지 않는다'는 의미이고, 두 번째 표현은 '바람이 존재'하지만, 단지 활동하지 않을 뿐이라는 의미를 갖고 있다.

    물리학 언어에서는 두 번째 표현만을 사용한다. 우리에게 바람은 지구 대기 내 어디서든, 언제든 존재하며 측정할 수 있다. 측정 결과 바람이 고요한 것으로 나타났다고 해서 바람이 더 이상 '존재'하지 않는다는 의미는 아니다. 물리학자들에게 장이란, 그 매질 내에 언제 어디서나 항상 존재하는 것이다.

    하지만 장은 자신의 매질 밖에서는 존재하지 않는다. 기체가 흐르지 않는 대기 밖에서는 바람 같은 것이 존재하지 않는다. 모든 일반장은 자신의 매질이 차지하는 유한한 영역 내에서만 존재한다.

    우주장은 이와 다르다. 우주장은 어디에나 존재하는 매질을 가지고 있거나 (우주장이 체셔 고양이장인 경우) 어떤 매질도 필요로 하지 않는다. 우주장은 빈 공간뿐만 아니라 모든 물질 물체 내부를 포함하여 우주의 모든 곳에 존재한다.

    우주의 대부분, 특히 심우주에서는 거의 모든 알려진 기본장의 평균값이 0이다. 그러나 힉스장만은 예외다. 지구 근처에서는 더 많은 장들이 0이 아닌 값을 갖는다. 우리 주변을 살펴보면, 우리는 균일한 중력장에 둘러싸여 있는데, 이로 인해 우리 근처에 물체를 떨어뜨리면 모두 같은 방향으로 같은 가속도로 낙하한다. 또한 근처의 모든 나침반이 같은 방향을 가리키도록 하는 균일한 자기장에도 둘러싸여 있다.[2]

    이 예시에서 알 수 있듯이 특정 장의 평균값이 0이 아닌 경우, 이 장과 상호작용하는 물체는 장의 평균값이 0인 때와 다르게 행동한다.

바람장의 경우는 매우 분명하다. 일정한 속도로 바람이 불면, 모든 깃발이 휘날리고 나뭇가지가 휘어진다. 우리 주변의 0이 아닌 중력장은 물체를 낙하하게 하고, 0이 아닌 자기장은 나침반을 일정한 방향으로 정렬한다. 그리고 힉스장의 평균값이 0이 아니기 때문에 특정 소립자가 정지 질량을 갖게 된다. 만약 이들 장의 평균값이 0이었다면, 이런 현상들은 일어나지 않았을 것이다.

소리는 바람장 안에서 생기는 파동이며, 이와 유사한 파동이 우주의 모든 기본장에도 존재한다. 파동은 매우 보편적인 현상이기에 놀랄 만한 일은 아니다. 일반 매질이나 장에 갑자기 교란이 일어나면, 일반적으로 파동이 생기기 마련이다. 많은 우주장이 바로 이런 파동의 행동 양상을 통해 발견되었다. 이들 파동 가운데 일부는 빛처럼 우주 전체를 가로질러 이동할 수 있지만, 속력이 빛보다는 더 느릴 수도 있다. 또한 어떤 파동은 금방 소멸하여, 기타 줄의 파동이 소리로 변하듯 다른 장의 파동으로 바뀌기도 한다. 물체 내부에 갇혀 있는 파동들도 있다. 이를테면 양성자와 중성자 안에 갇혀 있는 글루온이 그렇다. 이들 파동은 자기들이 갇힌 입자가 이동할 때만 우주를 이동할 수 있다.

단순히 파동이 존재한다고 해서 장의 평균값이 변하지는 않는다. 왜냐하면 파동이 만들어내는 앞뒤의 변화가 시간이 지나면 평균적으로 상쇄되기 때문이다. 실제로 장의 파동이 어떤 일을 하고 있는 동안에도 장의 평균값은 전혀 다른 일을 하고 있을 수 있다. 앞서 언급한 내용을 장 중심적 언어로 바꾸어 이야기하자면, 동쪽에서 일정한 미풍이 불어도 우리는 북쪽에서 오는 음파를 들을 수 있다는 뜻이다. 마찬가지로,

우리 주변의 자기장이 지구의 극을 향하고 있다고 해도 광파가 모든 방향에서 우리에게 도달하는 것을 막지는 못한다.

모든 장은 진행파를 가질 수 있으며, 충분한 에너지를 가진 국소적인 교란은 항상 진행파를 만들 수 있다. 전자기장과 중력장의 경우, (빈 공간에서는) 정상파가 불가능하지만, 우주 대부분의 장에서는 정상파가 흔하게 나타난다. 정상파는 앞으로 다룰 장들에서 중심적인 역할을 하게 될 것이다.

○

지금까지는 우리가 이미 접했던 사실을 다시 살펴보고 재정리하는 내용이었다. 이제부터는 전혀 다른 주제로 넘어가야 할 때이다. 바로 상대성이론, 양자물리학, 그리고 우주 제한 속도가 가져오는 심오하고도 분명하지 않은 결과이다.

우주장은 두 가지 뚜렷한 범주로 나뉠 수 있다는 사실이 밝혀졌다. 이른바 '보손(boson)'장과 '페르미온(fermion)'장이다. 이렇게 범주로 나누는 것은 중요한 함의를 가지는데, 이에 대해서는 이 책의 나머지 부분에서 다룰 것이다. '보손'이라는 이름은 1920년대에 아인슈타인에게 깊은 인상과 영감을 준 인도의 물리학자 사티엔드라 보스(Satyendra Bose)에서 따온 것이다.[3] 기본장들 가운데 중력장, 전자기장과 힉스장이 보손장이며, 그 외에도 '글루온장, W장, Z장' 등이 있다. 페르미온장은 20세기 들어 가장 폭넓은 분야를 연구한 물리학자 가운데 한 명인 엔리코 페르미(Enrico Fermi)의 이름을 딴 것이다.[4] 페르미온장에는 (업, 다운, 스트레인지, 참, 바텀, 톱 쿼크의 이름이 붙은) 여섯 개의 쿼크장, 세 개의 중성미자장, 세 개의 전자꼴(electron-like)장(전자장, 뮤온장, 타우장)이 있다.

여기서 기억해야 할 핵심은 보손장은 구속되지 않고 자유로운 반면, 페르미온장은 단단히 구속되어 있다는 것이다. 보손장의 평균값은 0이거나 0이 아닐 수도 있다. 보손장의 평균값이 0이 아닐 경우, 평균값의 크기는 어떤 값이라도 가능하다. 더 일반적으로 말하면, '어떤' 특정한 위치와 시간에서 보손장의 값은 0이거나, 0보다 작거나, 또는 0보다 클 수 있다. 물론 바람장도 마찬가지다. 또한 지구 주변의 자기장은 적도 부근보다 극 부근에서 더 큰 값을 가지며, 중력장은 지구 표면 근처에서 가장 크고 심우주로 가면 작아진다.

마지막으로, 보손장의 파동 진폭은 레이저처럼 클 수도 있고, 단일 광자처럼 진폭이 초미세적으로 작을 수도 있다.

보손장이 가지는 다양한 가능성은 페르미온장에는 존재하지 않는다. 페르미온장의 파동은 아주 미세한 진폭만을 가질 수 있으며, 장의 평균값도 오직 0만이 가능하다. 심지어 특정 위치에서 페르미온장의 값조차도 극히 미미하다.

페르미온장이 갖는 한계는 왜 오직 보손장만이 멀리 떨어져 있는 물체들 사이에서 힘을 매개하는 역할을 할 수 있는지를 설명해준다. 우리가 지금까지 이야기한 힘들이 모두 중력장이나 전자기장(둘 다 보손장이다)과 관계가 있는 것은 우연이 아니다. 이름에서 알 수 있듯이 또 다른 보손장인 글루온장은 양성자들을 서로 붙잡아 두는 힘을 만들어낸다. 반면 페르미온장인 전자장, 쿼크장, 중성미자장은 물체들 사이에서 직접적인 매개체 역할을 할 수 없다.[5]

파도, 소리, 빛과 같이 우리가 일상적인 환경에서 만날 수 있는 모든 파동은 보손 파동이다. 소리 파동은 거의 느끼지 못할 수도 있고, 귀를 먹먹하게 할 정도로 강할 수도 있다. 레이저는 눈부실 정도로 강할 수도 또 아주 희미할 수도 있다. 중력파와 (비록 실제로 보기가 매우 어렵고 순간적이지만) 힉스파도 이와 유사하다. 반면, 페르미온장의 파동 세기는 조절할 수 없다. 따라서 레이저처럼 밝은 파동은 불가능하다. 페르미온 파동은 너무 미약해서 우리 주위에서는 전혀 눈치 챌 수 없으며, 직관적으로 이해하기도 어렵다. 그럼에도 불구하고 페르미온 파동은, 앞으로 살펴보겠지만, 보손 파동만큼이나 우리 삶에 필수적이다.[6]

15.1 장: 요약

이제 잠시 숨을 고르기에 좋은 시점이다. 다음으로 넘어가기 전에 이 장의 주요 내용을 간략하게 요약하고, 이후 참고하기에 유용한 표 두 개를 제시하려고 한다. 아울러 이 장에서 얻은 새로운 아이디어를 바탕으로 양자물리학으로 넘어가 입자, 정지 질량, 그리고 힉스장의 진정한 본질을 공부하게 될 것이다.

대기의 바람장과 철 조각의 자화장과 같은 일반장을 통해 우리는 다음과 같은 사실을 알 수 있다.

- 일반장은 매질의 속성으로, 매질 내 어느 위치에서나 측정할 수 있다.
- 장은 장소와 시간에 따라 달라질 수 있으며, 지금 이곳의 장이 어떻게 움직이고 있는지는 조금 뒤에 근처 다른 곳의 장의 움직임에 영향을 미친다.
- 장이 세계에 미치는 영향은 충분히 예측 가능하며, 언제 어디서든 그 값을 과학적 도구로 측정할 수 있다.
- 한 종류의 일반장은 이론적으로 여러 가지 다른 일반 매질로부터 생겨날 수 있다.
- 여러 속성을 가진 일반 매질은 다양한 일반장의 근원이 될 수 있다.
- 장은 맨눈이나 간단한 실험으로는 알 수 없는 매질의 속성을 드러낼 수 있다.
- 일반 매질은 필연적으로 상대성원리를 모호하게 하지만, 상대성원리를 위반하지는 않는다. 즉, 매질에 대한 우리의 운동을 측정할 수 있고, 우리의 운동에 따라 끌림(항력)이 발생할 수 있지만, 상대성원리가 반드시 유지되어야 하는 고립된 공간에서는 매질의 영향을 배제할 수 있다.

우주장은 일반장과 어느 정도 유사하지만, 본질적으로 차이가 있다.

- 우주장은 우주 어디에나 존재하며, 우주장은 모든 곳에 존재하는 매질의 속성일 수 있다.
- 우주장은 (다른 장으로 이루어진) 복합장일 수 있고, 기본장일 수도 있다.

- 일반 매질과 달리 모든 곳에 존재하는 매질은 결코 다른 곳으로 탈출할 수 없기 때문에 고립된 공간 안에도 존재한다.
- 상대성원리를 따르기 위해 빈 공간을 포함해 모든 곳에 존재하는 매질은 운동 측정 불가능해야 한다. 다시 말해 이 매질에 대한 속력을 측정할 수 없고, 심지어는 정의할 수도 없다. 이는 어떤 일반 매질도 가질 수 없는 성질이다.
- 기본장의 모든 매질은 반드시 투명하고 투과성을 가지고 있어야 한다.
- 우주 제한 속도로 이동하는 파동은 악몽과도 같은 존재다. 우리는 이런 파동을 결코 따라잡을 수 없고, 만약 파동이 우리를 쫓아오더라도 결코 도망칠 수 없다.
- 모든 관찰자의 관점에서 볼 때, 운동 측정 불가능한 매질 속 모든 파동은 우주 제한 속도를 준수해야 한다.

이처럼 어디에나 존재하는 매질에 대해 우리가 아는 것이 거의 없고, 빈 공간 자체를 제외하고는 이런 매질에 대한 예시를 우리는 알지 못한다. 따라서 물리학자들은 주로 장 중심적 관점을 따른다. 장 중심적 관점에서는 파동을 어떤 알 수 없는 매질의 잔물결이 아니라 장 안에서 일어나는 잔물결로 생각한다.

- 우리가 알고 있는 모든 기본장은 진행파를 가지며, 일부 기본장은 정상파를 가지고 있다.
- 보손장과 페르미온장 모두 장의 평균값이 0일 수 있지만, 평균값이

0이 아닌 상태는 오직 보손장에서만 가능하다.
- 오직 보손장만이 큰 진폭의 파동을 가질 수 있으며, 페르미온장의 파동 진폭은 언제나 미미하다.
- 오직 보손장만이 물체들 사이에서 직접적인 매개체가 되어, 떨어진 물체들 사이에 힘을 작용할 수 있다.

장	일반장	우주장	
장의 생성 매질	일반 매질	(아마) 운동 측정 불가능한, 모든 곳에 존재하는 매질	
장이 존재하는 곳	매질 내부	우주의 모든 곳	
복합장 여부	예	복합 우주장	기본 우주장
		예	아니오

표 4 일반장과 우주장의 비교.

기본장	보손장	페르미온장
장의 평균값	0 또는 0이 아님	항상 0
특정 위치와 시간에서의 장의 값	제한이 없음	0 또는 미미
파동의 진폭	제한이 없음	미미
떨어져 있는 물체 사이의 힘	가능	불가능
잘 알려진 기본장	중력장, 전자기장, 글루온장, W장, Z장, 힉스장	3개의 중성미자장, 3개의 전자꼴장, 6개의 쿼크장

표 5 보손장과 페르미온장의 특징과 이 두 가지 범주에 속한 잘 알려진 기본장. 전자꼴장에는 전자장, 뮤온장, 그리고 타우장이 있고, 6개의 쿼크장에는 업 쿼크장, 다운 쿼크장, 스트레인지 쿼크장, 참 쿼크장, 바텀 쿼크장 및 톱 쿼크장이 있다. 중성미자장의 이름은 현재 유동적이다.

ID# 5부

양자

우리는 양자 우주에 살고 있다. 양자물리학은 현대 경제를 움직인다. 레이저와 LED는 양자 원리로 작동하며, 휴대전화와 컴퓨터의 트랜지스터도 마찬가지다. 양자 암호화, 양자 컴퓨팅 그리고 그 밖의 첨단 양자 기술들도 비교적 가까운 미래에 실현될 것이다. 하지만 우주 전체 역시 양자물리학에 의해 움직인다. 1920년대에 밝혀진 것처럼, 만약 양자물리학이 없다면 원자는 붕괴해버렸을 것이다. 얼마 지나지 않아 우리가 '입자'라고 부르는 것들 — 광자, 전자, 쿼크 등 — 이 사실은 장(場)의 양자물리학에서 직접적으로 발생한다는 사실을 이해하게 되었다.

과학자들은 아인슈타인의 상대성이론과 양자물리학을 결합하여 입자와 장의 관계를 이해하게 되었다. 이 과정에서 오늘날 우리가 '양자장 이론(quantum field theory)'이라고 부르는 것을 발전시켰다.

"그럼 이 모든 게 그냥 이론일 뿐인가요?" 점심식사를 하는데 한 지인이 물었다. "사실이 아니고요?"

"아!" 내가 대답했다. "그게 흔히들 혼동하는 부분이에요. 물리학자나 대부분의 과학자에게 '이론'이라는 단어는 일상에서 쓰는 말과 조금 다릅니다!

"과학자들은 보통 '이론'과 '사실'을 구분해서 생각하지 않아요. 하지만 '이론'은 수학 공식들 그리고 그 공식을 사용하여 자연의 행동을 예측하는 방법을 설명하는 기본 개념들의 집합을 뜻합니다. 사람들이 아인슈타인의 '상대성이론'에 대해 말할 때, 바로 그 공식들과 개념을 뜻하는 것입니다. 이론을 뒷받침하는 설득력 있는 실험적 증거가 쌓여서 흔히 우리가 말하는 사실이라고 부를 정도가 되어도 과학자들은 계속해서 이론이라고 부릅니다."

"그럼 '끈 이론'도 마찬가지인가요? 끈 이론도 수학과 개념인가요?" 그가 물었다.

"네, 맞습니다. 끈 이론도 개념 위에 세워진 공식들의 집합입니다." 내가 잘라 말했다. "하지만 끈 이론과 실제 세계와의 연결은 훨씬 더 제한적입니다. 아인슈타인의 상대성이론은 과학 실험과 기술을 통해 입증되었고, 상대성이론의 공식은 자연이 어떻게 작동하는지를 훌륭하게 설명합니다. 반면, 끈 이론은 자연의 근본 법칙을 설명하기 위한 시도로 실험적으로 입증된 적이 없고, 또 쉽게 검증할 수도 없기 때문에 여전히 추측에 머물러 있습니다. 따라서 끈 이론은 물리학적 의미에서 또 일상적 의미에서 '모두' 이론인 반면, 아인슈타인의 상대성이론은 물리학적으로는 이론이지만 일상에서 쓰는 언어로는 사실에 가깝다고 할 수 있습니다."

"오, '사실에 가깝다'고요?" 그가 웃으며 말했다. "혹시 빠져나갈 구멍을 남겨두는 건가요?"

글쎄, 나는 신중을 기해 정확하게 말한 것뿐이다. 어떤 이론 — 공식들의 집합 — 도 일상에서 말하는 '사실' 수준에는 도달할 수 없다. 아무리 최선이라도 바로 직전에서 멈춰야 한다. 전자를 '현재까지는 기본 입자로 보이는 것'이라고 부르는 것이 더 정확한 것처럼, 상대성이론도 '현재까지는 사실로 보이는 것'으로 보는 것이 맞다. 아직까지는 상대성이론에 반하는 증거가 없지만, 언젠가 더 강력한 실험 기술로 인해 상대성이론의 약점이 드러날 수도 있다. 사실, 수 세기 동안 완벽해 보였던 뉴턴의 법칙에서 바로 그런 일이 일어났다.

실험 결과는 우리가 일상에서 말하는 사실에 훨씬 더 가깝다. 실험에서는 통제된 상황을 만들고 어떤 일이 일어나는지 관찰한다. 이렇게 나온 실험 결과는 자연의 작동 방식을 구체적으로 알려주며, 영구적인 지식의 일부가 된다. 이 지식은 단지 새롭고 더 나은 이론이 등장했다는 이유만으로 수정되지는 않는다. 오히려 그 반대다. 실험 결과는 자신의 자리를 굳건히 지킨다. 만약 새로 제안된 이론이 이전의 수많은 실험 결과와 일치하지 않는다면, 그 이론은 자연과 일치하지 않는 것이므로 받아들여질 수 없다.

실험 데이터와 일치하는 이론적 예측도 살아남기는 하지만, 여기서는 좀 더 미묘하다. 아인슈타인이 2세기 동안 기술의 토대가 되어온 뉴턴의 공식을 수정했을 때도 경제에 큰 격변은 없었다. 뉴턴의 법칙을 이용해 건설한 다리와 고층 건물은 여전히 그대로였고, 뉴턴의 예측에 따라 설계했던 엔진 제조업체가 갑자기 도산하지도 않았다. 단지 19세기에는 알려지지 않았던 실험에서만 아인슈타인의 새로운 법칙이 뉴턴의 법칙보다 명백한 우위를 보였다. 이미 뉴턴의 예측이 실험과 일치했던 영역에서는 아인슈타인의 예측도 거의 동일했으며, 아주 작고 무시해도 될 정도의 차이만 있었을 뿐이다. 물론 뉴턴 이론과는 전혀 다른 방법과 개념을 사용하여 얻은 예측이긴 했지만.

좀 더 일반적으로 말하면, 어떤 새로운 이론이 기존 이론을 대체하려면, 예측이 기존 이론의 성공적 예측과 잘 맞아떨어져야 한다. 하지만 새로운 이론의 수학과 개념이 예측을 내놓는 세부적인 방식은 이전 이론의 세부적인 방법과는 크게 다를 수 있다. 여기에 중요한 교훈이 있다. 실험 결과 그리고 그와 일치하는 예측들은 안정적이지만, 수학과 개념은 언제든 수정될 수 있다는 점이다. 어떤 수학 공식들의 집합—즉, 어떤 이론—도 '현재까지는 사실로 보이는 것' 이상이 될 수는 없다. 언젠가 실험을 통해 이론이 단지 근사적으로만 옳았음을 밝힐 가능성을 우리는 결코 배제할 수 없다.

양자물리학이 나오기 전, 19세기의 장이론은 소리, 파도, 심지어 빛까지도 잘 설명했다. 또한 상식과도 잘 맞아떨어졌다. 하지만 20세기 초에 진행된 실험을 통해 단지 근사적으로만 옳다는 점이 드러났다. 양자장 이론은 19세기 장이론의 현대화된 버전으로, 상식과는 모순되는 것 같지만 실험과의 일치에서는 훨씬 더 성공적이며, 과학의 어떤 이론보다도 사실에 가까운 이론이다.

양자장 이론의 가장 중요한 예측은 양자장의 파동이 "입자"로 이루어져 있다는 것이다. 고전적인 예로는 전자기장이 있는데, 전자기장의 파동은 광자로 이루어져 있다.

밝은 레이저에서 나오는 광파는 전자기장 안에서 안정적이고 단순하게 이동하는 진행파이다. 이 파동은 명확한 주파수와 큰 진폭을 가지고 있다. 광자는 진폭이 거의 감지할 수 없을 정도로 작다는 점만 제외하면, 광파와 거의 동일하다. 레이저광, 태양광, 또는 전구에서 나오는 밝은 빛은 사실 이처럼 희미한 작은 파동들이 엄청난 수로 함께 움직이며 만들어진다.

우리는 다음 장에서 광자에 대해 더 자세히 살펴볼 것이다. 하지만 먼저 광자에 대한 일반적인 오해를 풀고 넘어가자. 광자는 '일반적인 영어에서 말하는' 파동이 아니다. 즉 광자는 단일한 파동의 마루가 아니다. 파동의 마루 개수를 세서 광자의 수를 세는 것도 아니다. 대신 광자는 물리학적 의미에서의 파동, 즉 여러 개의 마루와 골을 가지고 있는 파동으로, 영어에서 파동열(wave train)이라고 불리는 것이다(《그림 22》(218쪽) 참조). 앞으로 살펴보겠지만, 광자의 개수는 파동이 가진 에너지와 같은 속성을 살펴봄으로써 셀 수 있다.[1]

하지만 만약 광자가 마루와 골을 가진 파동이고, 모든 빛의 파동처럼 우주 제한 속도에 따라 움직인다면, 도대체 어떤 의미에서 광자를 '입자'라고 할 수 있을까? 지금까지 말한 것만으로는 이 점을 명확하게 설명하지 못한다. 우리에게 친숙한 파동을 경험하는 것만으로는 파동과 입자의 이런 관계를 이해할 수 없다. 비록 우리의 시각 시스템이 파동과 입자 사이의 관계에 의존하고 있지만, 우리 가운데 어느 누구도 실제로 이 현상을 본 적은 없다. 이 신비로운 우주의 특징을 밝히는 것이 다음 장의 목표다.

16
양자와 입자

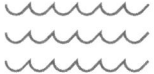

앞서 살짝 귀띔했듯이 '입자'라는 단어조차도 오해를 불러일으킬 수 있다. 전자, 광자, 쿼크를 흔히 입자나 모래 알갱이처럼 묘사하지만, 이들은 먼지 입자나 모래 알갱이들과는 그리 닮지 않았다. 오히려 전자, 광자, 쿼크는 파동에 훨씬 더 가깝다. 하지만 이런 일이 어떻게 가능한지 이해하려면, 10장과 11장에 나오는 진동과 파동에 관한 내용을 다시 살펴보고, 한 가지 자그마한 실수를 찾아내야 한다.

　진동과 파동에 관한 장의 첫 번째 교훈은 모든 단순한 진동에는 두 가지 주요 특성이 있다는 것이다. 바로 '진폭'(물체가 얼마나 멀리 흔들리는가?)과 '주파수'(얼마나 자주 흔들리는가?)이다. 물체가 자유롭게 움직일 수 있게 하면 많은 물체는 '공명 주파수'라고 부르는 특정한 주파수로 진동한다. 공명 주파수의 안정성과 신뢰성 덕분에 진자시계는 정확한 시간을 유지하고, 기타 줄은 순수하고 예측 가능한 음을 낼 수 있다.

〈그림 22〉(218쪽)와 같은 단순한 파동 자체도 진동의 한 형태로 진폭과 주파수를 가진다. 마루와 골이 한 장소에서 다른 장소로 이동하는 진행파는 속력과 방향을 가지며, 어떤 주파수로도 만들어질 수 있다. 반면 단순한 정상파는 마루와 골이 이동하지 않는다. 정상파 가운데 가장 단순한 형태(《그림 25》의 왼쪽 상단 참조)는 기타 줄을 튕겼을 때 볼 수 있는 것으로, 단 하나의 마루 또는 골을 가진 파동이다. 이 특별한 파동은 모든 공명 진동과 마찬가지로, 고유한 주파수를 가지고 진동한다.

진동의 진폭을 변경하는 것은 쉽다. 기타 연주자는 기타 줄을 얼마나 세게 튕길지 결정하여 진폭을 선택할 수 있다. 공명 진동의 주파수를 변경하는 것은 좀 더 어렵다. 기타 연주자는 기타 줄의 길이를 짧게 하거나, 기타 줄을 조이거나 풀어서, 또는 환경을 바꿔 공명 진동수를 변경한다.

진동에 관한 핵심 내용들은 19세기에도 익숙한 것이었고, 그중 많은 것들이 고대 그리스에서도 이미 잘 알려져 있었다. 하지만 이 핵심 내용 중 하나는 약간 잘못된 점이 있다. 진동의 진폭은 자유롭게 선택할 수는 없다는 것이다. 모든 진동이나 파동에는 최소 진폭이 존재한다. 만약 진폭을 최소 진폭보다 작게 하려고 하면, 진동이나 파동이 아예 발생하지 않는다.[1]

우리의 상식은 또다시 이 이상한 주장을 거부하며 쉽게 반박할 수 있다고 말한다. 진자 진폭을 하나 정해서 흔들리게 해보자. 이제 진폭을 절반으로 줄이고 다시 시도한다. 그런 다음 진폭을 다시 절반으로 줄인다. 그리고 또 다시 절반으로 줄인다. 이렇게 원하는 만큼 진폭이 줄어들 때까지 이 과정을 무한 반복할 수 있을 것이다. 진폭에는 최솟값이 없고, 언제든 절반으로 줄일 수 있다. 논리는 아주 단순하다. 과연 이 논리는 어디가 잘못된 것일까?

실제로 시도해보면, 결국 여러 단계를 거친 후에 진폭을 계속 줄이는 과정이 실패한다는 것을 알게 될 것이다. 각 단계마다 진폭을 절반으로 줄이는 것이 불가능해지고, 진자는 원하는 진폭과 약간 다른 크기로 진동한다. 결국 진자가 최소 진폭에 도달하면, 이후 선택지는 진자를 그대로 최소 진폭으로 진동시키거나, 완전히 정지시키는 것밖에 없다.[2]

양자물리학이 등장한 지 한 세기가 넘었고, 현대 기술의 기반이 되었지만, 과학자와 철학자들은 여전히 이를 어떻게 해석해야 할지 논쟁을 벌이고 있다. 다행히 우리의 목표는 운동, 질량, 상대성이론, 그리고 장을 이해하는 것이기 때문에 양자물리학을 깊이 파헤칠 필요는 없다. 우리의 일상적인 경험과는 거리가 멀지만, 매우 중요한 한 가지 핵심적 사실, 즉 가장 미세한 진동, 또는 파동이 존재한다는 사실에만 집중하면 된다. 이 최소 진폭을 가진 미세한 진동이 바로 '양자(quantum)'이다.

일상생활에서는 양자물리학을 직관적으로 이해할 수 없다. 우리가 볼 수 있거나 만질 수 있는 크기의 평범한 물체는 모두 양자 한 개의 진동보다 훨씬 더 크게 진동한다. 만약 단 하나의 양자만큼 진동하는 물체를 우연히 발견한다 해도, 그 물체는 완전히 정지한 것처럼 보일 것이다. 더 나아가 그 물체를 보이게 하려고 빛을 비추는 행위만으로도 물체의 진동 진폭이 최소 진폭 이상으로 커져버린다.

따라서 이번만큼은 직접 해볼 수 있는 실험을 제안할 수 없다. 세상이 양자적이라는 사실을 스스로 증명하려면, 값비싼 장비가 필요하거나 실험 데이터에 기반한 개념적 논증이 필요하다. 그 때문에 20세기까지 아무도 자연의 이 놀라운 속성을 인식하지 못했던 것이다.

최소 진폭의 원리는 파동에도 적용된다. 이 파동에는 금속 탁자의 진행파, 기타 줄의 정상파, 그리고 전자기파도 모두 포함된다. 우리 눈은 양자물리학에 맞춰져 있어서 실제로 빛의 단일 양자를 감지할 수 있다. 그렇다면 파동의 양자는 실제로 어떤 것을 의미할까? 광자란 정확히 무엇일까?

아마 집에 조광 스위치 ― 전구를 점차 밝게 또는 어둡게 조절하는 손잡이 또는 슬라이드 ― 로 작동하는 전구가 있을 것이다. 조광 전구를 최대로 밝게 한 다음, 진자에서 했던 것처럼, 조광 스위치를 사용하여 빛의 밝기를 절반으로 했다가, 다시 절반으로, 또 다시 절반으로 밝기를 줄인다고 생각해보자. 스위치를 아주 조금씩 조절하면 원하는 만큼 조명을 어둡게 만들 수 있고, 광파의 진폭도 원하는 만큼 줄일 수 있다. 물론 이렇게 하기 위해서는 집에 있는 실제 스위치보다 더 정교한 스위치가 필요하다. 하지만 원리상으로는 할 수 있지 않을까?

아니, 할 수 없다.

스위치를 계속해서 줄여가다 보면, 결국 빛이 일정하게 밝지 않다는 것을 알게 된다. 처음엔 미묘하게 빛이 흔들리기 시작한다. 조금 더 줄이면 빛은 흔들리다가 눈에 띄게 깜빡깜빡 거린다. 여기서 조광 스위

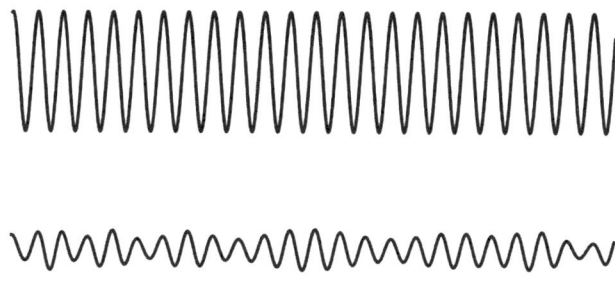

그림 37 오른쪽으로 진행하는 고강도, 중간 강도, 저강도 레이저 광파. 개략적으로 그린 것으로 실제 비율을 따르지는 않았다. (위) 안정적이고 단순한 파동의 빛. (가운데) 빛이 불안정하다. (아래) 빛이 무작위로 번쩍인다. 짧은 파동의 섬광이 바로 광자다.

치를 더 줄이면, 전구는 대부분의 시간 동안 꺼진 상태를 유지하면서, 가끔씩 불규칙한 간격으로 빛을 낸다.

    자연은 우리의 예상을 뛰어넘는다. 우리가 예상했던 것처럼 빛은 연속적이면서도 극도로 희미하게 줄어드는 것이 아니라, 오히려 드물고 불연속적으로 낮은 강도의 빛이 분산되어 나타난다. 만약 여러 주파수의 빛을 방출하는 전구를 단일한 순수 주파수의 빛을 내는 레이저 빔으로 바꾼다면, 한 가지 중요한 차이가 발생한다. 말하자면 〈그림 37〉에 나와 있는 것처럼 가끔씩 나오는 각각의 섬광이 모두 동일한 밝기를 가진다는 점이다.

    이 예상치 못한 관측은 빛의 경우 가장 희미한 섬광이 존재한다는 사실을 보여준다. 이때의 섬광은 허용 가능한 가장 작은 진폭을 가진 전자기파 — 전자기장의 최소 파동 — 이다. 여기서 파동은 어떤 형태든 가질 수 있다. 마루와 골이 여러 개일 수도 있고, 단 몇 개만 있을 수도 있다. 전자기파의 주파수는 가시광선 영역일 수도 있고, 전파에서 감마선까지 전자기 스펙트럼의 어느 영역에서나 존재할 수 있다. 하지만 전체적으로 작은 진폭은 더 작아질 수 없다.

이 가장 희미한 섬광을 우리는 '광자(photon)', 또는 '광파의 양자(quantum of a light wave)', 혹은 더 간단하게 '빛의 양자(quantum of light)'라고 부른다. 가장 희미한 섬광은 전자기장이 만들 수 있는 최소한의 파동으로, 전자기장에 만들 수 있는 가장 섬세한 파동이다. 만약 이보다 더 약하게 만들려고 하면, 아무것도 남지 않게 된다.

학생 중 하나가 이마를 찡그리더니 불만 섞인 말투로 말했다. "그럼 이름과는 달리, 광자는 사실 파동이라는 거네요."

내가 고개를 끄덕였다. "광자는 진폭과 주파수를 가질 수 있어요. 단순 파동과 마찬가지죠. 네, 그래요. 물리학적 의미로 광자는 파동이 맞아요."

"으악…." 학생이 역겨운 듯 신음소리를 냈다. "이걸 '입자'보다 더 좋은 이름으로 부를 수는 없을까요?"

우리가 또다시 언어를 혼란스럽게 만들었다는 점을 인정한다. 나는 사실 "입자" 물리학자가 아니다.

1920년대에 광자를 더 잘 설명할 수 있는 새로운 용어를 도입하려는 시도가 있었다. 파동의 양자를 '파동입자(wavicle)'라고 부르는 것이었다. 입자와 파동의 중간쯤 되는 존재라는 것을 명확히 드러내기 위함이었다.[3] 오늘날 이 용어는 거의 사용하지 않지만, 최근 다시 부활하는 듯하다. 개인적으로는 이 단어가 마음에 든다. 왜냐하면 '입자'라는 말을 들었을 때 우리가 떠올리는 것과 실제 광자 사이의 차이점을 잘 포착한다고 생각하기 때문이다. 따라서 이 책 나머지 부분에서는 이 용어를 사용하려고 한다.

역사적으로 광자와 같은 파동입자를 '입자'라고 부르는 이유는 파동입자의 많은 속성이 입자와 유사하기 때문이다. 파동입자는 가장 작은 진폭을 가졌기 때문에, 절반으로 나누거나, 3분의 1로 나누거나, 또는 어떤 식으로든 쪼갤 수 없다. 만약 조각으로 나누려 한다면, 각 조각의 진폭은 최소 허용 진폭보다 작아질 것이다. '파동입자는 근본적으로, 그리고 절대적으로 나눌 수 없는 존재처럼 행동한다.' 따라서 파동입자는 하나의 단위로 이동한다. 파동입자 하나를 던지거나, 잡거나, 벽에 튕길 수 있다. 원자는 파동입자 하나를 방출하거나 흡수할 수 있다. 하지만 원자가 파동입자의 3분의 1을 방출하는 일은 결코 없으며, 우리가 손에 2.4597개의 파동입자를 쥐고 있을 수도 없다. 일반적으로 양자, 특히 파동입자는 사람과 비슷하다. 1, 2, 7, 0, 465개는 가능하지만, 분수는 불가능하다. 우주에서도 무엇을 하든 분수 개의 광자는 만들 수 없다.[4]

우리는 광자, 더 일반적으로 파동입자를 좀 나이브하게 떠올리는 기본 입자처럼, 더 작은 조각으로 분해할 수 없는 '입자의 성질을 갖는 파동'이라고 말할 수 있다. 정의 자체가 그렇듯 파동입자는 매우 이상한 성질들을 가지고 있다. 파도나 음파처럼 광자는 넓게 퍼질 수 있고, 심지어 큰 방 전체로 퍼질 수도 있다. 하지만 광자가 방의 벽에 흡수되면, 벽 위의 미세한 한 곳에 있는 원자 하나가 이 광자를 통째로 한 번에 삼켜버린다. 처음에는 광자가 넓게 퍼져 있다가 어느 순간 갑자기 퍼져 있지 않다. 만약 이 책이 양자물리학에 초점을 맞춘 책이라면, 우리는 이 한 문장만을 가지고도 여러 장을 할애해 이야기할 수 있을 것이다. 하지만 여기서는 그런가 보다 하고 그냥 웃으며 넘어가자. 파동입자는 매우 이상한 행동을 보이지만, 자세한 내용은 다음 기회로 미루고자 한다.

이 현상은 광자에서만 일어난다고 해도 충분히 흥미로운 이야기이다. 하지만 전자도 파동입자다. 광자가 전자기장에서 파동의 양자인 것처럼, 전자는 단순히 '전자장(electron field)'이라고 부르는 또 다른 장의 파동의 양자다. 전자장은 우리에게 친숙한 전기장(electric field)과는 완전히 다른 개념이므로 혼동하지 않도록 주의해야 한다. 우선, 전자장은 페르미온장인 반면, 전자기장의 일부인 전기장은 보손장이다. 자세한 내용은 15장과 〈표 5〉를 참고하라.[5]

사실 중성미자에서 힉스 보손에 이르기까지 모든 종류의 소립자는 장의 파동입자다. 다운 쿼크는 다운 쿼크장의 파동입자이고, 업 쿼크는 업 쿼크장의 파동입자다. 세 종류의 중성미자 역시 각각 세 가지 중성미자장 가운데 하나의 장의 파동입자다.

보손장 중에서 W보손은 W장의 파동입자고, Z보손은 Z장의 파동입자며, 글루온은 글루온장의 파동입자다.[6] 마지막으로, 힉스 보손도 파동입자인데, 힉스 보손은 힉스장에서 가능한 가장 완만한 파동입자라고 할 수 있다. 그렇기 때문에 과학자들은 앞에 나온 보손들의 발견을 통해 힉스 보손이 존재한다는 것을 증명했다.

이들 각각의 기본장은 14장과 15장에서 논의한 이유들로 인해 운동 측정 불가능하며, 모든 곳에 존재하는 매질의 속성이 될 수 있기도 하고, 또 아닐 수도 있다. 하지만 이러한 매질에 대해 알려진 것이 전혀 없으며, 매질에 이름도 붙여지지 않았다. 빛의 경우와 마찬가지로, 그리고 같은 이유로 과학자들은 이 모든 장과 장의 파동입자에 대해 장 중심적 관점을 고수하고 있다.

이미 6장 4절에서 양성자를 설명할 때 간략하게 언급한 바 있는 반입자에 대해 잠깐 이야기하고자 한다. 반쿼크와 관련하여 쿼크장뿐만 아니라 반쿼크장도 존재하는지, 아니면 심지어 반 장(anti-field)까지도 존재하는지 궁금할 수 있다. 이 문제는 어느 정도는 관례에 따른 것이다. 하지만 개인적으로 이 문제를 이해하는 가장 쉬운 방법은 이렇다. 즉, 어떤 장은 두 종류의 파동입자를 가지고 있고, 또 어떤 장은 한 종류의 파동입자만을 가진다. 첫 번째 경우, 두 종류의 파동입자는 서로의 반입자이고, 두 번째 경우에는 이 외로운 파동입자가 자기 자신의 반입자이다.[7]

업 쿼크와 업 반쿼크는 첫 번째 경우에 속하며, 둘 다 업 쿼크장의 파동입자이다. 마찬가지로 전자와 전자의 반입자인 양전자도 모두 전자장의 파동입자다. 하지만 전자기장은 두 번째 경우에 속하며, 오직 한 종류의 파동입자만을 가지므로, 광자는 자기 자신의 반입자이다.

아울러 이미 양자물리학에 대해 들어본 적이 있거나, 조금이라도 배운 적이 있는 사람들이 흔하게 겪는 혼란을 피하기 위해 한 가지 더 언급하려고 한다. (다른 독자들은 이 단락을 건너뛰어도 된다.) 파동입자를 이해하는 데 혼란이 가중되는 이유는 양자물리학을 논의할 때 두 번째 파동 개념이 자주 등장하기 때문이다. 전자나 광자와 같은 파동입자는 에너지를 전달하는 물리적 객체로, 우리가 살고 있는 곳과 같은 빈 공간 안에 존재하고, 이 공간에서 움직인다. 이와 별개의 파동으로 '슈뢰딩거 파동함수(Schrödinger wave function)'가 있다. 슈뢰딩거 파동함수는 우리가 살고 있는 공간에 존재하지 않으며, 에너지를 전달하지도 않고, 물리적 물체가 전혀 아니다. 대신, '슈뢰딩거 파동함수는 파동입자와 장이 가질 수 있는 모든 가능성으로 만들어진 추상적 공간을 따라 이동하는 파동이다.' 슈뢰딩거 파동함수는 물리적 객체(파동입자와 장을 포함)가 어떤 행동을 할지 확률을 계산하는 데 사용되는 수학적 도구이다. 파동입자는 물리적 객체로서 관찰 가능한 결과 — 예를 들어, 파동입자가 우리 몸에 들어가 세포 가운데 하나를 손상시킬 수도 있다 — 를 가져올 수 있지만, 파동함수는 그런 일을 할 수 없다. 이 책에서는 다시 슈뢰딩거 파동함수를 다루지는 않을 것이다.[8]

이제 11장에서 다루었던 내용으로 돌아가려고 한다. 거기서 우리는 파동이 일반적인 물체와 놀라울 정도로 비슷하다는 점을 강조했다. 공과 파동 모두 에너지를 한 곳에서 다른 곳으로 전달하여 탁자에서 컵을 떨어뜨릴 수도 있다. 당시에는 이렇게 서로 다른 두 사물이 그렇게나 많은 공통점을 가지고 있다는 점이 놀랍게 느껴질 수 있다는 인상을 주었다. 나는 파동을 매질에서 일시적으로 일어나는 것으로 묘사했는데, 이는 공처럼 물질로 구성된 물체와는 명백히 다르다.

하지만 일상적인 경험에서 체득한 파동에 대한 개념은 한계가 너무나 많다. 파동입자는 파동에 대한 우리의 상식과 모순된다. 우리 주위에서 볼 수 있는 파동들과 달리 파동입자는 입자와 유사하며, 더 복잡한 물체의 구성 요소로 사용될 수 있다. 파동입자들은 힘이 작용하면 서로 결합할 수 있다. 일부 파동입자는 무한히 오래 지속되기도 한다. 그럼에도 파동입자는 여전히 주파수와 진폭을 가진 파동이다.

공이 전적으로 장의 파동입자들로 이루어져 있다는 점을 생각하면, 공과 밧줄 위의 파동이 서로 비슷하다는 사실은 전혀 놀랍지 않다. 일반적인 물질은 모두 함께 이동하면서 한 장소에서 다른 장소로 에너지를 운반하는 수많은 작은 파동들로 이루어져 있다.

이 점을 명확히 이해하기 위해 공과 밧줄을 다시 비교해보자. 이번에는 순서를 반대로 해서 컵의 관점에서 파동을 바라보자(《그림 38》참조).

처음에 밧줄은 아무 일도 하지 않은 채 컵 근처에 놓여 있다. 밧줄 위의 파동이 다가와 컵과 상호작용하여 컵을 넘어뜨린다. 이후 파동은 계속 진행하고, 결국 밧줄은 다시 파동이 없는 원래의 상태가 된다.

이제 공의 경우를 살펴보자. 단, 여기서는 매질 중심적 관점이 아니라 장 중심적 관점을 취해보자. 처음에 우주장들은 아무 일도 하지 않고 컵 근처에 있다. 이후 우주장들의 파동입자들 ― 전자, 쿼크, 반쿼크, 글루온 ― 로 이루어진 공 모양의 무리가 컵에 접근한다. 공의 가장자리에 있는 일부 파동입자들이 컵과 상호작용하여 컵을 넘어뜨린다.

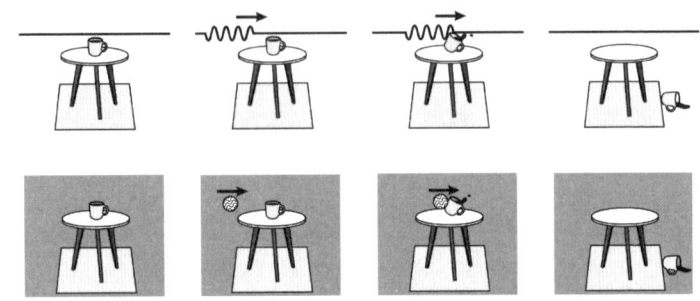

그림 38 (위) 탁자 위에 늘어져 있는 밧줄. 밧줄의 파동이 컵을 떨어뜨리고 계속 이동하여, 결국 원래 상태의 밧줄이 뒤에 남는다. (아래) 우주장들(회색 음영). 공 모양의 파동입자들이 다가와 컵을 떨어뜨리고 파동입자들은 계속 이동하고, 우주장이 뒤에 남는다.

그런 다음 공 모양의 파동입자들이 계속 진행하고, 결국 우주장은 파동이 없던 원래 상태로 돌아간다.

비유가 좀 완벽하지 않게 보일 수 있다. 공은 충돌 후에도 그대로 남아 있지만, 밧줄 위의 파동은 사라지기 때문이다. 하지만 사소한 문제일 뿐이다. (이것은 흩어지기와 관련이 있다. 즉, 밧줄의 파동은 빠르게 흩어져 사라질 수 있지만, 공 안의 작은 전자와 쿼크 같은 파동입자들은 사라질 수 없다.) 이 비유에서 가장 중요한 점은 이렇다. 밧줄이든 기본장이든 진행파는 멀리서부터 다가와 컵을 쓰러뜨리고 떠날 수 있는 것이다. 파동이 그 자리를 벗어나면, 밧줄과 기본장들은 파동이 도착하기 전과 마찬가지로 평온한 상태가 된다.

같은 방식으로 공기(그리고 바람장)는 기타 줄에서 나오는 음파에 의해 일시적으로만 교란된다. 소리가 사라지면, 공기와 바람장은 원래대

그림 39 (위) 전구가 깜박이기 전, 전자기장의 값은 0이다. (가운데) 전구가 깜박이면, 광파가 전자기장을 통과한다. (아래) 광파가 지나간 후, 전자기장은 다시 0이 된다.

로 그 자리에 남아 있다. 〈그림 39〉에서처럼 어두운 밤에 실외 조명이 잠깐 켜졌다 꺼지는 경우를 생각해보면, 처음에는 값이 0인 전자기장이 광자가 통과하면서 잠시 진동하다가 다시 0으로 되돌아간다. 전자, 매, 또는 별이 지나가더라도 우주장들은 잠깐만 교란될 뿐이다. 언제나 존재하며 우주의 본질 속에 짜인 이 장들은 우리와 다른 모든 사물들이 형태를 갖추는 데 필요한 우주의 지지대 역할을 한다.

17
파동입자의 질량

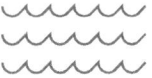

왜 '파동입자'라는 단어가 한 세기 전에 널리 쓰이지 않았는지 모르겠다. 아마도 또 다른 역사적 우연 때문일 것이다. 개인적으로 양자장 이론이 본격적으로 자리 잡기 전 초창기 양자물리학의 중심인물이었던 닐스 보어(Niels Bohr)가 파동입자라는 단어를 좋아하지 않았던 게 아닌가 하는 의심을 한다. 보어의 사고방식과는 잘 맞지 않았던 것이다.

단어에는 역사가 담겨 있다. 과학자들은 1870년대에 직선으로 이동하는 신비한 "음극선" 빔을 통해 전자를 처음으로 접했다. 과학자들은 결국 음극선 빔이 모두 같은 성질을 가진 전하 입자들로 이루어져 있다는 사실을 발견했다. 이 입자는 하나, 둘, 셋처럼 셀 수 있지만, 결코 분수 형태로는 나오지 않았다. 과학자들은 이 최소 단위의 전하를 '전자(electron)'라고 불렀다. 이후 과학자들은 원자가 바깥쪽에 일정한 개수의 전자를 가지고 있다는 것을 알았다. 처음에는 전자를 점이나 공처럼, 먼지 입자가 미세한 크기로 줄어든 것처럼 상상했다. 전자도 먼지 입자처럼 움직인다고 생각한 것이다.

1920년대가 되어서야 전자가 공처럼 궤적을 따라 움직이지 않으며, 원자 내부에서 돌고 있는 것이 아니라 원자를 둘러싸는 방식으로 존재한다는 사실이 밝혀지기 시작했다. 하지만 당시는 이미 전자가 입자와 같은 물체라는 개념이 과학의 언어에 깊이 뿌리내렸다. 이렇듯 초기의 잘못된 전자 개념은 물리학 용어에서, 그리고 영어로 번역되는 과정에서 일상 언어에서 살아남았고, 지금도 원자 만화 그림으로 계속 이어지면서 온 세상 사람들을 오해하게 만들고 있다. 잘못된 그림 하나가 잘못된 천 마디 말보다 더 강력한 것이다.

한편 전자기파가 광자라는 작은 덩어리들로 이루어져 있을 수 있다는 아인슈타인의 아이디어는 명확한 통찰이라기보다는 영감에서 비롯된 추측에 가까웠다. 심지어 1905년 당시 아인슈타인도 자신의 아이디어에 심각한 개념적 문제가 있다는 것을 잘 알고 있었다. 당시 아인슈타인은 광파뿐만 아니라 모든 진동이 양자 형태로 주어진다는 사실을 전혀 몰랐다. 1920년대에 이르러서야 실험을 통해 아인슈타인이 말한 빛의 양자가 전자처럼 "입자"라는 사실이 밝혀졌다.

이후 수십 년이 흐르고 1970년대에 이르러서야 우주를 자연에 존재하는 기본장들로 이해할 수 있다는 사실이 분명해졌다. 입자물리학자들은 이름을 바꾸지는 않았지만, 사실상 파동입자 물리학자가 되었다. 그 이후로 파동입자 전문가들은 기본장과 파동입자의 거동을 설명하는 양자장 이론의 공식을 개발하고, 연구하고, 해석하는 데 많은 시간을 보냈다.

양자장 이론에 따르면, 파동입자에는 파동이라기보다는 입자에 가까운 또 다른 측면이 있다. 즉, 모든 파동입자는 명확한 정지 질량을 가지고 있다. 그렇다고 모든 파동입자의 정지 질량이 반드시 0이 아니라는 의미는 아니다. 일부 파동입자, 특히 광자는 정지 질량이 0이다. 여기서 말하려는 요점은 파동입자의 정지 질량은 의미가 분명하고 모호하지 않다는 점이다.

이 점을 당연하게 생각해서는 안 된다. 세상에는 명확한 정지 질량을 갖지 않은 것들도 수없이 많기 때문이다. 무지개는 환영이기 때문에 의미 있는 질량을 가지고 있지 않다. 아이디어, 신념, 꿈도 물리적인 에너지나 속력을 가지고 있지 않기 때문에 정지 질량을 가지고 있지 않다.

수증기구름은 좀 더 구체적이긴 하지만, 물방울들의 집합으로 정의해야 할지 아니면 구름 안의 공기도 포함해야 할지 여전히 애매하다. 어느 쪽이든 수증기구름 계속 커지거나 줄어들면서 온갖 모호함을 양산해낸다.

어떤 대상이 의미 있는 정지 질량을 가지려면, 다른 모든 것들과 구별될 수 있어야 하고, 무엇이 그 안에 들어 있고, 무엇이 들어 있지 않은지 명확해야 한다. 또한 물체의 속력을 분명하게 정의할 수 있어야 한다. 왜냐하면 물체가 정지 상태일 때와 힘을 가했을 때 속력이 어떻게 변하는지를 알아야 하기 때문이다. 바위와 공은 이러한 기준을 확실히 충족하므로 명확한 정지 질량을 가진다. 꽃가루 알갱이나 모래 알갱이 같은 일반적인 입자도 마치 작은 공처럼 행동하기 때문에 자연스럽게 정지 질량을 가지고 있을 것으로 기대할 수 있다.

이와 대조적으로 우리는 파동이 명확하게 정의된 정지 질량을 가지고 있을 것이라는 순진한 기대는 하지 않을 것이다. 출렁이고, 퍼지며, 사라지는 파도는 어디서 시작하고, 어디서 끝나는지 말하기 어려울 정도로 끊임없이 변화한다. 상식적으로 이러한 변덕스러운 물체의 정지 질량을 정의하는 것은 어리석은 일이며, 결과도 부정확하고 논란의 여지가 있을 수밖에 없다.

그러나 전자나 다른 기본 파동입자의 경우, 정지 질량을 정의하는 데 있어 모호함은 없다. 전자는 전자 그 자체이다. 즉, 전자는 전자장의 파동입자이고, 분해할 수 없는 단위로 작동하기 때문에 명확히 정의된 대상으로 특정한 양의 에너지를 가진다. 적절한 조건에서는 전자의 운동을 쉽게 측정할 수 있기 때문에 전자의 정지 질량을 측정하는 일은 간단하다.

매질도 정지 질량을 가질 수 있을까? 대기, 바다, 철 덩어리, 암석 행성과 같은 일반 매질의 경우는 정지 질량을 가질 수 있다. 하지만 운동 측정 불가능하고 모든 곳에 존재하는 매질의 경우에는 그렇지 않다. 우리는 이런 매질을 직접 감지할 수조차 없으므로, (애초에 움직임이 없기 때문에) 매질의 속력을 측정할 수 없으며 매질에 힘을 가하는 것도 불가능하다. 장(場)의 경우, 일반장조차도 절대로 정지 질량을 가지지 않는다. 속력은 물체에 대한 것이지 물체의 속성에 대한 것이 아니기 때문이다. (자동차는 분명 속력을 가지지만, 차의 연식, 크기, 중고 가격은 속력을 가질 수 없다.)

광자는 특별한 설명이 필요하다. 광자는 결코 정지 상태로 만들 수 없기 때문에 일반적인 방법으로는 정지 질량을 측정할 수 없다. 대신 앞서 5장에서 설명한 아인슈타인의 상대성이론의 기본 원리를 적용할 수 있다. 즉, 정지 질량이 0인 물체만이 우주 제한 속도로 이동할 수 있다. 모든 주파수의 광파가 이 속력으로 이동하기 때문에 모든 광자의 정지 질량은 0이다. 이 논리는 중력파의 양자인 중력자(graviton)와 글루온에도 동일하게 적용된다.

따라서 자연의 각 기본장마다 그에 상응하는 파동입자가 있으며, 명확한 정지 질량을 가진다. 전자장에서 파동입자는 전자이고, 모든 전자는 다른 전자와 동일한 정지 질량을 가진다. 전자기장에서 파동입자는 광자이고, 모든 광자는 정지 질량이 0이다. W장의 경우, 파동입자는 W보손이고, 각각 동일한 질량을 가진다.[1] 거시적 물체들의 경우에는 다르다. 모든 빗방울과 먼지 알갱이는 각각 자신들의 고유한 질량을 가지고 있다. 기본 파동입자에는 특별한 무언가 ― 다른 물체보다 더 신뢰하게 만드는 무언가 ― 가 있다. 이제 그 이유를 파헤쳐볼 차례다.

여기서 마침내 양자 공식 $E=f[h]$가 등장한다. 앞에서 한번 나왔던 공식인데, 어쩌면 이 공식을 잊어버렸을 수도 있겠다.

아인슈타인은 빛이 양자로 이루어졌다고 제안하면서, 1900년 플랑크가 발표한 양자 공식을 가져와 완전히 새로운 방식으로 해석했다. 뜨거운 물체가 어떻게 빛을 내는지 설명하기 위해 이 공식을 도입한 플랑크는 뜨거운 물체가 빛을 내는 것이 '원자'의 작동 방식과 관련이 있다고 추측했다. 반면 아인슈타인은 이 공식이 '빛'의 작동 방식과 관계가 있다고 생각했다. 아인슈타인의 아이디어는 대담하고 놀라운 것이었다. 당시 물리학자들은 빛의 작동 방식을 이미 알고 있다고 생각했지만 … 사실은 그렇지 않았다!

지금 생각해보면, 우리는 아인슈타인의 제안을 다음과 같이 설명할 수 있다. 주파수가 f인 간단한 빛 파동(이를테면, 레이저 빔)을 생각해보자. 이 광파는 파동입자 — 즉, 광자 — 로 이루어져 있으며, 각 광자는 정확히 같은 양의 에너지를 가지고 있다. 각 광자가 운반하는 에너지 E는 양자 공식에 의해 주어진다. 즉, 광자의 에너지는 주파수 f에 변환 인자 $[h]$를 곱한 값이다.

h는 무엇일까? 이 값을 발견한 플랑크를 기리기 위해 h를 '플랑크 상수(Planck's constant)'라고 부른다. 플랑크 상수는 c만큼이나 중요한 자연 상수로 c가 우주 제한 속도라면, h는 일종의 입자성 한계, 또는 더 일반적으로 '우주 확실성 한계(cosmic certainty limit)'라고 할 수 있다. (아마도 이렇게 부르는 사람은 나밖에 없을 것이다. 하지만 이 표현이 h와 c가 유사한 역할을 담당한다는 점을 잘 포착하고 있다고 생각한다.)

h의 의미는 너무 방대해서 과학, 역사, 기술 도서관의 책장 전체가 이 상수에 대해 할애될 정도다. 하지만 우리 이야기에서 양자 공식의 중요한 부분은 그 나머지, 즉 에너지와 주파수 사이, E와 f 사이의 관계이다. 이런 이유로 나는 h에 대해 간략하게 살펴보려고 한다.

"입자성"의 한계가 무엇을 의미하는지 이해하기 위해 우리가 보통 입자라고 상상하는 것이 무엇인지 살펴보자. 대략적으로 말하면, 우리는 입자를 공과 비슷하지만 훨씬 더 작은 것으로 생각한다. 공이 작을수록 공이 이동하는 경로, 즉 궤적은 더욱 뚜렷하고 좁아진다. 이상적인 입자, 즉 무한히 작은 입자는 〈그림 40〉의 맨 왼쪽에 표시된 것처럼 면도날 같은 뚜렷한 궤적을 가질 것이다.

하지만 양자 우주에서는 물체의 궤적을 임의로 뚜렷하게 만들 수 없다. 근본적인 한계가 존재하기 때문이다. 전자는 엄청나게 작긴 하지만, 점이 아니며, 모든 파동과 마찬가지로 일반적으로 퍼지는 경향이 있다. 따라서 전자의 궤적은 적어도 평균적으로 그 크기보다 훨씬 더 흐릿할 수밖에 없다. 전자의 위치를 측정하는 과정 자체가 이러한 퍼짐을 잠시 동안 억제한다. 따라서 만약 우리가 전자의 위치를 너무 정확하게 측정하려 하지 않고 부드럽고 덜 정밀하게 반복 측정한다면, 〈그림 40〉의 왼쪽에서 두 번째 그림처럼 전자가 거의 일정한 흐릿함을 유지하도록 유도할 수 있다. 이 정도가 시간이 흐르는 동안 전자의 궤적

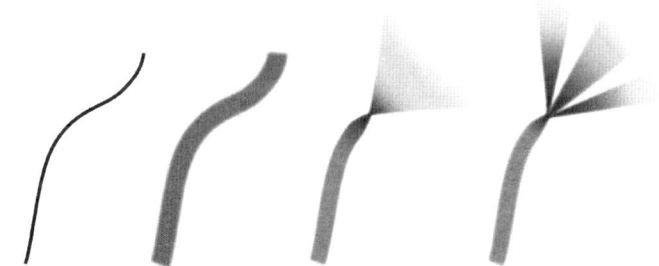

그림 40 (왼쪽에서 오른쪽으로) 크기가 0인 입자는 가는 궤적을 가진다. 그러나 부드럽게 측정한 파동입자의 경로는 퍼져 있다. 다른 입자와 충돌하면, 기본 "입자"가 극도로 작은 크기로 줄어들지만, 그 직후에 이 입자의 궤적은 다시 퍼진다. 양성자와 같이 크기가 유한한 입자가 비슷한 충돌을 일으켜 크기가 많이 줄어들면, 이 입자 내부가 갈라지면서 여러 입자로 변환된다.

을 입자처럼 만들 수 있는 한계이다.

만약 파동입자가 항상 퍼져 있고, 때에 따라 더 넓게 혹은 좁게 퍼질 수 있다면, 전자가 크기를 가진다는 말은 무슨 의미일까? 또 전자의 크기를 어떻게 측정할 수 있을까? 적절한 실험을 통해 파동입자를 '잠시' 축소해 볼 수 있다. 정말 이 파동입자가 무한히 작다면, 현재 기술로 가능한 한계까지 궤적을 최대한 압축할 수 있어야 한다. 하지만 우리는 이 일을 짧은 시간 동안만 할 수 있다. 〈그림 40〉의 오른쪽에서 두 번째에 있는 그림처럼 파동입자의 궤적이 한순간에 더 밀집할수록, 바로 그 직후에는 궤적이 더 흐릿해진다. 비슷한 의미에서 우리는 바다의 파도를 압축해서 잠시 날카로운 물기둥으로 만들 수 있지만, 이 물기둥은 곧 사방으로 퍼져나갈 것이다. 어떤 파동이라도, 심지어 파동입자라도 날카로운 궤적을 갖게 할 방법은 없다.

같은 방법으로 양성자의 유한한 크기도 알아낼 수 있다. 플랑크 상수 h 덕분에 양성자 역시 밖으로 퍼질 수 있다. 하지만 우리가 흔히 "양성자의 크기"라고 부르는 것보다 양성자를 훨씬 작게 만들려고 시도하면, 양성자 내부에서 교란이 일어난다. 내부 교란은 곧 양성자가 여러 입자로 붕괴되는 결과를 낳는데, 이는 〈그림 40〉의 맨 오른쪽 그림에서 볼 수 있다. 이러한 전자와 양성자의 차이로 인해 양성자는 측정 가능한 크기를 가지고 있지만, 전자는 (적어도 지금까지는) 측정 가능한 크기를 가지고 있지 않다.[2]

우주 확실성 한계는 전자와 다른 파동입자의 궤적과 같은 특정한 측면을 절대로 완벽하게 알 수 없음을 의미한다고 추론할 수도 있다.

이 개념은 베르너 하이젠베르크(Werner Heisenberg)의 양자 불확정성 원리에 담겨 있다. 양자 불확정성 원리를 개별 파동입자에 적용하면, 파동입자의 위치와 운동을 동시에 높은 정밀도로 측정할 수 없다는 것을 의미하며, 이는 곧 파동입자가 선명한 궤적을 가질 수 없음을 시사한다.

하지만 지금처럼 파동입자에 대해 이야기할 때는 우리의 상식으로 알 수 있을 것이라 생각했던 우주의 어떤 측면이 실제로는 아예 존재하지 않는다고 말하는 것이 더 적절할지도 모른다. 단순히 전자의 경로를 정확하게 측정할 수 없다는 이야기가 아니라 입자라면 가질 것으로 기대했던 경로 자체가 존재하지 않는다는 의미이다. 전자는 파동입자이고, 파동입자는 선명하고 명확한 경로를 가질 수 없기 때문이다.[3]

이제 전자가 점이 아니라 파동입자라는 사실을 알았으니 "원자는 대부분 빈 공간이다"라는 말이 무엇을 의미하는지 다시 생각해볼 필요가 있다. 앞서 말했듯 원자는 마치 한 알의 모래알 외에는 아무것도 없는 교실처럼 텅 비어 있다는 이야기가 기억날 것이다. 하지만 이 비유는 완전히 정확하지는 않다.

파동입자인 원자 속 전자는 원자의 핵 주위에 퍼져 있다. 원자핵의 전기적 인력은 전자를 더 가까이 끌어당기고 싶어 하지만, 전자가 가진 파동입자적 특성은 퍼지려는 경향이 있어 두 힘 사이에 균형이 이루어진다.

이 때문에 우리는 원자핵 주위의 영역이 전자 파동입자로 가득 차 있다고 생각할 수 있다. 하지만 이는 잘못된 직관으로 이어질 수 있다. 전자는 결국 전자장의 진동에 지나지 않으며, 관통할 수 없는 단단한 물체가 아니다. 전자가 원자핵 주위에 있더라도, 대부분의 경우 원자핵 바깥 영역은 여전히 텅 비어 있는 것처럼 행동한다.

우리는 파동이 통과가 가능하다는 점을 잘 알고 있다. 우리 모두는 휴대전화에서 나오는 마이크로파나 지역 라디오 방송국에서 보내는 전파로 가득한 방을 쉽게 지나갈 수 있다. 마찬가지로 중성자가 원자를 가로질러 날아가도록 하면, 대체로 그대로 통과할 것이다. 중성자가 통과하는 도중에 전자 파동입자와 상호작용할 가능성은 극히 낮다.[4]

정리하면, 전자가 원자핵 주위에 퍼져 있고, 어떤 의미에서는 원자 전체를 차지하고 있지만, 실제로 그 공간을 가득 채우고 있는 것은 아니다. 오히려 전자의 존재는 온화해서, 공간이 아주 약간 덜 비어 있게 만들 뿐이다. 아울러 앞서 우리가 원자에 대해서 언급한 내용 — 첫째, X선, 중성미자, 그리고 빈 공간 자체가 원자를 그대로 통과할 수 있다는 것(그리고 원자들이 빈 공간을 통과할 수 있다는 것), 그리고 둘째, 원자로 이루어진 물질이 극적으로 쭈그러들어 중성자별이 될 수 있다는 것 — 은 수정할 필요가 없다.

이 때문에 단순히 점으로 표현된 전자를 파동입자 전자로 바꾸는 것만으로는 원자들이 왜 서로를 관통할 수 없는지 설명할 수 없다. 우리는 아직 양자장 이론에 대한 중요한 통찰을 하나 놓치고 있기 때문에 이 수수께끼는 나중에 다시 다루어야 한다.

상대성이론 공식과 마찬가지로 양자 공식 역시 놀라울 정도로 단순하고 보편적이다. 아인슈타인은 처음에 이 공식을 빛에 적용했지만, 오늘날 우리는 이 공식이 '모든' 진동의 '모든' 양자에 적용된다는 것을 이해하고 있다. 여기에는 일반장과 우주장의 모든 파동입자뿐만 아니라 흔들리는 진자, 울리는 종, 요동치는 줄, 그리고 우리가 지금까지 이야기한 모든 것의 최소 진동도 포함된다.

양자의 에너지는 오직 주파수에 의해 결정된다. 무엇이 진동하는지, 왜 진동하는지 알 필요가 없다. 강철 기타 줄, 알루미늄 종, 전자기파, 석영 공진기가 같은 음으로 조율되어 있다면 — 즉, 같은 주파수 f로 진동한다면 — 진동하는 물체가 완전히 다르더라도 이들 진동에서 나오는 양자는 정확히 같은 에너지 $f[h]$를 갖는다. 주파수 이외에는 아무 것도 중요하지 않다. 진동하는 대상의 모양, 재질, 강도, 질량, 나이 등은 영향을 주지 않는다.

아인슈타인이 양자 공식을 해석한 방식은 가시광선을 포함해 빛과 관련된 많은 현상을 설명한다. 그중 가장 중요한 사실은 '밝은(즉, 진폭이 큰) 저주파 빛은 희미한(즉, 진폭이 작은) 고주파 빛만큼 해를 끼치지 않는다'는 것이다. 다시 말해, 많은 수의 저주파 광자는 소수의 고주파 광자만큼 큰 피해를 주지 못한다. 학창 시절 선생님 중 한 분이 설명하셨듯이 "탁구공 천 개에 맞는 것보다 총알 한 발에 맞는 것이 훨씬 더 위험하다"는 것과 같다.[5]

우리 몸 안의 원자들이 빛을 흡수할 때, 각 원자는 한 번에 하나의 광자를 흡수한다.[6] 낮은 주파수를 가진, 따라서 에너지가 낮은 약한 광자라면, 각 광자는 이 광자를 흡수하는 원자와 그 주위에 있는 원자에게 무해하다. 수많은 광자 무리가 우리 몸 안의 수많은 원자 무리와 만나 흡수될 수 있지만, (흡수된 광자의 수가 너무 많아 피부가 아주 뜨거워지지 않는다면) 그로 인해 우리 몸이 해를 입지는 않는다. 가시광선 범위의 수많은 광자들을 방출하는 투광 조명등도 위험하지 않으며, 전파 광자는 더욱 걱정할 필요가 없다.

하지만 양자 공식에 따르면, 더 높은 주파수를 가진 광자는 더 큰 에너지를 가진다. 자외선 광자 하나하나는 원자를 분열시켜 우리의 세포 하나를 손상시킬 만큼 충분한 에너지를 가지고 있다. 따라서 상대적으로 적은 양의 자외선은 많은 양의 가시광선보다 훨씬 더 위험하다. X선 광자는 매우 강력하여 한 번에 많은 세포를 손상시킬 수 있기 때문에 신체의 한 부위를 X선으로 촬영할 때 나머지 부위는 납 담요로 차폐하는 것이 좋다.

아인슈타인은 양자 공식을 이용해 '광전 효과(photo-electric effect)' — 즉, 고주파의 희미한 빛은 금속 원자에서 전자를 떼어낼 수 있지만, 저주파의 밝은 빛은 그럴 수 없다는 현상 — 를 설명했다. 빛은 한 개씩 흡수되는 광자들로 이루어져 있기 때문에 f가 낮은 광자에 들어 있는 적은 양의 에너지(E)는 전자를 떼어내는 데는 충분하지 않지만, f가 높은 광자에 들어 있는 높은 에너지(E)는 전자를 떼어내기에 충분하다. 만약 한 개의 원자가 광자 일부를 흡수하거나 동시에 10개의 광자를 쉽게 흡수할 수 있다면, 광전 효과를 설명하기가 매우 어려웠을 것이다. 한 개의 원자가 한 개의 광자를 흡수한다는 이 상상력이 넘치는 아이디어 덕분에 아인슈타인은 자신의 유일한 노벨상을 수상했다.

17.1 내부 에너지

마침내 우리는 아인슈타인의 양자 공식과 상대성이론 공식을 결합할 수 있게 되었다. 이를 통해 세 번째 공식과 새로운 통찰을 얻게 될 것이다. 하지만 본격적으로 시작하기 전에 잠시 한 걸음 물러서서 우리가 어떻게 여기까지 왔는지 되짚어보자.

뉴턴은 우리에게 질량은 비타협적이고 무게와 같지 않다는 것을 가르쳐주었다. 이후 아인슈타인은 질량이 여러 종류가 있다는 사실을 깨달았다. 그중 일부는 관찰자의 관점에 따라 달라질 수 있지만, 물체의 정지 질량 — 처음에 정지해 있던 물체의 비타협성 — 은 달라지지 않는다. 정지 질량의 기원은 물체의 내부 에너지로, 상대성이론 공식에 따르면, $m=E/c^2$으로 적을 수 있다. 양성자의 경우, E는 실제로 중성자 '내부'의 에너지를 의미하지만, 전자의 경우에는 정지 질량의 기원이 아직 명확하게 밝혀지지 않았다.

이제 우리는 한참 전에 회의적인 학생이 제기한 질문을 다시 마주하게 된다. 기본 파동입자들은 크기가 0이고, 무언가를 저장할 수 있는 내부 공간이 없다고 한다. 그렇다면 기본 파동입자들은 어떻게 내부 에너지를 가질 수 있을까? 그 에너지는 어디에서 오는 것이며, 어디에 어떤 방식으로 저장될까?

이 문단을 쓰면서 나의 스승들 역시 이 문제를 직접적으로 다룬 적이 없다는 사실을 깨달았다. 이 문제에 대한 답은 어느 날 긴 기술적 분석을 하던 중 숨어 있는 수식 속에서 불쑥 모습을 드러냈지만, 아무도 이에 대해 따로 이야기하지 않았다. 지나고 나서야 나는 이것이 흥미로운 겉보기 역설임을 깨달았다.

이제 이 문제를 해결해보자.

전자에 정지 질량을 부여하는 에너지는 항아리에 담긴 물처럼 내부에 저장되어 있지 않다. 대신 그 에너지는 전자의 일부분이고, 전자의 존재에 필수적인 요소이기 때문에, 원칙적으로 제거할 수 없다. 여기서 '내부'라는 표현보다는 '내재'라는 표현이 더 적절할 것이다.

이를 좀 더 명확히 하기 위해 먼저 정지해 있는 전자가 어떤 "모습을 하고 있는지" 대략적인 시각 이미지를 제안하고자 한다. (실제로 전자를 볼 수 있는 것은 아니다. 전자에 빛을 비추면 전자가 움직여 모양이 극적으로 변할 수 있기 때문이다. 하지만 머릿속에 이미지를 떠올리는 것은 여전히 유용하다.)

"정지해 있는 전자를 어떻게 시각화할 수 있을까요?" 과학을 전공하지 않는 학생들에게 질문을 던졌다. "방 한가운데에 레이저 포인터를 비추면, 레이저 빛은 전자기장에서 움직이는 진행파입니다. 레이저에서 나온 하나의 광자는 이동하는 파동입자죠. 비슷한 방식으로 방 안에서 이동하는 전자는 전자장에서 움직이는 파동입자입니다. 그래서…."

"알겠어요." 한 학생이 눈을 반짝이며 말했다. "정지해 있는 전자는 '제자리에 있는' 파동이죠?"

"맞아요." 내가 맞장구를 쳤다. "전자장의 정상 파동입자죠. 전자장이 제자리에서 파동치고 있는 모습을 상상해 보세요."

"그럼 진동하는 기타 줄 같은 건가요?" 다른 학생이 얼굴을 찡그리며 물었다.

"어느 정도는 그렇습니다." 대답은 그렇게 했지만 기타 줄은 매질이고 여기서는 장 중심적 관점을 사용해야 한다는 사실은 일단 언급하지 않고 넘어가기로 했다. "하지만 두 가지 중요한 차이점이 있어요.

"먼저 기타 줄의 정상파를 상상하면서 진폭을 급격히 줄이고, 파동의 마루 사이 간격을 크게 넓혀, 주파수를 높이는 식으로 대대적인 수정을 해야 해요. 이 파동은 우리에게서 멀리까지 퍼져나가며 서서히 진폭이 줄어들다가 시야에서 사라져 우리는 더 이상 파동의 끝을 볼 수 없게 됩니다." 나는 〈그림 41〉의 하단에 보이는 것처럼 작은 진폭을 가진 긴 파동을 칠판에 그렸다.

"둘째, 한 방향으로 진행하는 줄의 파동과 달리, 전자는 사방으로 퍼져나가는 파동으로, 원자보다 훨씬 더 먼 거리까지 뻗어 나가는 전자장의 진동입니다.

"이것이 제가 아는 최상의 이미지입니다. 모든 방향으로 길게 뻗

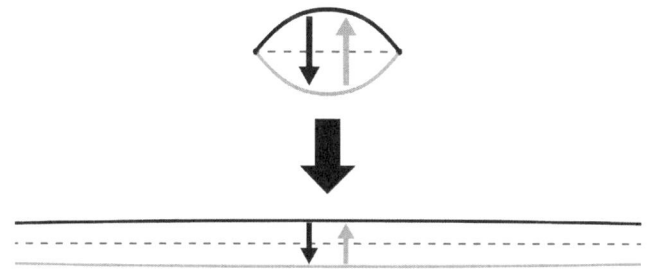

그림 41 정지한 전자를 시각화하는 과정. 맨 위에 있는 정상파에서 시작하여 이 정상파를 수평으로 늘리고 수직으로 줄이면서 진동수를 높이면 아래쪽에 나타난 넓은 정상파를 얻을 수 있다.

어 있고 높은 주파수와 작은 진폭을 가진 정상파이지요."[7]

정지해 있는 전자의 이미지를 그릴 수는 없다. 하지만 정지한 전자는 밀폐된 방 안에서 울리는 음파와 어느 정도 비슷하다고 할 수 있다. 다만, 방이 없고, 벽이 없다는 점만 다르다. (20장에서 전자와 유사한 파동에 대해 더 자세한 설명과 함께 다시 다룰 것이다.) 전자를 시각화할 수 있든 없든 간에 여기서 하고 싶은 이야기는 이렇다. '정지해 있는 전자는 정지해 있는 점과는 완전히 다르다.'

"이것이 원자 만화 속 이미지와 얼마나 다른지 주목하세요." 그러고는 이렇게 덧붙였다. "원자 만화는 정지해 있는 전자를 아무 일도 하지 않고 가만히 있는 작은 공이라고 상상하도록 유도합니다. 하지만 정상 파동입자는 그보다 훨씬 더 흥미롭습니다. 전자는 항상 '진동'하고 있습니다. 실제로 전자는 1초에 1,000조 번이나 진동합니다.

"그리고 여기서 중요한 점이 있습니다. 바로 그 진동 때문에 '전자는 에너지를 갖는다'는 것입니다!"

첫 번째 학생이 눈을 가늘게 뜨고 의심의 눈초리로 물었다. "선생님 말씀은 전자의 진동 에너지가 전자에게 정지 질량을 준다는 뜻인가요?"

"정확해요!" 내가 환하게 웃으며 답했다.

이제 나머지 학생들도 흥미를 보이기 시작했다. 잠시 생각할 시간을 준 다음, 나는 학생들에게 다른 관점을 제시했다.

"이번엔 좀 다른 방식으로 설명해볼게요. 여러분 주변에 있는 전자장이 진동하지 않고, 그 값이 0이라서 공간이 비어 있다고 상상해보세요. 여러분은 전자를 아예 새로 만들어내고 싶습니다. 그렇게 하려면 기타 연주자가 줄을 퉁기듯, 전자장을 진동시켜야 합니다. 여러분이 전자장에 정확히 하나의 정지한 전자를 만들기 위해 전자장에 추가해야 할 에너지의 양은 바로 전자의 정지 질량에 $[c^2]$을 곱한 값이지요. 이것은 이 전자장이 정확히 정지한 전자 하나를 진동시킬 수 있는 에너지 값 — 여러분 앞에 가만히 정지해 있는 파동입자 한 개를 진동시킬 정도의 에너지 값 — 이에요.

"이것을 바라보는 또 다른 방법이 있어요." 내가 덧붙여 말했다. "전자는 본질적으로 진동이에요. 인간이 심장 박동 없이 존재할 수 없는 것처럼, 전자도 끊임없이 진동하지 않고는 존재할 수 없어요. 진동하는 모든 물체는 아무 데도 이동하지 않더라도 에너지를 가지고 있어요. 따라서 전자는 정지해 있어도 에너지를 가지고 있어야 합니다. 이 에너지는 전자에 내재되어 있으며, 이 에너지를 제거하면, 전자는 더 이상 존재하지 않게 되지요. 전자에 정지 질량을 부여하는 것은 바로 이 내재된 에너지입니다."

전자는 진동이며, 진동은 항상 에너지를 가지고 있다. 에너지가 없다면, 진동도 없고, 따라서 전자도 존재하지 않는다. 바로 이 진동 에너지가 정지 질량의 원인이다. 나는 학생들이 이 사실을 잊지 않았으면 하는 마음에서 이렇게 정리했다.

"본질적으로 '전자의 정지 질량은 바로 전자의 존재 에너지(energy-of-being)입니다.'"

17.2 공명과 정지 질량

이것이 오랫동안 기다려온 비밀이다. 우리 몸은 '문자 그대로' 진동으로 이루어져 있다. 진동은 파동의 양자이며, 파동입자로 알려져 있다. 그리고 기본 파동입자의 정지 질량은 존재 에너지 … 애초에 파동입자가 존재하기 위해 필요한 에너지에서 비롯된다.

이 에너지는 배터리에 저장된 화학 에너지나 자동차의 연료처럼 더하거나 뺄 수 있는 것이 아니다. 또한 물처럼 흘러 들어오거나, 흘러 나갈 수 없다. 이 에너지는 전자가 존재하기 위한 전제 조건이다.

왜 처음부터 이 점을 설명하지 않았느냐며 불평할 수 있다. 책 분량의 절반을 훌쩍 넘은 지금까지 나는 물체의 정지 질량이 항상 물체 내부에 있는 에너지라고 암시하며 여러분이 잘못 생각하도록 만들었다. 하지만 개인적으로 경험한 바에 따르면 너무 일찍 전체 이야기를 설명하면 오히려 내용을 이해하기가 더 힘들어진다. 먼저 우리는 원자 만화의 틀에서 벗어나야 한다. 여전히 그 틀에 갇혀 있다면 — 전자를 점으로 시각화한다면 — 진동하는 존재 자체의 본성으로 인해 전자가 '태생적으로' 에너지를 가질 수 있다는 것이 전혀 말이 되지 않을 것이다. 과학자들조차 전자가 진동 에너지를 가지고 있다는 사실을 이해하기까지 수십 년이 걸렸다.

멀리서 전자를 바라보는 사람의 관점에서 전자의 숨겨진 진동 에너지를 잘못 해석하는 것은 매우 자연스러운 일이다. 이 진동 에너지는 전자가 정지해 있을 때도 존재하기 때문에, 운동 에너지가 아니라는 점이 명백하고, 전자가 어디를 가든지 함께 이동하기 때문에 전자의 외부에 있는 에너지도 분명 아니다. 상식적으로 생각하면, 이 에너지는 전자에 내재되어 — 전자 내부에 저장되어 — 있어야 한다고 추측할 수 있다. 하지만 파동입자만이 할 수 있는 완전히 다른 방식으로 전자가 진동 에너지를 가질 수 있다는 것을 깨닫기 위해서는 상상력이 필요하다.

이제 우리는 파동입자의 정지 질량이 어디에서 오는지 알게 되었지만, 그 양이 얼마나 되는지, 왜 그만한 양이 되는지는 아직 알지 못한다. 또, 왜 같은 유형의 파동입자들이 모두 동일한 정지 질량을 갖는지도 아직 명확하지 않다.

주파수와 관련하여 진행파와 정상파의 주요 차이점을 다시 떠올려보자. 진행파는 넓은 범위의 주파수를 가질 수 있지만, 가장 단순한 정상파는 진동하는 물체의 공명 주파수로만 진동한다. 앞서 제안한 파동 실험을 직접 해보면, 이 사실을 확인할 수 있을 것이다.

양자 공식에 따르면, 파동입자는 움직이든 아니면 정지해 있든 간에 주파수 f에 변환 인자인 플랑크 상수 h를 곱한 값과 같은 에너지 E를 가진다. 주파수가 높을수록 파동입자가 전달하는 에너지의 양도 커진다.

만약 파동입자가 이동하면, 주파수는 어떠한 값이라도 가능하다. f는 우리가 원하는 만큼 크게 할 수 있고, 양자 공식에 따르면 E 역시 원하는 만큼 크게 할 수 있다. 입자가속기는 빠르고 높은 에너지를 가진 전자빔을 끊임없이 만들어낸다.

하지만 정지 질량을 측정하려면 파동입자를 정지시켜야 하는데,

그럴 때는 어떻게 될까? 그러면 파동입자의 주파수는 마치 퉁긴 기타 줄의 정상파처럼 파동입자장의 공명 주파수와 동일해야 한다.

이제 상대성이론과 양자물리학이 만나 새로운 결과를 만들어낸다. 우리는 이 책의 핵심에 도달했다.

전자장은 공명 주파수를 가지고 있는데, 앞으로 몇 단락에서 이 공명 주파수를 문자 f로 표기할 것이다. 따라서 전자장에는 공명 주파수에서 진동하는 정상파가 존재한다. 전자장의 정상 파동입자 — 즉, 정지해 있는 전자 — 는 양자 공식에 따라 진동 에너지 $E = f[h]$를 가져야 한다. 이 진동 에너지 $f[h]$가 바로 파동입자의 존재 에너지이다.

상대성이론 공식에 따르면, 에너지 E를 가진 정지한 물체는 그 에너지를 $[c^2]$으로 나눈 것과 같은 정지 질량을 가진다. 정지해 있는 전자는 존재 에너지 $f[h]$를 가지기 때문에, 정지한 전자의 정지 질량은 $f[h]$를 $[c^2]$으로 나눈 값이 된다.

따라서 전자의 정지 질량 m은 $f[h]/[c^2]$와 같으며, 여기서 f는 전자장의 공명 주파수이다.

이 기본 "입자"의 정지 질량 m과 해당 장의 공명 주파수 f 사이의 관계는 전자에만 국한되지 않는다. 이 관계는 모든 기본장의 모든 기본 파동입자 — 쿼크, 중성미자, W보손 등 — 에 적용된다. 공명 주파수 f를 가진 모든 장에 대해 파동입자의 정지 질량 m은 다음과 같은 관계를 만족한다.

$$m = f\left[\frac{h}{c^2}\right]$$

여기서 나는 두 변환 인자를 하나로 묶었다.

아인슈타인의 두 공식과 마찬가지로, 이 공식은 두 양, 즉 정지 질량과 주파수 사이의 근본적인 관계를 나타내며, 변환 인자 $[h/c^2]$는 명시적으로 사용해야 할 때만 중요한 의미를 가진다. 그 말은 "=" 기호가 상대성이론이나 양자 공식을 따로 사용할 때보다 더 제한적인 의미를 가진다는 것이다. 따라서 우리는 두 공식을 함부로 결합할 수 없다. 질량은 일반적인 의미에서 주파수와는 다른 물리량이고, 매우 특정한 의미에서만 두 물리량이 같다. '기본 파동입자의 경우, 정지 질량은 존재 에너지 — 즉, 파동입자가 존재하는 데 필요한 에너지 — 를 나타내며, 이 에너지는 다시 해당 장의 공명 주파수에 의해 결정된다.'

이로써 마침내 정지 질량이 공명과 밀접하게 관련된 이유가 설명된다. 공명할 수 있는 장에는 정지 질량을 가진 파동입자가 존재한다. 음악을 축제, 예배, 즐거움의 중심에 두는 인류에게 이 사실은 매우 매력적으로 다가온다. 모든 악기들과 마찬가지로, 우주도 일정한 주파수 패턴을 가지고 공명하며, 우리의 공식은 우주의 주파수 패턴을 바로 기본 파동입자들의 정지 질량 패턴으로 이해하게 해준다. 이 파동입자는 물질세계를 구성하는 벽돌이자 우주라는 악기의 음악적 양자 — 가장 조용한 음 — 에 해당한다. 우주는 모든 곳에서, 또 모든 사물에서 울리고 있다.

◯

이로써 우리는 몇 가지 미스터리를 풀 수 있게 되었다. 무엇보다도 이 광활한 우주에 흩어져 있는 무수히 많은 전자가 어떻게 정확히 동일한 정지 질량을 가질 수 있는지에 대한 의문이 있었다. 이제 우리는 그 답을 안다. 기타 줄이 항상 같은 음을 내는 것과 같은 이유다. 바로 공명 때문이다.

기타 줄을 퉁길 때마다 줄은 자신의 공명 주파수로 진동한다. 같은 방식으로 전자장의 정상파는 항상 전자장의 공명 주파수로 진동한다. 정지해 있는 전자는 정상 파동입자이기 때문에, 항상 동일한 주파수 f를 가진다. 양자 공식과 상대성이론 공식에 따르면, 이는 전자가 항상 동일한 정지 질량 m을 갖는다는 것을 의미한다. 전자장의 공명 주파수가 고정되어 있는 한, 우주 어디에 있든 모든 전자는 언제나 동일하고 변하지 않는 정지 질량을 갖게 된다. 정지 질량 m을 바꾸는 유일한 방법은 f를 바꾸는 것이다.

전자에 대해 참인 것은 정지 질량을 가진 모든 기본 파동입자에 대해서도 참이다. 각각의 장은 자신의 고유한 공명 주파수를 가지며, 이 주파수는 장의 모든 파동입자에 동일한 정지 질량을 부여한다.

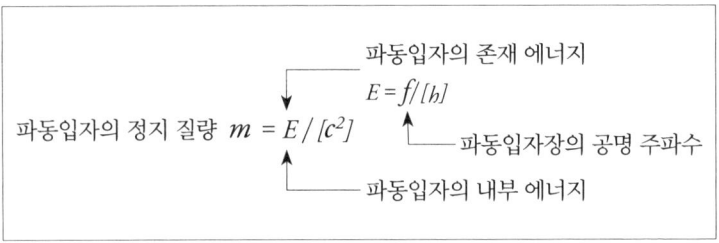

그림 42 상대성이론과 양자 공식의 조합을 통해 얻은 m과 f 사이의 관계식의 기원

사실 전자가 가진 고유한 특성, 즉 정지 질량뿐만 아니라 전자의 전하, "스핀" 그리고 다른 특정한 장과 상호작용하는 경향은 다른 모든 전자의 고유한 특성과 같다. 왜냐하면 각 전자가 모두 동일한 유형의 존재, 즉 전자장의 양자이기 때문이다. 보다 일반적으로 말하면, 어떤 유형의 파동입자든 간에 같은 유형 내에서는 모두 동일하며, 모든 고유한 특성을 자신이 속한 장으로부터 물려받는다. 이것은 쿼크와 힉스 보손뿐만 아니라 정지 질량이 없는 파동입자에도 적용된다. 따라서 광자의 고유한 속성은 다른 모든 광자의 고유한 속성과 동일하고, 글루온은 다른 모든 글루온과 동일한 고유 속성을 가지고 있다.

이처럼 형태가 고정되어 있다는 사실은 왜 전자, 쿼크, 글루온이 암석이나 별, 그리고 인간과 달리 결코 늙지 않는지를 설명한다. 노화는 마모, 온전함의 상실, 손상을 수반한다. 하지만 전자에 손상을 입힐 수는 없다. 전자는 수십억 년의 생애 동안 여러 상황을 겪지만, 흠집이나 상처가 나지 않는다. 전자는 항상 전자장의 단일한 양자로 남아 있을 뿐이다.

조금 명확하지는 않지만, 양성자와 중성자도 마찬가지다. 왜냐하면 양성자와 중성자 역시 우주의 기본 파동입자로부터 매우 직접적으로 만들어지기 때문이다. 이 점에 대해서는 책의 마지막 장에서 다시 설명할 것이다.

이러한 사실들이 인간의 삶에 갖는 중요성은 아무리 강조해도 지나치지 않다. 만약 전자들이 서로 다르다면, 산소 원자 하나하나가 서로 다를 것이고, 우리 몸은 숨을 쉴 때마다 심각한 문제에 직면하게 될 것이다. 심하게 손상된 산소 원자는 쓸모가 없거나, 심지어 인체에 해가 될 수 있기 때문에 우리 몸은 이런 산소 원자를 걸러내야 할 것이다. 별일 아닌 것처럼 들릴지도 모르겠지만, 우리가 한 번 숨을 쉴 때마다 얼마나 많은 산소 원자를 들이마시는지 생각해보면 바로 와 닿을 것이다! 모든 산소 원자가 화학적으로 상호 교환이 가능하다는 사실 덕분에 생명체를 유지하는 것이 훨씬 쉬워진다. 이 점은 공학자들에게도 도움이 된다. 예를 들어 순도 높은 알루미늄판을 만들 때, 오래되어 더는 처음만큼 튼튼하지 않은 알루미늄 원자들을 일일이 골라내야 할 필요가 없는 것이다.

파동입자를 위한 쓰레기 처리장은 없다. 또 파동입자를 위한 수리점, 양로원, 회복을 위한 병원도 없다. 자연의 파동입자는 무한히 재활용할 수 있다. 만약 그렇지 않았다면, 세상은 지금과 얼마나 달라졌을까?

사실 전자의 정확한 동일성은 원자물리학과 화학 모두에서 매우 중요하다. 바로 파울리 배타 원리(Pauli Exclusion Principle) 때문이다. 파울리 배타 원리는 두 개의 페르미온 파동입자가 완전히 동일하다면, 동시에 같은 일을 할 수 없다는 원리이다. (여기서는 대부분의 화학 수업에서처럼 파울리 배타 원리를 임시적인 것으로 여기고, 그 기원에 대해서는 나중에 다시 다룰 것이다.) 이로 인해 전자가 많은 원자 내에서는 두 개의 전자가 완전히 동일한 행동을 할 수 없다.

이 때문에 원자에서 전자를 배치하는 것은 경사진 강당의 의자에 사람들을 앉히는 것과 유사하다. 먼저 가장 낮은 줄에 있는 좌석부터 채우고, 그 다음 사람들을 한 칸 위의 좌석에 앉히는데, 이는 계단을 올라가야 하므로 더 많은 에너지가 필요하다. 그리고 그 위의 줄을 또 채우는데, 이때는 더 많은 에너지가 필요하다. 만약 사람들이 기꺼이 다른 사람의 무릎에 앉는다면 어떨까? 그러면 모든 사람을 가장 아래 줄에 앉힐 수 있고, 상당한 에너지가 절약될 것이다. 전자가 보손 파동입자라면, 전자들은 기꺼이 다른 전자 위에 쌓일 것이다. 그러나 우리 우주의 전자는 페르미온이라 그렇게 할 수 없다.

여기서 과학자들은 줄과 좌석을 각각 '껍질(shell)'과 '궤도함수(orbital)'•라고 부른다. 원자의 종류에 따라 전자의 수가 다르기 때문에 원자는 고유한 방식으로 껍질과 궤도함수를 채운다. 대부분의 원자는 가장 큰 에너지를 가진 껍질이 부분적으로 비어 있는데, 껍질에 남은 열린 궤도의 수에 따라 화학적 성질이 결정된다. 가장 큰 에너지를 가진 껍질이 반쯤 채워진 탄소와 실리콘은 특히 다양한 화학적 성질을 가지고 있으며, 가장 큰 에너지를 가진 껍질에 궤도함수가 하나만 비어 있는 불소와 염소는 쉽게 산(酸)을 형성한다. 실제로 채워진 껍질과 궤도함수의 패턴에 따라 원소 주기율표의 모양이 결정된다. 만약 전자들이 완전히 동일하지 않거나 페르미온 파동입자가 아닌 보손 파동입자였다면, 이런 일은 일어나지 않았을 것이다. 전자는 모두 원자핵 근처로 모여들어 원자의 크기는 더욱 작아지고, 화학적인 다양성이 훨씬 줄어들었을 것이다.

새로운 공식에서 얻은 마지막 통찰은 질량과 크기 사이의 관계에

• 원자에 속한 전자의 파동함수를 의미한다.

관한 것이다. 알려진 파동입자 가운데 톱 쿼크는 대략 전자의 34만 배나 되는 가장 큰 정지 질량을 가지고 있다. 전자의 정지 질량은 가장 작은 (그러나 0이 아닌) 정지 질량을 가진 중성미자보다 최소 100만 배 크다. 이렇게 엄청나게 차이가 나는 정지 질량을 가진 물체들이 모두 같은 크기를 갖거나 전혀 크기가 없을 수 있다는 점이 이상하게 느껴질 수도 있다.

상식적으로 보면 어떤 물체의 질량을 100배 늘리려면, 물체의 크기도 이전보다 몇 배는 더 커져야 한다. 또 이런 직관적 논리는 암석, 행성, 심지어 블랙홀에도 잘 적용된다. 하지만 파동입자의 아원자 세계에서는 이 논리가 통하지 않는다. 〈그림 40〉(359쪽)에 나와 있는 것처럼 기본 파동입자는 작으면서도 충분히 큰 정리 질량을 가질 수 있다. 대신 파동입자의 정지 질량은 해당 장의 공명 주파수에 비례한다. 파동입자의 정지 질량이 엄청나게 차이가 난다는 것은 기본장의 주파수 범위가 최소 40옥타브로 엄청나다는 사실과 맞닿아 있다.

따라서 아원자 세계에서 정지 질량은 상식과는 완전히 다른 설명을 필요로 한다. 우리는 일반적인 물체이므로, 더 많은 질량을 원한다면, 살을 찌우면 된다. 하지만 우리가 "소립자"이고, 더 많은 정지 질량을 원한다면, 더 높은 주파수로 노래해야 한다.

18
아인슈타인의 하이쿠°

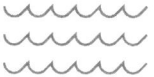

이 책에서 '장(場)' 부분을 시작하면서 여러 역설을 제기한 바 있다. 역설은 이렇게 요약할 수 있다. 매질을 필요로 하는 파동과 빈 공간을 선호하는 입자, 이 둘 모두가 어떻게 우주에서 자유롭게 이동할 수 있을까? 만약 공간이 겉으로 보이는 것처럼 비어 있고, 또 등속운동 법칙과 궤도에 관한 뉴턴의 견해가 암시하는 것처럼 비어 있다면, 왜 빛의 파동은 빈 공간을 건널 수 있을까? 반대로 공간이 빛을 위한 매질을 가지고 있다면, 왜 빛의 매질은 매질을 통과하는 물체에 항력을 생성하여 갈릴레오의 상대성원리와 등속운동 법칙을 파괴하지 않으며, 우리가 자신의 운동을 측정할 기준이 되는 물체를 주지 않는 것일까?

이제 우리는 어느 정도 답을 알고 있다.

● 일본 정형시의 일종

언뜻 보면 답은 단순해 보인다. 모든 것은 파동이다. 더 구체적으로 말하면, 모든 사물은 파동입자들로 이루어져 있다. 우리가 흔히 생각하는 그런 '입자'로 이루어진 것은 아무것도 없다. 그리고 공간은, 사실 비어 있지 않다. 여기서 '비어 있다'는 것은 일상적으로 쓰는 언어에서처럼 아무것도 없음을 의미하지 않는다. 이제는 빈 공간이 매질을 '포함하고 있는지' 묻는 것은 의미가 없을지도 모른다. 오히려 빈 공간 자체가 '매질이다.' 최소한 빈 공간은 중력장을 위한 매질인데, 중력장은 많은 기본장 가운데 하나일 뿐이다. 다른 기본장이 매질을 가지고 있는지 그렇지 않은지도 명확하지 않다. 어쩌면 매질이 없을 수도 있다. 만약 장이 매질을 가지고 있다면, 그 매질들은 빈 공간과 어떻게든 융합되어 있을 것이다. 더 나아가 최대한의 가능성을 가지고 보면, 빈 공간 자체가 '모든' 기본장의 매질일 수도 있다. 빈 공간이 모든 기본장의 매질이려면, 빈 공간은 칼루자-클라인의 여분 차원이나 또 다른 내부 구조처럼 우리가 지각할 수 없는 특징들로 적절히 확장되어야 한다.

자세한 것은 차치하더라도 이 답은 상식에 큰 대가를 치르게 한다. 갈릴레오의 상대성원리와 등속운동 법칙을 지키기 위해 빈 공간은 '운동 측정 불가능성'이라는 속성이 있어야 한다. 하지만 이로 인해 우리 주변과 내부의 빈 공간은 감지할 수 없는 존재가 되며, 마치 빈 공간이 거기 있으면서도 없는 것처럼 된다. 또한 이 답은 파동이 동일한 파동입자라는 불연속적인 구성단위로 이루어져 있어야 하며, 이 단위들로부터 우리가 아는 일반적인 물체들이 만들어져야 한다는 것을 전제로 한다. 하지만 이렇게 되면 파동들이 입자와 유사한 행동을 하고, 또 우리의 상상력으로는 범접할 수 없는 기적과 같은 능력을 가져야 한다.

갈릴레오의 상대성원리를 지키기 위해 기본장의 파동과 파동입자들은 일반적인 물체, 파동, 또는 매질에서 논리적으로 불가능한 특이한 규칙을 따른다. 만약 이 파동입자들이 우주 제한 속도로 이동한다면, 모든 관찰자의 관점에서 우주 제한 속도로 이동해야 하며, 악몽처럼 우리는 파동입자를 따라잡을 수 없다. 심지어 파동입자가 더 느리게 이동한다고 하더라도, 항상 우주 제한 속도를 모든 관점에서 동등하게 따라야만 한다. 이 모든 파동이 동일한 우주 제한 속도를 따르고, 해당 장이 우주의 모든 곳에서 발견된다는 것은 시사하는 바가 크다. 장들이 빈 공간과 함께 어떤 통합된 체계나 틀, 또는 우주로 융합될 수 있음을 암시하는 것이다.

이 책은 아직 끝나지 않았다. 하지만 지금까지 이야기한 모든 내용은 바로 이전 장을 향해 있었고, 이 책의 나머지 부분은 그 기반 위에 쌓아올려질 것이다. 그러니 잠시 멈춰 이 책뿐만 아니라 우리 인류가 걸어온 여정을 모두 돌이켜보자. 상대성이론과 운동에서 질량으로 이어지는 하나의 길, 그리고 파동과 장에서 양자로 이어지는 두 번째 길까지 말이다. 이 두 길이 만나는 갈림길에 우주가 자리하고 있다.

아인슈타인의 하이쿠

E는 fh와 같고,

E는 mc제곱과 같다.

이 씨앗에서 세상이 태어났다.

장	파동입자	주파수 비 질량 비	긴 수명(>1초)
톱 쿼크장	톱 쿼크/반쿼크	340,000	아니오
힉스장	**힉스 보손**	240,000	아니오
Z장	**Z 보손**	180,000	아니오
W장	**W+/W- 보손**	160,000	아니오
바텀 쿼크장	바텀 쿼크/반쿼크	8,200	아니오
타우장	타우/반타우	3,500	아니오
참 쿼크장	참 쿼크/반쿼크	2,500	아니오
뮤온장	뮤온/반뮤온	210	아니오
스트레인지 쿼크장	스트레인지 쿼크/반쿼크	170	아니오
다운 쿼크장	다운 쿼크/반쿼크	10	예
업 쿼크장	업 쿼크/반쿼크	4	예
전자장	전자/양전자	1	예
중성미자장(3)	중성미자(3)	0.0000002 보다 작음	예
글루온장	**글루온**	0	예
전자기장	**광자**	0	예
중력장	**중력자**	0	예

표 6   알려진 장과 그 장의 주파수를 전자장의 주파수로 나눈 값(따라서 전자의 정지 질량에 대한 장의 파동입자의 정지 질량의 비), 그리고 장의 파동입자가 1초 이상 존재하는지 여부를 표로 정리했다. 보손장은 굵은 글씨로 표시되어 있다. 숫자는 대략적인 수치다. 세 종류 중성미자의 정지 질량은 작다고 알려져 있으며, 적어도 두 종류의 정지 질량은 0이 아닌 것으로 확인되었지만, 아직 정확한 측정값은 알려져 있지 않다. 마지막 세 줄의 "0"은 실제로 "너무 작아서 측정할 수 없기 때문에 0으로 추정"한다는 것을 의미한다.

6부

힉스

이제 "입자"의 정지 질량이 무엇인지 알게 되었고, 마침내 힉스장이 우주에 어떤 흔적을 남겼는지 이해할 수 있는 자리에 서 있다. 하지만 그에 앞서 왜 지금까지 비밀에 싸여 있던 장에 대해 이렇게 광범위한 논의가 필요한지 생각해보자.

이 책의 초반부에서 나는 일부 언론인과 과학 작가가 힉스 보손을 "신의 입자"라고 부르는 경향을 일축했다. 신의 입자라는 표현은 입자를 과대 포장할 뿐만 아니라 피터 힉스 본인을 포함한[1] 물리학자들을 짜증나게 한다. 그렇다면 물리학자들이 싫어했음에도 "신의 입자"라는 이름은 어떻게 생겨난 것일까?

물질주의 사회에서 익히 예상할 수 있듯이 이는 광고와 마케팅 때문이다. 요즘 말로 하면, 신의 입자는 '클릭 유도'이다.

1993년, 바텀 쿼크를 발견한 연구팀을 이끌어 노벨상을 받은 리언 레더맨(Leon Lederman)은 과학 작가 딕 테레시(Dick Teresi)와 함께 힉스 보손을 찾는 과정에 관한 책을 썼다. 책의 홍보를 위해 저자인지 출판사인지 모르겠으나 책에 '신의 입자: 만약 우주가 답이라면, 질문은 무엇인가?'라는 제목을 붙였다.

개인적으로 이 제목은 정말 인상적인 마케팅 사례로 앞으로 광고인을 꿈꾸는 사람들이라면 학교에서 배워야만 한다고 본다. 이 제목은 과학과 종교를 겉으로는 추켜세우고 통합하는 듯하면서도 실제로는 과학과 종교 모두를 모욕하는 효과를 동시에 거두고 있기 때문이다. 힉스장은 우주에서 결정적 역할을 하지만, 힉스 보손은 그렇지 않으며, 신의 입자라는 거창한 이름을 받을 만한 입자는 아니다. 또한 신성함이라는 것이 불과 찰나의 시간 동안만 존재하는 파동입자에 담길 수 있다는 생각은 터무니없는 수준을 넘어선다.

이 점에 대해 친구에게 불평 섞인 말을 하자 친구는 "빛이 있으라"라는 말을 인용하며, 광자가 신의 입자라는 이름에 더 어울릴 것이라고 말했다. 걸맞은 이름을 놓고 경쟁을 벌인다면야 별에서 무거운 원자 형성을 돕는 중성미자나 원자를 구성하는 기본 파동입자들도 자연스럽게 후보가 될 수 있을 것이다. 그렇다면 힉스 보손은 어떨까? 힉스 입자가 가진 유일한 장점은 최고 수준의 홍보팀뿐이다.

이제, 우리는 힉스장을 "신의 장(God Field)"이라고 불러야 할까? 개인적으로 추천하고 싶지는 않다. 하지만 적어도 입자와 달리 힉스장은 우주에서 정말 중요한 존재임은 분명하다!

이어지는 장에서 우리는 힉스장이 어떻게 파동입자의 정지 질량을 생성하는지 살펴보고, 힉스장의 존재와 행동으로 인해 제기되는 수수께끼를 탐구할 것이다. 이제, 앞으로 우리가 어떤 과정을 거쳐야 하는지 미리 짚어보자. 전자가 정지 질량을 갖기 위해서는 17장에서 이야기한 공식에 따라 전자장이 공명 주파수를 가져야 한다. 둘 중 하나가 없으면 다른 하나를 가질 수 없다. 따라서 힉스장의 평균값이 0이 아니라면, 어떻게든 전자장의 공명 주파수가 달라져야 한다. 10장 2절에서 진동하는 줄의 공명 주파수를 바꾸는 방법에 대해 논의했던 것을 떠올리면, 힉스장이 전자장의 환경에 영향을 미친다고 의심할 수 있다.

어떻게든 힉스장은 갈릴레오의 상대성원리를 깨트리지 않으면서 파동입자에 정지 질량을 부여해야 한다. 대부분의 장이 할 수 없는 일이다.

19
그 어떤 장과도 다른 장

장 중에는 "방향을 가리키는" 특징이 있는 장도 있고, 방향을 가리키지 않는 장도 있다. 바람장과 자화장은 방향을 가리키는 장이다. 이들 장은 세기와 방향을 모두 가지는데, 〈그림 32〉(265쪽)와 〈그림 34〉(280쪽)에 화살표로 표시되어 있다. 자주 이용하는 날씨 웹사이트를 한번 보자. 우리가 사는 동네의 바람은 시속 32킬로미터의 남풍, 또는 초속 10미터의 북동풍으로 표시될 수 있지만, 항상 바람의 양 '그리고' 발생 방향이 함께 표시된다.

이와 달리 기압은 방향을 가리키지 않는 장이다. 기압은 순전히 양으로만 표현된다. 즉, 기압은 수은주 76센티미터(약 1016밀리바), 혹은 980밀리바 등으로 표기할 수 있다. 밀도장도 마찬가지로 방향을 가리키지 않는 장이다. 1세제곱센티미터당 0.92그램인 올리브 오일의 질량 밀도는 방향을 필요로 하지 않는다.

알려진 기본장 가운데 힉스장은 방향을 가리키지 않는 유일한 장이다.[1] 이런 특성으로 인해 힉스장은 다른 어떤 것에도 문제를 일으키지 않으면서 질량을 생성하는 데 결정적인 역할을 하는 것으로 밝혀졌다.

힘 역시 방향을 가리킨다. 공을 던지거나 서랍을 열 때, 우리는 특정한 방향으로 힘을 가한다. 장이 힘을 생성하려면, 힘이 어느 방향으로 작용해야 하는지 명확히 해야 한다. 바람장을 생각하면 쉽다. 만약 바람이 서쪽에서 지속적으로 불어오면, 나무는 바람에 의해 동쪽으로 넘어질 것이다. 마찬가지로 아래쪽을 가리키는 국소 중력장은 땅을 향해 끌어당기는 힘을 생성한다. 하지만 0이 아닌 값을 가지더라도 방향을 가리키지 않는 장은 물체에 가하는 힘을 생성할 수 없다. 힘은 방향을 필요로 하지만, 방향을 가리키지 않는 장은 방향을 부여할 수 없기 때문이다. 예를 들어, 일정하고 균일한 압력은 모든 방향에서 동일하게 물체를 누르기 때문에 알짜 힘을 생성하지 못해 물체의 운동에 영향을 주지 않는다.

하지만 압력이 장소에 따라 달라진다면, 압력의 '변화' 자체가 높은 압력에서 낮은 압력을 향해 방향을 갖게 되고, 이제는 힘이 생길 수 있다. 예를 들어, 〈그림 43〉처럼 중앙에 있는 벽의 왼쪽에 가해지는 압력이 벽의 오른쪽에 가해지는 압력보다 크면, 벽은 오른쪽으로 밀린다. 압력 차이가 클수록 힘도 커진다. 압력 차이는 풍선을 부풀리는 힘이나 빠른 엘리베이터를 탈 때 귀를 아프게 하는 힘처럼 우리에게 익숙한 많은 힘을 유발한다.

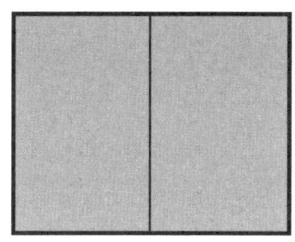 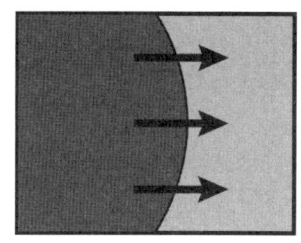

그림 43 (왼쪽) 중앙에 있는 벽의 양쪽에 동일한 압력이 가해지면, 벽은 힘을 느끼지 못한다. (오른쪽) 왼쪽 압력이 오른쪽 압력보다 크면, 벽은 오른쪽으로 미는 힘(검은색 화살표)을 받게 된다.

이제 곧 살펴보겠지만, 힉스장 역시 장의 세기가 장소에 따라 다를 때 힘을 생성한다. 하지만 우리가 평생 동안 둘러싸여 살아온 일정하고 균일한 힉스장은 결코 힘을 만들어내지 못한다. 이 때문에 인류는 마치 대기압을 인지하지 못했던 것처럼 오랫동안 힉스장의 존재를 알아차리지 못했다. 방향을 가리키지 않는 기본장은 이처럼 자신을 숨기는 능력에서 독보적이다.

방향을 가리키는 장은 쉽게 자신을 숨길 수 없다. 만약 전자기장이 우주 전체에서 균일하게 0이 아닌 값을 가진다면, 많은 물체는 어디에서든 전기력이나 자기력을 느낄 것이다. 물체는 결코 등속운동을 할 수 없으며, 또 등속운동 법칙이 무너지면 눈에 띄지 않은 상태로 있는 것이 불가능하다. (갈릴레오의 상대성원리의 미묘한 붕괴도 일어날 것이다.)[2]

반면 힉스장은 상대성이론의 원리를 거스르지 않으면서도 0이 아닌 평균값을 가질 수 있다. 힉스장은 관점과 무관하며, 임의의 속력으로 움직이는 고립된 공간 안에 있는 관찰자를 포함한 모든 관찰자는 모든 곳에서 힉스장이 0이 아닌 값을 갖는 것을 보게 된다. 이는 0이 아닌 힉스장이 관점에 독립적인 효과, 즉 장의 공명 주파수나 파동입자의 정지 질량이 변화할 수 있다는 것을 의미한다. 모든 곳에 존재하고, 운동 측정 불가능한 매질을 가졌으며, 방향을 가리키지 않는 우주장, 또는 아예 매질이 없는 장만이 이런 특성을 구현할 수 있다. 평균값이 0이 아닌 다른 유형의 장은 시작부터 갈릴레오의 원리를 무너뜨릴 것이다.[3]

장이 공간에 따라 달라질 때는 방향을 가리키는 장과 방향을 가리키지 않는 장 사이의 차이가 줄어든다. 모든 보손장은 방향을 가리키든 가리키지 않든 간에 잠재적으로 매개자 역할을 하며, 떨어져 있는 물체들 사이에 힘이 작용하게 할 수 있다.

지구가 달을 끌어당기는 힘을 생각해보자. 매질 중심적 관점에서 보면, 중력은 빈 공간이 휘어질 때 발생한다. 평평한 빈 공간에서 움직이는 물체는 직선으로 등속운동을 하지만, 휘어진 공간을 지나는 물체는 곡선 경로를 따라 이동한다. 지구는 주변 공간을 휘게 만들고, 가까울수록 더 많이 휘어진다. 이렇게 변형된 공간으로 다가오는 물체는 지구 쪽으로 방향을 틀게 된다. 우리는 이처럼 지구로 끌리는 물체가 등속운동에서 벗어나는 이유를 지구 중력 때문이라고 해석한다. 지구 중력은 역제곱 법칙에 따라 거리가 멀어질수록 약해지는데, 지구에서 멀리 떨어진 곳은 지구가 공간에 미치는 영향력이 약해지기 때문이다.

같은 현상을 장 중심적 관점에서 보면, 지구는 지구 근처의 중력장을 0이 아닌 값으로 만든다고 할 수 있다. 지구 중력장의 값은 지구 표면 근처에서 크고, 지구에서 멀어질수록 감소한다. 물체가 접근하면,

물체는 0이 아닌 중력장과 만나 상호작용하며 경로가 지구 쪽으로 휘어진다.

장 중심적 관점은 전자들 사이의 전기적 반발력처럼 물체들 사이의 다른 많은 힘을 설명해준다. 전자기장과 전자장은 상호작용하기 때문에 전자는 전기장에 영향을 미치기도 하고 영향을 받기도 한다. 전자 주위의 전기장 값은 0이 아니며, (《그림 44》의 왼쪽 아래에서처럼) 전자 근처에서는 전기장 값이 크고, 멀어질수록 전기장 값이 작아진다. 한편, 전자가 전기장이 0이 아닌 영역을 통과하면, 전자의 경로가 바뀐다. 두 전자가 가까워지면, 각각은 상대방이 만든 전기장과 상호작용하여 자신의 운동이 달라진다. 우리는 전자의 경로에 변화가 생기는 것은 전자들을 서로 밀어내는 전기력 때문이라고 해석한다.

비슷한 방식으로 전자들도 힉스 힘(Higgs force)을 통해 서로 끌어당길 수 있다. 균일한 힉스장은 힘을 생성하지 않지만, 전자 주위의 힉스장은 균일하지 않다(《그림 44》의 오른쪽 아래 참조). 힉스장과 전자장은 상호작용하기 때문에 전자는 전자 주위의 0이 아닌 힉스장, 특히 가까운 곳의 힉스장을 왜곡하고, 자기 근처의 다른 전자가 일으키는 힉스장의 변화를 포함해 주변 힉스장의 어떤 변화에도 반응한다. 그 결과 두 전자는 서로를 끌어당긴다.

물론, 이론적인 이야기라는 것은 인정한다. 전자를 서로 끌어당기게 하는 힉스 힘은 전자의 전기적 반발력에 비해 너무 미미해서, 실제로 이를 관측할 수 있는 사람은 아무도 없다. 힉스 힘은 모든 원자와 원자 내의 아원자 입자들에 대해 무시해도 될 만큼 매우 작다. 곧 살펴보

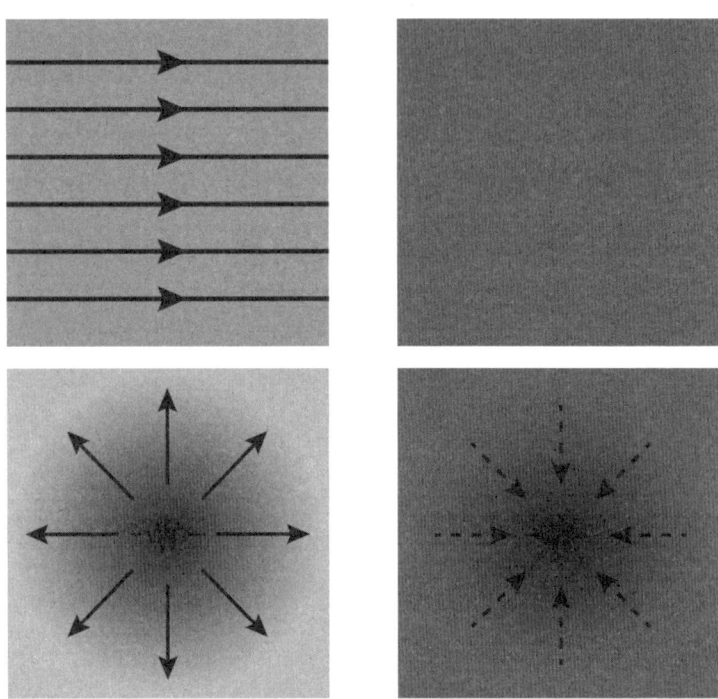

그림 44 (왼쪽) 방향을 가리키는 장의 값이 상수일 때(위쪽), 또는 파동입자 주위에서처럼 가변적일 때(아래쪽), 힘을 생성할 수 있다. (오른쪽) 방향을 가리키지 않는 장은 장의 값이 일정할 때(위쪽) 힘을 생성할 수 없지만, 파동입자 주위에서처럼 장의 값이 변화할 때는(아래쪽) 힘을 생성할 수 있다. 화살표는 힘의 방향을 나타내며, 화살표가 왼쪽 그림에서는 방향을 가리키는 장의 방향을, 오른쪽 그림에서는 방향을 가리키지 않는 장이 어떻게 변하는지를 나타낸다.

겠지만, 이는 전자와 업 쿼크, 다운 쿼크의 정지 질량이 매우 작다는 사실과 관련이 있다. 하지만 정지 질량이 큰 톱 쿼크와 W보손 및 Z보손의 경우((382쪽 〈표 6〉 참조), 입자들 사이의 힉스 힘은 이들 입자가 경험하는 다른 어떤 힘만큼이나 강력할 수 있다. 아마도 힉스 힘은 톱 쿼크와 톱 반쿼크 사이에 유도되는 인력을 통해 실험적으로 처음 관측될 가능성이 높다.[4]

20
힉스장의 작동 방식

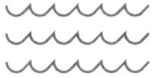

타는 듯한 어느 여름, 한 낯선 사람이 다가와 버려졌던 것이 분명한 기타를 건넨다. 기타 줄은 길게 늘어져 있고, 손가락으로 퉁기려 하면, 마치 익은 스파게티처럼 축 늘어진다. 선뜻 기타를 건네받을 마음이 없지만, 낯선 이는 기타 줄에 마법이 깃들어 있다고 주장한다. 기타를 냉장고에 넣으라고, 줄이 충분히 차가워지면 갑자기 팽팽해질 것이라고, 그러면 줄이 공명하게 되고 기타는 음악을 연주하게 될 것이라고 말한다.

　아주 먼 옛날 우주가 탄생했다. 타오를 듯이 뜨거웠던 우주는 파동입자들로 가득 차 있었다. 이 우주의 장에는 격렬하게 소용돌이치는 힉스장이 있었다. 하지만 우주가 팽창하고 식으면서, 힉스장의 평균값이 갑자기 0이 아닌 값이 되었다. 이때, 이전까지 축 늘어져 있던 많은 장들이 갑자기 팽팽해졌고, 장들은 고유의 공명 주파수를 얻게 되었으며, 장의 파동입자는 존재 에너지와 정지 질량을 갖게 되었다.● 이렇게 우주는 힉스장의 영향을 받아 오늘날의 양자 악기로 변화하게 된 것이다.[1]

○

"그러니까 힉스장이 일종의 '경화제'라는 말이야?"

"그래, 맞아." 내가 동의했다. "그렇게 생각해도 되지."

"그럼 일종의 옥수수 전분 같은 건가?"

나는 잠시 망설였다. "음, 정확히 말하면 아니야. 옥수수 전분은 다른 물질들을 딱딱하게 하는 물질이지만, 힉스장은 물질이 아니야. 게다가 힉스장은 물질을 팽팽하게 만드는 게 아니라 다른 장들을 팽팽하게 하지. 다른 장들이 다르게 진동하게 만들고, 그게 입자들이 정지 질량을 갖게 되는 방식과 관련이 있어."

친구가 어리둥절한 표정으로 바라보았다. 전적으로 나의 잘못이었다. 친구에게 파동입자나 정지 질량이 진동하는 존재 에너지가 되는 것에 대해 아무것도 설명하지 않은 채 도통 이해하기 어려운 말들을 늘어놓았던 것이다. 하지만 나는 언젠가 이 모든 것에 대해 명확하고 꼼꼼하게 설명하겠노라고 약속했다. 바로 지금 그 약속을 지키려 한다.

기본적인 개요는 이렇다. 우리가 알고 있는 대부분의 기본장은 처

● 여기서 '팽팽하다'는 표현은 파동이 생길 수 있음을 의미한다. 반대로 '늘어졌다'라는 표현은 파동이 생길 수 없음을 의미한다.

음에는 흐물흐물 늘어진 상태에서 시작했다. 즉, 팽팽한 상태가 아니었다. 기본장이 공명 주파수도 없고 정상파도 없었다는 뜻이다. 하지만 오늘날 기본장은 힉스장에 의해 팽팽해졌다. 이제는 느슨하게 늘어져 있지 않고 생기 있게 울리고 있는 것이다. 이렇게 기본장의 파동입자들은 17장 2절에서 다룬 공명 주파수와 정지 질량의 관계식에 따라 정지 질량을 얻게 되었다.

우리가 일상생활에서 접하는 경화제는 힉스장이 작동하는 방식과는 다소 다르다. 안타까운 일이다. 만약 모두가 단번에 이해할 수 있는 간단한 비유가 있었다면, 사람들이 굳이 힉스 핍을 만들어내지 않아도 되기 때문이다. 확실한 지름길이 없는 만큼 여기서는 차근차근 순서를 밟아 힉스장이 하는 일을 설명해 나갈 것이며, 각 단계마다 힉스장이 어떻게 자신의 일을 해내는지에 대한 통찰을 더해가려 한다.

20장 1절에서는 힉스장이 장을 팽팽하게 하는 것을 중력이 진자에 미치는 효과와 비교하는, 느슨하지만 유익한 비유로 시작하려 한다. 이 예시만으로도 이미 많은 사람들에게 충분히 도움이 될 것이다. 20장 2절에서는 진자의 예보다 더 나은 그러나 더 복잡한 비유들이 이어진다. 다만 이 비유들은 선택 사항이므로, 책의 나머지 부분을 이해하는 데 필수적이지는 않다. 너무 자세하다거나 불필요하다고 느끼는 사람이라면 이 부분을 건너뛰거나 주마간산 격으로 살펴보고 넘어가도 무방하다.

20.1 첫 번째 비유

'팽팽한(stiff)', '늘어진(floppy)', 그리고 '팽팽하게 만드는 요인(stiffening agent)'이라는 용어는 일상적으로 쓰는 말이나 물리학계 용어에서도 명확하게 정의되어 있지 않다. 이 책에서 이 용어들을 어떤 의미로 사용하는지 가장 쉽게 알 수 있는 방법은 예시를 통해 보는 것이니 바로 예시로 들어가 보자.

첫 번째 예시는 중력이 진자 끝에 매달린 공의 위치를 팽팽하게 만드는 경우이다. 어떤 면에서는 거친 비유지만, 다른 관점에서 보면 (곧 알게 되겠지만) 놀랍도록 좋은 비유이다.

만약 줄 끝에 공을 달아 심우주처럼 중력장이 0인 곳에 놓는다면, 공은 목적 없이 이리저리 떠다니게 된다. 공을 살짝 밀어주면 위치가

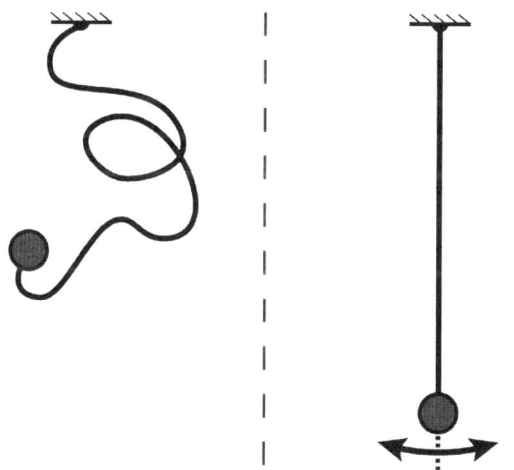

그림 45 (왼쪽) 중력이 없으면 진자는 진동하지 않는다. (오른쪽) 중력장은 공의 위치를 팽팽하게 하는 요인으로 작용한다.

천천히 이동할 수는 있지만, 앞뒤로 진동하지는 않을 것이다.

하지만 〈그림 45〉처럼 중력이 0이 아닌 곳에 공을 놓으면, 모든 것이 달라진다. 이제 공은 아래(즉, 중력장이 가리키는 방향)로 매달리게 되고, 공을 건드리면 흔들린다. 이 흔들림은 공의 위치가 팽팽해졌다는 것을 의미한다.

공이 똑바로 매달려 정지해 있을 때, 우리는 공이 '평형 상태' — 안정적이고 균형 잡힌 상태, 따라서 다른 데로 갈 이유가 없는 상태 — 에 있다고 말한다. 만약 공을 평형점에서 오른쪽으로 밀면 다시 왼쪽으로 흔들려 돌아오고, 왼쪽으로 밀면 다시 오른쪽으로 돌아온다. 이렇게 공의 위치가 평형점을 향해 되돌아가는 경향을 복원력, 또는 더 일반적으로 '복원 효과'(항상 힘이 작용하는 것은 아니기 때문이다)라고 부른다. 복원 효과가 바로 공의 위치를 팽팽하게 만드는 원인이다. 복원 효과 덕분에 공은 떠다니지 않고 평형점에서 벗어나면 진동하는 것이다.

이 비유에서 중력장은 팽팽하게 만드는 요인 역할을 한다. 중력장이 없으면, 복원 효과도 없고, 진자의 공명 주파수도 0이 된다. 중력장의 값이 클수록 복원 효과는 강해지고, 진자의 공명 주파수도 더 높아진다. 이런 패턴을 잘 기억해두길 바란다.[2]

여기서 주목할 점은 중력장이 공 자체를 팽팽하게 만든 것이 아니라는 점이다. 공 자체는 변하지 않는다. 대신, 중력은 공의 '위치'를 팽팽하게 했는데, 우리는 이것을 공의 속성 중 하나로 볼 수 있다. 이는 힉스장의 작용과 유사하다. 힉스장은 매질(또는 다른 물질적 대상)이 아니라 장 자체를 팽팽하게 하고, 이런 의미에서 힉스장은 물질이 아니라 물질의 성질에 영향을 미친다.

좀 더 구체적으로 말하자면, 중력이 공의 위치에 복원력을 만들어 진자를 다시 평형점으로 돌아가게 하듯, '힉스장도 다른 기본장에 복원 효과를 만들어' 이들 장의 값을 0으로 되돌리는 역할을 한다.[3]

중력의 복원 효과로 인해 진자는 공명 주파수로 진동한다. 이와 유사하게, 힉스장의 복원 효과는 다른 장의 0이 아닌 값을 0으로 되돌려서 해당 장에서 정상파가 생성되도록 한다. 이렇게 생성되는 정상파는 17장 1절에서 정지한 전자에 대해 상상했던 파동과 정확히 일치한다. (《그림 41》은 줄 위에 생긴 유사한 파동을 그린 것이다. 20장 2절의 예시들을 보면 왜 파동이 이런 특이한 형태를 취하는지 더 명확해질 것이다.)

만약 중력장의 값이 0이라면, 공은 자유롭게 떠다닐 수 있고 진동하지 않을 것이다. 마찬가지로 힉스장의 평균값이 0이라면, 대부분의 장은 정상파를 생성하기에 필요한 팽팽함을 갖지 못하게 된다. 이렇게 "늘어진" 장을 교란하면, 진행파만 생성될 뿐이다.

반대로 중력장의 값이 클수록 진자의 주파수는 높아진다. 같은 이유로 힉스장의 값이 클수록 다른 장들에 미치는 복원 효과가 더 강해지고, 장들의 정상파 주파수도 높아진다.

언뜻 보기에 이 비유는 꽤 잘 맞는 것처럼 보인다. 첫째, 복원 효과가 새로운 진동 모드를 가능하게 한다는 것을 보여준다. 둘째, 팽팽하게 만드는 요인 역할을 하는 힉스장의 평균값에서 어떻게 복원 효과가 발생하는지 설명해준다. 이를 반영하듯이, 힉스장이 다른 장에 미치는 영향에 관한 수학 공식은 중력이 진자에 미치는 영향을 설명하는 공식과 놀라울 정도로 유사하다.

하지만 유사성은 단지 표면적인 것일 수도 있다. 새, 박쥐, 벌은 모두 날 수 있지만, 자세히 살펴보면 상당한 차이를 보이는 것처럼, 유사한 현상이 정확히 유사한 원인을 갖는다고 기대할 이유는 없다. 힉스장의 경우에는 진자의 사슬이나 지지대, 심지어 공에 해당하는 것이 전혀 없을 수도 있다.

이 점을 강조하기 위해 이제 중력이 완전히 다른 방식으로 공의 위치를 팽팽하게 만들 수 있음을 보여주는 또 다른 예시를 살펴보려고 한다. 〈그림 46〉과 같이 그릇 안에서 공이 굴러가는 상황을 상상해보자. 중력이 없다면, 공은 그릇 위 아무 곳에나 (심지어 그릇 밖에도) 있을 수 있다. 하지만 중력이 0이 아니면, 팽팽함의 모든 특징이 나타난다. 중력은 진자에서 본 것과 유사한 복원 효과를 통해 공을 그릇의 중심, 즉 평형점으로 끌어당긴다. 앞서와 마찬가지로 중력이 강할수록 복원 효과도 더 강해지고, 진동의 주파수도 높아진다.

겉으로 보기에 그릇 안에서 공이 앞뒤로 움직이는 모습은 진자의 운동과 매우 비슷해 보인다. 두 운동을 설명하는 수학 공식도 비슷하다 (진동의 진폭이 매우 작을 때는 구별할 수 없을 정도이다. 하지만 더 깊이 파고들면 차이점이 드러난다).

지금까지 우리는 팽팽하게 만드는 요인에만 초점을 맞췄지만, 팽팽하게 만드는 요인이 항상 필요한 것은 아니라는 점을 이해하는 것이 중요하다. 특정한 장은 원래부터 팽팽할 수 있는 능력을 가지고 있어서, 이 장의 파동입자는 팽팽하게 만드는 요인이 없어도 정지 질량을 가질 수 있다. 다음 비유에서 볼 수 있듯이 이는 일반적인 물체의 속성에도 해당한다.

〈그림 46〉의 아래쪽에는 두 개의 수평 스프링 사이에 매달린 공이 그려져 있다. 이 공에도 복원 효과가 작용한다. 평형점은 중앙에 있고, 공을 어느 한쪽으로 움직이면 스프링이 공을 다시 중앙으로 끌어당긴다. 앞의 비유와 달리, 여기서는 중력이 아무런 역할을 하지 않는다. 이 공의 위치는 '원래 팽팽하기' 때문에, 팽팽하게 만드는 요인이 없어도 진동할 수 있다.[4]

이제 한 걸음 물러나 과학자들이 이 분야에서 마주하는 문제를 생각해보자. 책에서는 이 예시들이 어떻게 작동하는지 보여주기 위해 그림을 그렸지만, 만약 사슬, 그릇, 스프링이 모두 보이지 않고, 공의 운동과 중력장의 값만 관찰할 수 있다고 가정해보자. 그래도 우리가 공의 운동을 이해하고, 예측하고, 해석할 수 있을까? 물론이다. 체계적인 세

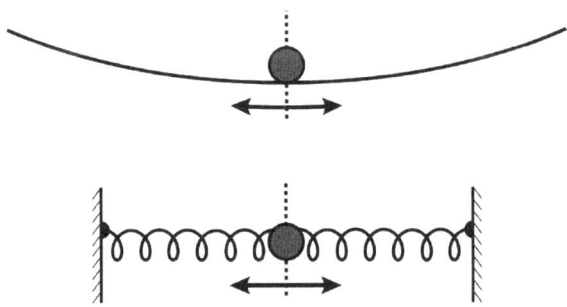

그림 46 (위) 중력이 있는 상태에서 공을 그릇에 놓으면, 공의 위치가 팽팽해진다. (아래) 두 개의 스프링에 의해 공의 위치가 결정된다면, 공의 위치는 중력이 없는 상태에서도 팽팽하다.

단계의 과학적 조사를 수행한다면 가능하다.

첫째, 우리는 공의 위치가 팽팽한지 살펴볼 것이다. 즉, 복원 효과가 있는지 확인하는 것이다. 이를 알아내기 위해서는 공을 살짝 건드려 보고 공이 어떻게 움직이는지 관찰하면 된다. 공이 진동하면 공의 위치가 복원 효과에 의해 팽팽해졌다는 것이고, 여기서 복원 효과의 세기는 진동의 주파수에 반영되어 있다. 만약 공이 그냥 떠다닌다면, 복원 효과도 없고 팽팽함도 없는 것이다.

둘째, 만약 공의 위치가 팽팽하다는 사실을 알게 되었다면, 다음으로 팽팽하게 된 것이 팽팽하게 만드는 요인 때문인지 아닌지를 물어야 한다. 중력장을 변화시켜 봄으로써 중력이 어떤 역할을 하는지 조사할 수 있다. 이를테면 공을 중력이 조금 더 약한 산 정상으로 가져가거나 중력이 거의 없는 심우주로 가져갈 수 있다. 만약 중력이 약해질수록 진동이 느려지고, 중력이 전혀 없을 때 진동이 멈춘다면, 중력장이 팽팽하게 만드는 요인으로 작용하고 있음을 알 수 있다. 그렇지 않다면, 우리는 중력이 관여하지 않는다고 추론할 수 있고, 그 경우 스프링 사이에 있는 공처럼 공의 위치가 원래 팽팽할 가능성이 있다고 추론할 수 있다.

마지막으로, 만약 중력장이 팽팽하게 만드는 요인이라는 결론에 도달했다면, 공이 진자에 매달려 있는지, 그릇 안에서 구르고 있는지, 아니면 다른 복잡한 환경에 놓여 있는지를 알아내야 한다. 이를 위해서는 훨씬 더 정교한 실험이 필요하다. 예를 들어, 흩어지기가 진동의 진폭에 미치는 영향이나, 매우 큰 진폭이 진동의 주파수에 미치는 영향을 연구하는 것으로 단서를 찾을 수 있다.

우주를 구성하는 기본장에 대한 우리의 질문도 이와 유사하므로, 마찬가지로 세 가지 단계로 접근할 수 있다. 첫째, 특정 장이 팽팽한지 팽팽하지 않은지 확인하는 것이다. 누구라도 쉽게 알 수 있다. 만약 어떤 장이 정지 질량이 0이 아닌 파동입자를 가지고 있다면, 그 장은 정상파를 가질 수 있으므로 팽팽할 것이다. 우리가 알아야 할 모든 것은 〈표 6〉(382쪽)에 이미 나와 있다. 예를 들어, 전자장과 쿼크장은 팽팽하고, 전자기장은 늘어져 있다.

두 번째 단계는 힉스장이 본질적으로 팽팽한지,[5] 또는 팽팽하게 만드는 요인을 가지고 있는지[6] 묻는 것이다. 이 질문은 진동하는 공의 경우보다 훨씬 더 어렵다. 왜냐하면 힉스장의 값을 실제로 변화시켜서 그 변화가 힉스장의 정상파에 어떤 영향을 미치는지 실험적으로 확인할 방법이 없기 때문이다.

과학자들은 1950년대와 1960년대를 거쳐 1970년대까지 서서히 힉스장에 대한 통찰을 키워나갔다. 약한 핵력(W장과 Z장이 매개 역할을 함)에 대한 실험적 연구와 실험 결과를 설명할 수 있는 이론적 연구가 결정적 역할을 했다. 이들 연구를 통해 당시 알려진 어떤 기본장도 본질적으로 팽팽할 수 없다는 사실이 점차 분명해졌다.[7] 1970년대 후반이 되어 〈표 6〉에 있는 모든 팽팽한 장들은 힉스장 자체를 제외하고는 모두 팽팽하게 만드는 요인을 필요로 한다는 것을 이해하게 되었다.

놀라운 것은 (그리고 전혀 자명하지 않은 사실은) 오직 하나의 힉스장만이 〈표 6〉에 있는 다른 모든 팽팽한 장들을 팽팽하게 만드는 요인 역할을 할 수 있다는 점이다. (상상할 수 있는 많은 우주에서는 이렇게 간단한 시나리오를 위한 수학적 조건이 성립하지 않는다.) 이 가장 단순한 시나리오를 '표준모형(Standard Model)', 또는 '최소 표준모형(Minimal Standard Model)'이라고 부른다. 앞으로 설명하겠지만, 자연은 최소 표준모형이 설명하는 것보다 더 복잡할 수도 있다. 하지만 2023년 현재까지 LHC에서 얻은 모든 데이터는 최소 표준모형을 지지하고 있다.

마지막으로, 세 번째 단계는 장이 팽팽하게 되는 근본적인 원인을 진단하는 것이다. 이는 현재 우리의 실험 능력을 훨씬 뛰어넘는 작업이다. 우리는 공의 위치를 팽팽하게 만드는 여러 가지 방법이 있다는 것을 이미 보았다. 마찬가지로 장을 팽팽하게 만드는 방법도 여러 가지를 상상할 수 있다. 공을 가지고 하는 간단한 실험으로 중력의 역할을 확인할 수 있지만, 이 실험이 그릇과 진자를 구별해주지는 못하는 것처럼, 현재의 입자물리학 실험은 힉스장이 팽팽하게 만드는 요인 역할을 한다는 사실만을 확인해 줄 뿐이다. 어떻게, 왜 그런지에 대해서는 (이런 질문에 의미 있는 답이 있다고 해도) 아직 전혀 알 수 없다. 힉스장과 그 결과의 이면에 무엇이 있는지 보다 완전한 그림을 얻으려면, 우주장의 기원과 빈 공간의 본질을 이해할 필요가 있다. 하지만 우리는 아직 그러한 이해 수준에 근접한 것 같지 않다.

20.2 더 가까운 두 가지 비유

지금까지의 비유에서 가장 큰 한계는 파동이 없었다는 점이다. 힉스장 이야기의 핵심은 파동입자이기 때문에, 이제 파동이 직접 등장하는 두 가지 비유를 살펴보자. 다시 말하지만, 이 비유는 책의 나머지 부분과는 아무런 관련이 없기 때문에, 파동이 어떻게 작동하는지를 완벽하게 이해할 필요는 없다. 여러분이 이 비유를 유용하게 생각하길 바라지만, 이 짧은 부분을 건너뛰거나 대충 훑어봐도 이후 장을 이해하는 데는 아무런 지장이 없다.

먼저 이전 예시의 공을 1차원적인 일반 매질인 줄로 대체해보자. 그런 다음에는 줄을 완전히 3차원적인 일반 매질로 바꿔보자. 이 두 예시의 핵심은 팽팽하게 만드는 요인의 복원 효과가 왜 정상파를 발생시키는지 보여주는 데 있다.

어떤 줄이든 진행파를 가질 수 있다. 양 끝이 고정된 줄은 정상파도 가질 수 있는데, 가장 단순한 정상파는 단 하나의 마루만을 가진다. 이 두 종류의 파동은 〈그림 23〉(220쪽)과 〈그림 25〉(224쪽)에 그려져 있으며, 〈그림 47〉의 왼쪽과 중앙에는 다른 시각적 관점으로 그려져 있다. 두 경우 모두 파동이 없을 때 줄의 위치가 점선으로 표시되어 있다. 파동은 이 점선을 중심으로 진동한다.

기타 줄의 고정된 끝은 정상파에서 중요한 역할을 한다. 고정된 끝은 줄이 기타에서 이탈해서 떠다니는 것을 방지할 뿐만 아니라 복원 효과를 만들어내는 데도 도움을 준다. 복원 효과가 없으면 정상파는 존

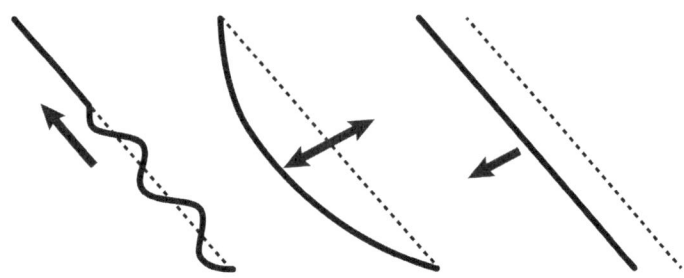

그림 47 (왼쪽) 줄의 진행파. 이 진행파는 어떤 주파수라도 가질 수 있다. (가운데) 기타 줄과 같이 끝이 고정된 줄의 정상파는 줄의 공명 주파수에 따라 진동한다. (오른쪽) 끝이 자유로운 줄(또는 무한히 긴 줄)을 가볍게 밀면, 줄이 이동한다. 각각의 경우 점선은 줄의 초기 위치를 나타낸다.

재할 수 없다. 만약 줄을 느슨하게 하거나 길이를 더 길게 하면, 고정된 끝의 효과가 감소하고, 복원 효과의 힘도 약해지며, 따라서 정상파의 주파수도 낮아진다.

줄의 양 끝을 완전히 풀어 줄을 자유롭게 떠다니게 하거나, 줄이 무한히 길어진다면, 복원 효과는 완전히 사라지고, 정상파의 주파수가 0이 되어, 정상파가 존재할 수 없게 된다. 이 경우 줄을 뜯으면 진행파만 발생한다. 마찬가지로 줄 전체를 살짝 건드리면 〈그림 47〉의 오른쪽에 나타난 것처럼 줄이 원래 위치에서 천천히 멀어져 떠다니게 된다. 이런 경우 복원 효과가 존재하지 않기 때문에 줄은 원래 상태로 되돌아갈 수 없다.

하지만 줄을 점선 쪽으로 다시 끌어당기는 새로운 복원 효과를 추가하면 상황이 달라진다. 그러면 줄은 복원 효과로 인해 새로운 정상파

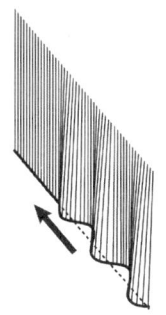 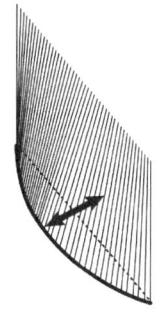 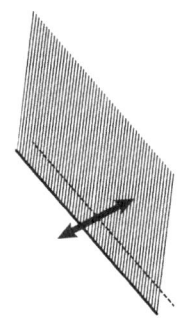

그림 48 〈그림 47〉과 같지만, 커튼의 아래쪽에 줄이 연결되어 있다. (왼쪽) 이 진행파는 일반적인 진행파와 세부적으로 조금 다르다. (가운데) 이 정상파는 끝이 고정된 줄의 정상파와 세부적으로 조금 다르다. (오른쪽) 끝이 고정되어 있지 않은 줄, 또는 무한히 긴 줄이 더 이상 이동하지 않고, 중력과 커튼에 의해 줄 전체가 진동한다.

를 보여준다. 이를 위해 우리는 줄을 확장된 진자로 만들 것이다. 매달린 사슬 끝에 공을 다는 것처럼, 줄 전체를 천장에서 늘어진 커튼의 아래쪽에 부착하는 것이다.

이렇게 해도 줄에는 여전히 진행파가 존재한다(〈그림 48〉의 왼쪽 참조). 줄의 양쪽 끝이 고정되어 있다면, 〈그림 48〉의 중앙 그림처럼 익숙한 정상파가 만들어진다. 질적으로 보면, 이 정상파는 커튼이 없을 때와 크게 다르지 않다.[8]

하지만 이제 줄을 무한히 길게 만들거나 양 끝을 풀어버린다고 상상해보자. 줄 전체를 건드려도 이제는 〈그림 47〉의 오른쪽 그림처럼 줄은 더 이상 점선에서 멀리 떠다니지 않는다. 대신 중력장과 커튼 덕분에 줄은 평형선 역할을 하는 점선 쪽으로 다시 끌리는 복원 효과가 나타난다. 진자의 추가 평형점으로 다시 끌리는 것과 매우 유사한 일이 벌어지는 것이다. ⟨그림 48⟩의 오른쪽 그림에서 볼 수 있듯이, 줄 전체가 하나의 단위로 앞뒤로 흔들리며 진동하는 진자처럼 점선을 중심으로 진동한다.

여기서 줄은 가장 극단적인 형태의 정상파, 즉 전체 길이에 걸쳐 균일하게 진동하는 상태에 있다. 이 파동은 전부 마루였다가 전부 골이 된다. 기타 줄의 정상파에서 볼 수 있는 끝부분의 점차적인 소멸조차도 이 파동에서는 볼 수 없다. 이 책에서 다루는 모든 파동 중에서 이 파동은 앞서 여러분에게 상상해보라고 했던 정지한 전자의 정상파(367쪽의 ⟨그림 41⟩)와 가장 닮아 있다.

우연한 일은 아니다. 당시에는 말하지 않았지만, 전자가 이런 식으로 진동할 수 있는 것은 복원 효과의 영향을 받기 때문이다. 복원 효과는 힉스장에 의해 생성된다. 힉스장은 전자장을 팽팽하게 만드는 요인 역할을 하는데, ⟨그림 48⟩의 오른쪽에 있는 파동에서 중력이 팽팽하게 만드는 요인 역할을 하는 것과 매우 비슷하다. 이 두 비유는 매우 닮아 있으며, 심지어 수학적으로도 일치한다.

현악기와는 달리, 이 정상파에서는 줄의 길이나 끝의 상태가 중요하지 않다. 대신 파동의 주파수 — 즉, 줄의 공명 주파수 — 는 줄 주위의 균일한 중력장 값이라는 환경 요인에 의해 결정된다. 중력장 값이 클수록 복원 효과가 강해지고, 정상파의 주파수도 커진다. 반대로 중력장 값이 0이 되면, 복원 효과가 사라지고 줄은 진동하는 대신 자유롭게 떠다니게 된다.

10장 2절에서 우주에는 악기에서는 볼 수 없는, 무한히 길거나 또는 엄청나게 긴 물체가 높은 공명 주파수로 진동하는 정상파를 만들 수 있는 비책을 숨기고 있다고 이야기한 바 있다. 여기에 바로 비책의 예시가 있다. 환경에 의해 생성된 복원 효과가 핵심 요소다. 줄의 경우 중력이 환경 역할을 하고, 기본장의 경우에는 힉스장이 역할을 담당한다.

비록 커튼이 우리 눈에 보이지 않는다고 하더라도, 세 단계의 과학적 탐구를 적용해서 확인할 수 있다. 줄이 정상파를 생성한다는 것은 줄의 위치가 팽팽하다는 것을 증명한다. 정상파가 중력에 어떻게 반응하는지를 연구함으로써, 우리는 중력장이 팽팽하게 만드는 요인 역할을 한다고 추론할 수 있다. 이 과정에 커튼이 관여하고 있다는 사실을 알아내려면, 더 자세한 연구가 필요할 것이다.

이 비유는 앞 절에서 다룬 것들보다 개념적으로나 수학적으로 힉스장의 실체에 더 가깝다. 하지만 줄은 오직 하나의 선을 따라 존재하는 반면 힉스장에 의해 팽팽해진 장은 우주 전체, 즉 모든 3차원 공간에 존재한다. 따라서 힉스장 개념에 한 걸음 더 다가가기 위해 3차원 매질의 장이 0이 아닌 전기장 값에 의해 팽팽해지는 예시로 마무리하고자 한다.

여기서 살펴볼 과정은 자기장 속에서 있는 나침반의 거동과 유사하다. 지구의 중력장이 아래쪽을 가리키며 진자의 추를 팽팽하게 하는 것처럼, 지구의 자기장은 북쪽을 가리키며 나침반 바늘의 방향을 팽팽하게 한다《그림 49》. 나침반 바늘이 자기장에 맞춰 정렬하면, 바늘은 평형 상태에 있게 되고, 평형 상태에 있지 않다면 바늘에 복원력이 작용하여 다시 정렬 방향으로 되돌아간다. 자기장의 값이 0이라면, 복원 효과가 사라져 바늘은 아무 방향이나 가리킨다.

이와 비슷하게 0이 아닌 '전기장'을 따라 자연스럽게 정렬되는 바늘 모양의 분자들이 있다. 이 분자들은 액정 디스플레이(LCD)에서 사용하는 것과 유사한 종류의 '액정(liquid crystal)'에서 발견된다.

일반 매질에서 흔히 그렇듯 액정에는 수많은 장이 존재한다. 우리가 장으로 볼 수 있는 액정의 속성에는 질량 밀도, 압력, 흐름 등이 있다. 그러나 여기서 주목하는 속성은 13장의 〈그림 32〉(265쪽)에 나오는 자석의 자화장과 다소 유사한 분자의 '배향장(orientation field)'이다. 분자들이 가리키는 방향은 물체의 곳곳에서 달라질 수 있기 때문에 분자의 방향을 하나의 장으로 생각할 수 있다.

이 분자들은 액체를 이루고 있어 서로 이동하고 지나칠 수 있지만, 그 모양 때문에 종종 서로 정렬하려는 경향이 있다. 충분히 낮은 온도에서는 〈그림 50〉의 왼쪽 상단에서와 같이 분자들이 서로 평행하게

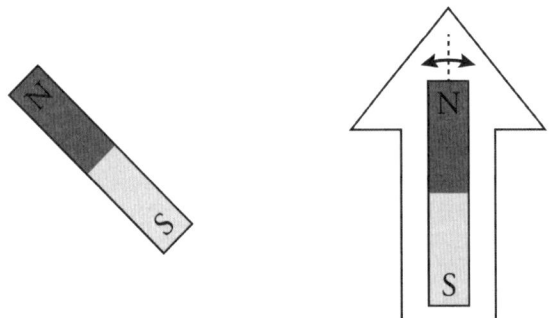

그림 49 (왼쪽) 근처 자기장이 0인 경우, 자화된 바늘은 아무 방향이나 가리킬 수 있다. (오른쪽) 0이 아닌 균일한 자기장(큰 화살표)이 작용하는 경우, 자화된 바늘은 자기장에 따라 정렬되고, 바늘의 방향이 팽팽해진다.

되어 배향장의 평균값이 균일하고 일정해진다. 하지만 자기장이 0인 상태의 나침반 바늘처럼, 액정 분자의 배향장은 어느 방향이든 자유롭게 가리킬 수 있다. 액정 분자는 평형 방향이 없고, 복원 효과도 작용하지 않는다. 만약 분자들이 남동쪽으로 정렬된 액정이 담긴 병을 천천히 90도 회전을 하면, 액정 분자들도 모두 함께 회전하여 이번에는 북동쪽으로 정렬된다. 이 변화를 보여주는 그림이 〈그림 50〉의 왼쪽에 있다.

이제 액정 전체에 걸쳐 동쪽을 향하는 0이 아닌 전기장을 만들어 보자. 〈그림 50〉의 오른쪽 상단에서 볼 수 있는 것처럼 전기장과 액정 분자 사이의 상호작용으로 인해 액정 분자들이 회전해 전기장 방향을

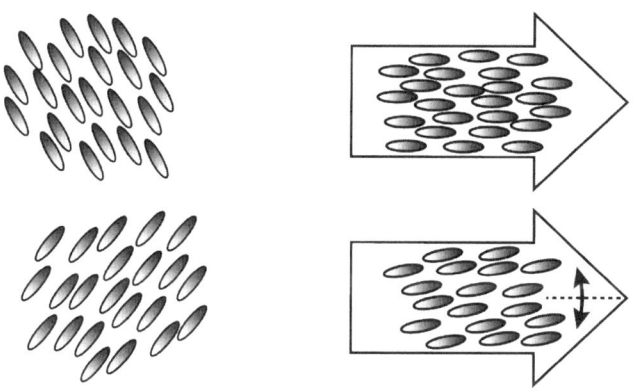

그림 50 (왼쪽) 액정의 길쭉한 분자는 이동할 수 있지만, 정렬하는 성향이 더 강하다. 액정 분자의 정렬 방향은 늘어진 장으로 볼 수 있다. 두 가지 동등한 방향이 표시되어 있다. (오른쪽 상단) 0이 아닌 균일한 전기장(큰 화살표)에서 액정 분자는 전기장 방향을 따라 정렬된다. (오른쪽 하단) 이제 액정 분자의 방향장이 팽팽하다. 모든 액정 분자의 방향을 전기장 방향에 대해 균일한 각도로 회전하면, 전기장의 복원 효과로 인해 액정 분자는 원래 상태로 정렬하려고 하면서 정상파가 발생한다(검은색 화살표).

따라 정렬된다. 액정 분자의 배향장이 팽팽해지고, 평형 방향은 동쪽이 되어 액정 분자가 평형 방향에서 벗어나면, 복원 효과가 작용해 배향장이 다시 전기장 방향을 따라 정렬한다. (이렇게 액정 분자의 배향을 제어하는 원리가 LCD 화면에서 선택적으로 패턴을 만드는 데 사용된다.) 병을 회전하면, 복원 효과로 인해 분자의 배향을 다시 동쪽으로 끌어당길 것이다(〈그림 50〉의 오른쪽 하단). 그러면 물질 내의 '모든' 분자들이 평형 배향을 중심으로 함께 진동하는 정상파가 발생한다. 이 배향장의 정상파는 〈그림 48〉의 오른쪽에 나타난 정상파가 줄 전체에 걸쳐 퍼지는 것처럼, 3차원의 전체 매질에 걸쳐 나타난다.[9]

중요한 사실은 전기장이 배향장을 팽팽하게 하지만, 매질 자체를 팽팽하게 하지는 않는다는 점이다. 매질은 여전히 액체로 남아 있으며, 분자들은 여전히 자유롭게 위치를 바꿀 수 있다. 한편, 흐름장이나 압력장과 같은 매질의 다른 장들은 여전히 늘어진 상태를 유지한다. 팽팽하게 만드는 요인인 전기장은 선택적으로 작용하기 때문에 어떤 장은 전기장과 상호작용하여 팽팽해지지만, 다른 장들은 영향을 받지 않는다. 힉스장 역시 일부 장과 상호작용하여 이들 장을 팽팽하게 하지만, 다른 장들과는 상호작용하지 않으며 변화시키지도 않는다. (그 장들을 기반으로 하는 매질인—실제로 존재한다고 가정하고—모든 곳에 존재하는 매질에 힉스장이 어떤 영향을 미칠지는 현재의 실험으로는 알아낼 가망성이 없어 보인다.)[10]

이 마지막 예시는 더 이상의 추상화나 기나긴 논의를 하지 않더라도 우리가 힉스장을 이해하는 데 최대한 가까이 다가갈 수 있는 사례일 것이다. 그래도 힉스장과 다른 장 사이에는 여전히 주목할 만한 차이점들이 있다.

첫째, 전기장과 달리 힉스장은 방향을 가리키지 않는 장이다. 이것은 세부적인 문제이긴 하지만, 19장에서 강조했듯이 상대성원리와 등속운동 법칙을 보존하는 데 있어 중요한 차이이다. 둘째, 이 예시는 일반 매질의 일반장과 관련이 있다. 여기서 알게 된 사실이 운동 측정 불가능한 매질이나 기본 페르미온장과 관련된 더 이색적인 상황에 그대로 적용될 수 있는 것은 아니다. 마지막으로, (비교적) 친숙한 물체들을 예시로 들어 우리가 이미지로 그려볼 수 있게 만듦으로써 이해하기 쉽도록 한다.

하지만 힉스장이 다른 장에 미치는 영향에 대해서는 이에 상응하는 시각적 이미지나 개념적 틀이 없다. 현재 기본장에 대해 이해하고 있는 바는 너무나 빈약하다고 할 수 있다. 이러한 예시들이 표면적인 특성뿐만 아니라 힉스장에 관한 수학에서 많은 부분을 공유하고 있지만, 힉스장이 실제로 어떻게 장을 팽팽하게 만드는지에 대한 근본적인 과정에 통찰을 준다고 기대하기는 어렵다.[11]

비유가 불완전해서 구체적인 결론을 도출하기에는 좀 모자라지만, 힉스장에 결정적으로 중요한 일반적인 교훈 두 가지를 얻을 수 있다. 첫째, 팽팽한 장은 늘어진 장과 달리 넓게 퍼진 정상파 ― 먼 거리까지 뻗어 나가면서도 높은 주파수로 진동할 수 있는 파동 ― 를 가질 수 있다. 이것은 팽팽한 전자장이 어떻게 정상파 파동입자를 가질 수 있는지를 설명해준다. 둘째, 늘어진 장도 팽팽하게 만드는 요인 역할을 하는 다른 장에 의해 팽팽해질 수 있다. 이것은 힉스장이 어떻게 전자장에 팽팽함을 부여할 수 있는지 설명해준다. 이 두 가지 요소가 함께 작용하여 정지 질량을 가진 전자가 존재할 수 있다.

    여기서 알게 된 기본적인 사실들은 여러 가지 세밀한 과학적 통찰과 합쳐져, 20세기 후반의 물리학자들이 힉스장에서 무슨 일이 일어나고 있는지 추측할 수 있게 해주었다. 물리학자들은 힉스장이 어떻게 다른 장을 팽팽하게 만드는지 설명하고, 그 결과가 무엇일지 예측할 수 있는 공식들을 만들어냈다. 이 공식들은 힉스 보손을 어떻게 찾아야 하는지, 그리고 힉스 보손을 발견할 가능성을 높이기 위해 LHC를 어떻게 설계해야 하는지 알려주었다. 오늘날에도 이 공식들은 계속 사용되고 있으며, 실험 입자물리학자들은 힉스 보손과 힉스장에 대해 더 깊이 이해하기 위해 이 공식들을 활용하고 있다.

/   **20.3 핍이여 안녕**   /

지금까지 우리가 살펴본 힉스장에 대한 설명은 아직 여러 가지 의미에서 불완전하다.[12] 여러분들에게 만족스러울 수도 만족스럽지 않을 수도 있다. 하지만 힉스 핍보다는 훨씬 나은 설명이라는 점은 인정해야 할 것이다. 힉스 핍의 한계는 이제 명확해졌다.

    먼저, 우리는 이제 '힉스장이 운동과 전혀 관계가 없다'는 것을 알게 되었다! 힉스장은 단지 장을 팽팽하게 하게 만들 뿐이다. 그것이 전부다. 파동입자나 정지 질량은 앞서의 예시들에서조차 등장하지 않았다. 힉스장은 공명 주파수에 영향을 주지만, 힉스장의 작용이 전자나 다른 것들의 정지 질량을 변화시키는 것은 오직 17장에서 다룬 주파수와 정지 질량의 관계(양자물리학과 아인슈타인의 상대성이론을 결합하여 얻은 관계)를 통해서만 가능하다.

비슷한 맥락에서 (이 책의 앞부분에서 자주 언급했듯이) 힉스장이 "소립자에 질량을 부여한다"고 말하는 것은 오해의 소지가 있다. '부여한다(give)'라는 표현은 힉스장이 기본 파동입자를 도와주는 것처럼 들리지만, 실제로는 오히려 힉스장이 파동입자의 삶을 더 힘들게 만든다. 특히 '힉스장은 파동입자에게 존재 에너지를 제공하지 않는다!' 다시 말해 힉스장은 에너지의 원천이 아니다. 힉스장은 단지 팽팽함의 원천이며, 복원 효과의 창조자일 뿐이다. 힉스장은 장을 더 팽팽하게 만듦으로써, 장의 파동입자가 존재하는 데 필요한 존재 에너지를 증가시키기 때문에 도와주는 존재라기보다는 방해물에 더 가깝다.

파동입자를 생성할 만큼 충분한 에너지를 확보한다는 것은 파동입자의 존재 에너지가 커지는 것이고, 이는 곧 정지 질량이 더 커진다는 것을 의미한다. 즉, 파동입자가 우주를 여행하면서 맞닥뜨릴 충격에 맞서 싸울 수 있는 방어막 역할을 하는 더 강한 비타협성을 갖는다는 뜻이다. 이런 의미에서 힉스장은 양날의 검과 같다. 만약 우리가 톱 쿼크를 만들어 모으고 싶은 상황이라면, 힉스장은 커다란 장애물이 된다. 비용을 극적으로 증가시키고 엄청난 양의 에너지를 소비하게 만들기 때문이다. 하지만 행성, 물, 그리고 인간을 만드는 데 필요한 원자를 대량으로 모으는 것이 목표라면, 힉스장은 최고의 조력자가 된다. 힉스장의 복원 효과가 없었다면, 전자는 광자처럼 쉽게 사라져버렸을 것이고 원자는 결코 형성되지 못했을 것이다.

힉스 핍에 대해 마지막으로 한마디 하고자 한다. 우리는 우주를 가득 채운 수프나 눈, 또는 당밀 같은 것이 있다는 증거를 본 적이 없으며, 실제로 증거를 찾을 필요도 없다. 장은 물질이 아니라 속성이며, 0이 아닌 평균값을 가진 장은 우주를 채우고 있는 (일반적인) 물질과는 다르다. 일반장과 그 매질이 이미 우리에게 이런 사실을 가르쳐주었다. 자화장의 평균값이 0이든, 0이 아니든 간에 철 덩어리는 철 원자로 가득 차 있다. 자화장의 변화는 철 덩어리에 있는 원자 수의 변화가 아니라 원자들의 정렬 상태가 변화하는 것을 의미한다. 마찬가지로, 중력장이 0일 때 비어 있는 것이 분명한 빈 공간은 중력장이 0이 아닐 때도 여전히 비어 있는 상태를(단지 뒤틀려 있을 뿐이다) 유지한다.

힉스장은 운동 측정 불가능한 힉스 에테르의 속성일 수도 있고, 매질이 전혀 없는 체셔 고양이 같은 장일 수도 있다. 하지만 어느 쪽이든 힉스장은 다른 우주장들과 마찬가지로 단지 빈 공간 '안에' 있으며, 어떤 방식으로든 빈 공간에 통합되어 있다. 힉스장의 평균값이 0이 아닐 때도 힉스장의 값이 0이었을 때와 마찬가지로 빈 공간은 비어 있고, 투명하며, 투과성이 있고, 운동 측정 불가능하며, 악몽과 같다는 것이 관측 결과 확인되었다. 힉스 보손이 발견되기 전까지 힉스장의 존재를 암시하는 유일한 단서는 다른 장들의 팽팽함과 그 장의 파동입자들이 가진 정지 질량뿐이었다. 우리 인간은 느리지만 마침내 그 단서를 찾았던 것이다.

21
해결되지 않은 기본적인 질문들

힉스 보손을 발견하고 힉스장의 실체를 확인하는 것이 이야기의 끝을 알리는 시작이라고 생각했을지도 모르겠다. 하지만 자연의 기본 파동 입자들이 어떻게 정지 질량을 갖는지 이해하는 데 실질적인 진전이 있었지만, 여전히 많은 주요 질문들이 남아 있다. 아직 해결되지 않은 기본적인 사실에 관한 문제, 실험적 지침이 필요한 개념적 수수께끼, 그리고 접근조차 어려워 보이는 근본적인 난제들이 남아 있다.

이 질문들을 이해하기에 앞서 우리는 적절한 맥락을 설정해야 한다. 첫째, 힉스장이 모든 팽팽한 장의 팽팽함을 책임진다고 가정해서는 안 된다. 20장 1절에서 우리는 〈그림 46〉(401쪽)의 스프링처럼 공의 위치가 팽팽하게 만드는 요인 없이도 본질적으로 팽팽할 수 있다는 것을 보았다. 이와 유사하게, 원래 팽팽하여 팽팽하게 만드는 요인이 필요 없는 기본장이 존재할 수도 있다. 또한 언젠가는 아직 발견되지 않은 별도의 요인을 통해 팽팽함을 얻는 장들을 발견할 가능성도 있다. 이런 생각들이 공허한 상상이 아닌 것은 우리가 이미 복잡한 방식으로 팽팽함을 얻는 기본장을 알고 있기 때문이다. 바로 힉스장 자체가 그렇다!

하지만 힉스장을 제외하면, 실험들은 단순한 이야기를 뒷받침한다. 즉, 지금까지 알려진 다른 모든 팽팽한 기본장들은 어떤 형태로든 팽팽하게 만드는 요인이 필요하다는 것이다. 그러나 파동입자의 정지 질량에 반영되는 주파수는 〈표 6〉(382쪽)에서 볼 수 있듯이 엄청나게 다양하다. 물론 기본장들의 다양한 주파수 차이가, 모든 장들이 단 하나의 '팽팽하게 만드는 요인'에 달려 있다고 보는 최소 표준모형과 일치하는지 의문을 가질 만하다.

그러나 놀랍게도 대답은 '그렇다'이다. 최근 발견된 힉스장이 〈표 6〉에 나온 다른 모든 장들을 팽팽하게 만드는 유일한 요인일 가능성이 크다. 그렇다면 다양한 정지 질량과 주파수의 폭넓은 차이는 이들 장이 힉스장과 상호작용하는 방식의 큰 차이에서 비롯된 것임에 틀림없다. 이제 이 상호작용에 주목해보자.

두 사람이 상호작용한다는 것은 각자의 행동이 서로에게 영향을 미친다는 것을 의미한다. 두 장이 상호작용한다고 할 때도 마찬가지다. 바람장과 공기의 압력장은 상호작용한다. 압력의 차이는 공기를 흐르게 하고, 강한 바람은 건물 주변에 압력이 쌓이게 만들 수 있다.

사람들 사이의 관계에서 알 수 있듯 어떤 상호작용은 다른 상호작용보다 더 강력하다. 평범한 지인들보다는 친구들 사이의 상호작용이 더 강하며, 서로에게 훨씬 더 큰 영향을 미친다. 마찬가지로 두 장 사이의 상호작용이 강할수록, 서로에게 더 쉽게 영향을 미친다. 전자기장과 전자장은 적당한 강도로 상호작용하기 때문에, 원자는 빛을 쉽게 흡수하고 방출할 수 있다. 또한 20세기의 텔레비전 브라운관에서처럼 자기장을 사용하여 전자빔을 쉽게 조작할 수 있다. 글루온장과 쿼크장 사이의 강력한 상호작용이 이들의 파동입자들을 모두 양성자와 중성자에 가두게 하는 원인이다. 반면, 중력장과 전자기장의 상호작용은 매우 약해서, 태양의 중력은 빛을 휘게 만들 수 있긴 하지만, 이 현상은 개기일식 때 성능이 우수한 망원경으로만 관측할 수 있을 정도이다.

표준모형에서 기본장(중력장과 힉스장은 특별한 경우이므로 제외한다)의 팽팽함은 두 가지 요소의 조합에서 비롯되는데, 첫 번째 요소는 기본장과 힉스장의 상호작용 세기이고, 두 번째 요소는 힉스장의 평균값이다. 표준모형에는 오직 하나의 힉스장만 존재하고, 평균값도 하나이기 때문에 '팽팽함의 다양성은 첫 번째 요소인 상호작용 세기의 다양성에 의해 발생한다.' 기본장들은 확실히 이질적 — 주파수가 40옥타브에 걸쳐 있다 — 이기 때문에 어떤 기본장들은 다른 기본장들보다 힉스장과 훨씬 더 강하게 상호작용한다. (이런 진술의 밑바탕에 깔린 간단한 수학적 설명은 20장의 미주 6에 나와 있다.)

예를 들어, W장, Z장, 톱 쿼크장은 정지 질량이 큰 파동입자들을 가지고 있기 때문에 힉스장과 강하게 상호작용을 한다. 실제로 톱 쿼크장의 공명 주파수가 전자장의 공명 주파수보다 높고, 톱 쿼크의 정지 질량이 전자의 정지 질량보다 같은 비율로 더 큰 이유는, 힉스장과 톱 쿼크장의 상호작용이 전자장과 힉스장 사이의 상호작용보다 약 34만

배 더 강하기 때문이다.[1]

만약 전자기장과 글루온장의 경우처럼, 어떤 장이 힉스장과 직접적으로 상호작용하지 않는다면, 힉스장의 값에 상관없이 그 장은 여전히 늘어진 상태로 남아 있게 된다.[2] 이것이 바로 우리 우주에서 광자와 글루온의 정지 질량이 여전히 0인 이유다.

팽팽함에 영향을 주는 두 가지 요소는 장의 주파수에 각기 다른 방식으로 작용한다. 힉스장의 값이 증가하면, 모든 팽팽한 장의 주파수와 이 장의 파동입자의 정지 질량이 동시에 증가하여, 두 정지 질량 사이의 비가 모두 동일하게 유지된다. (예를 들어, 힉스장의 값이 10배 증가하면, 톱 쿼크와 전자의 정지 질량이 모두 10배 커지지만, 두 정지 질량 사이의 비는 340,000으로 변하지 않는다). 이는 기타의 모든 화음을 유지하면서, 기타의 모든 줄을 고음으로 균일하게 조율하는 것(즉, 조옮김)에 비유할 수 있다.[3]

반면 힉스장의 평균값은 동일하나 전자장과 힉스장 사이의 상호작용이 10배 강해지면, 전자장의 주파수와 전자의 정지 질량만 10배 더 커지고 다른 모든 장과 이 장의 파동입자의 정지 질량은 변하지 않는다. (결과적으로 톱 쿼크의 정지 질량은 이제 전자 정지 질량의 34,000배가 되어 두 정지 질량 사이의 비가 10배 감소한다.) 이 비유는 기타 줄을 하나만 조율하고, 다른 줄은 그대로 두는 것과 같다. 그러면 기타의 화음이 달라진다.

21.1 이것이 정말 힉스장인가?

지금까지 설명을 단순화하기 위해 우리는 입자물리학자들이 상황을 충분히 이해하고 있다고, 즉 '힉스 보손'을 발견했고 다른 모든 장을 팽팽하게 만드는 기본장인 '힉스장'의 존재도 확인했다고 암묵적으로 가정했다. 이것이 바로 표준모형의 시나리오다. 하지만 표준모형은 LHC와 기존 실험의 데이터와 일치하는 가장 단순한 가설일 뿐이다. 표준모형은 좋은 가설일 수도 있고, 아닐 수도 있다. 오직 실험 데이터만이 진실을 판단할 수 있다. 이 장의 나머지 부분에서 우리는 표준모형의 가정에 의문을 제기할 것이다.

2012년 새로운 입자가 발견되었을 때, 과학자들의 첫 번째 과제는 이 입자가 정말로 힉스 보손(a Higgs boson)인지 확인하는 것이었다. 여기서 주목할 점은 내가 "'그(the)' 힉스 보손" — 유일한 힉스 보손 — 이 아니라 "'하나의(a)' 힉스 보손" — 팽팽하게 만드는 요인인 힉스장의 파동입자 중 하나 — 이라고 표기했다는 점이다.

이를 확인하기 위해 과학자들은 한 가지 단순한 사실에 주목했다. 즉, '두 장 사이의 상호작용이 강할수록 장의 파동입자들 사이의 상호작용도 강해진다.' 예를 들어, 전자기장은 전자장과 적당히 상호작용하지만, 중성미자장과는 상호작용하지 않는다. 따라서 광자는 전자와는 강하게 상호작용하지만, 중성미자와는 전혀 상호작용하지 않는다. 힉스장과 가장 강하게 상호작용하는 장들은 결국 가장 팽팽해지기 때문에 파동입자 역시 두 가지 관련된 특징을 보여야 한다. 첫째, 큰 정지 질량을 가져야 하고, 둘째, 힉스 보손과의 상호작용이 강해야 한다. 반대로, 정지 질량이 작거나 0인 파동입자는 힉스 보손과의 상호작용이 약하거나, 전혀 없어야 한다.

이 예측은 LHC에서 수집한 데이터로 확인하거나 반박할 수 있다. 구체적으로, 물리학자들은 각 유형의 파동입자에 대해 ① 정지 질량, ② 힉스 보손과의 상호작용 강도를 측정할 수 있다. 만약 힉스장이 실제로 해당 파동입자의 장을 팽팽하게 만드는 요인이라면, 정지 질량과 상호작용의 세기는 정비례해야 한다. 하나가 커지면 다른 하나도 커져야 한다. 이 예측을 확인하는 것을 '상호작용 검증'이라고 부른다. 만약 표준모형이 옳다면, 전자부터 톱 쿼크까지 모든 파동입자가 이 검증을 통과해야 한다.

2012년 새로운 입자가 발견되었을 때부터 이 입자의 성질은 장을 팽팽하게 만드는 요인의 파동입자와 유사했다. 2013년에는 이 입자가 정성적인 수준에서 상호작용 검증을 통과했다는 것이 분명해졌다. 물리학자들은 여기서 몇 페이지 뒤에 설명할 방법을 사용해 이 입자가 톱 쿼크, W보손, Z보손과 강하게 상호작용한다는 사실을 곧 밝혀냈다. 또한 이 입자가 톱 쿼크, 바텀 쿼크, 전자, 광자, 글루온과는 직접적인 상호작용이 거의 없거나 아예 없다는 사실도 알게 되었다. 이를 통해 노벨상위원회는 팽팽하게 만드는 요인의 파동입자 — 일종의 힉스 보손 — 가 실제로 발견되었다고 확신했다. 노벨상위원회는 1964년에 팽팽하게 만드는 요인을 최초로 제안한 두 편의 논문의 생존 저자들, 피터 힉스와 프랑수아 앙글레르(François Englert)에게 2013년 노벨 물리학상을 수여하기로 결정했다. (앙글레르의 공저자인 로버트 브라우트(Robert Brout)는 안타깝게도 이 발견을 보지 못하고 세상을 떠나 사후 수상은 이루어지지 않았다. 이들의 논문보다 약간 늦게 비슷한 아이디어를 담은 논문을 발표한 제럴드 구랄닉, 칼 헤이건, 토마스 키블은 아쉽게도 수상에서 제외되었다.)

오늘날에는 증거가 훨씬 더 강력해졌기 때문에 물리학자들은 거의 예외 없이 이 새로운 입자를 '하나의 힉스 보손'이라고 부르고, 그 장을 '하나의 힉스장'이라고 부른다. 그럼에도 이 입자가 우주에서 유일하게 방향성이 없는 기본장이거나 팽팽하게 만드는 유일한 요인인지는 확실하지 않다. 또한 표준모형에서처럼 우리가 알고 있는 기본장들에 대해 팽팽하게 만드는 유일한 요인인지조차 확신할 수 없다. 가상의 우주들을 탐구해보면, 표준모형 이외에도 지금까지의 데이터와 일치하는 다양한 가설이 존재함을 알 수 있다. 이들 중 어떤 가설이 옳은지 구별해줄 수 있는 것은 앞으로 LHC와 다른 장치에서 나올 미래의 데이터뿐이다.

표준모형은 때로 단순한 이론으로 취급되기도 하지만, 〈표 6〉에서 볼 수 있듯이 실제로는 꽤 복잡하다. 앞서 말했듯이, 표준모형은 '현재까지 알려진 모든 입자물리학 데이터와 일치하는 가장 단순한 가설'에 불과하다. 만약 자연의 모든 장이 본질적으로 팽팽해서 힉스장이 필요 없었다면, 자연은 훨씬 더 단순했을 것이다. 하지만 이런 시나리오는 수십 년 전부터 이어져 온 실험 결과와 명백히 모순되므로, 더 이상 고려할 필요가 없다. 반면, 만약 자연에 두 개 이상의 팽팽하게 만드는 요인이 존재하거나 힉스장이 복합장이라면, 상황은 훨씬 더 복잡해졌을 것이다. 따라서 표준모형을 아직은 우리가 사용할 수 있는 가장 간단한 선택지로 생각해야 한다.

우리 우주가 단 하나의 팽팽하게 만드는 요인으로도 충분하다는 사실은 신비롭고, 또 당연한 것으로 받아들여서는 안 된다. 왜냐하면 팽팽하게 만드는 요인이 더 많이 필요한 우주를 상상하는 것은 어렵지 않기 때문이다. 이는 우주의 세부 사항에 달려 있다. 예를 들어, 우리 우주와 동일하지만 광자의 정지 질량이 0이 아닌 우주에서는 두 번째 팽팽하게 만드는 요인(그리고 두 번째 힉스 보손)이 반드시 필요할 것이다. 반대로, 상상할 수 있고 생명체가 살 수 있는 많은 우주에서는 팽팽하게 만드는 요인을 전혀 필요로 하지 않을 수도 있다. 이를테면 우리 우주와 비슷하지만 W장과 Z장이 존재하지 않아 약한 핵력이 없는 우주에서는 모든 장이 원래부터 팽팽할 수 있다.

그러나 단 하나의 힉스장만으로도 우리 우주가 지금처럼 작동하는 데 충분하다고 해서 힉스장이 하나만 있다고 단정할 수는 없다. 자연이 항상 절약하고 효율적인 것만은 아니다. 일례로, 업 쿼크와 다운 쿼크 이 두 종류의 쿼크만 있어도 양성자와 중성자, 그리고 생명에 필요한 모든 원자핵을 만들 수 있지만, 실제로는 여섯 종류의 쿼크가 존재한다. 우주에 고유의 파동입자를 가진 힉스장이 추가로 존재하는지 여부는 오직 실험을 통해서만 알 수 있다.

또한 힉스장과 그 파동입자가 기본장과 기본 파동입자라고 단정하는 것도 아직은 시기상조이다. 양성자처럼 힉스 보손도 여러 개의 파동입자로 이루어졌을 수 있으며, 이 경우 힉스장은 아직 알려지지 않은 여러 장들이 또 다른 팽팽하게 만드는 요인들로 함께 작용해 만들어진 복합장일 수 있다. 하지만 만약 팽팽하게 만드는 요인이 여러 성분으로 이루어진 것이라면, 동일한 성분으로 만들어졌지만 구성이 다른 추가적인 복합장들도 반드시 함께 존재할 것이다. 여기에는 톱 쿼크장, W장 및 Z장과 같은 팽팽한 기본장은 물론이고, 힉스장과 유사한 장도 추가로 포함될 가능성이 크다. 이 사촌 장들 각각은 아직 발견되지 않은 자신만의 고유한 파동입자를 가지고 있을 것이다.

이러한 논리는 LHC 연구자들에게 비교적 명확한 과제를 제시한다. 힉스 보손을 처음으로 확인한 두 가지 대형 범용 실험(ATLAS와 CMS)에서 수집된 데이터를 통해 물리학자들은 다른 종류의 힉스 보손이나 이미 알려진 파동입자의 사촌들을 찾을 수 있다. 만약 이들이 발견된다면, 표준모형이 틀렸다는 증거가 되며, 힉스장이 유일하지 않거나, 기본장이 아니거나, 또는 두 가지 모두라는 점을 시사할 것이다. 하지만 지금까지의 탐구는 아무런 새로운 사실을 발견하지 못했다.

새로운 파동입자를 발견하지 못하더라도, 연구자들은 다른 방식으로 표준모형을 조사할 수 있다. 즉, 상호작용 검증이 질적으로, 또한 정밀하게 충족되는지 이 파동입자를 가지고 확인하는 것이다. 이러한 고정밀 측정을 위해서는 많은 수의 힉스 보손을 세심하게 연구할 필요가 있다. 이 때문에 과학자들은 입자들의 충돌 빈도를 높이기 위해 LHC를 업그레이드하려고 한다.

2023년 현재 ATLAS와 CMS는 W보손과 Z보손에 대해서는 높은 정밀도로 상호작용 검증을 수행했고, 타우 입자와 톱 쿼크, 바텀 쿼크에 대해서는 그보다 낮은 정밀도로, 뮤온에 대해서는 아주 낮은 정밀도로 상호작용 검증을 수행했다.[4] 한편, 광자와 글루온이 힉스 보손과 직접 상호작용한다는 징후는 아직 발견되지 않았는데, 이는 이들이 0인 정지 질량을 가지고 있다는 사실과 일치한다. 또한 힉스 보손이 업 쿼크, 다운 쿼크, 전자, 중성미자와 예상 외로 강하게 상호작용을 한다는 증거도 전혀 발견되지 않았다. 지금까지는 모든 것이 예상대로이다. 표준모형에 반하는 증거는 아직 없다. 우리는 정말로 오직 하나뿐인 힉스장의 파동입자를 발견한 것인지도 모른다.

하지만 실험 증거만으로는 결코 충분하지 않다. 지금까지 이루어진 상호작용 검증 중 가장 정밀한 것도 정확도가 15퍼센트 수준에 불과하다. 대부분의 파동입자에 대해서는 정확도가 5퍼센트를 넘지 못하며, 많은 파동입자의 경우 아직 비교 자체가 불가능한 상태이다.

아마 몇 년이 지나고 측정 기술이 계속 발전하면, 모든 종류의 파동입자가 상호작용 검증을 통과할 수 있을 것이다. 그러나 힉스장이 표준모형에서처럼 단순하지 않다면, 언젠가 이 검증을 통과하지 못하는 경우가 나올 것이다. 그때가 되면 우주에 대한 우리의 이해에 문제를 제기하고 변화를 일으킬 새로운 질문들이 제시될 것이다. 그 변화가 언제, 어떻게 올지, 그리고 그것이 단순한 변화일지, 아니면 근본적 변화일지는 오직 자연만이 알고 있다.

21.2 입자 붕괴의 비밀

상호작용 검증을 하려면, 파동입자의 정지 질량과 상호작용을 측정하는 것이 필요하다. 이 측정 가운데 일부는 특별한 실험이 필요하지 않다. 예를 들어, 광자와 전자는 우리가 이미 잘 알고 있을 정도로 일상생활에서 중심적인 역할을 한다. 그러나 파동입자 사이의 상호작용은 입자물리학 실험을 통해서만 밝혀낼 수 있다. 이제 그 방법이 어떤 것인지 간략하게 설명하고자 한다.

아마 누군가는 화학 시간에 배우지도 않고, 일반적인 물질에서는 아무런 역할도 하지 않는 파동입자를 언급하는 이유가 궁금했을지도 모르겠다. 우리는 왜 전자와 몇 가지 다른 기본 파동입자로만 이루어졌을까? 그 이유는 〈표 6〉의 마지막 열에 모두 나와 있다. 대부분의 기본 파동입자는 1초도 되지 않아 저절로 사라진다(과학자들은 이 현상을 "붕괴한다"고 표현한다). 따라서 대부분의 기본 파동입자는 일반적인 물체를 만드는 데 쓸 수 없다. (바로 이런 이유로 힉스 보손을 모래 속에서 찾지 않고, LHC에서 직접 만들어야 하는 것이다.) 1초 이상 살아남는 파동입자에는 우리를 구성하는 것들도 포함되어 있다. 또한 광자, 중성미자, 그리고 우주에는 풍부하게 있지만 너무 변덕스러워서 물질을 이루지 못하는 중력자도 오래 살아남는다.

파동입자가 붕괴할 때, 파동입자는 부품으로 분해되는 복잡한 기계나 파편이 발생하는 폭발 장치처럼 해체되는 것이 아니다. 또한 에너지 보존에 위배되기 때문에 그냥 무(無)로 사라질 수도 없다. 대신 붕괴란 일종의 변환이다. 어떤 장의 파동입자가 다른 장의 파동입자로 변환되는 것이다. 기타 줄의 진동이 음파로 변환되는 것과 같은 흩어지기의 또 다른 예라고 할 수 있다. 즉, 장의 진동 에너지가 다른 장의 진동으로 전달되는 것이다.

 기타 줄의 진동은 점차적으로 사라지며, 이때 줄의 진동 에너지는 점점 멀어지는 음파에 의해 전달된다. 하지만 파동입자의 붕괴는 마치 마법사가 저주나 축복의 말을 내뱉으며 마술 지팡이로 파동입자를 쳐서 새로운 무언가로 만드는 것처럼 갑작스럽게 일어난다. 이런 차이가 생기는 이유는 파동입자가 최소 진폭을 가진 파동이기 때문이다. 눈에 보일 정도로 진동하는 기타 줄은 서서히 진폭이 감소하지만, 파동입자는 그럴 수 없다! 파동입자의 진폭은 그대로 유지되거나, 한순간에 0이 되어야만 한다. 만약 진폭이 0이 되면, 파동입자의 에너지가 즉시 다른 파동입자에 전달되어야 한다.

 이렇게 에너지 전달이 일어나기 위해서는 붕괴하는 파동입자가 붕괴 과정에서 생성되는 다른 파동입자들과 잠시 상호작용해야 한다. 파동입자는 각기 해당 장의 파동이기 때문에, 해당 장들이 상호작용할 수 있을 때만 파동입자들 사이의 상호작용이 가능하다. 비유하자면, 기타 줄이 공기(혹은 장 중심적 언어로는 바람장)와 상호작용하지 않는다면, 기타 줄의 진동은 음파를 생성할 수 없다. 따라서 파동입자가 어떻게 붕괴하는지를 연구함으로써, 파동입자의 장이 다른 장들과 어떻게 상호작용하는지 알 수 있다. 예를 들어, Z보손이 중성미자로 붕괴할 수 있다는 사실에서 우리는 Z장과 중성미자장이 상호작용한다는 것을 알 수 있다. 더 나아가 각각의 붕괴 과정이 일어나는 속도, 또는 붕괴가 일어날 확률은 상호작용의 세기를 측정하는 데 활용될 수 있다.

편리하게도, 파동입자의 정지 질량 역시 측정할 수 있다. 단 측정이 가능하려면 붕괴 과정에서 생성되는 더 오래 살아남는 파동입자들을 모두 검출할 수 있어야 한다. 이 파동입자들의 에너지와 이동 방향을 정밀하게 측정하면, 물리학자들은 이를 역추적하여 원래 파동입자의 존재 에너지를 추정할 수 있다. 실제로 대부분의 파동입자의 정지 질량은 이렇게 측정된다.

이처럼 붕괴 현상은 실험물리학자들이 파동입자의 정지 질량과 상호작용 목록을 작성하는 데 도움을 준다. 하지만 이것만으로는 충분하지 않은데, 일부 상호작용은 붕괴로 이어지지 않기 때문이다. 그 이유 중 하나는 붕괴가 반드시 '정지 질량 감소의 규칙(rule of decreasing rest mass)'을 따라야 한다는 점 때문이다. 다시 말해, 붕괴에서 생성된 파동입자들의 총 정지 질량이 붕괴하는 원래 파동입자의 정지 질량보다 작아야 한다. 좀 더 구체적으로 말하면, 〈표 6〉(382쪽)에 있는 파동입자는 표에서 자신보다 아래에 위치한 파동입자로만 붕괴할 수 있다는 뜻이다.[5]

다른 규칙 역시 붕괴를 막을 수 있다. 파동입자가 전기장과 얼마나 강하게 상호작용하는지를 알려주는 척도인 전하는 한 가지 규칙을 따른다. 어떤 물리적 과정에서도, 그 과정에 관여한 모든 파동입자의 총 전하량은 보존되어야(즉, 변하지 않아야) 한다는 것이다. 전자는 전하를 가지고 있지만, 〈표 6〉에서 전자보다 아래쪽에 있는 파동입자들 — 중성미자, 광자, 글루온, 중력자 — 은 전하를 가지고 있지 않기 때문에 전자는 이 파동입자들로 붕괴할 수 없다. 만약 전자가 붕괴하려 한다면, 전자의 붕괴로 생성될 수 있는 어떤 파동입자도 전자의 전하를 물려받을 수 없기 때문에 전하가 보존되지 않는다. 이 덕분에 전자는 영원히 안정적이며, 원자에서 행성에 이르기까지 모든 물질을 구성하는 재료로 적합하다. 마찬가지로 (6장 4절에서 설명한 것처럼) 쿼크의 수에서 반쿼크의 수를 뺀 값도 보존되기 때문에 업 쿼크와 다운 쿼크 역시 붕괴 없이 오래 살아남을 수 있다. 〈표 6〉에서 업 쿼크와 다운 쿼크 아래에 있는 파동입자들은 모두 쿼크가 아니므로, 이들 역시 붕괴할 수 없다.[6]

이렇듯 보존 법칙과 정지 질량 감소의 규칙이 결합하여 작은 정지 질량을 가진 파동입자들은 오래 살아남을 수 있다. 반대로 큰 정지 질량을 가진 파동입자들은 이 규칙들을 더 쉽게 충족할 수 있다. 〈표 6〉에서 볼 수 있듯이, 뮤온부터 톱 쿼크까지 모두 빠르게 붕괴할 수 있는 이유가 바로 이 규칙들을 쉽게 충족하기 때문이다.

며칠, 혹은 몇 년씩 지속되는 일반적인 물체들은 반드시 오래 지속되는 파동입자들로 만들어져야 한다. 그런데 오래 살아남는 파동입자들은 반드시 정지 질량이 작아야 하는데, 이는 곧 힉스장과의 상호작용이 매우 약해야 한다는 것을 의미한다. 따라서 일반적인 물체들은 힉스장에 거의 영향을 미치지 않으며, 힉스장도 — 물체의 파동입자의 장을 팽팽하게 만드는 것 외에는 — 물체에 거의 영향을 미치지 않는다. 이것이 바로 힉스 힘이 일상생활과 전혀 무관하고, 힉스 힘의 영향이 미미한 이유이다.[7]

LHC에서 실험물리학자들은 힉스 보손의 붕괴를 통해 힉스장과 다른 장 사이의 상호작용을 측정할 수 있는 많은 기회를 가졌다. (명확히 하자면, 힉스 보손, 즉 힉스장의 파동입자는 LHC에서 붕괴할 수 있지만, 힉스장 자체는 붕괴하지 않는다! 힉스장의 평균값은 고정되어 있으며 사라지지 않는다.) 예를 들어, 힉스 보손은 종종 바텀 쿼크와 바텀 반쿼크로 붕괴하는데, 이는 힉스장과 바텀 쿼크장이 적당한 세기로 상호작용한다는 것을 의미한다. 이런 사실은 바텀 쿼크의 상호작용 검증 결과와도 일치하는데, 바텀 쿼크의 정지 질량은 전자의 약 8천 배로, 실제로 중간 정도의 크기이다.

어쩌면 힉스 보손이 더 큰 정지 질량을 가진 톱 쿼크로 더 많이 붕괴할 것이라고 예상할 수도 있을 것이다. 톱 쿼크는 힉스 보손과 훨씬 더 강하게 상호작용해야 하기 때문이다. 하지만 이러한 붕괴는 정지 질량 감소의 규칙에 의해 일어날 수 없다(《표 6》 참조). 그럼에도 물리학자들은 톱 쿼크장과 힉스장의 상호작용을 측정할 수 있는 또 다른 측정 방법을 알고 있다. 대략 400개의 힉스 보손 중 1개는 두 개의 광자로 붕괴하는데, 이 과정에서 톱 쿼크장이 중요한 역할을 한다. 힉스장과 전자기장은 직접적으로 상호작용하지는 않지만(그래서 광자의 정지 질량이 0이다), 톱 쿼크장이 두 개의 장과 모두 상호작용하기 때문에 이 두 장은 '간접적으로' 상호작용한다. (이런 유형의 간접 상호작용은 톱 쿼크장의 양자 불확정성에서 기인하며, 우주 확실성 한계가 있는 우주에서만 가능하다.) 힉스 보손이 이런 식으로 붕괴하는 비율을 통해 과학자들은 힉스장과 톱 쿼크장 사이의 상호작용의 세기를 유추할 수 있다. 그 결과 15퍼센트 이내의 정확도로 상호작용 검증을 통과한다.

전자의 정지 질량이 작다는 것은 전자장과 힉스장의 상호작용이 극히 미약하다는 것을 의미한다. 그렇기 때문에 힉스 보손이 전자와 양전자로 붕괴하는 것은 아주 드물 것으로 예상되며, 실제로 아직까지 붕괴가 관측된 적이 없다.

붕괴는 파동입자들을 사라지게 하지만, 동일한 형태의 변환이 역으로 일어날 수도 있다. 충돌 실험에서는 파동입자들이 때로 무(無)에서 새로 생성되기도 해 장의 상호작용을 측정할 수 있는 추가적인 기회가 생기기도 한다. 두 개의 파동입자가 정면으로 충돌하고, 마술 지팡이가 충돌 지점에 닿으면, 짜잔! 하고 힉스 보손이 나타난다![8]

이것이 바로 LHC와 같은 실험 시설에 숨겨진 비밀이다. 입자를 충돌시키는 것은 해체나 파괴가 아니라 창조를 위한 행위이다. 마치 은시계나 혹등고래를 만들려고 바위들을 부딪치는 것과 비슷하다. 어떤 의미에서 입자물리학자들이 하는 일도 이와 같다. 기존의 것에서 새로운 것을 창출하려는 시도인 것이다. 이게 가능한 이유는 우리가 상호작용하는 구성 요소들로 이루어진 '악기 비슷한 것'을 연구하고 있기 때문이다. 이 악기의 한 부분에서 진행파들을 결합하여 다른 부분에서 더 높은 주파수의 공명 진동을 생성할 수 있는 것이다.

LHC 내부에서는 초당 수백만 번씩 양성자가 충돌하면서, 양성자 안에도 없고 우주 공간을 떠도는 일도 없는 수명이 매우 짧은 파동입자들이 끊임없이 나타났다 사라진다. 여기에는 톱 쿼크, 바텀 쿼크, 참 쿼크, 스트레인지 쿼크, W 보손, Z 보손, 타우 보손, 힉스 보손 등이 포함된다. LHC의 방대한 데이터에서 우리가 아직 발견하지 못할 정도로 영리한 다른 유형의 파동입자가 존재할 수 있다. 이처럼 순간적으로 사라지는 파동입자를 촬영하거나 연구할 수는 없지만, 파동입자가 붕괴할 때 생겨 날아다니는 잔해들을 분석해 파동입자의 성질을 유추할 수 있다. 물리학자들은 이와 같은 입자물리학의 기본적인 실험 기술을 바탕으로 힉스장이 유일한지, 기본적인지, 가능한 한 단순한지 알아내기 위해 상호작용 검증을 수행하면서, 미지의 입자를 지금도 계속해서 탐색하고 있다.

22
더 심오한 개념적 질문

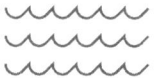

표준모형이 옳고, 최근 발견된 힉스장이 유일하며 기본적인 것이라 하더라도, 힉스장의 상호작용에는 여전히 많은 수수께끼가 남아 있다. 이 중 일부는 수십 년 전부터 제기되어 온 것인 반면, 다른 수수께끼들은 LHC 실험에서 갓 등장한 문제들이다.

/ 22.1 조율되지 않은 세상 /

지금까지 우주를 하나의 악기에 비유하는 시적인 설명으로 좀 더 흥미롭게 이야기를 풀어가고자 했다. 하지만 우주의 조화에 대해서는 아직 이야기하지 않았다.

어느 날 질량과 주파수의 관계에 대해 강의를 마치고 건물을 나서는데, 학생 둘이 다가와 대화를 나누었다. 그중 한 명이 우주가 어떤 점에서 기타를 퉁기는 것과 비슷한지 물었다.

기타를 잡아본 적이 있다면, 손으로 줄을 퉁겨 – 손을 기타 위에서 움직이면서 – 악기를 진동시키는 것이 얼마나 자연스러운지 알 것이다. 거의 본능에 가깝다고 할 수 있다. 기타가 제대로 조율이 되어 있다면, 기타 줄의 주파수는 간단한 분수 관계를 이룬다. 아직 그 이유는 명확히 밝혀지지 않았지만, 주파수가 단순한 비율로 연결된 음들, 즉 '코드'는 우리의 귀와 뇌를 즐겁게 한다. 따라서 조율이 잘 된 기타를 연주하면 대부분의 사람들이 듣기에 기분 좋은 소리가 나는 것이다.[1]

우리는 학생이 던진 질문에 관해 이야기를 나누었다. 첫째, 우주의 모든 기본장을 동시에 진동시킬 수 있다 해도, 그 어떤 장도 소리 파동을 만들지 않기 때문에 아무 소리도 듣지 못할 것이다. 둘째, 일반적으로 고정된 주파수를 가진 정상파를 만드는 기타 줄과 달리, 우주 멀리까지 영향을 미치는 장은 거의 모든 주파수로 진동하는 진행파를 쉽게 만들 수 있다. 하지만 만약 우주의 정상파로만 한정하고, 그에 해당하는 주파수를 음파로 변환하면(그리고 음파의 속도를 늦추고, 그에 비례하여 음파의 주파수를 인간이 들을 수 있는 주파수로 바꾸면), 우리는 두 학생이 진정으로 알고자 했던 질문을 던질 수 있다. 즉 '우주의 비밀 코드 – 근본적인 화음 – 는 무엇일까?'

낮은 돌담에 앉아 노트북을 열었다. "장들의 전체 화음을 다 다루지는 않을게요. 너무 오래 걸릴 뿐만 아니라, 어차피 인간이 들을 수 있는 범위에 들어오지도 않으니까요.[2] 그냥 단순하게 세 개의 관련된 음만 골라봅시다. 전자장, 뮤온장, 타우장은 서로 매우 가까운 사촌으로, 공명 주파수만 제외하면 모든 면에서 동일합니다. 이들 주파수를 인간이 들을 수 있는 범위로 낮게 조정해서 프로그램에 입력해 볼게요. 세 장이 동시에 연주될 때 어떤 소리가 나는지 직접 들을 수 있어요."[3]

몇 분간 타이핑을 한 뒤 몸을 뒤로 젖히고는 학생들을 바라보며 물었다.

"준비됐나요?"

엔터키를 누르자 컴퓨터에서 죽은 사람도 깨울 정도의 무시무시한 화음이 울려 퍼졌다. 지나가던 커플이 깜짝 놀랐다.

만약 세 파동입자의 질량이 잘 조율된 기타 줄의 주파수(또는 4:5:6의 비율을 가진 장조 화음의 주파수)처럼 단순한 비율이었다면, 듣는 사람의 귀를 즐겁게 했을 것이다. 하지만 학생들은 전혀 만족스럽지 않은 표정이었다. 한 학생은 마치 개구리를 삼킨 듯한 얼굴을 하고 있었다.

"으악!" 다른 학생이 움찔하며 외쳤다. "그럼 우주는 완전히 음이 안 맞는 건가요?"

"안타깝지만, 그래요."[4]

첫 번째 학생이 말했다. "뭐, 지난주 우리 작곡과 교수님 연주회에 비하면 그리 나쁘진 않네요. 하지만 우주는 이보다 더 아름다워야 하지 않을까요?"

나는 웃으며 말했다. "그건 철학적 편견을 드러내는 거예요! 케플러, 뉴턴, 아인슈타인과 같은 저명 과학자를 비롯해 우주의 운행이 '아름답고 우아해야 한다'고 굳게 믿었던 과거와 현재의 많은 과학자들의 생각과 비슷해요. 하지만 설령 그런 편견이 옳다고 해도 무엇에 적용해야 하는지는 명확하지 않아요. 많은 과학자가 무작위적인 것을 자기들이 생각하는 아름다움에 억지로 끼워 맞추려는 오류를 범했어요.[5] 진정한 아름다움은 아직 알려지지 않은 더 심오한 패턴에 숨어 있을 수도 있어요.

"게다가 이 편견 자체가 틀렸을 수도 있어요. 아름다움과 우아함은 인간의 가치일 뿐 우주는 이를 따르지 않을 수도 있죠. 자연의 기본 법칙이 실제로 어떤 모습인지는 아직 아무도 모릅니다. 여전히 모르는 것이 너무 많으니까요.

"하지만 안타깝게도 우주의 공명 주파수에서 아름다움과 우아함을 찾기는 어려울 것 같습니다. 우주라는 악기는 인간의 귀에 듣기 좋은 음악을 만들도록 설계된 것이 아닌 것 같아요."

두 번째 학생이 고개를 저으며 탄식했다. "천구의 음악*이라는 말도 다 소용없게 됐네요."

우주는 울려 퍼지지만, 우리가 그 소리를 들을 수 없다는 것이 어쩌면 다행일지도 모른다. 우주가 기본적인 조화의 법칙을 따르지 않는다는 사실이 정말 안타깝고, 심지어 비극처럼 느껴질 수도 있을 것이다. 그렇게 느낀다면 굳이 말리지 않겠지만, 그렇다고 부추길 생각도 없다. 우주가 인간의 아름다움에 부응해야 할 이유는 없기 때문이다.

하지만 이 모든 것이 힉스장 탓은 아니라는 점은 분명히 해두고

● 천체의 움직임이 마치 아름다운 음악처럼 조화롭고 질서 있게 이루어진다는 개념으로 고대 그리스철학에서 유래했다.

싶다. 힉스장이 한 일이라고는 평균값이 0이 아닌 값을 갖게 되어, 많은 장들의 주파수가 0이 되지 않도록 하는 것뿐이다. 힉스장이 주파수 - 그리고 그에 따른 화음 - 가 실제로 어떤 값이 될지를 결정한 것은 아니다. 주파수를 결정하는 것은 힉스장과의 상호작용 세기가 담당하며, 이 상호작용 세기의 궁극적인 기원은 여전히 미지수로 남아 있다.

22.2 왜 이렇게 다양할까?

열두 개의 페르미온장 각각은 저마다 다른 방식으로 힉스장과 상호작용한다. 이렇게 극단적으로 다양한 상호작용은 다른 장의 상호작용과는 극명한 대조를 이룬다. 중력장과 다른 장의 상호작용은 완전히 보편적이며, 심지어 다른 보손장들조차도 부분적으로는 보편성을 보인다. 예를 들어, 전자기장은 어떤 중성미자장과도 상호작용하지 않는다. 전자기장은 다운 쿼크장, 스트레인지 쿼크장, 바텀 쿼크장과 같은 세기로 상호작용하고, 업 쿼크장, 참 쿼크장, 톱 쿼크장과는 두 배로 강하게 상호작용하며, 전자장, 뮤온장, 타우장과는 세 배로 강하게 상호작용한다. 글루온장은 여섯 가지 쿼크장 모두와 정확히 같은 방식으로 상호작용하며, 자기 자신과는 약 두 배로 강하게 상호작용하지만, 다른 페르미온장과는 전혀 상호작용하지 않는다. W장과 Z장이 페르미온장과 상호작용하는 방식은 이보다 약간 더 복잡할 뿐이다.[6]

여기서 페르미온장들끼리의 상호작용에 대해서는 언급하지 않았는데, 그 이유는 페르미온장 사이의 상호작용이 존재하지 않기 때문이다. 페르미온장은 보손장이 페르미온장 사이의 매개자 역할을 할 때만 간접적으로 상호작용할 수 있다.

현재 알려진 12개의 페르미온장은 3개의 "세대(generation)"로 나눌 수 있으며, 각 세대에는 하나의 중성미자장, 하나의 유사 전자장, 그리고 두 개의 쿼크장이 포함되어 있다. 만약 힉스장이 존재하지 않았다면, 이 세 세대는 서로 완전히 동일하여 우주에 우아함과 대칭성을 가져다주었을 것이다. 그러나 힉스장의 혼란스럽고 다양한 상호작용으로 인해 이 모든 것이 깨져버렸다.

왜 힉스장의 상호작용은 더 단순한 패턴으로 조직되지 않았을까? 왜 우주는 이렇게 엄청난 불협화음을 내는 악기이고, 인간의 기준에서 본 우주의 조화는 그저 꿈에 불과한 걸까? 이러한 수수께끼는 힉스장 자체보다 더 깊은 곳, 아직 물리학자들이 발을 제대로 들여놓지 못한 미지의 영역으로 우리를 이끈다. 그렇다고 시도조차 하지 않은 것은 아니다. 나를 포함한 많은 물리학자가 이 놀라운 무질서가 어떻게 생겨났는지 추측하려고 시도해왔다. 하지만 우리가 내놓은 수많은 이론적 아이디어 가운데 그 어떤 것도 특별한 설득력을 갖지 못했고, 실험 역시 유망한 단서를 주지 못하고 있다.

페르미온장의 전반적인 패턴 역시 미스터리다. 왜 페르미온장은 세대로 구성되어 있을까? 왜 일곱 세대, 또는 한 세대로 구성되어 있지 않을까?

지금까지의 데이터는 우리가 익히 알고 있는 세대 외에는 더 이상의 세대가 존재할 수 없다는 것을 증명하고 있다. 만약 네 번째 세대가 자체 쿼크와 함께 존재했다면, 힉스 보손의 성질은 LHC 연구자들이 관찰한 것과 상당히 달랐을 것이다.[7] 언젠가 다른 기본 페르미온장들을 발견하게 될 수도 있지만, 이 페르미온장들은 반드시 다른 방식으로 조직되어야 하며, 이 새로운 페르미온장들의 팽팽함 역시 지금의 힉스장이 아니라 또 다른 요인에 의해 발생해야만 할 것이다.

한편, 보손장들은 각각 자연의 잘 알려진 기본 힘과 관련이 있다. 앞서 언급했듯이, 중력장, 전자기장, 글루온장, W장, Z장은 다른 장들과 단순한 상호작용 패턴을 가지고 있다. 이 장들은 각각 중력, 전자기력, 강한 핵력, 약한 핵력의 매개체 역할을 하기 때문에 이 힘들 역시 단순한 패턴에 의해 지배되며, 따라서 완전히 보편적이거나, 부분적으로 보편적인 특성을 갖는다. 이 패턴이 어디에서 왔는지에 대해 추측은 하고 있다. 바로 가장 오래되고 수학적으로 우아한 이론인 "대통일(grand unification)"이론이다. 하지만 그 어떤 추측도 진정으로 설득력이 있지는 않다. 왜냐하면 주로 힉스장과 힉스장의 무질서한 상호작용이 가장 매력적인 가설들을 엉망으로 만들어버리기 때문이다. 실제로 19장에서 설명한 힉스 힘은 어떤 보편성이나 단순성도 보이지 않는다.

기본 힘이 다섯 가지 넘게 존재할 수 있을까? 물론이다. 힘의 개수를 제한하는 원리가 아직 알려져 있지 않기 때문에, 이 질문은 실험적으로 답해야 할 문제이다. 추가적인 기본 보손장 그리고 이 장과 관련된 힘이 발견되지 않았을 수도 있다.

잠시 뒤로 물러서서 이미 알려진 기본장과 파동입자, 그리고 이들 사이의 모든 상호작용을 생각해보면, 우리가 알아야 할 것들은 무수하게 많지만 그에 대한 답변은 극히 적다는 것을 발견하게 된다. 특히 힉스장은 질문 목록을 본래보다 훨씬 더 길게 만들었지만, 거의 아무런 답을 주지 않는다. 결코 만족스러운 상황이 아니다. 우리가 이 우주를 이해하기에는 아직 한참 멀었다는 뜻이다.

23
정말 중요한 질문

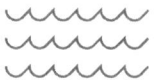

이제 우리는 힉스장과 관련된 가장 신비롭고 아직 해결되지 않은 문제에 도달했다. 이 문제는 많은 논쟁을 불러일으키지만 실제로는 명확한 해답을 거의 주지 못하고 있다.

W보손, Z보손, 힉스 보손, 그리고 톱 쿼크의 정지 질량은 각각 전자의 100,000배가 넘는다. 하지만 이 값들은 '플랑크 질량(Planck mass)'이라는 것과 비교하면, 힉스장의 평균값과 마찬가지로, 여전히 놀라울 정도로 작다. 플랑크 질량은 막스 플랑크가 우주의 확실성 한계 h를 처음 과학에 도입했을 때 발견한 것으로, 오늘날에는 플랑크 질량을 우리 우주에 존재하는 가장 작은 블랙홀의 정지 질량을 결정하는 값으로 생각한다. 이것은 플랑크 질량이 블랙홀이 되지 않은 기본 파동입자가 가질 수 있는 최대 정지 질량이라는 의미다.

이 책에서 다루는 많은 물리량과 마찬가지로 플랑크 질량은 거대하면서도 미세하다고 할 수 있다. 플랑크 질량은 10^{18}개의 양성자, 또는 10^{21}개의 전자가 가진 정지 질량임에도 불구하고, 인간의 기준으로 보면 그리 대단하지는 않다. 플랑크 질량은 평범한 모래알 하나의 정지 질량에 불과하다. 그래도 이 질량에 해당하는 에너지는 TNT 3톤에 달하는 폭발력과 맞먹으며, 만약 이 에너지가 하나의 기본 파동입자에 갇혀 있다면, 엄청난 양이라 할 수 있다. 플랑크 질량과 같은 정지 질량을 가진 파동입자는 양성자보다 크기가 10^{20}배 작은 지름을 가진 블랙홀을 형성할 것이다. 우리는 이 극도로 작은 크기를 '플랑크 길이(Planck length)'라고 부른다.[1]

플랑크 질량과 플랑크 길이에 대해 생각하는 한 가지 방법은 이 둘이 함께 '우주의 질량-밀도 한계'를 결정한다는 것이다. 어떤 물체도 아주 작은 부피(플랑크 길이의 세제곱인 부피) 안에 플랑크 질량보다 더 많은 질량을 담을 수 없다. 만약 그렇다면, 그 물체는 이 질량 밀도에 도달하기도 전에(대부분은 훨씬 이전에) 블랙홀로 붕괴하게 된다. 이 사실은 우리에게 현대물리학의 세 가지 한계, 즉 속력, 확실성, 질량 밀도의 한계를 제시한다.

방금 말한 내용은 주의해서 받아들여야 한다. 앞서의 결론은 아인슈타인의 중력 이론이 원자의 지름에서 플랑크 길이에 이르는 거리에서 수정 없이 그대로 적용된다는 가정에 기반한 것이다. 이 가정이 사실임을 보여주는 실험적 증거는 아직 없다. 만약 극초단거리에서 중력이 아인슈타인의 예상과 다르다면, 우주 질량-밀도 한계는 여기서 제시한 것보다 더 낮아질 수 있다(플랑크 질량이 더 작아지고, 플랑크 길이는 더 길어질 수 있다.) 그럼에도 불구하고, 나는 이 가정을 고수하려고 한다. 만약 이 가정이 틀렸다면, 아래에서 설명할 몇 가지 문제 중 일부는 약간 덜 심각해지겠지만, 여전히 중요한 문제로 남을 것이다.

 이 모든 이야기를 꺼낸 데는 다 이유가 있다. 힉스장의 평균값이 0이라면 얼마나 끔찍한 일이 벌어질지 우리는 알고 있다. 즉, 원자 자체가 존재하지 않을 것이다. 그렇다면 정반대의 극단적 상황, 즉 힉스장의 평균값이 너무 커져서 톱 쿼크, W보손, 심지어 전자와 같은 자연의 다른 파동입자의 정지 질량이 플랑크 질량에 가까워진다면, 그때는 무슨 일이 벌어질까?

○

우리 우주에서 중력의 세기는 미약하다. 물론 우리가 컵과 유리잔을 떨어뜨리면 깨지게 되고, 또 중력에 도전할 만큼 어리석어 나무에 올라갔다가 손을 놓는 실수를 하면 다치는 것도 중력 탓이다. 하지만 우리는 근육을 움직이는 전기적 힘을 이용해 쉽게 침대에서 몸을 일으키고, 의자에서 일어나며, 계단을 오르기도 한다. 이렇게 거대한 행성의 중력에도 불구하고 우리는 아무렇지 않게 중력을 이겨내며 살아간다.

 하지만 우주가 지금처럼 된 것은 필연이 아니고, 앞으로도 영원히 이 상태가 유지된다는 법도 없다. 만약 힉스장의 평균값이 점점 커지기 시작한다면, 전자의 정지 질량도 증가할 것이다. 쿼크의 질량도 마찬가지로 커지고, 결국 쿼크의 정지 질량은 양성자와 중성자의 정지 질량에서 가장 큰 비중을 차지하게 되어 양성자와 중성자의 질량도 함께 증가하게 된다. 그러면 원자의 정지 질량도 커지고, 그에 따라 중력 질량도 마찬가지로 증가하여, 모든 일반적인 물체의 질량과 무게가 점점 커질 것이다.

처음에는 무게 증가가 단지 불편함에 그칠 수도 있지만, 어떤 순간에는 재앙이 닥칠 것이다. 지구가 지금 형태로 존재할 수 있는 것은 지구를 이루는 원자들이 뚫을 수 없을 만큼 단단해서 중력이 안쪽으로 끌어당기는 힘에 저항하기 때문이다. 하지만 원자의 질량이 지나치게 커지면, 결국 중력이 이기게 되고, 지구는 자기 자신의 무게를 견디지 못하고 붕괴할 것이다.

모든 별, 행성, 기타 암석들도 비슷한 최후를 맞이하게 된다. 살아남으려면 우리는 심우주로 도망쳐야 할 것이다. 그러나 그것도 오래가지 못한다. 힉스장의 값이 계속 커지면, 우리처럼 작은 생명체조차도 자기 자신의 중력에 짓눌려 손가락, 발가락, 머리가 몸통이 끌어당기는 중력을 견디지 못하고 쪼그라들기 때문이다. 결국 우리 자신도 블랙홀이 되어 우리가 존재했다는 것도 잊히고, 우리의 지식도 모두 사라질 것이다. 심지어 박테리아, 원자, 양성자조차도 결국 중력에 무너질 것이다.

정말 암울한 시나리오이다. 다행히도 우리 우주는 이런 암울한 운명을 피하도록 정해진 듯 보인다. 지난 130억 년이 넘는 시간 동안 힉스장이 강해지거나 약해졌다는 어떤 징후도 없다. 실제로 먼 고대 은하를 관측한 결과를 보면 이 오랜 시간 동안 힉스장은 완전히 안정적이고 일정하게 유지된 것으로 나타났다.

물론 이런 안정성에 갑작스런 변화가 생길 가능성을 배제할 수는 없다. 그 가능성에 대해서는 뒤에서 다시 다루겠다.

◯

우리 우주는 골디락스(Goldilocks) 특성이 있다.* 만약 힉스장의 평균값이 0이었다면, 원자가 존재하지 않았을 것이고, 이는 엄청난 재앙이었을 것이다. 힉스장의 평균값이 엄청나게 컸다면, 인간은 중력에 짓눌려 붕괴했을 터이니 이 역시 또 다른 파국이다. 하지만 실제로 힉스장의 값은 0도 아니고, 크지도 않으며, 오히려 매우 작다. 그 결과 톱 쿼크의 정지 질량은 플랑크 질량에 비하면 터무니없이 작은 값에 불과하고, 전자의 정지 질량은 그보다 더 작아서 우리 우주에 생명체가 존재할 수 있게 된 것이다.

플랑크 질량과 우리가 알고 있는 파동입자들의 미미한 정지 질량 사이의 이 엄청난 차이를 "질량 계층(mass hierarchy)"이라고 부른다. 이것이 우리 우주의 진실이다. 그렇다면 질량 계층의 기원은 무엇일까? 왜 이 계층은 이렇게 극단적으로 넓은지, 그리고 힉스장이 두 가지 위험한 극단을 어떻게 피할 수 있었는지에 대한 명확한 설명이 없는 상황을 흔히 '계층 문제(hierarchy problem)', 혹은 더 정확하게는 '계층 퍼즐(hierarchy

---

* 골디락스는 영국 전래동화 『곰 세 마리』에 등장하는 금발머리 소녀의 이름이다. 숲속을 헤매다 우연히 곰의 집에 들어간 골디락스가 자기에게 딱 맞는 의자, 침대, 수프 등을 얻게 된다는 것이 동화의 주요 줄거리다.

puzzle)'이라고 한다. (퍼즐이라고 부르는 이유는 그것이 꼭 해결해야 할 문제인지조차 명확하지 않기 때문이다.). 이 문제가 왜 그렇게 수수께끼인지 알기 위해서는 양자물리학을 더 깊이 파고들어야 한다.

/ 23.1 통제 불능 /

매일 개를 데리고 산책하는 사람이라면 개에게 목줄을 채울 것이다. 하지만 개가 크면, 목줄을 해도 위험할 수 있다. 목줄은 양방향에서 당길 수 있기 때문이다. 우리가 개를 통제하는 게 아니라 오히려 개가 우리를 끌고 다닐 수도 있다!

1967년 스티븐 와인버그(Steven Weinberg)와 1968년 압두스 살람(Abdus Salam)이 입자물리학의 핵심에 힉스장을 도입한 이유는 기본 입자들의 장을 더 팽팽하게 만들어 정지 질량을 부여하는 것에 있었다. 당시에는 힉스장의 팽팽함에 대해 걱정하는 사람이 아무도 없었다. 그 문제는 저절로 해결되리라 생각했던 것이다.

하지만 나중에 밝혀졌듯이 팽팽함은 팽팽하게 만드는 요인에게는 꽤 복잡한 문제였다. 우리가 알고 있는 다른 장과 달리 힉스장은 본질적으로 늘어져 있지 않다. 힉스장은 처음부터 본질적으로 팽팽한 상태로 출발했을 수도 있다. 말하자면 힉스장은 팽팽하게 만드는 요인이 있든 없든 상관없이 팽팽할 수 있다는 뜻이다. 실제로 힉스장은 여러 가지 다양한 원인에 의해 팽팽함을 얻을 수 있다.

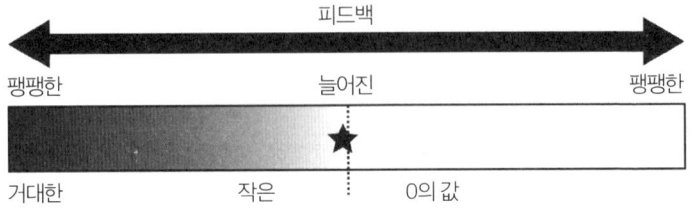

그림 51 힉스장을 팽팽하게 하는 장들의 피드백이 힉스장을 극단으로 밀어붙이지만, 실제로는 별표로 표시한 것처럼 중심선의 왼쪽에 멈추어 있다. 여기서 힉스장의 값과 팽팽함은 모두 0은 아니지만 매우 작다. (실제 척도와 다르다.)

정말 놀라운 점은 힉스장이 전혀 예상치 못한 곳에서 엄청난 양의 팽팽함을 얻을 수 있다는 사실이다. 바로 자신이 팽팽하게 만들려는 장들에게서 말이다.

이것은 일종의 피드백 현상으로, 팽팽하게 만드는 요인이라는 개념 자체를 근본적으로 위협할 수 있다. 팽팽하게 만드는 역할을 해야 할 것이 오히려 팽팽해지는 대상이 될 수도 있기 때문이다.

이와 같은 고삐 풀린 피드백은 통상적으로 악순환과 극단적인 결과로 이어진다. 같은 현상은 여러 예에서 볼 수 있다. 이를테면 경제 분야에서 피드백은 인플레이션과 디플레이션의 악순환을 일으켜 경제에 큰 타격을 줄 수 있다. 중앙은행이나 연방준비제도 같은 기관이 도입된 이유도 악순환을 완화하고, 극단적인 상황을 통제하기 위한 것이다. 하지만 힉스장의 피드백을 통제하는 메커니즘에 관해서는 우리가 아는 것이 없다.

〈그림 51〉의 양쪽 가장자리에는 힉스장에서 가능한 두 가지 극단

적인 결과를 보여준다. 두 경우 모두 힉스장이 극도로 팽팽해져서 힉스 보손의 정지 질량이 플랑크 질량에 근접할 정도로 증가한다. 그림의 오른쪽 끝에서는 힉스장의 평균값이 0이 되어, 전자와 다른 많은 파동입자의 정지 질량이 사라진다. 그림 왼쪽 끝에서는 힉스장의 평균값이 너무 커서 우리가 알고 있는 기본 파동입자들의 정지 질량이 플랑크 질량과 같거나 그에 가깝게 된다.

힉스장과 상호작용하는 모든 장은 강력한 피드백을 생성하며, 상호작용이 강할수록 피드백도 강해진다. 이 때문에 〈표 6〉(382쪽)의 맨 위에 있는 톱 쿼크장과 W보손장, Z보손장이 특히 중요하다. 보손장은 힉스장을 〈그림 51〉의 오른쪽으로 밀어내고, 페르미온장은 힉스장을 왼쪽으로 밀어낸다. 여기에 힉스장이 자기 자신과 상호작용한다는 사실이 더해져 혼란이 가중된다.[2] 만약 우리가 아직 알지 못하는 장들이 힉스장과 상호작용할 경우 추가적인 피드백이 발생할 수도 있다.

이처럼 격렬한 밀고 당기기에도 불구하고, 실험 결과는 힉스장이 거의 정확히 중간 지점에 도달한다는 것을 보여주고 있다. 힉스장의 팽팽함과 힉스장의 평균값은 0이 아니지만 극히 작다. 이 때문에 우주는 〈그림 51〉에 별로 표시한 것처럼 중심선 바로 왼쪽에 위치하게 되었다. (그림에서는 중심선과 별 사이의 거리가 크게 과장되어 있다.) 어찌되었든 우주는 극단적 상황을 피했고, 재앙을 모면했으며, 우리는 여기 존재한다. 그 이유는 무엇일까?

아무도 그 이유를 모른다. 하지만 질량 계층의 뿌리가 바로 여기에 있다. 힉스장의 평균값이 매우 작지만 0이 아니기 때문에 기본 파동입자들의 정지 질량이 플랑크 질량에 비해 극히 작게 되는 것이다. 현재로서는 힉스장의 이런 흥미로운 특성에 대해 단순하고, 실험적으로 입증된 설명은 없다. 자연에 존재하는 이 현상은 물리학자들이 '자연성 문제(naturalness puzzle)'라고 부르는 수수께끼를 제기한다. 여기서 '자연'이라는 단어는 '자연(nature)'과 아무런 관련이 없다. 오히려 '전형적' 또는 '예상되는'이라는 뜻에 가깝다. 이를테면 이런 식이다. "통제되지 않은 피드백은 극단적인 결과로 이어지는 것이 전형적이라면, 왜 여기서는 그런 일이 일어나지 않았을까?"

안타깝게도 피드백의 원인에 대한 자세한 설명을 이 책에 담기에는 너무 방대하다. 여기서는 간략한 개요만 제시할 수 있을 것 같다. 근본적인 문제는 아무 일도 하지 않는 듯 보이는 장들이 빈 공간에 가만히 있어도 엄청난 양의 에너지를 지니고 있다는 점이다. 이것을 장들이 가진 '진공 에너지(vacuum energy)'라고 부른다. (과학자들이 빈 공간을 종종 '진공'이라고 표현하기 때문이다.)

진공 에너지의 근원은 양자장에 적용되는 우주 확실성 한계 — 플랑크 상수 h — 이다. 17장에서 우리는 h가 어떻게 "입자"에 영향을 미치는지 간략하게 살펴보았다. 일반적으로 이상적인 입자라면 매 순간마다 위치와 속도를 가지고 명확한 궤적을 따를 것으로 예상하지만, 우주 확실성 한계는 양자 입자들이 (359쪽의 〈그림 40〉에 대략 그려져 있는 것처럼) 명확한 궤적을 가질 수 없다고 말한다. 이는 하이젠베르크의 양자 불확정성 원리로 표현할 수 있다. 즉, 어느 한 순간에 파동입자의 위치와 운동량을 동시에 측정하거나 값을 부여하는 것은 불가능하다.

이 원리를 장에 적용하면, 우주 확실성 한계를 통해 어느 한 순간에 장의 값과 그 값이 어떻게 변화하는지를 모두 정확히 아는 것이 불가능함을 알 수 있다. 이 원리는 우리가 일상생활에서 접하는 장에서는 아무런 영향을 주지 않는다. 지구와 달 사이의 중력장이나, 평범한 자석 주변의 자기장에서 우주 확실성 한계는 무시할 만한 수준이다. 하지만 우주 확실성 한계는 우주 전체에 있어서는 극적인 함의를 가질 수 있다(또는 그래야만 할 것처럼 보인다).

깊고 깊은 우주 공간, 별도, 떠도는 파동입자도 그 어떤 것도 없는 곳에 가면, 우리는 기본장들이 아무런 방해도 받지 않고 그저 가만히, 아무 일도 하지 않은 채 그대로 있을 것이라고 생각할지도 모른다. 이를테면, 전자장이 완전히 비활성화되어 정지해 있을 것이라고, 즉 광활한 빈 공간 전체에서 그 값이 0이고, 몇날며칠, 몇 주, 심지어 몇 년 동안 그대로 유지될 것이라고 기대할 수 있다. 이처럼 비활동적이고 정적인 장과 관련된 에너지의 양은 당연히 0일 것이라고 생각할 수 있다.

하지만 사실은 그렇지 않다. 진정으로 비활동적이고 정적인 전자장은 우주 확실성 한계를 위반한다. 우리는 전자장의 값(0)과 그 값이 어떻게 변화하는지(또는 전혀 변하지 않는지) 둘 다 정확히 알 수 있기 때문이다.

실제로 전자장의 값은 어느 정도 불확실해야만 한다. 즉, 항상 0일 수 없으며, 매 순간 그리고 공간의 각 지점마다 끊임없이 변화하고 있어야 한다. (이는 16장의 미주 2에서 언급한 영점 에너지와 관련이 있다.) 이렇게 미시적인 거리와 시간에 걸쳐 일어나는 전기장의 변화는 에너지와 관련이 있는데, 이 에너지가 바로 진공 에너지이다. 놀라운 점은 이런 과성들이 미시적임에도 불구하고 주파수가 매우 높아서 이와 관련된 에너지의 양이 상상을 초월할 정도로 크다는 것이다. 심지어 진공 에너지 '밀도'(즉, 공간의 아주 작은 부분마다 그 속에 들어 있는 에너지의 양)가 엄청나게 커서, 이 밀도가 잠재적으로 우주 질량 밀도 한계에 도달할 수도 있다.

이 사실은 엄청난 결과를 가져온다(혹은 가져와야만 한다). 순진하게 생각하면, 단지 하나의 기본장에서 발생하는 진공 에너지만으로도 우주 전체가 눈 깜짝할 사이에 상상도 할 수 없을 만큼 빠른 속도로 붕괴하거나 팽창하도록 만들기에 충분해야 한다.

주위를 둘러보면 이런 일이 일어나지 않는 것이 명백하므로 뭔가 잘못된 부분이 있다는 것을 알 수 있다. 하지만 잠시만 의심을 접고, 설명을 따라오길 바란다. 여기서 가장 중요한 문제는 '장 하나의 진공 에너지 양이 그 장의 팽팽함에 따라 달라진다'는 점이다. 따라서 힉스장에 의해 팽팽해진 모든 장의 진공 에너지는 힉스장의 값에 따라 달라진다. 바로 이 지점에서 우리는 피드백 현상을 만나게 된다.

공의 위치가 얼마나 팽팽한지가 공을 평형점에서 밀어내는 데 얼마의 힘이 필요한지를 나타내는 척도인 것처럼, 힉스장의 팽팽함은 힉스장의 값을 변경하는 것이 얼마나 어려운지를 나타내는 척도이다. 이 팽팽함은 힉스장의 공명 주파수와 힉스 보손의 정지 질량에 반영되어 있다.

이제 힉스장의 팽팽함을 가늠해보기 위해 힉스장의 평균값을 바꾸려 한다고 가정해보자. 평균값을 바꾸면 다른 많은 장의 팽팽함이 변하고, 장들의 막대한 진공 에너지가 바뀌면서 우주의 전체 에너지가 크게 조정된다. 하지만 에너지는 보존되기 때문에 이 추가 에너지가 갑자기 어디선가 생겨날 수는 없다. 그렇다면 누가 이 에너지를 공급할까? 힉스장의 값을 바꾸고자 하는 우리가 그 대가를 치러야 한다. 다시 말해, 실제로 값을 바꾸려면 엄청난 양의 에너지를 투입해야만 한다.

따라서 다른 장들의 진공 에너지가 힉스장의 값에 따라 달라지기 때문에 힉스장의 값을 바꾸려면 엄청난 노력이 필요하다. 힉스장이 비정상적으로 팽팽하다는 것은 바로 이런 의미이다.

이것이 바로 앞서 언급했던 피드백 현상이다. 힉스장은 여러 다른 장들을 팽팽하게 만들지만, 그 장의 막대한 진공 에너지가 힉스장의 값에 달려 있기 때문에 힉스장이 다른 장을 팽팽하게 하는 것보다 다른 장이 더 강하게 힉스장을 팽팽하게 만든다. 결과적으로 파동입자를 기준으로 볼 때, 힉스 보손의 정지 질량 ─ 힉스장의 평균값을 중심으로 진동하는 아주 작은 정상파가 갖는 존재 에너지 ─ 은 엄청나게 커져서 플랑크 질량에 필적할 정도가 된다. 혹은 이론적으로 봤을 때 그렇게 흘러간다.[3]

애초에 다른 장들이 힉스장과 상호작용하지 않았다면, 이 모든 문제는 피할 수 있었을 것이다. 상호작용이 없었다면 힉스장은 다른 장의 진공 에너지에 영향을 주지 못하고, 다른 장 역시 힉스장의 팽팽함에 피드백을 주지 않았을 것이다. 하지만 그렇게 되었다면, 애초의 목적이 무산되었을 것이다. 장은 여전히 늘어진 상태로 남아있을 것이고, 장의 파동입자는 여전히 정지 질량을 갖지 못했을 테니까.

1960년대에 물리학자들이 힉스장 개념을 내놓았을 때 상상했던 것과는 달리, 전자장이 힉스장에 미치는 영향이 그 반대의 경우보다 훨씬 더 클 수 있다는 것이 밝혀졌다. 한편, 전자장의 영향은 톱 쿼크장과 W보손장, Z보손장의 영향력에 비해 미미하다. 종합해보면, 피드백은 힉스장의 팽팽함을 극단으로 밀어붙이는 동시에 힉스장의 값을 0으로 만들거나 또 다른 극단적인 값으로 몰고 가는 운명에 처한 것처럼 보인다. 그렇게 되면 나머지 장들은 완전히 늘어지거나 반대로 터무니없이 팽팽해질 것이다.

이 피드백 시나리오 가운데 어느 것도 실험 데이터와 일치하지 않는다. 그런 탓인지 수업시간에 이에 대해 설명할 때면 학생들의 회의적인 표정을 자주 보게 된다. "정말 이런 피드백이 존재하는 게 맞나요?" 한 학생이 물었다. "실험적으로는 피드백 현상이 실제로 존재하지 않는 것처럼 보이는데요."

"충분히 일리가 있는 질문이에요." 내가 대답했다. "제 말이 틀렸고, 우주 확실성 한계가 장에는 적용되지 않는다고 가정해보죠. 그러면 진공 에너지도, 또 피드백도 존재하지 않을 것입니다."

왜 이런 가능성을 고려해야 할까? 사실, 엄청난 양의 진공 에너지가 존재한다는 실험적 증거는 없다. 우주의 진공 에너지 밀도, 즉 완전히 텅 빈 상자에 저장된 에너지의 양은 흔히 "암흑 에너지(dark energy)"라고 부르는 것의 일부(어쩌면 전부)다. (4장 1절에서 간략히 언급했듯이, 암흑 에너지는 큰 음(−)의 압력을 수반한다.) 우리 우주에 암흑 에너지가 존재하는 것은 확실하다. 하지만 우주가 순식간에 자멸할 만큼의 에너지를 가지고 있다는 이론가들의 예측보다는 암흑 에너지의 양이 훨씬 적다. 대신 우주의 팽창 속도가 아주 천천히 느려지는 것을 감안할 때, 우리는 이론가들이 빈 공간의 에너지 밀도를 1조 곱하기 1조 곱하기 1조 곱하기 1조 곱하기 1조 곱하기 1조 곱하기 1조 곱하기 1조 곱하기 1조 배, 즉 10^{120}배 과대평가하고 있다는 것을 알 수 있다. (설령 극초단거리에서 아인슈타인의 중력 이론이 완전히 틀렸다고 해도, 양자장 이론만으로도 우리가 진공 에너지 밀도를 10^{40}배나 과대평가하고 있다는 결론이 나온다.) 이것이 바로 '우주상수 문제(cosmological constant problem)'로, 과학 역사상 가장 큰 실수로 꼽힌다.

"와, 그렇게 큰 실수를 했는데, 도대체 양자장 이론에 '옳은' 점이 있다고 생각할 이유가 뭐가 있을까요?" 다른 학생이 말했다.

양자장 이론을 폐기하는 것이 우주상수 문제와 계층 퍼즐 모두를 해결할 수 있는 쉬운 방법처럼 보일 수 있다.[4] 하지만 이는 목욕물과 함께 아기까지 버리는 격이다.

"왜냐하면 양자장 이론이 거둔 성취도 전설적이기 때문이에요!" 내가 대답했다. "양자장 이론은 우주 확실성 한계를 장에 적용하는 데 중요한 수천 가지 예측을 성공적으로 해냈어요. 여기에는 실험실 탁자 위에서 하는 정밀 실험 그리고 LHC와 같은 거대 입자가속기에서 할 수 있는 실험에서 검증된 것처럼, 양자장 이론의 예측은 전자의 자기적 성질부터 힉스 보손이 두 개의 광자로 붕괴할 확률까지 다양하면서도 정확해요. 그리고 가장 놀라운 성공은 글루온장의 우주 확실성 한계 덕분에 양성자와 중성자가 만들어진다는 사실을 알게 된 것입니다! 만약 이 원리가 없었다면, 여러분과 나는 존재할 수 없었을 겁니다."

양성자와 중성자의 기원에 대해서는 다음 장에서 설명할 것이다. 여기서 강조하고 싶은 것은 다음과 같다. 양자장 이론을 쉽게 포기한다고 해서 우리가 이 퍼즐에서 벗어날 수 없다는 것이다. 오히려 지금보다 훨씬 더 많은 수수께끼를 떠안게 될 것이다.

당연하게도 물리학자들은 질량 계층 문제를 오랫동안 고민해왔다. 일부 물리학자는 우주가 피드백을 제어할 수 있는 메커니즘을 가지고 있다고 지적한다. 몇몇 물리학자들은 질량 계층이 전혀 퍼즐이 아니라고 주장한다. 즉, 질량 계층이 제기하는 퍼즐은 과학적이라기보다는 철학적 문제라는 이야기다. (개인적으로 이들의 주장은 사실을 제대로 파악하지 못하고 있다고 생각한다.[5]) 이 주제만으로도 책 한 권을 쓸 수 있겠지만, 여기서는 가장 중요한 쟁점만 간략히 소개하고자 한다.

가장 단순한 가능성은 '순전히 운이 좋아서' 재앙을 피할 수 있었다는 것이다. 다양한 장들에서 발생하는 엄청난 피드백이 그저 우연히 서로 완벽하게 상쇄되어 버렸다는 말이다. 마치 전혀 관련이 없는 수조 원 규모의 수입과 지출이 기적적으로 3원 차이로 맞아떨어지는 예산과 같다고 볼 수 있다. 이 정도의 행운이 논리적으로 불가능한 것은 아니다. 다만 이와 같은 상쇄가 극도로 정밀하게 일어나야만 지금과 같은 인상적인 질량 계층이 만들어진다는 점을 생각할 때 그리 그럴듯하다고 여겨지지는 않는다. 하지만 뭔가 그럴듯하지 않다고 해서, 사실이 아니라는 의미는 아니다.

또 다른 가능성은 '설계에 의해' 재앙이 일어나지 않았다는 것이다. 즉, 우리 우주가 외부의 어떤 엔지니어에 의해 만들어졌고, 그 엔지니어가 피드백이 거의 완벽하게 상쇄되도록 세심하게 조정했다는 시나리오이다. 이 역시 논리적으로 불가능하진 않지만, 과연 그럴듯한 아이디어인지는 의심스럽다. 힉스장이 이렇게 다양하고 다루기 힘든 상호작용을 하도록 우주를 만든 엔지니어가 상호작용의 결과로 생기는 피드백 원천들이 극도로 정밀하게 서로 상쇄되도록 일부러 설계했을 이유가 과연 있을지 의문이다.

뭐, 누가 알겠는가? 이러한 추측들을 실험적으로 확인하는 것이 불가능할지도 모르겠다. 물리학은 원리를 밝혀내는 데는 이상적이지만, 우연과 엔지니어는 반드시 원리를 따르지 않을 수도 있다. 그렇다면 물리학자는 무엇을 해야 할까?

어쩌면 우리는 다른 방식으로라도 어떤 원리적인 증거를 찾을 수 있을지도 모른다. 여기에 유용한 역사적 비유가 하나 있다. 사람들은 한때 태양계 행성의 수와 행성의 궤도 지름이 어떤 거대한 원리에 의해 정해져 있다고 생각했고, 오랫동안 이를 설명하기 위해 노력했다. 하지만 지금은 더 이상 그렇게 생각하지 않는다. 이런 것들은 대부분 우연의 산물로 여겨지기 때문이다. 오늘날 우리는 많은 별들이 행성을 거느리고 있으며, 그 배열도 태양계와는 매우 다를 수 있다는 사실을 알고 있다. 게다가 행성계는 때로 변하기도 하고, 행성끼리 충돌하거나 분해되며, 심지어 깊은 우주로 튕겨 나가기도 한다. 행성계가 어떻게 형성되는지에 대한 물리학적 원리는 있지만, 태양계 행성들이 반드시 존재해야 한다거나 이들 행성의 궤도가 특정해야 한다는 원칙은 없다. 어쩌면 우주의 생성을 지배하는 원리가 따로 존재할 수도 있고, 우리가 그 원리를 알게 된다면, 질량 계층이 왜 원칙이 없는 것처럼 보이는지, 질량 계층이 정말 퍼즐이 맞는 것인지 여부도 더 명확하게 알 수 있게 될

지도 모른다.

해답을 얻기까지는 꽤 오랜 시간이 걸릴 것이다. 그동안 우리는 피드백을 완화하는 근본적인 메커니즘이 무엇일지 상상해볼 수 있다. 아울러 각각의 아이디어가 실제로 맞는지, 아니면 틀렸는지 혹은 가능성이 낮은지 실험을 통해 검증해볼 수 있을 것이다.

지난 수년간 여러 원칙적 메커니즘이 제안되었다. 예를 들어, 피드백이 자동으로 균형을 이룰 가능성이다. 힉스장의 평균값을 크게 만드는 경향이 있는 페르미온장 각각에 대해 정확히 같은 세기로 그 값을 0으로 만들려는 보손장이 존재해 각 쌍의 피드백이 거의 완벽하게 상쇄되는 시나리오이다. 또는 각 장의 피드백이 우리가 순진하게 생각했던 것보다 훨씬 약할 가능성도 있다. 이는 힉스장이 복합장일 때 발생할 수 있는데, 복합 힉스장을 생성하는 힘 자체가 힉스장의 팽팽함을 제한하기 때문에 피드백의 상쇄가 일어날 수 있다. 또한 최고의 실험 장비로도 닿을 수 없는 극초단거리에서 중력이 아인슈타인의 이론과 크게 다를 경우에도 이런 일이 일어날 수 있다. 또 다른 가능성은 우주 자체의 역사가 안정화 효과를 생성해 피드백을 제어했고, 결과적으로 힉스장의 팽팽함과 힉스장의 값을 낮추어 작지만 0이 아닌 상태로 유지했을 수도 있다.[6]

이러한 아이디어의 대부분은 실험적으로 검증할 수 있다. 또한, 힉스장과 강하게 상호작용하는 추가적인 장을 예측하고 있다(그렇지 않으면 피드백 문제를 완화하기 어렵기 때문이다). 이때 추가적인 장의 파동입자 정지 질량은 우리가 이미 알고 있는 파동입자의 정지 질량과 비슷하거나 약간 더 클 것이다. 만약 추가적인 파동입자가 존재한다면, 이미 LHC에서 생성되고 있으며 발견될 가능성이 높다. 표면적으로는 황금 같은 기회이다. 힉스 보손을 발견하고 연구하는 데 적합한 입자가속기를 가지고 질량 계층 퍼즐을 해결하는 실마리를 얻을 수도 있기 때문이다.

안타깝게도 반드시 성공하리라는 보장은 없다.[7] LHC의 실험물리학자들이 질량 계층 문제와 관련된 새로운 파동입자를 발견하려면, 자연이 그 대상을 우리 손이 닿는 곳에 두어야만 하기 때문이다. 이는 인간의 통제를 벗어난 문제로, 자연이 어떻게 계층 구조를 생성하고 유지했는지에 전적으로 달려 있다.

LHC의 주요 목적은 물리학자들이 힉스 보손과 힉스 보손의 사촌 입자들을 발견하고 연구하는 데 도움을 주는 것이다. 그 점에서 LHC는 훌륭하게 임무를 수행하고 있다. 부차적으로 과학자들은 LHC가 계층 퍼즐을 포함한 입자물리학의 미해결 문제를 풀 수 있는 실마리를 주기를 기대했다. 하지만 2023년 현재 LHC는 아직 그런 단서를 찾지 못했다. 계층의 기원을 밝히거나 입자물리학자들이 직면하고 있는 다른 문제를 해결하는 데 도움이 될 만한 예상치 못한 결과는 아직 나오지 않고 있다. LHC가 한 세대에 한 번 있을 법한 소중한 기회였던 만큼, 매우 실망스러운 결과다.[8]

하지만 이야기는 아직 끝나지 않았다. 2023년 현재, 기존 LHC 데이터에 대한 분석조차 한참 남아 있을 뿐만 아니라, LHC는 업그레이드가 완료되고 물리학자들이 완전히 가동을 중단하기 전까지 지금까지 모은 데이터의 약 10배에 달하는 양을 추가로 수집할 예정이다.

이제 40년째 이어지고 있는 계층 문제의 여정이 어디로 향할지 짐작하기란 불가능하다. 계층과 힉스장의 상호작용을 제대로 된 맥락에서 이해하고, 원리에 기반한 측면과 우연적인 측면이 가려지는 데에는 앞으로 40년이 더 걸릴 수도 있고, 4천 년이 걸릴 수도 있다. 그동안 이 계층 퍼즐이 정말 심각한 문제인지, 어떻게 해결할 수 있는지, 그리고 이 문제를 더 깊이 탐구하기 위해 어떤 실험이 필요한지에 대해 이론물리학자들이 계속 논쟁을 이어갈 것이라고 확신한다. 하지만 실험에서 어떤 단서가 발견되기 전까지, 그게 다음 주가 될지, 다음 세기가 될지는 알 수 없지만, 우리가 어떤 진전을 이룰지는 확실하지 않다.

/ **23.2 이 질문들은 얼마나 의미가 있을까?** /

이 책에서 나는 주로 20세기의 발견에 초점을 맞추고, 이 발견이 우리의 일상생활과 자기 자신에 대한 이해에 어떤 영향을 미쳤는지 살펴보았다. 이제 힉스장을 둘러싼 현재 진행형인 미스터리를 읽고 나면, 새로운 수수께끼들이 과연 20세기 발견들만큼이나 심오한 해답을 가져다줄 수 있을지 궁금할 것이다.

아마 답이 제시될 수도 있고, 그렇지 않을 수도 있다. 입자물리학자들이 그 어느 때보다 더 많은 해답과 더 많은 질문을 동시에 가지고 있는 지금 이 순간이 특별한 이유는 앞으로 무슨 일이든 일어날 수 있다는 데 있다. 앞으로 10년 안에 혁명이 일어날 수도 있지만, 반대로 우리 생애 동안 이 책의 내용을 대폭 수정할 만한 변화가 일어나지 않을 수도 있다. 이런 상황은 적어도 지난 150년 동안 한 번도 없었다. 1880년대를 기점으로 입자물리학에서 10년마다 새로운 발견이 이루어졌다. 전자빔의 발견에서부터 원자, 원자핵, 양성자의 내부에 이르기까지 많은 발견이 있었다. 그동안 실험, 이론, 기술이 모두 앞서거니 뒤서거니 발전했고, 항상 새로운 통찰의 실마리가 바로 코앞에 있는 듯 보였다. 1930년대에 이미 약한 핵력의 신비를 풀려면 현재의 입자가속기가 마침내 도달한 충돌 에너지가 필요하다는 것을 알았고, 심지어 그 당시에도 LHC와 같은 장치에서 중요한 발견이 이루어지리라 정확히 예상하고 있었다.

하지만 2020년대가 된 지금, 입자물리학을 오랫동안 이끌어온 명확한 단서들이 더 이상 보이지 않는다. 현재로서는 앞으로 무슨 일이 일어날지 전혀 예측할 수 없는 상황이다.

답답한 상황이긴 하지만 한편으로는 매우 흥미롭기도 하다. 우리가 이 상황에서 얼마나 빨리 벗어날 수 있을지, 또 그 과정이 얼마나 흥미로울지는 전혀 알 수 없다. 그럼에도 불구하고 본질적으로 새로운 통찰이 나올 가능성은 여전히 충분하다. 어쨌든 앞서 세 개의 장에 걸쳐 제기한 긴 질문 목록 외에도 이전부터 남아 있던 혼란스러운 문제들도 여전히 그림자처럼 도사리고 있다. 우리가 이동하는 빈 공간의 본질, 우주에 존재하는 '암흑' 성분의 정체, 그리고 우리를 구성하고 있는 파동입자들이 속한 장의 기원 등이다. 이 수수께끼들의 다양함을 고려할 때, 우리 우주에 대한 견해가 최종적인 형태에 도달했다고는 생각하지 않는다. 앞으로 우리 모두를 깜짝 놀라게 할 또 다른 혁명이 일어난다고 해도 전혀 놀랍지 않을 것이다.

7부

코스모스

원자물리학자, 핵물리학자, 입자물리학자들이 미시적인 세계에만 관심을 가진다고 생각할지도 모르겠다. 하지만 가장 작은 우주는 가장 큰 우주에 영향을 미치고, 그 반대의 경우도 마찬가지다. 별, 은하 그리고 우주의 초창기를 이해하려면, 우주장과 우주장의 파동입자에 대한 지식이 필요하다. 입자물리학을 공부하는 학생이 '우주론(cosmology)'으로 알려진 우주의 역사를 꿰고 있어야 하고, 천문학도 어느 정도 배워야 하는 이유다.

이 섹션에 "코스모스(Cosmos)"라는 제목을 붙였지만, "양자 II"라고 해도 좋았을 것이다. 마지막 장들에서는 더 넓은 우주와 양자물리학이 서로 대화하면서 제기되는 질문을 살펴볼 것이다. 양성자와 중성자는 어떻게 존재하게 되었는지(그리고 왜 모든 양성자는 동일한지), 양자장은 우주의 과거에 어떤 영향을 미쳤으며, 앞으로는 어떤 영향을 미칠지, 그리고 우리 몸의 정지 질량의 궁극적인 기원은 무엇인지 알아볼 것이다. 마지막으로, 양자물리학이 일상생활과 어떤 관련이 있는지 다시 한번 살펴본 후, 과학책에서 참으로 하기 힘든 일, 즉 결론을 내보려 한다.

24
양성자와 중성자

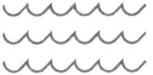

양자장 이론의 가장 위대한 성공 중 하나는 양성자와 중성자의 존재를 설명한 것이다. 양성자와 중성자는 쿼크장과 글루온장의 상호작용에서 놀라울 만큼 복잡한 방식을 거쳐 나타난다. 이들의 성질(그리고 이들보다 수명이 짧은 사촌 입자들의 성질)을 성공적으로 예측할 수 있다는 것은 쿼크장과 글루온장이 우주 확실성 한계에 영향을 받는다는 명백한 증거이다.

    물체들 사이의 힘은 일반적으로 물체가 멀어질수록 약해진다. 상식적으로 이런 현상은 자연스러운데, 왜냐하면 우주의 반대편에 있는 두 물체가 서로에게 상당한 인력을 행사한다는 것은 이상하게 느껴지기 때문이다. 단순한 상황이라면, 보손장이 기본 파동입자들 사이에서 매개 역할을 할 때, 파동입자들이 서로 멀어질수록 힘은 반드시 약해진다. 실제로 이 힘의 세기는 중력과 전자기력에서 볼 수 있는 역제곱 법칙만큼 빠르게, 혹은 약한 핵력과 힉스 힘의 경우처럼 더 빠르게 감소한다.

양자물리학이 아니었다면 강한 핵력도 마찬가지였을 것이다. 글루온장이 매개 역할을 하는 두 쿼크 사이의 힘 역시 역제곱 법칙을 따랐을 것이다. 하지만 양자물리학은 이 규칙들을 바꾸어 놓았다. 글루온장의 양자 불확정성으로 인해 완전히 다른 일이 벌어지는 것이다. 1973년 강한 핵력의 이런 특성을 최초로 계산하고 정확하게 해석해낸 데이비드 폴리처(David Politzer)와 그의 경쟁자였던 데이비드 그로스(David Gross), 프랭크 윌첵(Frank Wilczek)은 이 놀라운 발견으로 2004년 노벨 물리학상을 받았다.

글루온장은 자기 자신과도 상호작용하므로, 글루온은 서로를 끌어당긴다. 글루온장의 자체 상호작용의 세기는 쿼크, 반쿼크, 글루온 사이의 모든 힘의 세기를 결정한다. 그런데 이 자체 상호작용은 힉스장에 나타나는 극단적인 피드백보다는 훨씬 덜 하지만, 여전히 중요한 피드백을 생성한다. 그 결과 파동입자들 사이의 강한 핵력은 거리가 멀어질수록 역제곱 법칙보다 더 천천히 약해지게 된다. 이러한 경향은 파동입자들이 양성자 또는 중성자의 지름에 해당하는 약 1조 분의 1미터만큼 떨어져 있을 때까지도 계속된다. 그 지점을 넘어서면 파동입자 사이의 강한 핵력은 더 이상 약해지지 않는다. 오히려 강한 핵력이 일정하게 유지되면서, 결코 강한 핵력을 벗어날 수 없게 된다.[1]

이런 현상이 양성자의 지름 정도에서 일어나는 것은 결코 우연이 아니다. 이 끈질기고 집요한 힘이 바로 양성자를 만들고, 그 크기를 결정하며, 양성자 내부에 쿼크, 반쿼크, 글루온을 가두는 역할을 한다.

이 모든 것은 이론가들이 계산을 통해 밝혀낸 사실이다. 물론 이론가들은 힉스장의 피드백과 우주 상수 문제에서는 별다른 성과를 내지 못했다. 하지만 이번에는 믿어도 될까?

물론이다. 왜냐하면 계산이 실험과 일치하기 때문이다. 이론가들의 계산은 다양한 측정과 컴퓨터 시뮬레이션을 통해 직간접적으로 수차례 검증되었다. 이론과 데이터의 일치도가 매우 뛰어나서 부정할 수가 없다. 양자장 이론의 예측은 자연과 정확히 맞아떨어지며, 우주 확실성 한계가 실제로 장에도 적용된다는 것을 확인시켜 주었다.[2]

이론가들의 성공 덕분에 질량 계층 퍼즐이 왜 그렇게 중요한 문제인지, 배경과 이유를 더 잘 이해할 수 있게 되었다. 양자장 이론과 이론이 예측하는 피드백을 무작정 무시할 수는 없다. 오히려 이론가들이 양성자와 중성자를 만들어내는 피드백, 그리고 입자물리학 실험에서 관측되는 여러 미묘한 현상들은 그렇게 잘 이해하면서도 왜 힉스장의 피드백에 대해서는 한참을 빗나갔는지를 설명해야만 한다.

24.1 양자 우주의 과거

이 모든 양성자와 중성자 덕분에 우리 각자는 강력한 핵무기 하나에 해당하는 에너지를 몸에 지니고 살아간다. 이 에너지는 우리가 주변에서 실제로 볼 수 있는 모든 식물이나 동물이 생존하는 데 필수적인 요소다. 그렇다면 이 에너지는 어디에서 왔으며, 우리 부모님은 어떻게 얻었을까?

이 에너지는 자동차에 기름을 넣듯이 우리가 태어날 때 누군가가 채워준 것이 아니다. 우리는 에너지를 점차적으로 받아들였다. 인간의 몸이 수정란에서 성장할 때, 몸을 이루는 원자 수는 지속적으로 증가한다. 원자는 정지 질량을 가지고 있으므로 내부 에너지도 함께 가지고 있으며, 따라서 몸이 성장하는 동안 에너지도 점점 증가하다가 성인이 되어 어느 정도 안정된 상태에 도달하게 된다. 이 세상의 원자 안에는 엄청난 양의 에너지가 저장되어 있고, 우리 각자는 그중 아주 일부를 빌려서 몸에 담고 있다. 그 덕분에 우리는 바람에 날아가지 않을 만큼의 무게를 가지고 살아갈 수 있는 것이다.

하지만 여전히 한 가지 의문이 남는다. 강한 핵력은 양성자 내부 에너지의 대부분을 담당하며, 파동입자들을 내부에 가두고 끊임없이 운동하게 한다. 하지만 강한 핵력 자체가 에너지의 원천은 아니다. 강한 핵력은 단지 양성자가 손상되지 않고 정지 질량이 변하지 않도록 유지해줄 뿐이다. 우리는 아직 각 양성자와 중성자가 처음 생성되는 순간에 어떻게 내부 에너지를 얻게 되었는지 살펴보지 않았다.

양성자와 중성자의 기원에 관한 이야기는 빅뱅 핍에서 시작된다. '옛날 옛적에 우주의 한 지점에 있던 특이점이 거대한 폭발을 일으켰다. 타오르는 입자 구름이 허공에 쏟아져 나와 냉각되면서 오늘날 우리가 알고 있는 팽창하는 우주가 탄생했다.'

우주 역사의 전문가인 우주론자들이 이미 이 이야기가 잘못되었음을 여러 차례 밝혔지만, 그럼에도 빅뱅 밈은 여전히 회자되고 있다. 특히 이 이야기가 스티븐 호킹의 유명한 책 『시간의 역사』를 바탕으로 한 TV 프로그램에 나온 것을 보고 경악을 금치 못한 적도 있다.

진실은 훨씬 더 복잡미묘하다. 관측과 이론적 추론을 통해 우리가 아는 것은 우주가 한때 믿을 수 없을 만큼, 그리고 거의 균일하게 뜨거웠다는 점이다. 파동입자들은 양성자의 내부보다도 훨씬 더 극단적인 환경에서 소용돌이치고 있었다. 이렇게 엄청난 양의 에너지가 결국 폭발할 수밖에 없었다고 생각할 수도 있고, 이것이 바로 빅뱅이 의미하는 바라고 여길 수도 있다. 하지만 실제로 빅뱅 때는 아무것도 폭발하지 않았다. 그런 식으로 상상하는 것은 오히려 본질을 거꾸로 이해하는 것이다.

빅뱅 밈은 우주의 탄생이 마치 빈 방에서 폭탄이 터져 불덩어리가 생기고, 이후 빈 공간으로 팽창하면서 냉각되는 것과 비슷하다고 말한다. 하지만 '우주에는 주위를 둘러싼 빈 공간이 존재하지 않았다.' 우리가 알고 있는 가장 초기에도 뜨겁고 격렬하게 소용돌이치는 파동입자 수프(그리고 이 경우에는 정말 수프처럼, 일반 매질이었다)가 이미 우주 전체에 가득 차 있었다. 이 파동입자 수프가 아무리 수많은 폭탄의 에너지를 가지고 있었다 해도 밖으로 폭발할 수 없었던 이유는 더 많은 뜨거운 수프가 폭발을 막고 있었고, 그 역시 폭발하고 싶어 했기(퍼져나가고자 하는 에너지가 가득했기) 때문이다. 이 수프는 도망칠 곳이 없는 우주 전체에 걸친 불 폭풍이었다.

정상적이라면 모든 곳이 뜨거운 수프는 식거나 퍼져나갈 수가 없기 때문에 영원히 뜨거운 채로 남아 있을 것이다. 그런데 왜 우주는 그 상태에 머물지 않고 변화했을까? 이유는 바로 공간이 늘어날 수 있기 때문이다. 아주 오래전인 우주의 초창기에 어떤 미지의 사건이 우주에 충격을 주어 공간 자체가 급속히 팽창했다.[3] (이 충격 혹은 이 충격을 일으킨 원인을 대부분의 과학자가 "빅뱅"이라고 부르지만, 모든 과학자가 이 정의에 동의하는 것은 아니다.) 공간이 팽창하면서 뜨거운 수프 속 파동입자들이 돌아다닐 수 있는 공간이 넓어졌고, 수프도 함께 팽창하며 식을 수 있었다. 우주는 훨씬 더 느리지만 오늘날에도 여전히 팽창하면서 냉각되고 있다.

따라서 빅뱅은 파동입자들로 가득 찬 '공간의 팽창'을 가져왔을 뿐, 파동입자들을 미리 존재하던 빈 공간 속으로 날려 보낸 '폭발'이 아니었다. 빅뱅은 폭탄의 폭발보다 훨씬 더 흥미롭다. 우리는 빅뱅의 자세한 기원은 아직도 명확하게 알지 못한다.[4]

한편 우주의 팽창에도 불구하고, 우리 자신은 팽창하지 않았다. 빅뱅 초기에도 기본 파동입자들의 크기는 커지지 않았고, 오직 파동입자들 사이의 거리만 멀어졌을 뿐이다. 양성자 역시 부풀지 않았다. 왜냐하면 양성자의 크기는 강한 핵력에 의해 정해지고, 다른 요인은 아무런 영향을 주지 않기 때문이다. 기본 파동입자들이 서로 결합해 더 큰 단위 ― 처음에는 원자, 다음에는 은하, 별, 행성, 사람 ― 를 형성하기 시작하면, 그 순간부터는 이런 물체들도 더는 팽창하지 않는다. 우주 공간은 계속 팽창하고 있지만, 우리도, 지구도, 우리 은하도 그 넓어진 공간을 따라 함께 커지지는 않는다. 심지어 우리 은하가 속한 은하단조차도 더 이상 팽창하지 않는다. 오늘날에는 오직 은하단 사이의 거리만 계속

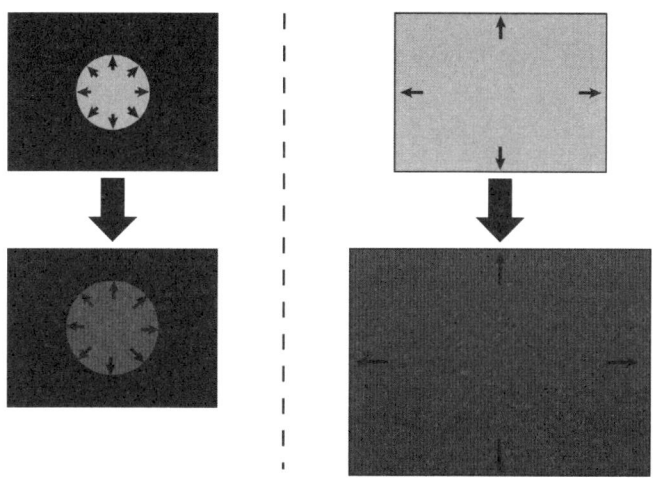

그림 52 (왼쪽) 빅뱅은 팽창하는 뜨거운 불덩어리를 차가운 빈 공간 속으로 날려 보내는 폭발이 아니다. (오른쪽) 오히려 빅뱅은 사방이 뜨거운 우주적인 불 폭풍을 만들었고, 이 불 폭풍은 공간이 팽창함에 따라 냉각되었다.

해서 증가하고 있다. 한편, 빅뱅의 흔적인 우주 마이크로파 배경은 지금도 서서히 식어가고 있다.[5]

양성자와 중성자가 먼저 존재하지 않았다면 은하나 행성도 존재할 수 없기 때문에 이제 다시 양성자와 중성자의 기원에 관한 질문으로 돌아가 보자. 이 질문은 우주의 풍부한 역사에서 또 다른 측면으로 우리를 안내한다.

다들 물을 끓여본 적이 있을 테고, 냉동실에서 얼음을 만들어본 적도 있을 것이다. 끓음과 어는 현상, 그리고 그 반대 과정인 녹음과 응결은 모두 '상전이(phase transition)'라고 부른다. 상전이란 일반적인 물질이 액체에서 기체로, 또는 액체에서 고체로, 또는 그 반대로 '상(phase)'이 바뀌는 것을 말한다. 그러나 세상에는 액체, 고체, 기체만 있는 것이 아니다. 많은 물질이 우리에게는 낯선 상을 보이기도 한다. 예를 들어, 철은 고체 상태에서도 자화될 수 있는 상태와 자화될 수 없는 상태 이 두 가지 상을 가지고 있다.[6]

우주 전체 역시 서로 다른 상으로 존재할 수 있다. 식어가는 우주는 이미 여러 번의 상전이를 겪었고, 그때마다 상이 달라졌다. 앞서 우리는 그중 하나, 즉 힉스장의 평균값이 0이 아닌 값으로 바뀌는 상전이에 대해 설명한 바 있다. 이 상전이는 빅뱅이 뜨거워진 직후 아주 짧은 순간에 발생했는데, 이때 파동입자 수프의 온도는 상상할 수 없을 정도로 뜨거워 태양 중심의 온도보다 백만 배 더 높았다. 그보다 훨씬 낮은 온도, 즉 태양 표면의 온도에 가까운 곳에서는 또 다른 상전이가 일어났다. 이때는 바로 40만 년 동안 우주를 따로따로 떠돌던 원자핵과 전자가 결합하여 처음으로 원자를 형성하기 시작한 시점이다.

하지만 이 두 상전이 사이에 가장 흥미로운 상전이가 발생했고, 그 후 쿼크와 글루온은 영원히 양성자나 중성자 내부에 갇히게 되었다. 이 상전이 이전에는 양성자와 중성자가 아직 존재하지 않았다. 쿼크, 글루온, 반쿼크들이 자유롭게 돌아다니며 우주 액체를 이루고 있었다. 이들은 c, 또는 c에 가까운 속력으로 이리저리 움직이며 끊임없이 충돌을 거듭했다.

강한 핵력이 역제곱 법칙을 따랐다면, 우주가 팽창하면서 혼돈은 점차 진정되었을 것이다. 우주 액체의 밀도가 감소하여 옅은 대기처럼 사라지고, 액체 속 쿼크, 반쿼크, 글루온들은 점점 더 멀리 떨어졌을 것이다. 하지만 실제로는 파동입자 사이의 통상적인 거리가 오늘날의 양성자 크기에 도달하자, 파동입자 사이의 강한 핵력은 더 이상 약해지지 않고, 강한 핵력의 세기가 그대로 유지되었다.

우주가 계속 팽창함에도 불구하고, 쿼크, 반쿼크, 글루온이 더 이상 멀리 퍼질 수 없게 되자 상전이 현상이 일어났다. 우주 액체는 점차 방울로 응결되기 시작했고, 각 방울 안에는 쿼크, 글루온, 반쿼크가 이들의 운동 에너지와 함께 갇히게 되었다.

대부분의 방울은 곧 사라졌다. 큰 방울은 작은 방울로 부서졌고, 방울들끼리 충돌하면서 쿼크와 반쿼크가 다시 배열되었다. 여분의 쿼크나 반쿼크가 없는 방울은 빠르게 붕괴하여 광자, 전자, 그리고 강한 핵력의 영향을 받지 않는 다른 파동입자들로 변했다. 그러나 반쿼크보다 쿼크가 조금 더 많았기 때문(6장 4절에서 언급한 우주의 수수께끼인 물질·반물질 비대칭성 때문)에 여분의 쿼크가 3개 더 있는 방울 중 극히 일부만이 살아남았다. 이 방울들은 가능한 한 에너지를 방출하며 안정화되었다. 결국 양성자와 중성자라는 두 가지 방울만 남게 되었다.[7]

이제 양성자와 중성자 방울 안에 영원히 갇힌 쿼크, 글루온, 반쿼크는 여전히 c, 또는 c에 가까운 속력으로 이리저리 움직이며 충돌을 거듭하고 있다. 빅뱅의 소용돌이는 이 안에 갇혀 결코 밖으로 빠져나가거나 사라지지 않는다. 우리 몸과 모든 평범한 물질에 담긴 에너지는 바로 이 과거의 흔적, 즉 우주의 격렬한 탄생에 대한 기억이다.

이것이 바로 우리의 정지 질량과 우리 주변의 모든 평범한 물체의 정지 질량이 어떻게 생겨났는지에 대한 이야기이다. 그러나 한 가지 의문이 남는다. 왜 모든 양성자 방울은 정확히 동일할까? 전자가 동일한 이유 — 그것은 파동입자의 특징이다 — 는 이미 설명했는데, 그때 사용한 논리가 양성자와 중성자에는 그대로 적용되지 않는다.

24.2 흩어지기와 양자적 동일성

몇 개의 파동입자들이 어떤 힘에 의해 묶여 있다고 하자. 이 파동입자들을 잠시 건드리지 않고 가만히 두면, 파동입자들이 이루는 복합 입자는 항상 똑같은 형태임을 알 수 있다.

양자물리학과 '흩어지기'의 결과로 나온 이 현상은 왜 모든 양성자가 동일한지 설명해준다. 이를 위해서는 파동입자의 수가 너무 많지 않아야 하고, 파동입자의 수명이 길어야 하며, 온도가 낮아야 하고, 특정 물리량이 보존되어야 한다. 대부분의 원자는 상온에서 이러한 요건을 충족한다. 따라서 전자 8개, 양성자 8개, 중성자 8개로 구성된 모든 산소 원자는 서로 완전히 동일하다. 눈송이나 다른 거시적 물체는 이러한 조건을 충족하지 못하기 때문에 서로 똑같은 것이 하나도 없다.

기본 원리는 간단한 비유를 통해 이해할 수 있다. 똑같은 그네에 앉은 똑같이 생긴 쌍둥이를 부모가 밀어주고 있는데, 부모가 두 아이를 정확히 똑같이 밀어주지는 않는다고 가정하자. 그러다 부모가 휴대전화에 정신이 팔려 더는 그네를 밀어주지 않는다. 그러면 아이들은 서로 다른 진폭으로 흔들리게 되고, 최고점에 도달하는 시간도 달라질 것이다. 하지만 3분 정도 지나면 〈그림 53〉처럼 그네를 타고 있는 쌍둥이의 운동은 같아진다. 두 그네는 똑바로 수직으로 매달려 정지해 있고, 아이들은 앉아서 부모가 다시 밀어주기를 기다린다. 여기서 얻는 교훈은 만약 기본적으로 밑바탕에 이미 동일성이 깔려 있다면, 흩어지기는 동일성을 더욱 강화할 수 있다는 것이다.

양자 흩어지기도 이와 유사한 결과를 가져온다. 백만 개의 전자와 백만 개의 양성자를 짝지어 백만 개의 전자-양성자 쌍을 만든다고 하자. 처음에는 각각의 전자가 비타협적인 양성자 주위를 저마다 독특한 방식으로 공전할 것이다. 하지만 전자는 전자기장과 상호작용하기 때문에 정지해 있거나 직선으로 등속운동하지 않는 한 반드시 광자를 방출하게 된다. (이것이 뜨거운 물체가 빛을 내는 이유이다.) 이러한 자발적인 광자 방출을 통해 각 전자-양성자 쌍은 에너지를 잃고, 전자의 운동은 점점 단순해지며 양성자와의 거리가 점점 줄어들게 된다. 광자 방출은 사용

그림 53 (왼쪽) 부모가 쌍둥이의 그네를 밀어주는 것을 멈춘 직후, 쌍둥이는 다르게 흔들린다. (오른쪽) 그러나 얼마 지나지 않아 흩어지기에 의해 쌍둥이는 정지하고, 동일한 상태에 도달한다.

가능한 모든 에너지가 소진될 때까지 계속된다. 이렇게 되면 전자와 양성자는 전자-양성자 쌍이 가질 수 있는 최소 에너지만을 남기게 된다.

이 모든 일이 벌어지는 데 걸리는 시간은 채 1초도 되지 않는다. (그래도 그 시간 동안 전자가 양성자 주위를 도는 횟수는 달이 지구를 도는 횟수보다 훨씬 많다.) 모든 전자-양성자 쌍은 결국 '수소의 바닥상태(ground state of hydrogen)'라고 불리는 가장 낮은 에너지 상태에 도달하고, 모든 전자-양성자 쌍은 서로 완전히 동일하게 된다. 각 쌍이 바닥상태에 도달하는 과정에서 거치는 경로는 다르지만, 모두 같은 목적지(《그림 54》)에 도달하는 것이다. 최종 목적지는 바로 우주 확실성 한계가 허용하는 전자 파동입자의 최소 모양을 취하는 것이다. 아울러 전자-양성자 쌍은 우주 온도가 수천 도 이하로 유지되는 한, 바닥상태에 머문다. 이것이 바로 상온에서 모든 수소 원자가 완전히 동일한 이유이다. 이 동일성은

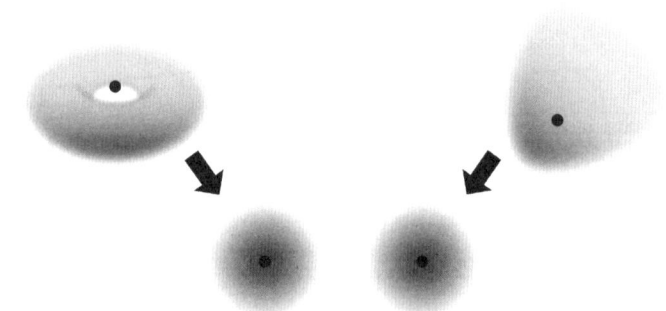

그림54 두 개의 전자-양성자 쌍. (위) 처음에 두 쌍은 매우 다르다. (아래) 그러나 광자를 방출하면서 흩어지기가 일어난 후, 두 쌍 모두 가장 낮은 에너지 배열인 수소의 바닥상태에 도달하게 되어 같아진다.

강요하거나 힘들이지 않아도 흩어지기에 의해 저절로 나타난다.[8]

　원자보다 더 복잡하기 하지만, 양성자도 같은 원리를 따른다. 이런 의미에서 양성자는 두 개의 업 쿼크와 한 개의 다운 쿼크가 이루는 가장 낮은 에너지 배열, 즉 바닥상태일 뿐이다. 놀랍게도 가장 낮은 에너지 배열은 주위에 무수히 많은 글루온과 쿼크·반쿼크 쌍이 담긴 욕조를 필요로 한다. 파동입자 무리의 에너지는 상당히 크고 양성자의 정지 질량에 크게 기여하지만, 이 욕조를 없애려면 오히려 더 많은 에너지가 필요하다. (수많은 글루온과 쿼크·반쿼크 쌍의 욕조에서 빠져나온 쿼크는 물 밖으로 나온 물고기와 같다.) 마찬가지로 중성자는 한 개의 업 쿼크와 두 개의 다운 쿼크가 이루는 가장 낮은 에너지 배열이다. 1초도 채 걸리지 않아 세 쿼크가 모이면 모든 양성자와 똑같은 양성자 혹은 모든 중성자와 똑같은 중성자로 변하게 된다.[9]

　여기서 얻을 수 있는 더 큰 교훈은 파동입자 자체가 동일하기 때문에 파동입자로 이루어진 비교적 단순한 물체는 보통 고유하고 명확한 바닥상태를 가지며, 약간의 흩어지기가 일어난 후 빠르게 바닥상태에 도달한다는 것이다. 하지만 훨씬 더 크고 복잡한 시스템의 경우에는 다르다. 스스로를 배열하는 방법이 너무 많아서 가장 낮은 에너지 배열, 즉 바닥상태에 빠르게 도달할 수 없고, 설령 그런 배열에 도달하더라도 상온에서 그 상태를 유지할 수 없다. 이것이 바로 거시 세계의 물체들이 결코 서로 완전히 똑같을 수 없는 이유이다.

25
양자장의 마법

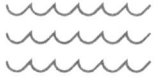

광대하고 무자비한 벽이 놀라운 속도로 하늘을 휩쓸고 지나간다. 그 길목에는 우리가 알고 있는 우주, 즉 은하들, 행성들, 다양한 원소의 원자들, 떠도는 전자와 광자들, 그리고 몇몇 곳에는 생명체까지 무방비 상태로 놓여 있다.

벽이 순식간에 지나가고, 파괴된 우주의 현장만을 남긴다. 모든 별, 모든 행성과 소행성과 혜성부터 마지막 모래 알갱이 — 실제로는 모든 개별 원자 — 에 이르기까지 순식간에 모두 사라진다. 죽음은 모든 생명체를, 가장 원시적인 생명체까지 모두 삼켜버린다. 아원자 파동입자조차 살아남지 못한다. 마치 거대한 빗자루처럼 벽은 많은 것을 휩쓸고 가고, 뒤에 남겨진 것들 대부분은 알아볼 수 없을 정도로 변해버린다. 한때 지구인들의 거주지였던 곳은 이제 아무 특징 없는 불모지가 되어 극한의 열로 타오른다.

최악의 상황은 아직 오지 않았다. 마치 빅뱅을 거꾸로 돌리듯, 우리가 '공간'이라고 부르던 구조가 급속히 수축한다. 벽 뒤에 남은 파동 입자 구름은 함께 쭈그러들어 열과 밀도는 우주 기준으로 보더라도 엄청나게 높은 수준이 된다. 그 다음에는 어떤 일이 일어날까? 우리는 추측조차 할 수 없다. 아마도 공간, 심지어 시간마저 파괴되어 우리가 속한 우주의 일부가 절대적인 종말을 고하게 될 것이다. 우리가 아는 모든 것의 진정한 "끝"이 될지도 모른다. 아니면 우리 우주의 잔해에서 새로운 우주가 생겨날 수 있을까? 우리가 그려볼 수 있듯이, 상상조차 할 수 없는 미래에 이 새로운 우주에서 생명이 다시 생겨날 수도 있을 것이다.

/ **25.1 양자 우주의 미래** /

SF 소설 속 상상일까? 예전에는 그렇게 생각했다. 이제는 더 이상 그렇다는 확신이 없다.

우주가 새로운 체제의 전조로, 우주를 휩쓸고 지나가는 거대한 변화의 벽에 의해 갑작스럽게 변형될 수 있다는 생각은 새삼스러운 것이 아니다. 과학자들은 훨씬 더 작은 규모에서 벌어지는 상전이 현상을 오래전부터 알고 있었다.

플라스틱 병에 증류수를 채우고 냉동실에 넣어보자. 한두 시간 후 이 병을 주의 깊게 관찰해보라. 증류수의 온도가 어는 온도 이하로 떨어졌음에도 물은 여전히 액체 상태로 남아 있다.

순수한 물을 천천히, 인내심을 가지고 냉각시키면 놀라운 결과를 얻을 수 있다. 물은 보통 얼음이 되는 온도보다 훨씬 낮아져도 여전히 액체 상태로 남아 있는데, 마치 얼어야 할 약속을 깜빡 잊고 잠을 자는 것처럼 보인다. 과학자들은 이런 상태의 물을 '과냉각되었다(supercooled)'고 말한다.

하지만 물을 액체 상태로 유지하려면, 가만히 놔둬야 한다! 그렇지 않고 병을 두드리거나 소금 알갱이 하나를 물에 떨어뜨리면, 충분한 교란이 일어나 물을 잠에서 깨우게 된다. 그러면 ― 순식간에! ― 어딘가에서 아주 작은 얼음 결정이 생기고, 눈 깜짝할 사이에 얼음 결정이 자라나면서 결정의 가장자리가 파멸의 벽처럼 물을 휩쓸어, 결국 용기 전체가 얼어붙게 된다. 하나의 작은 우주가 순식간에 변모하는 것이다.

우주 자체도 과냉각된 상태로, 언제든 파멸의 벽에 의해 변형될 수 있을까? 과학자들은 오랫동안 그 가능성에 대해 생각해왔다. 그런데 최근의 연구는 실제로 이런 파국 ― 어떤 생명체도 살아남을 수 없는 세상의 종말 ― 을 일으킬 수 있는 무언가가 존재한다는 것을 확인했다.

그 무언가는 바로 힉스장이다. 아이러니하게도, 오늘날 우리를 존재하게 하는 힉스장이 미래에는 우리의 후손들을 멸망시킬 수도 있다. 현재는 힉스장의 평균값이 아주 작지만, 양자물리학은 힉스장이 훨씬 더 큰 값으로 도약할 수 있으며, 그렇게 되면 우리가 아는 모든 것을 파괴할 수도 있다고 예측한다.

과냉각된 물에서 작은 얼음 씨앗이 밖으로 퍼져 나가듯 힉스장의 도약도 한순간에 모든 곳에서 일어나지는 않는다. 변화는 임의의 순간에 임의의 장소에서 양자 불확정성에 의해 가능하게 된 무작위적이고 극히 드문 자연적 과정을 통해 시작된다.[1] 그 장소에서부터 파멸의 벽이 바깥으로 퍼져 나가고, 벽이 지나간 자리에서는 힉스장의 값이 극단으로 치솟을 것이다. 그 순간 살아있는 존재들은 파멸을 피할 방법이 없다.

우리는 아직 이러한 대격변, 즉 빅뱅 이후 가장 격렬한 사건이 될 대격변이 실제로 일어날지 알지 못한다. 근거 없는 자신감이긴 하지만, 잠시 우리가 이미 힉스장과 관련된 모든 기본장과 상호작용을 발견했다고 가정해보자. 만약 그렇다면 우주의 운명을 예측할 수 있는 거의 모든 정보를 갖게 된다. 우리가 좀 더 명확히 밝혀야 할 마지막 한 가지는 톱 쿼크장과 힉스장 사이의 상호작용 세기이다. 이 상호작용이 지금보다 더 강하다면, 우주는 과냉각되고, 상호작용이 지금보다 조금 더 약하다면, 우주는 파멸의 벽으로부터 안전하다. 지금은 그 차이가 거의 없어서, 어느 쪽일지 확실히 말하기 어렵다. 톱 쿼크의 정지 질량을 정밀하게 측정하는 어려운 실험이 결국 이 문제를 해결해 줄 것이다.

하지만 이 모든 것은 표준모형이 옳고, 힉스장에 대해 더는 배울 것이 없다는 가정을 전제로 한 것이다. 이 가정은 아무리 잘 봐준다고 하더라도 의심스럽고 정당화하기도 어렵다. 우리가 이런 가정을 신뢰하기 위해서는 이를 뒷받침하는 훨씬 더 많은 증거가 필요하다. 아마도 우리가 우주의 미래에 대해 확신을 갖게 되기까지는 수십 년, 아니면 수 세기가 걸릴지도 모른다.

    그럼에도 불구하고 이 가정은 많은 것을 시사한다. 어쩌면 우주의 운명은 팽팽하게 하는 요인과 양자물리학의 변덕과 기이함에 달려 있을지도 모른다.

25.2 원자의 투과 불가능성과 양자적 접촉

여러 장에 걸쳐 원자와 아원자 세계를 살펴보았으니 이제는 좀 더 넓은 우주에 대해 이야기해보자. 하지만 원자, 우주, 그리고 인간의 일상적 삶의 세계 사이의 간극을 메우기 위해서는 마지막 퍼즐, 여러분이 오랫동안 기다려온 그 질문을 해결해야 한다.

    앞서 원자가 거의 비어 있다고 이야기했을 때, 왜 우리가 의자를 뚫고 떨어지지 않는지, 왜 땅속으로 꺼지지 않는지, 왜 물과 공기가 우리의 위와 폐에 담길 수 있는지 등 수많은 질문에 답하는 것을 미뤄왔다. 만약 우리 몸과 주변의 물질이 그렇게 실체가 없다면, 우리는 어떻게 바다, 책, 다른 사람의 손의 존재를 느낄 수 있을까? 어떻게 암석으로 된 행성처럼 크고 응집력 있는 존재가 만들어지고 살아남을 수 있을까? 이 모든 질문과 다른 수많은 의문은 결국 하나로 귀결된다. "원자는 대부분이 빈 공간임에도 불구하고, 왜 다른 원자가 그 속을 통과하지 못할까?"

    원자들이 절대적으로 통과 불가능한 것은 아니다. 중성미자, X선,

그리고 고에너지 양성자는 (거의 항상) 원자를 바로 통과할 수 있다. 하지만 불투과성(impenetrability)은 절대적인 개념이 아니다. 철조망 울타리는 빛은 통과시키지만, 사람이나 다른 큰 동물은 막는다. 마찬가지로 원자는 많은 것들이 지나가게 허용하지만, 다른 원자들은 통과시키지 않는다.

근본적인 장애물은 두 개의 원자가 많은 에너지를 투입하지 않는 한 같은 공간을 차지할 수 없다는 것이다. 그 이유는 17장 2절에서 간략하게 설명한 파울리 배타원리 때문이다. 이 원리는 복잡한 원자의 구조와 화학을 결정할 뿐만 아니라, 우리의 일상 세계를 형성하는 데에도 똑같이 큰 역할을 한다.

파울리 배타원리의 기원은 페르미온장의 특성에 있다. 우리는 이미 보손장은 큰 진폭의 파동을 가질 수 있지만, 페르미온장은 그럴 수 없다는 점을 강조했다. 그 이유는 본질적으로 보손장과 페르미온장의 산술적(arithmetic) 차이로 귀결된다.

우리가 일상적 경험을 통해 알고 있는 모든 파동은 보손장의 파동이다. 보손장의 파동과 보손장의 파동입자는 일반적인 수학을 따른다. 예를 들어, 어떤 특정한 주파수를 가진 보손 파동입자 하나를 생각해보자. 이제 그 위에 정확히 동일한 주파수와 운동을 가진 같은 장의 다른 파동입자를 얹는다. 다시 말해, 두 개의 동일한 파동입자가 같은 장소와 같은 시간에 정확히 같은 일을 하도록 배치하는 것이다. 그 결과는 하나의 파동입자와 비슷하지만, 진폭이 더 크고 에너지가 두 배인 파동이 생성된다. 이제 동기화되어 움직이는 두 개의 파동입자에 세 번째 파동입자를 더한다. 파동은 다시 모양은 같지만 진폭과 에너지가 더 커진다. 이렇게 파동입자를 계속해서 더하면, 파동입자의 개수와 에너지는 일반적인 산술을 따른다. 즉, 1+1=2, 2+1=3, 3+1=4 등의 논리를 따른다. 결국에는 너무나 많은 파동입자들이 동기화된 파동을 만들어, 그 진폭을 쉽게 관찰할 수 있게 될 것이다. 이 과정을 광자로 하면 레이저가 되고, 중력자로 하면 LIGO 실험에서 탐지할 수 있을 만큼 큰 중력파를 얻게 된다.

하지만 전자장과 같은 페르미온장의 경우는 다르다. 페르미온장의 수학은 우리에게 낯설기 때문이다. 우리 앞에 전자 하나를 놓아보자. 이제 정확히 같은 주파수를 가진^2 전자를 첫 번째 전자 위에 놓으려 시도한다. 하지만 이는 불가능하다. 두 전자는 서로 멀어지거나 한쪽이 다른 쪽보다 더 많은 에너지를 갖게 된다. 우리가 할 수 있는 일은 아무것도 없다. 두 전자는 결코 같은 방식으로 행동하려 하지 않는다. 동기화도 허용되지 않는다. 왜냐하면 동일한 페르미온의 경우, 1 더하기 1은 2가 아니고 '0'이기 때문이다.

이 페르미온 산술이 파울리 배타원리의 바탕에 깔려 있다. 만약 두 전자를 함께 행동하게 만들려고 하면, 전자장의 페르미온 수학이 단호하게 이를 막을 것이다. 두 개의 동일한 페르미온 파동입자가 정확히 같은 행동을 하게 만드는 것이 힘들다는 수준이 아니라 그런 생각 자체가 의미가 없기 때문에 불가능하다.

파울리 배타 원리는 개별 원자뿐만 아니라 원자 집단에도 영향을 미치기 때문에 생명체의 존재에 결정적으로 중요한 역할을 담당한다.

파울리 배타 원리가 없었다면, 원자는 서로 통과할 수 있고, 많은 수의 원자로 이루어진 모든 물체는 붕괴해버릴 것이다.

파울리 배타원리가 참이라는 것은 1975년 엘리엇 리브(Elliott Lieb)와 발터 티링(Walter Thirring)의 연구를 통해 완벽하게 증명되었다. 리브와 티링은 1967년 프리먼 다이슨(Freeman Dyson)과 앤드루 레너드(Andrew Lenard)가 처음 제시한 다소 약한 증명을 1930년대에 페르미와 르웰린 토머스(Llewellyn Thomas)가 개발한 기법을 바탕으로 크게 개선하였다. 세부 내용은 복잡하기 때문에 여기서는 직관적으로 이해하기 쉽도록 비유를 들어 기본 개념을 설명하고자 한다.

우리가 17장 2절에서 살펴보았듯이 원자 안에서 전자들을 배열하는 것은 경사진 강당의 의자에 사람들을 앉히는 것과 유사하다. 에너지 비용을 최소화하기 위해 가장 낮은 줄부터 가장 높은 줄까지 차례로 자리를 채우는 것이다. 이것이 원자의 불투과성과 어떤 연관이 있는지 이해하기 위해 우선 멀리 떨어져 있는 두 개의 원자를 생각해보자. 각각의 원자는 평소처럼 가장 낮은 에너지의 자리부터 전자들을 채운다. 이제 비현실적인 극단을 생각해보자. 두 원자가 완전히 겹쳐 있다고 가정하는 것이다. 그러면 두 원자는 하나의 강당을 공유하게 되고, 좌석도 하나가 된다. 첫 번째 원자의 전자들은 평소처럼 자기 자리에 앉을 수 있다. 하지만 두 번째 원자의 전자들은 평소처럼 앉을 수 없다. 왜냐하면 강당의 가장 낮은 좌석들이 이미 차 있기 때문이다. 따라서 두 번째 원자의 전자들은 평소보다 훨씬 높은 줄에 앉아야 하고 '그만큼 에너지가 더 든다.' 정리하면, 멀리 떨어진 원자들을 한 자리에 있게 하려면,

그 전자들에게 에너지를 추가로 공급해야 한다는 뜻이다.

좀 더 현실적으로, 누군가 두 원자를 서로 밀어붙이고 있다고 하자. 두 원자는 아직 완전히 겹쳐진 것은 아니지만, 평소보다 훨씬 가까워지고 있다. 두 원자의 강당이 서로 겹치기 시작하고, 줄과 좌석을 공유하기 시작한다. 이 경우에도 앞서 설명한 논리가 여전히 적용되지만, 이번에는 원자의 바깥 가장자리에 있는 전자에게만 해당된다. 전자들 중 일부는 평소보다 더 높은 줄로 옮겨서 앉아야 한다. 이렇게 전자를 이동하는 데 드는 에너지는 두 원자가 완전히 겹쳤을 때보다는 덜 소모된다. 그럼에도 불구하고 이때 드는 에너지는 너무나 커서 우리가 힘을 가해서 혹은 바위를 높은 곳에서 떨어뜨리거나 다이너마이트로 폭파하는 것과 같은 어떤 평범한 방법으로는 원자라는 바위를 비정상적으로 작게 압축할 수 없다.

두 원자가 서로 가까워질 때, 두 원자의 에너지에 영향을 미치는 것이 파울리 배타원리만은 아니다. 모든 원자 내부에서는 전기력이 전자를 원자핵 쪽으로 끌어당기는 반면, 전자들끼리는 서로 밀어낸다. 한편, 우주 확실성 한계는 각각의 전자들을 계속 퍼지게 한다. 여기에 페르미온 수학이 전자들을 더 멀리 떨어뜨려 놓는다. 두 원자를 함께 밀어 서로 가깝게 할수록 이들 효과가 모두 함께 작용하는 것이다. 그중에서 불투과성에 정말로 본질적인 것은 무엇일까? 이 효과들을 완전히 분리해서 따로따로 생각하는 것은 불가능하다. 하지만 1967년 다이슨이 증명한 것처럼, 전기적 반발력만으로는 충분하지 않다. 보손 전자들도 페르미온 전자들과 마찬가지로 모든 전기력과 양자 불확정성을 겪게 된다. 그럼에도 다이슨이 증명한 것처럼, 보손 전자로 만든 일반적인 물질은 붕괴해버린다. 원자를 관통할 수 없게 만드는 것은 바로 페르미온 양자장의 수학이다.

페르미온 양자장 수학은 모든 원자에 적용된다. 많은 수의 원자가 서로를 관통하도록 만드는 것은 불가능하다. 설사 우리가 이를 시도할 만큼 충분한 에너지를 얻었다고 하더라도, 이를 시도하면 일상에서 볼 수 있는 크기의 어떤 물체도 파괴해버릴 것이다.[3]

이것이 바로 일상에서 마주하는 물질이 수많은 빈 공간으로 가득 차 있음에도 불구하고 우리가 느끼지 못하고, 물질이 비어 있는 것처럼 행동하지 않는 이유다.[4] 오히려 우리가 손을 탁자 가까이 가져가면, 우리 몸은 손의 원자들을 탁자 표면의 원자들 사이로 밀어 넣는 데 필요한 에너지가 없다는 사실을 깨닫는다. 탁자 표면의 원자를 관통할 수 있는 에너지가 없으면, 손은 더 이상 움직일 수 없고, 이 장애로 인해 피부가 눌리면서 신경이 자극된다. 흔히 우리는 이것을 힘 — 페르미온이 만들어내는 힘[5] — 이라고 부르는데, 이 힘이 우리의 손을 멈추게 한다. 이것이 "탁자를 느낀다는 것", 혹은 사실상 어떤 것의 촉감을 느낀다는 것의 본질이다.

따라서 우리가 눈을 깜박이거나, 침을 삼키거나, 숨을 쉬거나, 기타를 연주하거나, 의자에 기대앉거나, 반려견에게 목줄을 채우거나, 사랑하는 사람에게 키스하거나, 친구의 팔에 위로의 손길을 얹을 때마다 동일한 전자들의 양자 산술이 작동하고 있다는 사실을 생각하길 바란다. 양자장 이론이 없다면 — 즉, 모든 전자가 완전히 동일하지 않고, 페르미온 산술을 따르지 않는다면 — 우리 주변의 모든 물체는 붕괴하거나 해체되거나 서로 뒤섞여버렸을 것이다. 우리가 서 있는 지구라는 행성도, 그 위에 서 있는 우리 몸도 존재하지 않았을 것이다.

26
코다°
평범함 속의 비범함

갈릴레오의 상대성원리가 우리 모두와 각자에게 얼마나 중요한지는 그 누구도 부인할 수 없다. 갈릴레오의 상대성원리는 인간 존재의 본질적인 특징들—지구의 자전과 우주 공간을 가로지르는 여행—을 숨기고 있지만, 그 덕분에 우리 세계는 끊임없는 운동 속에서도 안정성을 유지할 수 있다. 상대성원리가 없었다면, 지구는 공전 속력이 느려질 수도 있고, 우주는 지구의 대기를 잠식할 수도 있으며, 지구가 하루에 한 번 회전할 때마다 사물의 고유한 특성이 위험할 만큼 달라질 수도 있다. 상대성원리는 우주를 신뢰할 수 있는 곳으로, 또 지구라는 행성이 수십억 년 동안 살아남아 따뜻함을 유지할 수 있는 곳으로, 자각하는 생명체가 진화할 수 있을 만큼 오랫동안 지속하는 곳으로 만들어준다.

- 음악의 종결부

20세기 물리학의 경이로운 원리들이 다른 나라 이야기처럼 느껴지고 우리의 일상과는 전혀 무관한 것처럼 보일 수 있다. 아인슈타인의 상대성이론은 초고속으로 운동하는 사물들의 신비하고 이국적인 세계에 관한 이론이고, 양자물리학은 극도로 미시적인 사물들의 이상하고 기묘한 세계를 지배하는 이론이다. 우리의 직관과 너무 동떨어진 이들 이론은 우리를 매료시킨다. 하지만 느리고 둔한 거인에 불과한 우리는 상대성이론과 양자물리학이 보여주는 당황스러운 현상들로부터 안전하게 격리되어 있는 듯 보일지도 모른다.

　하지만 실상은 그렇지 않다. 우리가 이 책에서 살펴본 것처럼, 우리의 존재를 이루는 모든 측면에는 이 원리들이 반드시 필요하다.

　양자물리학이 일상생활에 중요하다는 사실은 어쩌면 그리 놀랍지 않을 수도 있다. 왜냐하면 커다란 존재들은 본래 작은 것들로 이루어져 있기 때문이다. 정말 놀라운 것은 양자물리학이 담당하는 역할의 폭이다. 전자에서 광자에 이르기까지 파동입자는 모두 기본장의 양자이다. 양성자와 중성자는 쿼크 파동입자와 글루온 파동입자가 글루온장의 양자 불확정성에서 비롯된 피할 수 없는 힘에 의해 갇혀 있기 때문에 존재한다. 이들로부터 원자가 만들어지고, 우주 확실성 한계에 의해 붕괴되지 않는 것이다. 모든 생명이 의존하는 원자 화학의 풍요로움은 파동입자의 존재뿐만 아니라 '1 더하기 1은 0'이라는 동일한 페르미온의 기묘한 수학을 필요로 한다. 이처럼 특이한 페르미온 양자장의 수학은 고체나 불투과성 막처럼 작용하는 거시적 물체들의 안정성까지도 보장해준다. 그 덕분에 행성과 의자에서부터 피부, 혈관 벽에 이르기까지 다양한 구조가 안정적으로 존재할 수 있는 것이다. 상상할 수 없을 만큼 많은 수의 파동입자로 구성된 물체들로 둘러싸인 이 거대한 세계에서도 우리가 걷고, 차를 몰고, 책을 읽고, 먹고, 말하고, 자는 등 일상에서 하는 모든 활동은 단 한순간도 양자물리학의 영향을 벗어난 적이 없다.

아인슈타인의 상대성이론이 우리 삶에 얼마나 중요한지는 겉으로 드러나지 않는다. 하지만 우리가 앞서 살펴본 것처럼 상당한 정지 질량을 가진 느린 물체도 사실은 정지 질량이 훨씬 작은 빠른 구성 요소들로 만들어질 수 있다. 우리 몸을 이루는 양성자와 중성자는 느리게 움직이지만, 그 안에 들어있는 기본 파동입자들은 그렇지 않다. 이들은 광속 c, 또는 c에 가까운 속력으로 이동하기 때문에 운동 에너지는 내부 에너지뿐만 아니라 이들이 갇혀 있는 데 필요한 에너지보다도 훨씬 크다. 만약 뉴턴이 주장한 대로 물체의 질량이 에너지의 양이 아니라 물질의 양이라면, 이런 사실은 아무런 의미가 없었을 것이고, 우리는 마치 호모 폴리스티렌 사촌과 같은 존재가 되었을 것이다. 하지만 상대성이론 공식 덕분에 양성자와 중성자는 그 안에 들어 있는 파동입자보다 훨씬 더 큰 정지 질량을 갖게 된다.

아인슈타인의 상대성이론은 양자물리학과 결합하면서 또 다른 중요한 역할을 한다. 상대성이론과 양자물리학은 주파수와 정지 질량 사이의 관계를 만들어낸다. 이 관계 덕분에 정지 질량을 가진 기본 파동입자가 팽팽한 장에서 발생할 수 있다. 이것은 힉스장을 단순히 팽팽하게 만드는 역할에 머물게 하지 않고, 물체의 구조와 생명에 필수적인 요소로 변화시킨다.

심지어 빅뱅도 단순히 오래된 역사나 장엄한 창조 신화에 그치지 않는다. 빅뱅은 우리 안에 살아 있다. 우리를 이루는 양성자와 중성자 대부분은 약 140억 년 전, 빈 공간의 팽창과 글루온장의 양자 불확정성의 상호작용을 통해 생성되었다. 이 빅뱅 유체에서 변형된 작은 방울들은 빈 공간의 팽창과 양자 불확정성이라는 궁극의 근원으로부터 직접 존재 에너지를 얻었고, 따라서 우리 역시 그 에너지를 받고 있는 셈이다.

1879년 아인슈타인이 태어났을 때, 인간 세계와 우주를 연결하는 이 모든 고리들 중에서 무엇이 알려져 있었을까? 사실상 아무것도 없었다. 뉴턴 물리학의 제국은 서서히 무너지고 있었지만, 아직 완전히 붕괴되지는 않았다. 장이라는 개념이 개발되었지만, 아원자 입자는 발견되지 않았고, 입자와 장 사이의 관계는 더더욱 알려지지 않았다. 많은 과학자가 원자의 존재를 믿고 있었으나 아직 직접적인 증거는 없었다. 속력, 확실성, 질량 밀도에 대한 우주 한계는 전혀 예상하지 못했다. 양자는 물론이고 페르미온 산술이나 중력과 휜 공간의 관계, 우주가 악기와 같을지도 모른다는 생각조차 아무도 하지 못했다. 일반적인 물질의 기본 토대, 특히 인체의 기본 토대는 완전히 미스터리였고, 그 미스터리가 얼마나 신비로운지는 아무도 짐작하지 못했다.

뉴턴의 세계관을 무너뜨리고, 이 책에서 우리가 전달하고자 했던 새로운 세계관을 가져온 혁명들은 오늘날에도 여전히 놀랄 만큼 경이롭다. 물론 이 혁명들은 과학, 기술, 사회를 완전히 변화시켰다. 하지만 1955년 아인슈타인이 사망한 이후 수십 년이 지나면서, 이 혁명들의 의미는 훨씬 더 근본적인 곳까지 닿아 있음을 우리는 깨닫게 되었다.

우리가 현대물리학에서 배운 가장 중요한 교훈, 즉 '평범한 삶은 절대 평범하지 않다'는 사실을 온전히 실감하게 된 것은 최근의 일이다. 우주는 놀라울 만큼 기이하고, 끊임없이 상식에 반하며, 매순간 우리의 삶에 스며들어 있다. 우리 자신과 우리가 태어나서 죽을 때까지 경험하는 모든 것은 악몽처럼 불확실하고 운동 측정 불가능한 우주의 파동을 보여주고 있다.

마지막으로 우화 하나를 소개하고자 한다. 내가 시나리오 작가는 아니지만, 이것을 영화라고 상상해보자.

지금으로부터 1만 년 후, 지구와 인류는 엄청난 격변과 전쟁, 경제적 붕괴를 겪은 뒤 인간 사회는 다시 부흥하여 과학과 기술을 재발견하기 위해 노력하고 있다. 이들은 최근에 발굴된, 일부가 보존된 고대 도서관의 문헌들을 복원하고 해독하기 위해 애쓰고 있다.

지배적인 문화는 우리와 다르며, 과학의 최우선 과제는 지구 생명체를 연구하는 것에 있다. 지금보다 개체 수가 훨씬 많은 해양 포유류를 연구하던 과학자들은 고래가 바다에서 가장 깊은 협곡인 마리아나 해구 위를 헤엄칠 때 노래 소리가 크게 달라진다는 사실을 발견한다. 이를 조사하기 위해 과학자들은 특수 잠수함을 보낸다. 몇몇 잠수함은 흔적도 없이 사라져버리는데, 사라지기 직전 통신선에서는 거의 음악처럼 들리는 이상한 소리가 들려온다. 마침내 심하게 손상된 잠수함 한 척이 회수된다. 잠수함의 카메라에 찍힌 사진에는 어떤 재난의 흔적도, 잠수함을 공격한 동물의 흔적도 보이지 않았고, 그저 물만 흐릿하게 보일 뿐이다.

과학자들은 당황한다. 그러다 이상한 소리의 정체를 분석하던 한 과학자가 황홀한 깨달음을 얻는다. 마리아나 해구에는 실제로 생명체들이 살고 있었고, 고래들이 그들과 소통하고 있었던 것이다. 하지만 그 생명체는 눈에 보이지 않았다. 생명체들은 살과 피로 이루어진 것이 아니라 오직 '물속의 음파로만' 이루어져 있기 때문이다. 잠수함이 기록한 소리는 생명체들이 내는 소리가 아니라, 생명체들 '그 자체의 소리'였던 것이다.

과학자들은 이 파동으로 이루어진 존재에 온딘(Ondines)이라는 이름을 붙인다. 이 이름(영어권 텍스트에서는 "Undines"로 표기하며, "온-딘"으로 발음한다)은 "파도"를 뜻하는 프랑스어 '옹드(onde)'에서 유래했으며, 영어의 'undulate(물결치다)'와 관련이 있다. 온딘은 르네상스 이후 유럽 신화에 등장하는 바다 정령을 가리킨다. 고대 신화 속 온딘은 그저 바다의 파도 아래에서 헤엄치는 존재였다면, 이 새로 발견된 생명체, 즉 말 그대로 물속의 파동들로 이루어진 생명체들에게는 이 이름이 훨씬 더 잘 어울리는 듯 보였다.

머지않아 다른 연구자들은 대기 중에도 비슷한 생명체가 존재하는지 궁금증을 갖는다. 곧 "대기의 온딘들"이 발견된다. 인간이 들을 수 없는 초음파의 비명으로 이루어진 이들은 성층권에 서식하며, 밤에는 구름 아래로 내려와 천둥을 먹이로 삼는다. 얼마 지나지 않아 "대지의 온딘들"도 확인되었는데, 이 온딘들은 오랫동안 지질학자들을 당혹스럽게 했던 미세한 지진파의 근원이었다. 지구 대륙 지각의 바닥에서 저주파 지진파로 만들어진 이 온딘들은 지구의 용융 맨틀 가장자리에 살면서 화산 활동으로 생명을 유지한다.

정부 과학기관의 책임자는 고대 철학자들의 말('흙', '공기', '물', '불')을 인용하며, 산불의 화염 속에 사는 생명체를 찾기 위해 연구진을 꾸린다. 하지만 영화의 주인공인 두 명의 젊은 반항아들은 프로젝트에 회의적이다. 고대 도서관의 문헌에 파묻혀 연구하던 두 사람은 한 문헌에서 빛 자체가 파동이라는 사실을 알게 된다. 이들은 비밀리에 팀을 꾸려 빛의 파동으로 만들어진 생명체를 찾아 나선다. 그러나 실망스럽게도 아무것도 발견하지 못한다. 설상가상으로 이들이 실패했다는 소식이 언론에 알려지면서 갖은 조롱에 시달린다.

그러던 중 한 친구가 이런 제안을 한다. 어쩌면 빛을 매개로 하는 온딘은 지구 대기 속의 수증기, 안개, 구름 때문에 살아남지 못하는 것 아닐까? 어쩌면 그 너머를 살펴봐야 할지도 모른다. 어쩌면 지구를 둘러싼 빈 공간이 생명으로 가득 차 있을지도 모른다. 별들 사이를 거닐고 있는 빛의 거인, 우주 온딘들의 존재를 상상해보라.

이 생각이 번개처럼 머리를 스친다. 그제야 주변의 눈에 띄는 생명에만 관심을 쏟던 이 미래의 문화에서 처음으로 과학의 시선이 밤하늘을 향한다. 밤하늘의 천문학적 탐사를 위한 공감대를 얻기 위해 영화의 주인공들은 "우주의 온딘들?"이라는 제목의 공개 강연을 열어 사람들에게 호소한다. 그들은 연설에서 이렇게 말한다. "우리가 알기로 우주는 파동-생명체로 가득 차 있을지도 모릅니다. 만약 우주 자체가 살아 있다는 사실을 발견한다면, 얼마나 기쁠지 상상해보세요!"

호소력 짙은 이들의 말에 사람들이 감동해 기부금이 쏟아진다. 고대의 모형을 기반으로 망원경이 제작되고, 과거에서 전해온 문헌과 무지개에 담긴 비밀을 바탕으로 전파 안테나를 세우며, 마이크로파 탐지기를 실은 기구를 우주 가장자리로 날려 보낸다. 이렇게 다양한 주파수의 전자기파에 대한 방대한 데이터를 수집한다. 보조 연구자들은 데이터를 열심히 분석하며 살아있는 우주를 드러낼지도 모를 조직화된 패턴의 흔적을 찾는다.

수십 년이 흐르지만 아무런 성과도 없다. 백발이 성성하고 은퇴를 앞둔 두 사람은 고대 도서관에서 새로 번역된 문헌들을 가져와 해변의 별장에서 휴가를 보낸다. 그중에는 『불가능한 바다의 파도』라는 이상한 이름의 책의 일부가 있다. 남아 있는 것이라고는 중간 부분, 즉 장(場)에 관한 이야기 일부와 양자장에 관한 장 전체뿐이다.

여하튼 할 수 있는 한 최선을 다해 책을 읽어 내려간다. 주인공들이 사는 문화에서는 아직 고대의 이론물리학 서적을 읽고 해독할 만큼의 수학적 지식이 부족하여, 원자에 대한 사전 지식도 많이 없고 양자에 대해서는 전혀 알지 못한다. 책의 내용은 신비롭고 이해하기가 쉽지 않다. 하지만 멈추지 않고 조금씩 나아간다. 마침내 어설프게나마 아인슈타인의 하이쿠에 다다른다.

E는 fh와 같고,
E는 mc제곱과 같다.
이 씨앗에서 세상이 태어났다.

마음을 사로잡는 놀라운 결론을 읽고 나자 당혹스러움이 밀려온다. 혹시 무언가 놓친 것은 아닌지 의심하던 주인공들은 다시 한번 파동입자에 관한 이야기를 읽어 내려갔다. 광자, 전자, 쿼크. '우주는 모든 곳, 모든 것 안에서 울려 퍼진다.'

그리고 마침내 깨닫는다. 그동안 완전히 잘못된 곳을 바라보고 있었던 것이다. 망원경도 필요 없고, 안테나나 기구도 필요 없었다. 애타게 찾고 있던 것은 "저 밖"에 있는 것도, 빛으로 이루어진 것도 아니었다.

양자 우주의 온딘들 — 파동입자 생명체 — 은 바로 여기에 있다. 바로 우리가 우주의 온딘들이다. 지구의 모든 생명은 언제나 파동입자 생명체였던 것이다.

감사의 말

이 책의 최종 원고가 완성되는 과정에서, 특히 책의 스타일, 전략, 구조를 정하는 데 있어서 네 사람이 톡톡히 역할을 했다. 저작권사의 에이전트인 토비 먼디는 처음에는 시도했다가 포기했던 전통적인 교양과학서를 다시 한번 써보라고 격려해주었다. 동료인 킬리아 퍼셀 역시 현명함과 뛰어난 안목을 가지고 같은 방향을 제시해주었고, 여러 번 초고를 읽고 내용의 일관성과 명확한 표현을 찾는 데 큰 도움을 주었다. 두 사람 덕분에 원래 피하려고 했던 더 큰 주제에 도전할 용기를 얻었다. 책을 쓸 기회를 준 베이직 북스의 편집자 토머스 켈러허에게도 깊은 감사를 표한다. 처음 만난 자리에서 책에서 전달하고자 하는 메시지를 짧게 정리해보라는 조언을 했는데 그 덕분에 책이 전하고자 하는 바를 더 명확하고 깊이 있게 다듬어 새로운 차원으로 끌어올릴 수 있었다. 켈러허는 책의 첫 장을 구성하는 데도 큰 도움을 주었을 뿐 아니라, 무엇을 남기고 무엇을 뺄지를 결정하는 데 있어 오랫동안 마음에 남는 몇 가지 현명한 조언을 해주었다. 친구이자 시각예술가이자 작가인 폴라 빌럽스는 뛰어난 편집 능력도 가지고 있다. 이 책의 초고부터 최종 원고까지 세심하게 읽고 전체적인 관점에서도 꼼꼼히 읽어주었다. 폴라의 조언과 비평은 이루 말할 수 없을 만큼 소중했으며, 그런 점에서 많은 빚을 졌다.

이 외에도 책의 초고를 읽고 비평해 준 세라 뎀, 마크 포스키, 로라 하딩, 딘 심슨 등 여러 친구에게도 감사의 마음을 전한다. 또한 세 번이나 서로 다른 시기에 초고를 읽어주신 아버지께도 감사의 말씀을 전한다. 이 분들의 질문, 통찰, 지혜 덕분에 최종 결과물인 이 책이 훨씬 더 나아질 수 있었다.

10년 전쯤 처음으로 이 프로젝트에 대해 생각하기 시작했을 때, 막 블로그와 웹사이트를 시작한 참이었다. 블로그와 웹사이트는 물리학을 어떻게 설명해야 하는지를 실험하는 장이 되어주었다. 독자 여러분에게서 음으로 양으로 얼마나 많은 것을 배웠는지 아무리 강조해도 지나치지 않을 것이다. 많은 독자가 날카롭고 적절한 질문을 던졌으며, 개선점을 제안하고, 일관성이 없는 부분을 지적해주었다.

이 책의 삽화를 그린 카리 체사로티는 이론물리학자로 더 잘 알려진 분이다. 카리가 이 책의 삽화 작업을 맡겨 달라고 요청했을 때 깜짝 놀랐지만, 작품을 보고 나서는 충분히 해낼 수 있겠다는 확신이 들었다. 여러분들도 나만큼 결과물이 마음에 들었으면 하는 바람이다!

많은 과학계 동료가 이 책의 주제에 가르침을 주었는데, 모두에게 제대로 감사 인사를 전하지 못해 미안한 마음뿐이다. 특히 박사학위 지도교수였을 뿐만 아니라 늦어진 초고를 읽고 많은 유용한 제안과 수정을 해주신 마이클 페스킨 교수께 깊이 감사드린다. 교수님과 스탠퍼드 대학 동료인 레너드 서스킨드, 사바스 디모폴로스는 대학원 시절 가장 중요한 스승이자 멘토였다. 그 외에도 프린스턴 대학, 럿거스 대학, 프린스턴 고등연구소, 워싱턴 대학, 그리고 현재 근무하고 있는 하버드 대학의 많은 교수들로부터 물리학자로 살아오는 내내 큰 영향을 받았다. 특히 이 프로젝트는 하버드 대학의 고에너지 이론물리학 교수인 코라 드보르킨, 대니얼 재페리스, 하워드 조지, 리사 랜들, 매튜 리스, 매튜 슈워츠, 앤드류 스트로민저, 컴런 바파, 시 인(Xi Yin)의 오랜 지원이 없었다면 성공하지 못했을 것이다. 또한 이 책의 초고를 읽고 비평해 준 또 다른 물리학자이자 하버드 대학 교수인 제이콥 바란데스에게도 감사의 말을 전하고 싶다.

마지막으로, 깊은 슬픔과 함께 헤아릴 수 없을 만큼 빚을 진 두 위대한 물리학자 조셉 폴친스키와 앤 넬슨을 추모하며 두 분의 명복을 빈다. 내가 쓴 최고의 입자물리학 논문의 상당수는 앤과 함께 썼고, 최고의 끈 이론 논문은 조셉과 함께 썼다. 이 두 분은 수십 년간 고에너지 물리학 분야에 큰 공헌을 한 뛰어난 과학자이자 따뜻한 영혼의 소유자였다. 아직 한창일 때 세상을 떠난 두 분의 죽음은 학계와 나의 마음에 큰 빈자리를 남겼다. 학생, 공동 저자, 동료로서 두 분께 배울 수 있었던 것은 나에게 엄청난 특권이었다. 이 책을 두 분에게 헌정한다.

용어 해설

- **가시 우주**(visible universe): 이 책에서는 우리가 잠재적으로 관측할 수 있는 우주의 영역을 의미한다. "알려진 우주"와 동일하다.
- **값**(value): 특정 장소와 시간에서 장이 가지는 양 또는 세기.
- **공명 주파수**(resonant frequency): 진동하는 물체를 외부에서 교란한 후 그대로 두었을 때, 물체가 진동하는 고유 주파수.
- **공명**(resonance): 여기서는 물체가 자신의 공명 주파수로 진동하는 것을 말한다.
- **기본장**(elementary field): 복합장이 아닌 우주장. 우주의 근본적인 구성요소일 수 있다.
- **내부 에너지**(internal energy): 물체 내부에 저장된 에너지의 양.
- **내재적**(intrinsic): 관찰이 이루어지는 관점과 무관하다는 뜻. 상대적인 것의 반대이다.
- **다중운동적**(polymotional): 이 책에서 다중운동적 물체의 운동은 오직 다른 물체와의 상대적인 관계로만 정의된다. 이 물체는 한 번에 여러 속도를 가질 수 있다.
- **단순 파동**(simple wave): 진폭이 비슷한 파동의 골과 마루가 연속적으로 이어지는 파동. 〈그림 22〉 참조.
- **모든 곳에 존재하는 매질**(everywhere-medium): 우주 어디에나 존재하는 매질. 심지어 물체 내부에도 존재한다.
- **무게**(weight): 물체에 작용하는 중력의 크기. 무게는 다른 물체와의 상대적 위치에 따라 달라진다.
- **발광 에테르**(luminiferous aether): 전자기장과 그 파동(가시광선 포함)을 위한, 모든 곳에 존재하는 (가상) 매질을 말한다.
- **보손**(boson): 보손장과 관련된 입자.
- **보손장**(bosonic field): 값이 클 수도 있고, 평균값이 0이 아닐 수도 있다. 장의 파동은 큰 진폭을 가질 수 있으며, 파동이 동기화될 수 있다.
- **보존**(conserved): 물리적 과정 중 시간이 지나도 변하지 않는 것. 보존되는 양에는 전체 에너지와 전하가 포함되지만, 정지 질량은 포함되지 않는다.
- **복원 효과**(restoring effect): 물체나 성질을 평형점으로 되돌아가게 하는 힘 또는 효과. 이 효과로 인해 진동이 일어난다(스프링, 그네 등).
- **복합 입자**(composite particle): 다른 입자들로 이루어진 것으로 알려진, 측정 가능한 크

기를 가진 입자.

- **복합장**(composite field): 다른 장들로 이루어진 것으로 알려진 장.
- **비타협성**(intransigence): 이 책에서는 물체가 운동의 변화에 저항하는 경향을 의미한다. 질량 및 관성과 유사한 뜻을 가진 용어.
- **빈 공간**(empty space): 제거할 수 있는 모든 것을 제거한 공간.
- **상대론적 질량**(relativistic mass): 아인슈타인 물리학에서의 상대적 속성. 관찰자가 움직이는 물체를 보고 그 진행 방향으로 밀 때 측정되는 비타협성이다. 다소 모호하다.
- **상대적**(relative): 관찰이 이루어지는 관점에 따라 달라지는 것을 뜻한다.
- **소립자**(elementary particle): 다른 것으로 구성되지 않은 입자, 너무 작아서 크기를 측정할 수 없다.
- **심우주**(deep space): 이 책에서는 별, 행성, 달과 같은 큰 물체로부터 멀리 떨어진 영역을 말한다. 빈 공간만큼 비어 있지는 않다.
- **알려진 우주**(known universe): 이 책에서는 우리가 잠재적으로 관측할 수 있는 우주의 영역을 말한다. "가시 우주"와 동일하다.
- **양자**(quantum): 진동의 최소 단위. 파동의 경우 가능한 가장 작은 진폭의 파동.
- **에너지**(energy): (움직이는 차량에서처럼) 현재 진행 중인 활동 또는 (차량의 연료에 저장되어 있는 것처럼) 향후 활동 용량의 척도가 되는 물리량을 의미한다. 8장의 〈표 1〉 참조.
- **우주 공간**(outer space): 일반적으로 지구 대기권 밖의 영역을 말한다. 때로는 큰 물체들로부터 멀리 떨어진 영역을 말함.
- **우주 마이크로파 배경**(Cosmic Microwave Background): 빅뱅 이후 우주에 남은 빛을 구성하는 마이크로파 광자를 의미하며, 심우주 전역에 퍼져 있다.
- **우주 제한 속도**(cosmic speed limit): 초속 약 300,000킬로미터로 c로 표기한다. 정지 질량이 0이 아닌 모든 물체가 가질 수 있는 최대 속도이다. 정지 질량이 0인 모든 물체가 (빈 공간에서) 가지는 고정 속력이다.
- **우주 질량-밀도 한계**(cosmic mass-density limit): 이 책에서는 어떤 물체가 블랙홀을 형성하지 않고 압축될 수 있는 최대 밀도를 말한다.
- **우주 확실성 한계**(cosmic certainty limit): 이 책에서는 양자물리학 전반에 걸쳐 양자 불확정성의 크기를 결정하는 플랑크 상수 h를 의미한다.
- **우주장**(cosmic field): 우주의 모든 곳에 존재하는 장으로, 심지어 물체 내부에도 존재한다.
- **운동 에너지**(motion energy): 물체가 단순히 움직이고 있기 때문에 (또는 실제로 운동을 하지는 않지만 진행 중인 다른 유형의 변화로 인해) 물체가 가지는 에너지를 말한다. 물리학자

들은 보통 "kinetic energy(운동 에너지)"라고 한다.
- **운동 측정 불가능**한(amotional): 이 책에서 운동 측정 불가능한 것은 항상 정지 상태에 있는 것처럼 행동한다. 우리는 그것의 운동을 측정할 수 없고 심지어 정의할 수도 없다.
- **일반 매질**(ordinary medium): 물, 공기 또는 암석과 같이 균일하고 널리 퍼져 있는 보통의 물질.
- **일반장**(ordinary field): 일반 매질의 속성.
- **입자**(particle): 입자물리학에서는 특정 유형에 속하는 미시적 물체를 말한다. 해당 유형의 모든 입자는 동일하다.
- **장**(field): 15장 1절에서 요약한 것처럼, 일반적으로 매질 내에서 언제 어디서든 측정 가능한, 변화 가능한 속성. 우주에서는 언제 어디서나 측정할 수 있다는 점에서 유사하지만, 장의 정확한 기원은 알려져 있지 않다.
- **저장 에너지**(stored energy): 물체 내부에 저장되어 (예를 들어) 운동 에너지로 전환될 수 있는 에너지.
- **전체 에너지**(total energy): 물체 또는 여러 물체로 이루어진 계에 관련된 모든 형태의 에너지. 이 책에서는 일반적으로 단일 물체의 내부 에너지에 운동 에너지를 더한 것을 말한다.
- **정상파**(standing wave): 골과 마루가 고정된 위치에 머무르며, 마루가 골이 되고 다시 마루가 되는 파동. 〈그림 25〉 참조.
- **정지 질량**(rest mass): 아인슈타인 물리학에서 물체의 내재적인 특성, 즉 물체에 대해 처음에 정지해 있던 관찰자가 측정한 물체의 비타협성을 말한다. 물체의 내부 에너지를 c^2으로 나눈 값과 같다.
- **주파수**(frequency): 진동하는 물체가 앞뒤로 한 번 왕복하는 빈도.
- **중력 질량**(gravitational mass): 중력을 생성하고 중력에 반응하는 물체의 성질. 뉴턴 물리학에서는 질량과 동일하고, 아인슈타인 물리학에서는 상대적인 개념으로 정지 질량과 동일하지 않다.
- **진폭**(amplitude): 진동하는 물체가 진동을 하면서 얼마나 멀리 이동할 수 있는지를 말한다(더 정확히는 앞뒤로 이동하는 거리의 절반이다).
- **진행파**(traveling wave): 파동의 마루와 골이 한 지점에서 다른 지점으로 함께 이동하는 파동. 〈그림 23〉 참조.
- **질량 밀도**(mass density): 부피당 질량의 양(즉, 물질 덩어리의 질량을 해당 덩어리의 부피로 나눈 값).

- **질량**(mass): 뉴턴 물리학에서는 비타협성과 동일하며, 물체의 물질량과도 동일하다. 아인슈타인 이후에는 그 의미가 모호해졌다.
- **최소 표준모형**(Minimal Standard Model): 간단히 "표준모형"이라고도 부른다. 단일 힉스장과 힉스 보손은 물론 (그러나 일반적으로 중력장 및 중력자는 제외) 2023년 현재 알려진 입자들과 그 장들을 포함한다. 18장 끝에 있는 〈표 6〉을 참조하라.
- **파동입자**(wavicle): 매질이나 장에 생긴 파동의 양자. 파동입자의 입자 특성 때문에 입자물리학에서는 흔히 '입자'와 동의어로 쓰이지만, 파동입자는 주파수와 진폭도 가지고 있다.
- **파울리 배타원리**(Pauli Exclusion Principle): 두 개의 동일한 페르미온 파동입자가 동시에 같은 상태에 있을 수 없다는 원리. 원자와 거시적 물질에 중대한 영향을 미친다.
- **팽팽하게 만드는 요인**(stiffening agent): 이 책에서는 다른 장이 팽팽해지도록 만드는 장, 그 후에 다른 장은 정상파처럼 진동한다.
- **페르미온장**(fermionic field): 값이 항상 미시적이고, 평균값이 항상 0이다. 파동의 진폭은 항상 최소이며, 장의 파동입자들이 동기화될 수 없다.
- **평균값**(average value): 어떤 장에서 공간과 시간의 넓은 범위에 걸쳐 그 장이 각 지점에서 가지는 값을 평균한 것.
- **평형**(equilibrium): 물체 또는 장이 시간이 지나도 일정하고 안정적으로 유지되는 위치(물체의 경우) 또는 값(장의 경우)을 말한다.
- **힉스 보손**(Higgs boson): 힉스장과 관련된 입자로, 2012년에 발견되었다.
- **힉스 에테르**(Higgsiferous aether): 이 책에서는 모든 곳에 존재하는 힉스장의 (가상) 매질을 말한다.
- **힉스장**(Higgs field): 대부분의 소립자에 정지 질량을 부여하는 우주장을 말한다.
- **힘**(force): 일상 영어와 뉴턴 물리학에서 ("중력"처럼) 밀거나 당기는 작용 혹은 그런 작용의 종류.

미주

* 미주에 있는 별표(*)는 내가 웹사이트(http://www.profmattstrassler.com/WavesInAnImpossibleSea)에서 다룬 주제를 가리킨다.

1. 서곡

1. "The Proper Motion of Sagittarius A*. III. The Case for a Supermassive Black Hole," M. J. Reid and A. Brunthaler, *Astrophysical Journal* 892에 실린 가장 최근에 측정된 데이터.
2. 아인슈타인에 관한 인용문 중에는 잘못 전해지거나 오류가 있는 경우가 많다. 여기 인용문도 그중 하나로 원래는 아인슈타인이 다른 의미로 쓴 글을 클래식 음악 작곡가 로저 세션스가 의역한 것이다.*

1부: 운동

1. 월식 때 지구가 달에 드리우는 그림자는 하루 중 시간에 관계없이 항상 원반 모양이다. 이런 현상은 지구가 구형일 때만 가능하다. 지구의 크기는 같은 날 정오에, 남북으로 일정한 거리가 떨어진 두 지역에 두 개의 동일한 물체를 세운 뒤 그 그림자 길이를 비교하면 알 수 있다.*
2. 우리 은하는 너무나 커서 우리가 궤도를 한 바퀴 도는 데 대략 2억 5천만 년이 걸린다.

2. 상대성

1. "고립된" 상태가 정확히 무엇을 의미하는지를 자세히 들여다보면, 복잡한 문제인 것을 알게 된다. 하지만 비공식적으로 말하자면, 고립된 공간 안에 있는 사람은 외부의 모든 물체에 대한 정보를 완전히 차단해야 한다. 그렇지 않으면 외부 물체가 고립된 공간 내부에 영향을 미쳐 상대성원리를 모호하게 하는 효과를 만들 수 있다.*
2. 19세기 프랑스 물리학자 레옹 푸코(Léon Foucault)가 지적한 것처럼, 우리의 운동 중 가장 안정적이지 않은 지구 자전은 길이가 긴 진자의 운동에 반영된다. 전 세계의 많은 과학박물관에는 "푸코의 진자"가 전시되어 있다.*
3. 우리가 무엇을 느끼고 무엇을 느끼지 못하는지에 대한 완전한 설명은 여기에 적은 내용과 더불어 지구의 중력과 지구의 형태에 대한 우리의 경험이 섞여 있어 좀 더 복

잡하다. 이러한 세부 사항이 흥미롭기는 하지만, 이 장에서 꼭 필요하지는 않다.
4. Stephen Leacock, "Gertrude the Governess," *Nonsense Novels* (1911). 아마도 알베르트 아인슈타인과 베르너 하이젠베르크도 이 작품을 읽었을 것이다.
5. 우주선이 항해할 때 근처의 별, 행성 또는 위성의 중력을 이용하여 경로를 조정할 수 있다.
6. 만약 이것이 거짓이라면 달이나 다른 행성으로 가는 로켓은 연료 소모가 엄청나게 많아져서 결국 여행을 마무리할 수 없을 것이다.
7. 이 이야기는 망원경으로 관측한 새로 태어난 별들의 사진으로도 확인된다. 이 별들 주위에는 종종 먼지와 아기 행성들로 이루어진 원판이 있고, 나이가 많은 별들은 죽기 전에 엄청나게 부풀어 오른다.
8. 주목할 만한 또 다른 상대속도는 비행기가 태양에 대해 가지는 속도이다. 이 속도는 비행기가 시간대를 얼마나 빨리 통과하는지, 태양이 하늘을 얼마나 빠르게 가로지르는지를 결정한다. 동쪽으로 비행하는 비행기는 자전하는 지구 대기와 함께 이동하므로 태양이 비추는 지구의 절반을 빠르게 가로질러 이동하고, 서쪽으로 비행하는 비행기는 지구의 자전에 반하여 움직이므로 일몰이 몇 시간 동안 지연될 수 있다.*

3. 등속운동: 겉보기보다 쉬운

1. 천문학에 친숙한 독자라면 우주의 탄생 당시 빅뱅의 흔적으로 남아 있는 우주 마이크로파 배경에 대해 궁금해할 것이다. 실제로 우리는 이 오래된 빛의 바다에 대한 자신의 운동(위치가 아니다)을 측정할 수 있다. 하지만 이 빛의 바다는 더 널리 퍼져 있을 뿐, 다른 모든 것과 마찬가지로 결코 정지해 있지 않다. 게다가 고립된 공간 안에는 이 빛의 바다가 존재하지 않으므로 우주 마이크로파 배경의 존재는 갈릴레오의 상대성원리에 반하지 않는다. 이 문제에 대해서는 나중에 더 자세히 다룰 것이다.*
2. 적도에 있는 지표면은 지구 중심에 대해 대략 시속 1,610킬로미터 이상의 속도로 움직이며, 뉴욕과 같은 중위도에 있는 도시는 대략 시속 1,130킬로미터 정도의 속도로 움직인다.
3. 아인슈타인은 자신의 중력 이론에서 지구가 태양 주위를 도는지, 아니면 태양이 지구 주위를 도는지는 관점의 문제일 뿐이라고 주장했다는 오해를 받고 있다. 하지만 운동과 중력이 어떻게 작용하는지 정확히 따져보면 그렇지 않다는 것을 알 수 있다.*
4. 엄밀히 말해 초전도체에 결함이 있으면 약간의 마찰력이 발생한다. 또한 공기 저항도 있기 때문에, 보다 순수한 등속운동을 얻기 위해 우리는 책과 초전도체를 공기가 없는 달로 가져가야 한다. 가장 좋은 방법은 책을 심우주로 던지는 것이다.

4. 우주에 대항하는 갑옷

1. 암흑물질 후보 입자 가운데는 액시온(axion)과 암흑 광자(dark photon)가 있지만, 둘 모두 명백하게 '물질'로 분류되지 않을 수도 있다.*

2. 안타깝게도 과학에서 흔히 쓰이는 약식 표현은 나와 반대되는 것처럼 보인다. 많은 웹사이트에서 "우주는 물질과 에너지로 이루어져 있다"는 문장을 볼 수 있으며, 심지어 과학적인 논의가 이루어지는 곳에서도 "우주는 5퍼센트의 일반 물질, 27퍼센트의 암흑물질, 68퍼센트의 암흑에너지로 구성되어 있다"는 문장을 볼 수 있다. 하지만 이런 표현들은 겉보기와 달리 실제로 말하고자 하는 것과 다르다.*

3. 문제의 사례를 하나 들어보자. 밀폐된 헬륨 풍선을 생각해 보자. 풍선에는 고정된 양의 물질, 즉 정해진 개수의 헬륨 원자가 들어 있다. 힉스장이 증가하면 각 헬륨 원자의 질량도 증가하여 풍선의 질량이 늘어나지만 물질의 양은 변하지 않는다. 즉, 물질의 양이 변하지 않아도 질량이 변할 수 있기 때문에, 물질의 양과 질량은 같은 것이 아니다.

4. 책 위에 작은 종잇조각을 평평하게 펴서 올려놓으면 종이도 책과 같은 속도로 떨어지는 것을 확인할 수 있다. 종이가 낙하할 때 책이 종이의 공기 저항을 막아주기 때문에 두 물체가 함께 떨어지는 것이다.

5. GOES는 미국 정부기관이 운영하는 정지궤도 환경관측 위성 네트워크(Geostationary Operational Environmental Satellite Network)의 약자다.

6. 혼란스럽게도 우주정거장 안에서 지구 궤도를 돌고 있는 우주비행사들은 마치 무중력 상태에 있는 것처럼 공중에 떠다닌다. 뉴턴의 관점에서 볼 때, 우주비행사들은 실제로 무중력 상태에 있는 것이 아니다. 만약 무중력 상태에 있다면, 지구를 벗어나 심우주 속으로 빠르게 등속운동할 것이다. 하지만 실제로는 우주인과 우주선은 지구 중력에 의해 지구 주위를 공전한다. 우주인들은 자신이 탄 우주선, 그리고 그들을 촬영하는 카메라와 같은 경로를 따라 이동하기 때문에 무중력 상태에 있는 것처럼 보이고 느껴지는 것이다. (이 미묘한 문제는 아인슈타인의 중력이론에서는 정반대로 해석된다.)*

7. 수식으로 설명하면: 뉴턴의 제2법칙에 따르면 질량 m인 물체에 미는 힘 F가 작용할 때 가속도 a는 $a=F/m$이다. 한편, 이 물체에 대한 지구의 중력은 물체와 지구 중심 사이의 거리 r에 따라 $F=GM/mr^2$으로 주어진다. 여기서 G는 뉴턴 상수이고 M은 지구의 질량이다. 이를 종합하면, 지구 중력에 의한 물체의 가속도는 $a=GM/r^2$이 된다. 이 가속도는 물체의 질량 m과는 무관하지만 r에 따라 달라지므로 질량이 같은 모든 물체는 지구 표면에서 동일한 가속도로 낙하하는 반면, 지구로부터 멀리 있는 물체는 거리 r이 클수록 더 느리게 가속된다.

8. 균형이 완벽할 필요는 없다. 균형이 약간 불완전하면 궤도는 원이 아닌 타원이 된다. 하지만 지구 표면에 있는 물체에는 이러한 균형이 적용되지 않으며, 따라서 인간은

지구 주위로 공전하지 않는다. 달과 모든 인공위성은 지구 '중심' 주위로 대략 원을 그리며 공전하지만, 우리는 지구의 '자전축' 주위로 원을 그리며 이동한다. 달의 운동과 달리 우리의 운동은 중력과 균형을 이루기에는 너무 느려서, 만약 발아래에 단단한 지면이 없었다면 우리는 지구 안으로 떨어졌을 것이다.

9. 가장 간단한 방법: 달이 목성과 같은 행성 앞을 지나가는 것처럼 보일 때, 식(eclipse) 현상이 지구 표면의 일부에서 관측된다. 그 지역의 남북 폭은 대략 달의 지름과 비슷하다. 이 정보를 우리가 하늘에서 보는 달의 겉보기 지름과 결합하면, 지구와 달 사이의 거리를 알 수 있다.*

10. 재앙을 피하려면 달의 공전 속력이 초속 64킬로미터가 되어야 하며, 이 속력이라면 달은 하루에 두 번 지구를 돌게 된다!*

11. 여기서 '효과'란 중력에 의한 가속도를 의미하며, 중력 그 자체를 뜻하는 것은 아니다.

12. 중력이 지구 양쪽에 바닷물을 부풀어 오르게 하는 이유를 각주에서 설명하기에는 너무 복잡하다. 또 흔히 들을 수 있는 설명, 즉 조석 현상에 관한 팁을 반복하고 싶지도 않다. 원인을 짐작해보면, 일정한 중력에서 물풍선을 떨어뜨리면 구 모양으로 떨어지지만, 중력이 위쪽보다 아래쪽이 더 강한 곳에서 물풍선을 떨어뜨리면, 물풍선은 달걀 모양으로 늘어나며 떨어진다.*

13. 달이 조수를 일으킨다는 생각은 널리 퍼져 있었지만, 일부는 이견을 보였다(지중해의 독특한 조석 현상 때문에 심지어 갈릴레오도 오해했다). 지구의 대륙들이 바다의 흐름을 방해하기 때문에 조수의 실제 행동은 복잡하며, 뉴턴조차도 모든 세부 사항을 정확히 설명하려 하지 않았다.

14. 알렉산더 포프, 영국의 작가, 1727년 뉴턴 사망 당시.

5. 아인슈타인 등장: 정지 질량

1. 공식은 다음과 같다. v는 물체의 속도, N은 v를 증가시키려고 할 때의 물체의 비타협성이라면, 이 물체의 정지 질량은 $N\sqrt{1-(v/c)^2}$이 된다.

2. 일반적인 정의에 따르면 물체의 정지 질량은 항상 0 또는 그 이상이어야 한다. 정지 질량이 0보다 작은 — 비타협성이 음수인 — 물체는 말이 되지 않는다. 만약 이 물체를 오른쪽으로 밀면 오히려 왼쪽으로 움직이게 되어 마찰력이 한없이 물체를 가속할 것이다.

3. 더 느린 속도는 빠르게 움직이는 물체와 이 물체가 통과하는 물질 사이의 복잡한 상호작용에 의해 발생한다.*

4. 실제로 이것을 '중력 렌즈 효과'라고 부른다.*

5. 광자의 중력 질량은 주파수에 따라 달라진다. 이에 대해서는 뒷부분에서 다룰 것이

다. 이 주파수는 관점에 따라 달라지며, 여러분이 다가오는 광자를 향해 움직일 때는 주파수가 증가하고, 반대방향으로 움직일 때는 주파수가 감소한다.*

6. 이 접근법의 멋진 예시는 문학과 과학의 경계에서 쓰인 천체물리학자 앨런 라이트먼(Alan Lightman)의 책 『아인슈타인의 꿈(Einstein's Dreams)』에서 찾을 수 있다. 이 책은 공간과 시간이 다른 방식으로 작동하는 가상의 세계를 탐구하고 있다. 이 기법은 쇠렌 키르케고르의 『두려움과 떨림』에서처럼 철학에서도 등장한다.

7. 이런 사고방식을 일컫는 과학 용어로는 '재규격화군(the renormalization group)과 유효 양자장 이론(effective quantum field theory)'이 있다.

8. 아인슈타인의 중력이론은 "암흑에너지"라는 수수께끼를 무시한다면 놀라울 정도로 우아하다. 만약 암흑에너지가 정확히 0이었다면 이 수수께끼를 더 쉽게 풀 수 있었을 것이다. 또한 중력은 매우 약한 힘이기 때문에 방정식이 매우 단순해진다. 하지만 끈 이론에서는 아인슈타인의 방정식이 훨씬 더 복잡해지고, 이제 수학적 우아함은 방정식이 아니라 끈이라는 가장 근본적인 존재의 성질에서 찾아야 할 것이다.*

6. 세계 속의 세계들: 물질의 구조

1. 요리도 물리학이지만, 요리에서 일어나는 대부분의 물리 현상(예: 끓음)은 보통 화학 시간에 먼저 배운다.

2. 라부아지에는 귀족 출신이었는데, 프랑스 혁명 당시 재판관이 "공화국에는 학자도, 화학자도 필요 없다"고 말하며 그의 항소를 기각하고 처형했다. 다행히 프랑스에서는 이런 생각이 그리 오래 지속되지 않았다.

3. 사실 애초에 지구 자체가 존재하지 않았을 것이다. 지구의 암석 내부를 이루는 화학 원소들은 훨씬 더 오래된 별들의 용광로에서 만들어진 것이기 때문이다.

4. 키스 부케(Kees Boeke)의 유명한 책 『코스믹 뷰: 40단계로 본 우주(Cosmic View: The Universe in 40 Jumps)』와 찰스와 레이 임스(Charles and Ray Eames)가 각본과 연출을 맡은 이후의 영화 〈파워 오브 텐(Power of Ten): 우주에서 본 사물의 상대적 크기와 0을 하나씩 더할 때의 효과〉는 세계를 10배로 계속해서 확대할 때, 세상의 모습이 어떻게 달라지는지를 보여준다. 이 방법의 장점은 10이라는 수가 시각적으로 이해하기 쉽다는 것이고, 단점은 거치는 단계가 너무 많다는 것이다. 여기서 나는 보다 효율적인 방법을 시도하고 있다.

5. 과학자들은 '자릿수(order of magnitude)'라는 말을 쓰는데, 이는 대략 10배의 범위를 의미한다. 어떤 사람이 "자릿수 10만"이라고 하면, 보통 3만보다 크고 30만보다 작은 범위를 뜻하지만, 그 경계는 다소 모호하다.

6. 즉, $10 \times 10 = 100 = 10^2$, $10 \times 10 \times 10 = 1000 = 10^3$.

7. 가시광선의 파동은 마루와 마루, 골과 골 사이의 거리가 원자 크기보다 훨씬 더 크기 때문에 가시광선의 섬광은 파도가 조약돌에 의해 반사되는 것보다 단일 원자에 의해 훨씬 더 적게 반사된다.*

8. 아보가드로의 수는 10^{23}으로, 대략 수소 1그램에 들어있는 원자의 수와 같다. 1,000그램은 1킬로그램으로 2파운드가 조금 넘는다.

9. '핵(nucleus)'이라는 단어는 라틴어로 "안쪽 부분"을 의미한다. 원자의 핵을 원자핵이라고 부르는 것처럼 세포의 중심에 있는 물질을 세포핵이라고 부른다. 이 책에서는 세포를 다루지 않기 때문에 '핵'은 항상 '원자핵'을 뜻한다.

10. 한스 가이거는 나중에 방사능을 감지하는 데 사용하는 가이거 계수기를 발명했다.

11. 이미 반쿼크가 무엇인지 알고 있다면, 양성자 내부에 반쿼크가 존재한다는 사실에 당황할 수 있다. 하지만 걱정하지 않아도 된다. 아무 문제없다. 아래를 참고하라.

12. 우리가 "업 쿼크는 입자이고 업 반쿼크는 반입자"라고 말하지 않는 것에 주목하라. 이것은 틀린 표현이다. 둘은 서로의 반입자다.*

13. 약한 핵력은 업 쿼크와 다운 쿼크를 서로 변환시킬 수 있다. 또 약한 핵력은 양성자를 중성자로 바꾸는(또는 그 반대로 바꾸는) 역할을 하는데, 이런 일이 별의 용광로에서 일어난다. 강한 핵력은 쿼크의 종류를 바꾸지 않으므로, 양성자는 양성자로, 중성자는 중성자로 유지된다. 강한 핵력과 약한 핵력 모두 쿼크 수에서 반쿼크 수를 뺀 값을 보존한다. 지금까지 모든 실험에서 이 보존 법칙이 성립했지만, 아주 미세한 수준에서는 깨질 것으로 예상된다.*

14. 두 번째 이유도 있다. 놀랍게도 복잡한 수학적 이유로 인해 이 모델은 특정 실험 결과를 매우 잘 예측한다. 어쩌면 양성자 내부 구조와 관련된 세 번째 이유가 있을지도 모르겠다.*

15. 마찬가지로, 반양성자와 반중성자도 각각 세 개의 추가적인 반쿼크와 글루온 및 쿼크·반쿼크 쌍의 바다로 이루어져 있다.

16. 양성자 내부에 이렇게 많은 활동이 있으면서도 겉으로는 안정성을 유지한다는 것이 결코 당연한 일은 아니다. 사실 이것이 가능한 것은 오직 양자물리학 덕분이다. 원자도 이런 성질을 가지고 있다. 양자물리학은 전자가 원자핵을 둘러싸고 있으면서도 상당한 운동을 유지할 수 있게 해준다.*

17. 고에너지 충돌에서 생성되는 입자들의 거동을 통해 입자 내부 구조의 증거를 밝혀 낼 수 있다. 충돌 에너지가 높을수록 이 방법으로 더 깊은 내부까지 조사할 수 있다. 17장의 〈그림 40〉 참조.

7. 질량인 것(과 질량이 아닌 것)

1. 이런 의미에서 상대성이론 공식은 뉴턴의 가장 유명한 공식 $F=ma$와 다르다. 세 가지 양 F, m a(힘, 질량, 가속도) 모두 독립적으로 변할 수 있기 때문에 뉴턴의 공식을 두 양 사이의 관계로만 볼 수 없다.

2. 아인슈타인의 첫 번째 아내이자 물리학도였던 밀레바 마리치가 1905년 아인슈타인 논문의 연구에서 어떤 역할을 했는지를 놓고 역사학자들 사이에서 논란이 있다. 이 책에서는 인간적인 배경보다는 과학 자체에 초점을 맞추기 때문에 표준적인 역사를 이야기하고자 한다. 다만, '모든' 역사는 최선의 경우에도 "진실"을 지나치게 단순화한 것이고, 종종 크게 왜곡된 것임에 유념해야 한다. 이 문제에 관심이 있다면, 밀란 포포비치(Milan Popović)가 편집한 *In Albert's Shadow: The Life and Letters of Mileva Marić, Einstein's First Wife*, 또는 알렌 에스터슨(Allen Esterson)과 데이비드 C. 캐시디(David C. Cassidy)의 *Einstein's Wife: The Real Story of Mileva Einstein-Marić* 참고.

3. 아인슈타인은 수학에서 최고 등급인 1등급을 계속해서 받다가 8학년 때 갑자기 6등급을 받았다. 1980년대에 역사가들이 밝혀낸 바에 따르면, 아인슈타인이 다녔던 학교는 채점 체계를 바꿔서, 이전에는 최저 등급이었던 6등급이 최고 등급이 되었다. 아인슈타인은 물리학 훈련을 받은 것이 분명해 보인다. 평범한 학부 수준의 물리학 배경을 갖추고 있었고, 혼자서 또는 친구들과 함께 최신 논문을 읽었으며, 특허청에서 일하면서 박사 논문을 쓰고 있었기 때문에 이때의 탄탄한 물리학 배경이 자산이 될 수 있었다. 아울러 아인슈타인의 연구는 핵물리학과는 무관했다. 프랭클린 루스벨트 미국 대통령에게 보낸 핵무기의 잠재적 위험을 경고하는 유명한 편지에 서명을 했지만, 편지 자체는 주로 핵물리학자인 레오 실라르드가 작성했다. 실라르드와 아인슈타인 모두 중량감 있는 아인슈타인의 서명이 있으면, 편지가 대통령의 측근들에게 전달되는 데 도움이 될 것임을 알고 있었다. 다만, 편지가 정책에 미친 영향은 제한적이었던 것으로 보인다.

4. 나 역시 이 부분에서 신화를 만들어낼 위험이 있다는 점을 인정한다. 이 책의 분량을 줄이기 위해, 수많은 과학자가 연관된 복잡한 아인슈타인의 개념에 관한 전사(前史)와 아인슈타인의 아이디어 이후의 이론적 개선 및 실험적 검증의 긴 역사를 과감하게 줄였다. 심지어 아인슈타인의 1905년 공식에 대한 논증이 설득력이 없었고, 1907년에 플랑크가 최초로 명확한 논리를 제시했다는 주장도 있다.

5. "네가 에너지니, 네가 곧 물질이다" 혹은 그 반대로 적힌 티셔츠가 인기다.

6. 기술적인 점을 하나 덧붙이면, 일부 전문가조차 블랙홀을 "오직 에너지로만" 만들 수 있다고 주장하기도 한다. 개인적으로 보기에 이런 표현은 물리학보다 수학을 앞세운 것이다. 실제로 블랙홀을 만드는 데 쓰이는 에너지는 반드시 어떤 물리적 물체나 장에서 나와야 하며, 그 자체로만 존재할 수는 없다.

7. 이것은 상대론적 질량의 정의가 다소 일관성이 없고 모호하기 때문인데, 이 점은 물

리학자 레프 오쿤(Lev Okun)이 끊임없이 강조한 바 있다.*

8. 에너지, 질량, 그리고 그 의미

1. 물리학 용어로 운동 에너지를 '키네틱 에너지(kinetic energy)'라고 한다. 이 개념은 자기장이나 전기장이 급격하게 변하는 등 실제로 운동이 없어도 진행 중인 변화와 관련된 에너지까지 확장할 수 있다. 저장된 에너지도 여러 형태가 있다. 그중 일부는 '퍼텐셜 에너지(potential energy)'라고 부르는데 특히 문제가 되는 거짓 친구이다. 퍼텐셜 에너지는 에너지가 될 가능성이 있다는 뜻이 아니라 일시적으로 저장되어 있다가 운동 에너지로 전환될 가능성이 있는 에너지를 말한다. 퍼텐셜 에너지라는 전문 용어는 명확하지 않고 모호하기 때문에 이 책에서는 사용하지 않으려 한다.

2. 물리학 용어에서 '열'이라는 단어의 의미는 일상에서 쓰는 의미와는 다소 다르다. 이 책에서는 사소한 차이지만, 다른 맥락서는 중요할 수 있다.

3. 저장된 에너지 중 일부가 열로 변환되었기 때문에 완전히 맞는 이야기는 아니다.

4. 최신 전기차나 하이브리드 자동차의 경우, 제동 중에 자동차의 운동 에너지 일부를 회수하여 배터리에 저장함으로써 연료 소비를 줄인다.

5. 아인슈타인의 중력관이 필수인 상황에서 에너지와 에너지 보존을 추적하는 것이 모호해질 수 있다. 블랙홀, 빅뱅, 우주 전체가 이런 상황에 포함된다.*

6. 관점에 따라 달라지는 형태의 에너지가 보존될 수 있다는 사실이 놀라울 수 있다. 어떤 관찰자는 에너지가 보존된다고 보고 다른 관찰자는 다르게 볼 것 같지만, 자연은 영리하다. 등속운동을 하는 관찰자들은 고립된 물체(또는 고립된 물체 집합)의 전체 에너지양에 대해 다른 의견을 가질 수 있지만, 시간이 지나도 전체 에너지가 일정하다는 점에는 모두 동의할 것이다. 이 모든 것이 일관되게 맞아떨어진다는 사실이 놀랍다.*

7. 정지한 물체의 비타협성이 내부 에너지에 비례한다는 것을 증명하려면, 아인슈타인의 상대성이론 공식을 사용해야 한다. 이 공식에 따르면 물체의 속도를 0에서 v로 바꿀 때 물체의 내부 에너지에 비례하는 운동 에너지를 더해야 한다. (더 구체적으로 말하면, 필요한 운동 에너지는 물체의 내부 에너지에 간단한 속력 함수 $1/\sqrt{1-(v/c)^2}-1$을 곱한 것과 같다.)*

8. 하지만 일부에서는 이러한 해석이 상대론적 질량 개념을 정의하는 데만 사용되므로 개념적 의미가 있는 관계식이라기보다는 동어반복에 불과하다는 불평을 하기도 한다.

9. E를 전체 에너지로, m을 정지 질량으로 생각하면, $E=m[c^2]$은 오직 정지해 있는 물체에 대해서만 참이라고 볼 수 있다. 움직이는 물체의 경우에는 $E>m[c^2]$이다. 즉, 움직이는 물체의 전체 에너지는 항상 내부 에너지보다 크며, 그 차이는 '운동량(momentum)'이라는 양으로 쉽게 표현할 수 있다.*

9. 감옥에서 가장 중요한 것

1. 약간 현대적으로 다듬고 축약한 번역에서 아인슈타인은 "우리는 좀 더 일반적인 결론에 이르게 된다. 물체의 질량은 에너지양의 척도이다. 만약 에너지가 L에르그(erg)만큼 변하면 질량은 $L/9 \times 10^{20}$그램만큼 변한다"라고 썼다. 이 표현은 핵심을 묻어버리고 있다. 그가 "질량이 1그램 변하면 에너지는 9×10^{20}에르그만큼 변한다"라고 썼다면, 훨씬 더 충격적인 방식으로 요점을 전달했을 것이다. (1에르그는 대략 모기의 운동 에너지에 해당한다.)

2. 우리는 이 여정에서 우리 몸에 대략 10^{28}개의 원자가 있다는 것을 보았다. 하지만 원자들 가운데 많은 원자가 10개 또는 그 이상의 양성자와 중성자를 가지고 있기 때문에 이 엄청난 원자의 개수에 0을 하나 더 붙여야 한다.

3. 이들 무기 대부분은 인간의 몸보다 더 큰 정지 질량을 가지고 있지만, 무기들의 원자 안에 담긴 에너지의 극히 일부만을 방출한다.

4. 꼭 그렇지 않을 수도 있다.

5. 각각의 입자는 또한 양성자와 중성자의 짧은 수명을 가진 사촌 입자들 안에 갇힐 수도 있는데, 이들을 통틀어 '강입자(hadron)'라고 부른다. LHC의 H는 강입자에서 이름을 빌려온 것이다.*

6. 원자핵, 원자, 화학 결합, 그리고 별 주위의 행성에서는, 이들을 함께 묶어주는 저장된 에너지가 '음의 값'을 가진다.*

7. 힉스장이 양성자의 정지 질량, 그리고 우리의 질량에 미치는 영향은 어떤 질문을 하느냐에 따라 달라진다. 여기서 사용한 표준적인 해석은 강한 핵력의 세기는 그대로 두고 힉스장만 껐을 때를 가정한다. 이 경우 힉스장은 양성자 질량의 작은 부분만을 차지한다. 그러나 좀 더 미묘한 해석을 하면, 힉스장의 역할은 훨씬 더 커질 수 있다.*

8. 중력은 정지 질량이 없는 물체들로부터 정지 질량을 가진 물체가 만들어지는 또 다른 예를 제공한다. 블랙홀은 서로의 중력에 의해 탈출할 수 없을 정도로 강하게 끌어당겨진 물체들로 이루어진다. 원리적으로 블랙홀은 순수하게 광자로만 만들어질 수 있으며, 이 경우 블랙홀의 정지 질량은 전적으로 갇힌 광자의 운동 에너지에 의해 발생한다.*

9. 원자는 '양자 불확정성 원리'에 의해 커지는데, 이 원리는 나중에 간략히 언급할 것이다. 양자 불확정성 원리에 따르면, 정지 질량이 더 작을수록 원자 내에서 전자의 위치를 더 불확실하게 만들어 전자를 더 퍼지게 만든다. 이렇게 되면 원자 크기가 더 커지고 전자는 원자로부터 더 쉽게 떨어져나갈 수 있다.*

10. 폭발의 힘과 도달 온도는 전자의 잃어버린 내부 에너지 중 얼마나 많은 양이 폭발로 방출되는지에 따라 달라지며, 이는 우리가 힉스장을 어떻게 끄는지에 따라 달라진다. 하지만 힉스장을 끄는 방법이 무엇이든 간에 치명적인 결과는 변하지 않는다.*

11. 여기서 나는 아주 살짝 속임수를 쓰고 있다. 힉스장의 효과를 정확히 어떻게 제거하느냐에 따라 전자의 정지 질량은 0이 될 수도 있고, 수십억 배로 줄어들 수도 있다. 어느 쪽이든 간에 우리의 원자는 심우주의 빈 공간에서도 붕괴할 것이며, (갑자기 사나워진) 우주 마이크로파 배경의 광자에 의해 산산이 찢길 것이다.

10. 공명

1. 엄밀하게 말하자면, '음'이란, 이를테면 "생일 축하합니다" 노래를 부를 때 각 음절마다 내는 각각의 소리를 말한다.
2. 복잡한 물체는 일반적으로 여러 개의 공명 주파수를 가지고 있다. 예를 들어 집은 여러 방식으로 진동할 수 있고 원자도 마찬가지다. 우리는 단순한 물체에만 집중할 것이다.
3. 이 진술은 진폭이 충분히 작을 때만 참이다. 진폭이 매우 크면 주파수와 진폭의 독립성이 깨질 수 있다. 예를 들어 플루트나 리코더를 너무 세게 불면 주파수(및 음높이)가 약간 올라간다.*
4. 물리학자들 중에서 특히 음악적 배경을 가진 물리학자들이 우주와 악기가 유사하다고 지적한다. 동료인 스테판 알렉산더는 자신의 첫 책 『재즈의 물리학(The Jazz of Physics)』에서 이를 강조하고 있다.
5. 끈 이론을 보다 소박하게 사용하는 물리학자들은 끈 이론이 우주에 대한 궁극적인 설명이라고 주장하지 않고 다른 중요한 문제에 대한 통찰을 얻기 위한 도구로 생각한다.
6. 끈 이론에 따르면, 많은 소립자가 실제로는 서로 다른 방식으로 진동하는 하나의 끈일 수 있으며, 우주의 많은 장(場)은 하나의 '끈 장(string field)'의 다른 측면일 수 있다고 본다.
7. 이는 기타가 순수하게 통기타일 때를 가정하고 있다. 연주자가 마이크, 앰프, 스피커를 사용하면, 장치들이 에너지를 추가하여 음파의 진폭이 증가한다.
8. 물리학에서는 끈(string)과 용수철(spring)이 자주 등장한다. 가끔 원래 말하려던 것이 있는데, 둘을 혼동해서 다른 것을 말하기도 한다. 또 그네(swing)도 있다. (영어에서 string, spring, swing의 발음과 철자가 거의 비슷해 혼동하는 것에 대해 이야기하고 있다_옮긴이)
9. 수학적으로 진자의 추에 작용하는 힘은 mxg/L이다. 여기서 x는 추의 수평 위치, g는 중력장의 세기(중력장으로 인한 가속도를 표현), m은 추의 질량, L은 진자의 길이이다. 그러면 진자의 주파수는 $\sqrt{g/L}$가 된다. 이는 중력, 즉 환경의 일부가 진자의 주파수를 변화시킬 수 있음을 명확하게 보여준다.
10. 공정하게 말하면, 이 내용은 우주나 이 책의 주제와는 무관하지만, 광학 캐비티(관악

기나 오르간 파이프가 소리에 대해 하는 역할을 빛에 대해서 하는 장치)에서는 전기장의 길이를 실제로 '줄일 수' 있다. 하지만 대부분의 우주장에서는 이런 일이 불가능하다.
11. 일부 악기는 다른 현을 연주할 때 공명하도록 설계된 현이 있어 악기의 음색을 더욱 풍부하게 만든다. 이는 음악적 배음과 관련이 있으며, 힉스장이 하는 일과는 무관하다.

11. 파동의 이해

1. 이것을 흔히 현의 '기본 주파수'라고도 부른다.
2. 세심하게 하면 싱크대나 욕조에서도 이런 파동을 만들 수 있다. 물이 출렁이는 모습을 보고 느끼면서 물이 우리에게 어떻게 해야 하는지 알려주는 대로 따라하면 된다. 까다롭긴 하지만 물속에서 더 복잡한 정상파를 만드는 것도 가능하다.

12. 귀로 들을 수 없는 것과 눈으로 볼 수 없는 것

1. 무지개 띠은 관찰자의 국적에 따라 무지개가 다섯 가지, 여섯 가지, 또는 일곱 가지 색으로 나뉜다고 말한다. 하지만 사실은 무지개를 유한한 색들의 집합으로 나눌 때, 우리는 언어와 지각을 결합해 오직 우리 뇌 속에만 존재하는 범주를 만들어내는 것이다. 무지개 자체는 무한한 주파수 집합으로 이루어져 있으며, 어떤 의미에서도 색의 집합은 유한하지 않다.*
2. 어떤 형태의 빛이든 물체에 흡수되면 열이 발생한다. 열은 일부 교과서에서 말하는 것처럼 적외선에서만 고유한 것이 아니다. 하지만 우리 주변에 있는 대부분의 따뜻한 물체(사람, 커피, 엔진 등)는 가시광선에서 빛을 내기에는 너무 차갑지만, 적외선에서는 쉽게 빛을 내는 것은 사실이다.*
3. 사실, 파장(마루와 마루 사이의 거리)이라는 네 번째 개념이 있지만, 빛과 소리 모두 파장은 속력을 주파수로 나눈 값일 뿐이다.
4. 두 음이 한 옥타브 차이가 나려면, 한 음의 주파수가 다른 음의 주파수의 두 배여야 한다. 옥타브가 1 증가할 때마다 주파수는 다시 두 배가 된다. 따라서 10옥타브는 1,024배의 주파수 음역에 해당한다.
5. 우주 마이크로파 배경을 자세히 다루지는 않지만, 그렇다고 이 문제를 덮어두려는 것도 아니다. 우주 마이크로파 배경과 상대성이론의 관계, 그리고 왜 그것이 이 책의 내용에 크게 영향을 주지 않는지 다른 곳에서 자세히 설명하였다.*
6. 우주 유영을 하는 우주비행사 간의 통신은 먼저 소리를 전파로 변환하고, 그 전파를 빈 공간을 통해 전송한 다음, 헤드폰을 사용하여 다시 소리로 변환하는 방식으로 이루어진다. 대기 중에서 마이크로파를 사용한다는 것을 제외하면, 무선 전화도 우주

비행사 간의 통신과 같다.

13. 일반장

1. 어떤 의미에서 자화되지 않은 철은 중간 정도의 특성을 보인다. 개별 원자들이 무작위로 배열되는 대신, '구역(domain)'이라고 불리는 많은 미세한 영역들이 있고, 각 구역 내에서는 원자들이 정렬되어 있지만, 구역들끼리는 무작위로 배열되어 있다. 세부적인 내용은 〈그림 32〉에 표시된 것과 다르지만, 인간의 스케일로 보면 그 효과는 동일하다.

2. 압력장이 증가하면, 기체는 액체나 고체와 달리 밀도가 더 증가한다. 한쪽에 국소적인 압력을 가하면 고체는 균일하게 움직이지만, 기체나 액체는 아주 복잡한 흐름을 보인다.

3. 이러한 모호한 장들을 우연히 발견할 수도 있다. 예를 들어, 에너지가 사라지는 것처럼 보이는 과정을 관찰할 수 있다. 그 에너지는 분명 어디론가 갔을 것이고, 좀 더 자세히 조사해보면 이전까지 알려지지 않은 장에서 파동 형태로 에너지가 운반되고 있음을 발견할 수 있다. 중성미자장이 바로 이런 방식으로 발견되었다.*

4. 가장 유명한 것은 쿼크장과 글루온장이 결합된 '파이 중간자장(pion field)'으로, 원자핵의 구조에서 중요한 역할을 담당하고 있다.

14. 기본장: 첫 번째, 불안한 모습

1. 이것은 지나치게 단순화한 설명이다. 실제로 원자(그리고 곧 알게 되겠지만 자화장)는 단순히 앞뒤로 진동하는 것이 아니라 팽이처럼 회전한다. 하지만 이런 세부적인 내용은 주요 개념에 영향을 미치지 않으며, 또 시각화하기도 어렵다.

2. 지면과 시간 부족으로 이론과 역사를 대폭 정리해서 설명하고 있다. 특히, 이 책 전체에서 중력이 빈 공간의 뒤틀림에서 비롯된다고 말하고 있지만, 이는 정확한 표현이 아니다. 빈 공간이 뒤틀려 있다는 것은 실제로 중력을 유발하는 공간과 시간이 함께 뒤틀려 있다는 것을 의미한다. 그러나 이런 세부적인 내용은 매우 복잡하므로 다른 책에서 다루어야 한다.

3. 주의: 공간 자체의 파동인 중력파(gravitational wave)와 중력에 의해 발생하는 지극히 평범한 파동인 '중력파(gravity wave)'를 혼동하지 않길 바란다. 파도가 좋은 예로, 파도는 중력이 바다의 융기된 부분을 아래로 끌어당기기 때문에 발생한다.

4. 중력파의 발생 원인은 시간에 따라 중력파의 진폭과 주파수가 어떻게 변하는지를 면밀히 관측하여 추론한다.

5. 11장에서 언급했듯이, 파동의 속력은 물의 깊이와 파동의 주파수에 따라 달라진다.

복잡한 상황을 피하려면, 수심이 균일한 곳에 배를 멈추고 동일한 돌을 동일한 방식으로 모든 방향에 떨어뜨려야 한다.

6. 여기서는 우리 주위의 공간이 측정하는 동안 빠르게 늘어나거나 줄어들지 않는다고, 혹은 최소한 파동이 우리를 지나가기 직전이나 직후에 속도를 측정한다고 암묵적으로 가정한다. 이 미묘한 점은 우주 전체의 팽창을 이해할 때 매우 중요하지만, 여기서는 적용되지 않는다.*

7. 로켓을 계속 가속시켜 우주선이 일정한 가속도를 유지하면, 빛의 파동보다 약간 앞서 갈 수는 있다. 하지만 잠시라도 멈추면 곧 따라잡히고 만다.*

8. 아인슈타인은 이러한 진술(그리고 이 장의 다른 진술들)이 논리적인 일관성을 가지고 있다는 것을 수학적 추론을 통해 보여주었다. 수학 자체는 그리 복잡하지 않지만, 주석으로 담기에는 너무 길고, 오히려 논리적 추론 과정이 더 까다롭다. 어쨌든 아인슈타인의 주장은 모두 실험적으로 여러 번 검증되었고, 현대 기술에 깊이 스며들어 있다.*

9. 복잡하지만 중요한 점: 이러한 상대성이론의 검증은 손전등 자체가 고립된 공간 안에서 나에 대해 상대적으로 움직이고 있다고 하더라도 동일한 답을 얻을 수 있다는 것이다. 고립된 공간에 대해 등속운동을 하는 손전등은 나의 관점에서 볼 때 손전등이 방출하는 광파의 '주파수'에 영향을 주지만, 광파의 속도에는 영향을 미치지 않는다. 빛의 주파수 변화는 손전등에 대한 나의 운동을 알려주며, 에테르에 대한 나의 운동에 대해서는 아무것도 알려주지 않는다.*

10. 사실 우주 마이크로파 배경이 바로 그런 물질이다.

11. 이러한 왜곡을 흔히 '시간 늘어남(time dilation)'과 '길이 줄어듦(length contraction)'이라고 부른다.*

12. 다시 말해, 뉴턴 시대 물리학자들은 우주 전체에 시간을 알려주는 보편적인 시계가 존재하고, 모든 속도는 관찰자에 따라 달라진다고 가정했다. 그러나 아인슈타인은 시간이 관찰자에 따라 다르며, 단 하나의 보편 속도—우주 제한 속도—가 존재한다고 추측했다.

13. 덧붙이자면, 여러분이 원래 있던 위치에 남은 사람의 관점에서 보면, 여러분과 빛 사이의 거리는 c보다 빠르게 벌어지는 것처럼 보일 것이다. 이것은 아인슈타인의 주장과 모순되지 않는다. 왜냐하면 우주 제한 속도는 '관찰자가 측정하는, 관찰자에 대한 물체의 속력'에만 적용되기 때문이다. 제3자의 관점에서 보면, 여러분과 여러분에게서 멀어지는 파동 사이의 거리가 c를 초과할 수 있다. 실제로 두 개의 손전등을 서로 반대방향으로 향하게 하면, 두 손전등의 광파는 여러분의 관점에서 볼 때 c의 두 배의 속도로 멀어진다.

14. 다시 말하지만, 이 현상에 대한 수학은 그리 복잡하지 않다. 어려운 것은 이 수학의 의미와 올바른 사용법을 이해하는 것이다.*

15. 중요하면서도 미묘한 차이: 속도가 변하는 진행파의 경우, 파동의 앞쪽 가장자리의 속도와 파동의 마루가 움직이는 속도 사이에 차이가 있다. 이 두 속도는 같지 않은데, 여기서는 항상 앞쪽 가장자리의 속도를 의미한다. 전문 용어로 이 두 속도를 각각 '묶음 속도(group velocity)'와 '위상 속도(phase velocity)'라고 한다.*

16. 루이스 캐럴, 『이상한 나라의 엘리스』(New York and Boston: T. Y. Crowell & Co., 1893).

17. 이런 책의 예로는 동료인 리사 랜들의 『숨겨진 우주(Warped Passages: Unraveling the Mysteries of the Universe's Hidden Dimension)』가 있다.*

18. 참고로, 이것은 단순히 우리의 세계가 누군가의 시뮬레이션일지도 모른다고 상상하는 것만큼 단순하지 않다. 양자물리학이 할 수 있는 일은 그보다 훨씬 더 복잡하고 흥미롭다. 아쉽게도 이 책에서는 다루지 못하지만, 나의 스승인 레너드 서스킨드의 『블랙홀 전쟁(The Black Hole War)』, 조지 머서의 『기묘한 원격 작용(Spooky Action at a Distance)』, 그리고 그레이엄 파멜로의 『숫자로 말하는 우주(The Universe Speaks in Numbers)』에서 이 문제의 일부를 다루고 있다.*

19. 미시적 차원에서 모든 차원의 장이 정상파를 보일 때 칼루자-클라인 모드가 나타난다.*

15. 기본장: 두 번째, 겸손한 모습

1. 물리학자들은 종종 장의 평균값을 장의 '진공 기댓값(vacuum expectation value)'이라고 부른다.

2. 엄밀하게 말하면, 이러한 진술은 몇 킬로미터, 또한 짧은 시간 동안만 사실이다. 지구는 구형이고 자전하기 때문에 이 장들의 방향은 시간과 위치에 따라 변한다.

3. 보스의 연구를 바탕으로 아인슈타인은 오늘날 '보스-아인슈타인 응축(Bose-Einstein condensates)'이라고 부르는 형태의 물질을 제안했으며, 1995년 이 응축을 생성한 공로로 2001년도 노벨상이 수여되었다.

4. 미국으로 이주한 이탈리아 출신의 페르미는 실험물리학과 이론물리학 모두에서 기념비적인 공헌을 했으며, 핵에너지와 핵무기 개발에서도 중심적인 역할을 담당했다. 아메리카 대륙에서 가장 큰 입자물리학 연구소는 그의 이름을 따서 페르미랩(Fermilab)으로 불린다.

5. 그렇다고 해서 페르미온장이 장거리 효과를 전혀 가질 수 없다는 뜻은 아니다. 페르미온장이 오래 생존하는 진행파를 가질 수 있다면, 이 진행파 역시 파도처럼 먼 거리까지 이동해 멀리 떨어진 곳에도 영향을 미칠 수 있다. 하지만 앞서 살펴본 것처럼, 보손장은 진행파를 사용하지 않고도 떨어져 있는 물체 사이를 넘나들 수 있다.

6. 레이저(광자 빔)와 전자빔 사이에는 큰 차이가 있다. 레이저는 모든 광자가 완벽하게

동기화되어 있어 큰 진폭을 가진 파동처럼 행동하는 반면, 전자빔은 작은 파동들 — 개별적이고 독립적인 전자들 — 이 길게 이어진 작은 물결들의 연속이다.

5부 양자

1. 또 하나의 흔한 오해: 빛의 광자와 바닷물의 분자가 각각 빛의 파동과 바다의 파도에 대응한다고 상상하기 쉽습니다. 파도가 지나갈 때 물과 물 분자는 제자리에 머물면서 작은 원을 그리고 흔들릴 뿐이다. 어떤 개별 물 분자도 파도와 함께 이동하지 않는다. 이와 대조적으로 빛의 파동에서는 모든 광자가 파동과 함께 이동하며 우주 제한 속도로 움직인다. 빛의 매질이 광자로 이루어진 것이 아니라, 오히려 빛의 파동이 광자로 이루어져 있다.

16. 양자와 입자

1. 진동의 경우 이 설명이 맞지만, 파동의 경우에는 약간 단순화되어 있다. 실제로 파동의 최소 진폭은 파동의 모양 — 예를 들어 파동이 얼마나 많은 마루와 골을 가지고 있는가 — 에 따라 달라진다. 지금은 이 설명을 유지하겠지만, 다음 장에서는 파동의 진폭이 아니라 파동의 최소 에너지로 초점을 옮길 것이고, 그때는 파동의 모양이 더 이상 중요하지 않게 된다.*
2. 실제로 진동이 멈춘 후에도 여전히 무작위적인 운동이 남는데, 물리학자들은 이 운동을 '영점 운동(zero-point motion)'이라고 한다. 영점 운동은 양자 불확정성에 의해 생기는 것으로, 조만간 이에 대해 설명할 것이다.*
3. '파동입자'라는 용어는 아서 에딩턴이 1927년 에든버러 대학교에서 강연한 내용을 바탕으로 쓴 저서 『물리적 세계의 본질(The Nature of the Physical World)』에서 처음 등장한 것으로 추정된다. 일부 저자는 광자가 '입자이면서 동시에 파동'이라고 말하는 것을 선호한다. 양자물리학에 대한 코펜하겐 해석으로 잘 알려진 닐스 보어가 주창한 이 관점은 정의를 어떻게 하느냐에 따라 달라지므로 여러분의 선택에 맡기겠다. 중요한 것은 광자의 속성이 무엇이고 광자가 할 수 있는 것과 할 수 없는 것이 무엇인지 아는 것이다.
4. 과학에서 언어가 진정으로 의미가 있었다면, "나눌 수 없는"이라는 뜻을 가진 그리스어에서 따와 이 대상을 '원자'라고 불렀을 것이다. 하지만 원자는 나눌 수 있다는 사실이 알려지기 이전에 하나의 가설로 등장하였고, 간접적으로 발견되었다. 파동입자는 그보다 훨씬 뒤에 발견되었다.
5. 두 장의 이름이 비슷한 것은 역사적으로 이 두 가지 장이 전기의 한 가지 측면과 연관되어 있기 때문이다. 그러나 이 두 가지 장의 성격은 크게 다르다.*

6. 중력장의 파동입자인 중력자가 존재할 수 있으며, 나는 대체로 중력자가 존재한다고 가정한다. 하지만 이것이 실험적으로 확인되기까지는 오랜 시간이 걸릴 수도 있다.*

7. 수학적으로는 차이가 단순하다. 일부 장은 복소수를 사용하여 설명할 수 있으며, 이들 장은 켤레 복소수(complex conjugation)와 관련된 두 종류의 파동입자를 가지고 있다. 다른 장들의 경우 실수(實數)만으로 충분하며, 한 종류의 파동입자만을 가진다.*

8. 원자물리학을 처음 배우는 학생들은 흔히 파동함수를 파동과 유사한 입자로 착각하여 물리적 물체로 생각하는 실수를 범한다. 단일 전자는 3차원 공간에서 움직일 수 있기 때문에 단일 전자의 파동함수 역시 3차원 공간에 존재한다. 따라서 파동함수는 우리가 살고 있는 공간에서 움직이는 실제 물체처럼 보인다. 그러나 두 전자의 파동함수는 이미 6차원 공간에 존재한다. 두 전자는 각각 3차원 위치를 가질 수 있기 때문이다. 전자가 4개인 경우 파동함수는 12차원 공간에 존재하는 파동이다. 양자장 이론에 이르면, 장은 무한히 다양한 파동 모양을 취할 수 있고, 따라서 파동함수는 무한 차원의 공간에 존재하게 된다.*

17. 파동입자의 질량

1. 엄밀히 말해, 이는 우주 확실성 한계 내에서만 참이다.*

2. 좀 더 기술적으로 말하자면, 양동이에 담긴 우유가 흔들릴 때처럼 양성자의 내부가 실제로 진동할 수 있다는 증거를 찾는 것이다. 이 증거를 양성자의 '들뜬 상태(excited state)'라고 부른다. 양성자의 크기를 더 쉽게 측정할 수 있는 더 간단하면서도 더 미묘한 방법들도 있다.*

3. 아마 양자물리학에 대해 "기묘하다"는 말을 들어본 적이 있을 것이다. 아인슈타인이 그렇게 표현했다. 이것 역시 h가 중요한 역할을 하는 세상의 또 다른 특징이기도 하다. 하지만 여기서는 이 주제에 대해 더는 언급하지 않을 것이다. 이 주제에 관한 좋은 책으로는 션 캐럴의 『다세계(Something Deeply Hidden: Quantum Worlds and the Emergence of Spacetime)』와 조지 머서의 『기묘한 원격 작용(Spooky Action at a Distance)』 등이 있다.

4. 양성자를 대신 보내면, 양성자는 원자의 전자들이 점이든 파동입자든 상관없이 전자와 전기적으로 상호작용한다. 그렇기 때문에 전기력의 영향을 받지 않는 중성자가 원자의 빈 상태를 더 잘 측정할 수 있다. 다음 장에서 살펴보겠지만, "비어 있음"과 "통과 불가능성"을 정의하는 것은 복잡한 문제이다.

5. 안타깝게도 X선과 감마선을 연구하던 많은 과학자가 이 원리를 알지 못하거나 중요하게 여기지 않아 젊은 나이에 세상을 떠났다.

6. 광자가 흡수되면 광자는 원자와 충돌하여 사라지며, 그 에너지는 원자가 흡수한다. 빛의 방출은 정반대로 원자가 여분의 에너지를 내어주고 이 에너지를 자발적으로 생성된 광자에 전달한다.*

7. 이 정상파의 마루가 실제로 얼마나 넓어야 "정지한" 전자로 간주할 수 있을까? 원리상, 원자 크기보다는 훨씬 넓어야 하지만, 사람보다는 좁아야 한다. 정상파의 폭이 1밀리미터 이상이면, 그에 따른 운동의 불확정성은 걷는 속도보다 느려지므로, 정지 질량을 정확히 측정하는 데는 한참 부족하다.*

6부 힉스

1. 피터 힉스의 견해는 여러 매체에서 널리 인용되었다. "피터 힉스 교수: 무신론 과학자, '신의 입자'를 믿지 않는다고 인정하다", *Telegraph*, 2013년 4월 8일자 기사, https://www.telegraph.co.uk/news/science/science-news/9978226/Prof-Peter-Higgs-Atheist-scientist-admits-he-doesnt-believe-in-god-particle.html. 여기서 힉스는 "나는 신의 입자라는 이름이 일종의 농담이었고 별로 좋은 이름이 아니었다는 것을 알고 있다. 이름에 오해의 소지가 있기 때문에 나는 [리언 레더먼]이 그런 이름을 사용하지 않았어야 한다고 생각한다"라고 말했다.

19. 그 어떤 장과도 다른 장

1. 물리학 용어로, 힉스장은 '스핀(spin)'이 없는 유일한 기본장이며, 따라서 힉스 보손은 마치 회전하지 않는 것처럼 행동하는 유일한 파동입자이다. 스핀이 2인 중력장을 제외한 다른 보손장은 스핀이 1이며, 기본 페르미온장들의 스핀은 1/2이다.*

2. 0이 아닌 전자기장은 훨씬 더 교묘한 방식으로 상대성원리를 훼손할 수 있다. 14장에서 언급했듯이, 자석 주위의 자기장은 여러분이 그 옆을 빠르게 지나가면 부분적으로 전기장으로 감지된다. 자석에 대한 여러분의 속도가 빠를수록 더 큰 전기장을 감지할 수 있다. 우리가 거대한 자석 안에 살고 있는 것처럼, 우리 우주 전체에 0이 아닌 일정한 자기장이 걸려 있다고 가정해보자. 그러면 우리 주위의 0이 아닌 전자기장 가운데 자기장이 아닌 전기장으로 감지되는 것이 얼마나 되는지 측정하여 우주를 통과하는 우리의 운동에 대한 단서를 얻을 수 있다. 0이 아닌 균일한 크기의 방향성을 가진 장에 대해서도 비슷한 이야기를 할 수 있다.

3. 방향성을 가진 장과 방향성을 가지지 않은 장을 논의하면서, 나는 몇 가지 개념적 문제들을 통합하고 복잡한 문제들을 숨겼다. 상대성이론에 대한 아인슈타인의 견해를 더 많이 탐구해야 풀 수 있는 이 복잡한 문제들은 힉스장과 전자기장을 제대로 비교하는 데 필요하다. 이 장에서는 모든 내용을 다 전달할 수 없지만, 문제의 핵심은 최대한 전달하고자 했다.*

4. 힉스 힘의 결과는 1990년 나의 박사학위 지도교수인 마이클 페스킨과 함께 쓴 첫 입자물리학 논문에서 다루었다. 당시 나는 이 측정이 2010년까지는 이루어질 것으로 예상했지만, 이제는 내가 살아서 측정 결과를 볼 수 있을지 의문이다.

20. 힉스장의 작동 방식

1. 물리학자들이 가장 그럴 듯하다고 생각하는 내용을 이야기로 꾸민 것이다. 우리는 초기 우주에 대해 많은 것을 알고 있지만, 힉스장이 관여한 사건의 순서는 실험이나 관측을 통해 직접 확인한 것이 아니고, 이론가들의 공식을 통해 유추한 것이다.

2. 10장의 미주 9에서 설명한 것처럼, 진자의 주파수는 $\sqrt{g}$에 비례한다. 여기서 g는 중력장의 세기이다. 이는 중력이 팽팽하게 하는 요인으로 작용한다는 것을 명확하게 보여준다. g가 클수록 진자의 주파수가 증가하고, g가 0이면 주파수도 0이 된다.

3. 힉스장을 제외한 모든 알려진 기본장은 장 값이 0일 때 평형 상태에 있다(이것이 바로 우주 전체에서 장의 평균값이 0인 이유이다).

4. 여기서 복원 효과는 kx에 비례하는데, k는 스프링의 탄성계수이고 x는 평형점으로부터 공까지의 거리이다. 공 위치의 팽팽함과 공의 주파수는 $\sqrt{k/m}$이 되고, 여기서 m은 공의 질량이다. g가 나타나지 않는 것에 주목하라. 여기서 중력은 아무 역할도 하지 않는다.

5. 본질적으로 팽팽한 위치에 있는 공의 경우, 스프링은 복원 효과 kx와 $\sqrt{k}$에 비례하는 주파수를 가진다. 위의 미주 4를 참조. 마찬가지로, 본질적으로 팽팽한 장 Φ의 팽팽함은 $m^2\Phi$에 비례하는 복원 효과로 인해 생기며, 여기서 Φ는 장 Φ의 값이고, m은 장 Φ의 파동입자의 정지 질량이다. 장 Φ의 공명 주파수 f는 $\sqrt{m^2}=m$에 비례한다. 이는 우리가 17장 2절에서 배운 m과 f의 기본 관계와 정확히 일치한다.

6. 팽팽하게 만드는 요인으로부터 질량을 얻는 파동입자의 정지 질량이 어떻게 발생하는지 보여주는 예로 장 Z를 생각해 보자. 이 장의 팽팽함은 힉스장 H에 의해 제공되며, 복원 효과는 $(y_z v_h)^2 z$에 비례한다. 여기서 v_h는 힉스장의 0이 아닌 평균값, z는 장 Z의 값, y_z는 이들 사이의 상호작용 세기이다. 따라서 장 Z와 Z보손의 정지 질량의 공명 주파수는 $\sqrt{(y_z v_h)^2} = y_z v_h$에 비례한다. 마찬가지로, 전자장의 주파수와 전자의 정지 질량은 $y_e v_h$에 비례하고, 여기서 y_e는 힉스장과 전자장 사이의 상호작용 세기이다. 그러면 전자의 정지 질량에 대한 Z보손의 정지 질량의 비는 간단히 y_z/y_e로 주어진다. 더 일반적으로 말하면, 파동입자의 정지 질량은 ① 이 파동입자의 장과 힉스장 사이의 상호작용 세기 그리고 ② 힉스장의 평균값의 곱과 같다.*

7. 본질적으로 팽팽한 장은 거울 속에서 대칭을 이룬다. 그러나 약한 핵력과 관련된 과정은 거울 대칭성을 갖고 있지 않다는 것이 밝혀졌다. 이는 1957년, 이론가 리충다오와 양첸닝의 제안에 따라, 당대 최고의 실험가 가운데 한 명인 우치엔슝이 발견했다. (이 업적으로 이론가인 리충다오와 양첸닝만 노벨상을 수상했는데, 이는 역사적 불공정 사례로 널리 회자되고 있다.) 이 발견을 통해 점차 팽팽한 장들은 팽팽하게 만드는 요인을 필요로 한다는 것을 이해하게 되었다.*

8. 정량적으로, 이러한 파동들의 주파수는 커튼이 없을 때보다 다소 증가한다.*

미주

9. 실제로 액정에서는 흩어지려는 성질이 매우 강하기 때문에, 기타 줄에 담요를 덮었을 때처럼 액정의 진동은 거의 즉시 사라진다. 하지만 여기서 중요한 것은 원리적 측면이다.

10. 힉스장이 어떤 장과는 더 강하게, 또 어떤 장과는 더 약하게 상호작용하는 것처럼, 인접한 두 액정 용기에서 전기장과의 상호작용도 다르게 나타날 수 있다. 두 액정의 분자 구조가 다르기 때문에 전기장이 각 용기의 배향장에 만들어내는 복원력도 달라지고, 한쪽 장이 다른 쪽 장보다 더 팽팽하게 된다.

11. 끈 이론에서는 때로 힉스장과 유사한 장을 그림으로 이해할 수 있다. 예를 들어, 유사 힉스장의 평균값은 통상적인 공간에 놓인 두 평판 사이의 여분 차원 내 물리적 거리를 나타낼 수 있다. 다른 경우에는 간단한 그림을 가지고 이해하는 것이 불가능하다. 나는 언젠가 힉스장이 어떻게 작동하는지에 대한 자세한 그림을 발견할 수도, 발견하지 못할 수도 있다는 점을 강조하기 위해 이 점을 언급하고 있다.

12. 특히, 힉스장이 W보손과 Z보손, 그리고 광자에 어떻게 영향을 미치는지, 그리고 그로 인해 약한 핵력과 전자기력이 어떻게 달라지는지에 관한 흥미로운 세부 사항은 생략했다.*

21. 해결되지 않은 기본적인 질문들

1. 실험적으로는 논리의 순서가 정확히 반대이다. 우리는 먼저 톱 쿼크와 전자의 정지 질량을 측정하고, 17장 2절에서 소개한 m과 f의 공식을 사용해 각 장들의 공명 주파수를 알아낸 다음, 이들 장이 힉스장과 어떻게 상호작용하는지 추론한다.

2. 중력장은 항상 그렇듯이 예외다. 중력장도 힉스장과 상호작용을 하지만, 힉스장에 의해 팽팽해지는 않는다. 이 사실은 중력이 특별하게, 또 보편적으로 모든 것과 상호작용한다는 것을 반영한다.*

3. 중성미자는 이 규칙을 따를 수도 있고, 따르지 않을 수도 있다. 힉스장의 값이 10배 증가하면, 중성미자의 정지 질량은 10배 또는 100배(즉, 10의 제곱만큼)로 증가할 수 있다. 이 문제는 아직 실험을 통해 밝혀지지 않았다. 좀 더 일반적으로 말하면, 중성미자의 정지 질량이 왜 그렇게 작은지, 중성미자가 힉스장과 어떤 독특한 방식으로 상호작용하는지, 중성미자가 자신의 반입자인지 등 여러 중요한 관련 문제를 밝히기 위해 실험이 활발히 진행되고 있다. 이 책에서 중성미자 이야기를 계속 미뤄온 것은 중성미자가 흥미롭지 않아서가 아니라 너무 흥미로워서 주제를 벗어나게 할 가능성이 농후하기 때문이다.*

4. 2022년 기준 데이터는 다음 두 편의 논문에 실려 있다. "A Detailed Map of Higgs Boson Interactions by the ATLAS Experiment Ten Years after the Discovery," The ATLAS Collaboration, *Nature* 607, nos. 52–59 (2022), 그리고 "A Portrait of the

Higgs Boson by the CMS Experiment Ten Years after the Discovery," The CMS Collaboration, *Nature* 607, nos. 60–68 (2022).*

5. 이 규칙의 기원은 에너지 보존법칙이다.*

6. 다운 쿼크와 업 쿼크는 특정 상황에서 서로 붕괴할 수 있지만 — 이 때문에 중성자가 불안정하다 — 많은 원자핵에서는 이러한 붕괴가 일어나지 않는다.*

7. 이것이 상관없는 또 다른 이유가 있다. 힉스장은 매우 팽팽하기 때문에 거리에 따라 그 힘이 매우 빠르게 감소한다. W장과 Z장도 마찬가지인데, 바로 이 때문에 약한 핵력이 매우 약한 것이다.

8. 힉스 보손을 생성하는 가장 일반적인 방법은 두 개의 양성자가 충돌할 때 각각에서 나온 두 개의 글루온이 충돌하는 것이다. 이 과정은 톱 쿼크장이 중간 매개체 역할을 하는 간접 효과로 일어나며, 이는 본문에서 간략하게 설명한 것처럼 힉스 보손이 두 개의 광자로 붕괴하는 과정과 유사하다.*

22. 더 심오한 개념적 질문들

1. 많은 기타의 여섯 현은 E, A, D, G, B, E 음에 해당하며, 그 주파수 비는 각각 18, 24, 32, 45, 54, 72이고, 최고음 현을 기준으로 하면 1/4, 1/3, 4/9, 5/8, 3/4, 1이 된다.

2. 여기서 다른 문제들은 생략했다. 예를 들면, 업 쿼크, 다운 쿼크, 스트레인지 쿼크의 정지 질량에 대한 정확하고 명확한 정의는 없다. 이러한 쿼크들을 가두고 있는 강력한 힘이 이 쿼크들이 정지 상태로 고립되어 있는 것을 허용하지 않기 때문이다.

3. 사실 세 가지 주파수가 너무 멀리 떨어져 있기 때문에 전자장의 주파수를 64배, 즉 6옥타브 올려서 듣기 쉽게 만들었다. 만약 조화가 있었다면, 이렇게 해도 아름다운 화음을 냈을 것이다.

4. 전자장의 주파수를 음악의 도(C) 음으로 잡으면, 뮤온장은 이보다 7옥타브 높은 매우 날카로운 라플랫(Ab) 음, 타우장은 11옥타브 더 높은 날카로운 라(A) 음이 된다. 우리는 여기에 W장, Z장, 힉스장도 포함할 수 있는데, 이들은 모두 전자장보다 17옥타브 높은 날카로운 미플랫(Eb) 음, 매우 날카로운 파(F) 음, 낮은 시(B) 음이 된다. 이 세 가지 음의 조합이나 여섯 가지 음을 모두 합쳐도 순수 조화음이나 피아노의 평균율 모두에서 불협화음을 이룬다.

5. 이들 중에는 케플러와 뉴턴도 있었다.*

6. 과학자들은 고급 수학을 통해, 왜 스핀 2와 스핀 1의 방향성을 가진 장은 보편성을 보이는 데 반해, 힉스장처럼 방향성이 없는 장은 보편성을 갖지 않은지를 설명한다.*

7. LHC가 힉스 보손을 만들어내는 비율은 표준모형이 예측한 것보다 훨씬 높았을 것이다.*

23. 정말 중요한 질문들

1. 정지 질량이 플랑크 질량의 50배인 파동입자는 지름이 플랑크 길이보다 50배 큰 블랙홀을 형성한다.

2. 힉스장은 자기 자신과도 상호작용하므로 힉스장은 자기 자신의 팽팽함에도 영향을 준다.*

3. 이 논증은 실제로는 상당히 단순화된 것이다. 관련된 에너지는 양의 값 혹은 음의 값 모두 가질 수 있지만, 여기서는 암묵적으로 그 에너지가 항상 양이라고 가정했기 때문이다. 하지만 이 논증만으로도 문제의 규모를 가늠할 수 있다.*

4. 사실 우주상수 문제는 여기서 설명한 것보다 더 심각하다. 만약 장의 진공 에너지가 없다고 해도, 우주상주 문제는 여전히 남는데, 우주 상전이(다음 장 참조) 효과가 우주의 에너지 밀도에 기여하기 때문이다. 반대로 '인류 원리(anthropic principle)'라는 논증은 우주상수 문제에 그럴듯한 해결책을 제시한다. 하지만 이 논증은 매우 강력하고 모호한 가정을 하지 않는 한 질량 계층 퍼즐을 해결할 수 없으며, 이는 '인공적인 랜드스케이프 문제(artificial landscape problem)'라 불리는 또 다른 심각한 문제를 낳는다.*

5. 이 관점을 설명하려면 질량 계층과 양자장 이론에 대한 길고도 신중한 논의가 필요하다. 이 주제와 관련해서는 다른 곳에서 다루었다.*

6. 이러한 제안과 관련된 유행어로는 '초대칭성(supersymmetry), 복합 힉스장(composite Higgs field), 거대한 여분 차원(large extra dimensions), 릴랙시온(relaxation, 전자기약력의 우주론적 완화를 설명하기 위해 제안된 액시온의 한 형태_옮긴이)이 있다. 이 중 어느 것도 실험적으로 증명된 바는 없다.*

7. 유감스럽게도 일부 입자물리학자들은 공개석상에서 실제로 보장할 수 있다고 말하거나 그것을 암시하는 듯한 말을 했다. 왜 그런 말을 했는지 속내를 잘 모르겠다.*

8. LHC의 또 다른 목표는 강한 핵력의 비밀을 밝히는 것이었는데, 이 목표는 엄청난 성공을 거두었다. 언젠가 흥미롭고 놀라움으로 가득 찬 내용이 책으로 나올 것이다.*

24. 양성자와 중성자

1. 이 절에서 설명한 현상들은 본질적으로 참이다. 그러나 쿼크와 반쿼크를 충분히 멀리 떼어놓으면, 더 복잡한 일이 일어난다. 이에 대한 자세한 내용은 여기서 다루기에는 너무 멀리 벗어난다.*

2. 최근 고정밀 컴퓨터 시뮬레이션을 통해 양성자의 정지 질량과 중성자의 정지 질량 사이의 작은 차이, 즉 0.2퍼센트에 불과한 차이를 계산할 수 있었다. "Ab Initio Calculation of the Neutron-Proton Mass Difference," BMW Collaboration, *Science* 347, no. 1452 (2015).

3. 현재 가장 유력한 추정은 '우주 인플레이션(cosmic inflation)'으로 알려진 현상을 통해 빅뱅이 시작되었다는 것이다. 이것이 옳다면, 급격한 인플레이션이 끝났을 때, 모든 곳에서 거의 동시에 뜨거운 수프가 만들어졌을 것이다. 이 과정에는 훨씬 더 많은 양자우주물리학적 현상이 연관되어 있다. 앨런 거스의 『인플레이션 우주: 우주 기원에 대한 새로운 이론을 위한 탐구(The Inflationary Universe: The Quest for a New Theory of Cosmic Origins)』를 참고.*

4. "우주는 특이점에서 시작했다"는 흔한 주장은 아직 가설에 불과하다. 이 주장은 이론가의 계산에서 나온 것이지만, 계산에 등장하는 수학적 특이점 — 무한대 — 자체가 의심스럽기 때문이다. 실제로 우주의 시작에 물리적 무한대가 있었는지에 대해서는 찬반을 뒷받침할 관측 증거가 아직 없다.*

5. 이제 우리는 마침내 우주 마이크로파 배경에 대해 전체적으로 이해할 수 있게 되었다. 우주 마이크로파 배경은 운동 측정 불가능하고 모든 곳에 존재하는 매질이 아니라 별, 행성, 또는 고립된 공간 내부에는 존재하지 않는 평범한 매질이다. 우리는 우주 마이크로파 배경에 대한 상대적인 속도를 측정할 수 있으며, 그렇게 했을 때 그 자체로 평범한 매질인 원래의 뜨거운 파동입자 수프에 대한 우리의 속도를 알 수 있다. 이것과 빈 공간에 대한 우리의 속도를 측정하는 것을 혼동하지 말아야 한다. 빈 공간은 운동 측정 불가능한 매질이기 때문에 빈 공간에 대한 우리의 속도를 측정하는 것은 불가능하다.*

6. 일반적인 철 자석은 섭씨 1540도에서 녹는 반면, 자성은 섭씨 770도에서 사라진다.

7. 왜 방울에 항상 3개의 추가적인 쿼크가 있는지를 설명하지 않았다. 이것은 이 책에서 더 이상 다루지 않는 강한 핵력의 세부적인 내용과 관련이 있다.*

8. 이 모든 것이 제대로 작동하려면, 수소의 고유한 바닥상태가 존재하고, 원자가 다른 상태로 도약하려면, 상당한 에너지가 필요하다는 점이 중요하다. 이는 양자물리학의 결과이지만 여기서 자세히 다룰 시간은 없다. 만약 그렇지 않다면, 모든 전자–양성자 쌍이 동일한 최종 상태에 도달한다는 보장은 없었을 것이다.*

9. 쿼크와 글루온에서 흩어지기가 작동하는 방식은 원자 안의 전자에서 일어나는 방식보다 훨씬 더 복잡하다. 기본 원리는 비슷하지만, 쿼크와 글루온의 경우에는 알아야 할 흥미로운 세부 내용이 훨씬 많다. 예를 들어, 다른 세 개의 업 쿼크처럼 다른 쿼크 조합도 각각 고유한 바닥상태를 가지며, 입자물리학자들은 이 상태를 관찰하고 연구한다. 하지만 이 입자들은 1초도 안 되는 짧은 시간만 존재한다.*

25. 양자장의 마법

1. 그 원인은 '터널링(tunneling)'이라 불리는 양자 과정인데, 이는 '주사 터널링 현미경(scanning tunneling microscope)'의 원리가 되기도 한다.*

2. 또한 엄밀히 말하면, 전자의 스핀 방향도 같아야 한다. 전자의 스핀은 일반적으로 매우 중요하지만, 여기서는 논의에 방해만 될 뿐이다.*

3. 페르미온 수학은 행성뿐만 아니라 중성자별과 백색왜성이 자기 자신의 중력에 의해 붕괴하지 않도록 막는 역할을 담당한다.*

4. 물질이 빛과 상호작용하는 방식에 따라 그렇게 보일 수도 있고 그렇지 않을 수도 있다. 예를 들어, 유리는 비어 있는 것처럼 보이지만 실제로는 비어 있지 않다.

5. 이것은 보손은 "힘의 입자"라는 흔한 주장이 거짓임을 보여준다. 원격 작용을 하는 힘들이 보손장에 의해 발생하는 것은 사실이다. 하지만 우리가 매일 경험하는 대부분의 힘 — 바닥을 딛는 발, 손에 쥔 열쇠, 팔에 떨어지는 빗방울 — 은 접촉력이며, 이것들은 페르미온 수학과 관련이 있다.

찾아보기

가둠(confinement) 184

가미오카중력파검출기(KAGRA; Kamioka Gravitational Wave Detector) 289

가시 우주(visible universe) 56

간섭계(interferometer) 310, 311

갈릴레오 갈릴레이(Galileo Galilei) 17~19, 32~35

갈릴레오의 상대성원리 31~35, 51, 54, 55, 58, 61, 62, 67, 110, 111, 248, 255, 287, 288, 301, 302, 306, 311, 312, 318, 319, 379~381, 390, 489

감마선(gamma ray) 240, 241

강한 핵력(strong nuclear force) 142, 143, 184~187, 440, 466, 468, 470, 472, 473

거짓 친구(false friend) 77, 78, 125, 167, 216

겉보기 밝기(apparent brightness) 101

계층 퍼즐(hierarchy puzzle) 446, 455, 456, 459

고정 속력(fixed speed) 223

고즈(GOES) 기상위성 87

골(trough) 217~226

골디락스(Goldilocks) 446

공명(resonance) 196, 197, 201, 202, 207, 225, 226, 371, 373, 374

공명 주파수(resonance frequency) 201, 207~215, 225~227, 339, 371~374, 378, 386, 390, 394, 396, 398, 399, 408, 415, 419, 436, 437, 452

공명 진동 207, 212, 340, 432

관성(inertia) 58, 75

광자(photon) 112~118, 145, 153, 168, 181, 184, 241, 253, 334, 337, 338, 342~348, 351, 354~358, 363, 364, 366, 375, 416, 420~422, 424, 426, 427, 429, 431, 455, 473, 475, 484, 490

광전 효과(photo-electric effect) 364

광파(light wave, 빛의 파동) 9, 10, 223, 233, 239, 240, 247, 249, 252, 254, 285, 295, 300~303, 306, 307, 310, 312, 326, 338, 342, 354, 357, 495

굽힘장(bending field) 264,~269, 277, 315

궤도함수(orbital) 377

글루온(gluon) 143~146, 148, 184, 186, 325, 346, 349, 375, 422, 426, 429, 466, 467, 472, 473, 477, 490

글루온장(gluon field) 326, 327, 346, 419, 420, 438, 440, 455, 465, 466, 490, 492

금속(metal) 79

기본장(elementary field) 271, 273, 277, 285, 287, 295, 307, 309, 315~318, 322~326, 329~331, 347, 350, 354, 357, 372, 378, 380, 388, 389, 395, 396, 399, 403, 409, 413, 417~419, 423, 451, 452, 481, 490

기울임장(leaning field) 268, 269, 315

껍질(shell) 377

끈 이론(string theory) 203, 316, 335

내부 에너지(internal energy) 172~177, 179,

183~186, 190, 365, 468
내재적 속성(intrinsic property) 102, 104, 107, 112, 173
내재적 에너지(intrinsic energy) 174
내재적 질량 105
뉴턴의 운동 법칙 58
늘어진 장(floppy field) 399, 411, 413
니콜라우스 코페르니쿠스(Nicolaus Copernicus) 53, 57, 95
닐스 보어(Niels Bohr) 353
다운 반쿼크(down anti-quark) 144, 145, 148
다운 쿼크(down quark) 142~148, 184, 346, 382, 393, 424, 426, 430, 477
다운 쿼크장(down quark field) 438
다중운동적(polymotional) 41, 51, 303
단순 파동(simple wave) 218, 220
대기 속력(airspeed) 47~49
대량 살상 무기(weapons of mass destruction) 182
대통일(grand unification) 이론 440
대형 강입자 충돌기(LHC) 13, 14, 105, 106, 126, 148, 404, 414, 421~423, 425, 427, 430~432, 434, 440, 455, 458, 461
데모크리토스(Democritus) 136
데이비드 그로스(David Gross) 466
데이비드 폴리처(David Politzer) 466
되튐(bounce) 221
『두 가지 주요 세계 체계에 관한 대화(Dialogue Concerning the Two Chief World Systems)』 32

들기와 던지기 83
등속운동 법칙(coasting law) 58, 59, 62, 63, 66, 70, 96~99, 116, 253, 379, 380, 389
라디온(radion) 315
러셀 헐스(Russell Hulse) 289
레오 카다노프(Leo Kadanoff) 122
레우키포스(Leucippus) 136
레이저간섭계중력파관측소(LIGO; Laser Interferometer Gravitational-wave Observatory) 289, 310, 484
로버트 브라우트(Robert Brout) 423
로버트 윌슨(Robert Wilson) 247
루이스 캐럴(Lewis Carroll) 313
르웰린 토머스(Llewellyn Thomas) 485
리언 레더맨(Leon Lederman) 384
마루(crest) 217~229, 280, 299, 300, 338, 340, 344, 367, 405, 408
마리 퀴리(Marie Curie) 156
마이클 패러데이(Michael Faraday) 286
마찰력(friction) 43, 59~64, 72, 84, 96, 97, 169, 171, 195, 205, 208
막스 플랑크(Max Planck) 155, 156, 442
매질(medium) 227~231, 250~256, 266~270, 277, 285~293, 298, 300~320, 323~325, 329~331, 356, 379, 380, 412, 413
매질 중심적(medium-centric) 관점 279, 280~285, 349, 390
무게(weight) 82~89, 92~95, 112, 213, 445,
무게 효과 83, 86

무지개 235~238, 241~243

물질(matter) 76, 77, 79, 80, 147, 152

물질·반물질 비대칭성 144

물질의 양(quantity of matter) 81, 152, 153

물질의 총량(amount of matter) 152

뮤온(muon) 71, 382, 426, 430

뮤온장(muon field) 327, 331, 382, 436, 438

바람장(wind field) 262, 263, 265, 266, 273, 279~282, 322, 323, 325, 327, 328, 350, 387, 388, 418, 428

바텀 쿼크(bottom quark) 327, 384, 422, 425, 431, 432

바텀 쿼크장(bottom quark field) 331, 382, 431, 438

반 장(anti-field) 347

반원자(anti-atom) 148

반입자(antiparticle) 144, 145, 148, 347

반쿼크(antiquark) 143~147, 184, 186, 347, 430, 466, 467, 472, 473, 477

발광 에테르(luminiferous aether) 250, 253, 254, 286, 294, 295, 297, 298, 301~315

발터 카우프만(Walter Kaufmann) 156

발터 티링(Walter Thirring) 485

방향을 가리키는 장(pointing field) 261, 283, 387~390, 392

방향을 가리키지 않는 장(nonpointing field) 387~389, 392, 413

배진동(harmonics) 211, 224

배향(orientation) 283, 284, 412

배향장(orientation field) 410~412

베르너 하이젠베르크(Werner Heisenberg) 361, 450

보손 파동입자(bosonic wavicles) 377, 483

보손(boson)장 326, 327, 330, 331, 346, 390, 438~440, 449, 458, 465, 483

복원 효과(restoring effect) 398~412, 415, 416

복원력(restoring force) 398, 399, 409

복합 입자(composite particles) 270, 474

복합장(composite field) 270, 271, 329, 331, 423, 425, 458

불변 질량(invariant mass) 104

불투과성(impenetrability) 483, 485, 486, 490

붕괴(decay) 13, 141, 182, 334, 360, 427~433, 455, 473, 485, 490, 492

블랙홀(black holes) 96, 117, 152, 153, 288, 289, 378, 442, 443, 445

비가시광(invisible light) 113, 115

비르고(Virgo) 289

비타협성(intransigence) 75, 83, 86, 88, 102~111, 174~177, 365, 415

비타협성 효과 83

빅뱅(Big Bang) 135, 468~473, 481, 492

빅뱅 핍(Big Bang Phib) 468, 469

빈 공간(empty space) 8, 9, 11, 56, 64, 65, 80, 115, 138, 194, 247~249, 252~256, 287, 290~298, 302~305, 308, 313~320, 330, 361, 362, 379~381, 390, 416, 450, 451, 454, 469, 470, 482, 487, 492, 495

빛의 양자(quantum of light) 344, 354

사티엔드라 보스(Satyendra Bose) 326

상대론적 질량(relativistic mass) 103~106, 161, 163, 174, 177

상대성원리(principle of relativity) 16~18, 28~36, 42, 46, 51, 52, 57, 58, 62, 63, 65, 67, 96~99, 110, 111, 205, 248, 291, 295~298, 301, 311, 319, 329, 330, 380, 381, 489

상전이(phase transition) 471~473, 479

상호작용 검증(interaction tests) 422, 425~427, 431

세대(generation) 439, 440

소리 전달 에테르(soniferous aether) 282

소리 크기(loudness) 198~201

소립자(elementary particles) 9, 14, 149, 152, 179, 202, 233, 271, 325, 346, 378

속도(velocity) 28, 70

수소의 바닥상태(ground state of hydrogen) 476

수증기구름 355

슈뢰딩거 파동함수(Schrodinger wave function) 348

스트레인지 쿼크(strange quark) 143, 145, 146, 162, 382, 432

스티븐 리콕(Stephen Leacock) 41

스티븐 와인버그(Steven Weinberg) 447

스핀파(spin wave) 277, 283~285, 290, 318, 320

신의 입자(God Particle) 13, 384, 385

심우주(deep space) 65, 87, 213, 247, 248, 324, 327, 397, 402, 445

아르노 펜지어스(Arno Penzias) 247

아리스토텔레스(Aristotle) 61, 62

아리아바타(Aryabhata) 52

아보가드로 수 135

아부 사이드 알 시지(Abu sa'id al-Sijzi) 52

아부 알리 이븐시나(Abu 'Ali ibn Sina) 98

아원자 입자(subatomic particle) 30, 41, 65, 68, 127, 129, 152, 168, 183, 391, 492

아이작 뉴턴(Isaac Newton) 68, 81, 82, 86, 89~99, 102, 105, 115, 118, 125, 153, 166, 253, 336, 337, 365, 491, 492

아인슈타인의 상대성이론 144, 154, 157, 175, 313, 334, 335, 357, 415, 490, 491

악몽 같은 속성(nightmare property) 302, 303, 308, 311~314, 316

알려진 우주(known universe) 56, 464

알베르트 아인슈타인(Albert Einstein) 8, 32~34, 102, 103, 109, 117, 123, 127, 133, 153~162, 176, 179, 249, 250, 286, 287, 289, 301, 302, 306, 311~319, 335~337, 354, 357, 358, 362~365, 436, 443, 492

암흑 물질(dark matter) 80

암흑 에너지(dark energy) 80, 454

압두스 살람(Abdus Salam) 447

압력장(pressure field) 263, 267, 268, 320, 418

압력파(pressure wave) 312, 320

앙리 베크렐(Henri Becquerel) 156

앙리 푸앵카레(Henri Poincare) 157, 311

앙투안 라부아지에(Antoine Lavoisier) 125

액정(liquid crystal) 410

앤드루 레너드(Andrew Lenard) 485

앨버트 마이컬슨(Albert Michelson) 310

약한 핵력(weak nuclear force) 403, 424, 440, 461, 466

양성자(proton) 106, 117, 118, 120, 137~153, 163, 168, 177, 180, 183~189, 325, 327, 360, 375, 419, 424, 443~445, 455, 465~477, 490~492

양성자 핍(proton phib) 143, 146, 147

양자(quantum) 341~346, 354, 357, 362, 363, 370, 375, 490

양자 공식(quantum formula) 154, 357, 358, 362~365, 371~374

양자 불확정성 원리 361, 431, 450, 466, 481, 492

양자물리학(quantum physics) 146, 155, 211, 315, 317, 326, 334, 337, 341, 342, 348, 353, 372, 466, 490, 491

양자장 이론(quantum field theory) 203, 337, 353~355, 362, 455, 465, 467

어니스트 러더퍼드(Ernest Rutherford) 140, 142

어니스트 마스든(Ernest Marsden) 140

어디에나 존재하는 매질(everywhere-medium) 252, 270, 293, 302, 308, 319, 324, 330

업 반쿼크(up anti-quark) 144~146, 148, 347

업 쿼크(up quark) 142~148, 184, 346, 347, 382, 393, 424, 426, 430, 477

에너지(energy) 80, 81, 158~162, 165~177, 179~189, 204~207, 230, 348, 356, 358, 363~374, 377, 415, 428, 429, 450~454, 467~469, 475~477, 483~487

에너지 보존(conservation of energy) 171, 172, 183, 427, 452

에드먼드 핼리(Edmond Halley) 94

에드워드 몰리(Edward Morley) 310

엔리코 페르미(Enrico Fermi) 327

엘리스 쿼크(Alice quark) 143

엘리엇 리브(Elliott Lieb) 485

여분 차원(extra dimension) 315, 320, 380

역제곱 법칙(inverse square law) 92, 93, 390, 465, 466, 472

오스카 클라인(Oskar Klein) 314, 315, 317

옵신(opsin) 112, 113, 237, 240

요하네스 케플러(Johannes Kepler) 97, 98

요한 리터(Johann Ritter) 238

우주 공간(outer space) 7~10, 33, 42~44, 61, 64, 65, 71, 96, 110, 114, 188, 247, 249, 252~255, 432, 451, 470, 489

우주 마이크로파 배경(Cosmic Microwave Background) 247, 248, 471

우주 속력(space speed) 49

우주 제한 속도(cosmic speed limit) 10, 115, 119, 120, 142, 145, 154, 161, 175, 184, 188, 300, 302, 303, 306, 308, 309, 314, 317~310, 326, 330, 338, 357, 358, 381

우주 질량-밀도 한계(cosmic mass-density limit) 443, 452

우주 확실성 한계(cosmic certainty limit) 358, 450, 451, 454, 455, 465, 476, 486, 490

우주론(cosmology) 464

우주상수 문제(cosmological constant problem) 455

우주선(cosmic ray) 71

우주장(cosmic field) 203, 214, 270, 271, 276, 277, 295, 308, 317, 324~326, 329, 331, 349~351, 363, 390, 404, 464

운동 에너지(motion energy) 166~174, 181, 183, 185, 186, 204, 206, 230, 370, 473, 491

운동 측정 불가능한(amotional) 매질 302, 303, 308, 312~314, 316~319, 330, 380, 390, 413

원자(atom) 136~138, 140~142, 145, 149, 150, 162, 184~190, 265, 283~285, 289, 294, 295, 323, 345, 354, 357, 361~364, 376, 377, 416, 419, 445, 461, 468, 474, 477, 482~487

원자핵(atomic nucleus) 137, 138, 141, 142, 148, 150~152, 156, 182, 183, 187, 189, 362, 377, 424, 461, 472

윌리엄 허셜(William Herschel) 238

음높이(pitch) 198, 200, 202, 209, 239

음파(sound wave) 9, 11, 205~207, 216, 223, 226~228, 233, 234, 239, 277, 279~284, 286, 306, 307, 368, 428, 435, 494

일반 매질(ordinary medium) 277, 287, 292~295, 297, 303, 304, 305, 308, 310, 312, 314, 325, 329~331, 356, 405, 410, 469

일반 물질(ordinary material) 80, 188, 310

일반상대성이론(general relativity) 287

일반장(ordinary field) 263~267, 270, 323, 324, 328~331, 356, 363, 413, 416

입자가속기(particle accelerator) 13, 14, 106,
455, 459, 461

자기장(magnetic field) 203, 239, 255, 258, 259, 264, 264, 271~273, 278, 285~287, 316, 324~327, 409~411,

자연 방사능(radioactivity) 71

자연성 문제(naturalness puzzle) 450

자외선(ultraviolet light) 115, 237, 238, 240, 364

자화(magnetization) 264

자화장(magnetization field) 264~266, 268, 283, 284, 290, 320, 322

장 뷔리당(Jean Buridan) 98

장 중심적(field-centric) 관점 281, 282, 285, 321, 325, 330, 349, 367, 390, 391, 428

저장 에너지(stored energy) 166, 167, 169, 185

적외선(infrared light) 237, 238, 240, 246

전기장(electric field) 203, 239, 258, 267, 271, 273, 278, 285, 286, 295, 346, 391, 409~413, 429, 451

전자(electron) 9, 10, 14, 18, 19, 78, 112, 117, 138, 142, 144, 148, 149, 163, 176, 187~190, 376, 347, 353~362, 364, 365~378, 391, 408, 414~416, 419~422, 427~431, 473~476, 484~487

전자기 스펙트럼(electromagnetic spectrum) 240, 241, 344

전자기장(electromagnetic field) 286, 287, 313~317, 320, 326, 327, 337, 338, 344, 346, 347, 351, 357, 366, 382, 389, 391, 419~421, 438, 475

전자기파(electromagnetic wave) 238~243, 286,

307, 317, 320, 342, 344
전자꼴(electron-like)장 327, 328, 331, 346, 356, 357
전자-양성자 쌍(electron-proton duo) 475, 476
전자장(electron field) 327, 346, 366, 369, 372~375, 382, 386, 391, 413, 419~421, 438, 439, 451, 453
전체 에너지(total energy) 172~174, 177, 452
전파(radio wave) 112, 115, 240, 241, 272, 344, 362
정상파(standing wave) 223~227, 249, 326, 330, 340, 342, 367, 368, 371, 372, 396, 399, 403, 405~413, 435
정지 법칙(resting law) 61, 62, 67, 96, 204
정지 질량(rest mass) 103~121, 125~127, 151~153, 161~164, 174~180, 182~189, 355~357, 365, 366~375, 378, 382, 384~386, 395, 396, 414~420, 422, 429~431, 442~449, 452, 453, 458, 468, 473, 491
정지 질량 감소의 규칙(rule of decreasing rest mass) 429, 430
정지 질량이 0인(zero rest mass) 115, 116, 184, 186, 187, 355, 357, 403, 422, 424, 426, 431
정확성의 규칙(rule of precision) 129, 130
제임스 클러크 맥스웰(James Clerk Maxwell) 286
조석(潮汐) 94
조지 프랜시스 피츠제럴드(George Francis FitzGerald) 157
조지프 테일러(Joseph Taylor) 289

존재 에너지(energy-of-being) 369~374, 395, 415, 429, 453, 492
주파수(frequency) 198~202, 207~215, 218, 220, 223~227, 234~245, 247, 282, 338~340, 343, 344, 357, 358, 363, 364, 371~374, 396~400, 402, 406, 408, 418~420, 434~438
중력 질량(gravitational mass) 103~105, 116, 117, 163, 445
중력자(graviton) 357, 427, 429, 484
중력파(gravitational wave) 8~10, 114, 288~291, 301, 302, 317, 357
중성미자(neutrino) 79, 346, 362, 372, 378, 382, 385, 421, 426~428, 482
중성미자장(neutrino field) 327, 328, 331, 346, 382, 421, 428, 438, 439
중성자(neutron) 118, 120, 127, 138, 141, 142, 147~153, 177, 180, 183~189, 325, 362, 365, 375, 419, 424, 444, 455, 464~468, 471~477, 490~492
중성자별(neutron star) 141, 289, 362
지상 속력(ground speed) 47~49
지상의 법칙 90
지진파(seismic wave) 9~11, 218, 220, 230, 252, 277, 312, 495
진공(vacuum) 65, 249
진공 에너지(vacuum energy) 450~455
진동(vibration) 42~44, 168, 197~214, 218, 223~228, 233, 318, 339, 341, 368, 399
진동 에너지 205, 368, 370, 372, 428
진자(pendulum) 207~213, 225, 340, 341, 396~402, 404, 407~409

진자시계 207, 208, 339

진폭(amplitude) 198~204, 207~209, 218, 225, 228, 239, 244, 282, 288, 338~342, 344, 345, 349, 363, 367, 428, 483, 484

진행파(travelling wave) 220~230, 249, 282, 326, 330, 338, 340, 342, 350, 366, 371, 399, 405~407

질량 계층(mass hierarchy) 446, 449, 456, 457, 459, 467

질량 밀도(mass density) 264, 267, 268, 315, 320, 387, 410, 443, 492

질량 보존의 법칙 125

질량과 무게 82~86, 93

청각 섬모(stereocilia) 233

체셔 고양이장(Cheshire Cat field) 316, 324, 416

초음파 234, 260

초저주파수(infrasound) 234

최소 진폭의 원리(principle of a minimum possible amplitude) 342

칼루자-클라인 모드(Kaluza and Klein modes) 318, 320

칼루자-클라인의 여분 차원(Kaluza and Klein's extra dimension) 380

케네스 윌슨(Kenneth Wilson) 122

쿼크장(quark field) 327, 328, 403, 419, 438, 439, 465

크리스티안 하위헌스(Christiaan Huygens) 33, 92, 208, 253

타우장(tau field) 327, 331, 382, 436, 438

테오도어 칼루자(Theodor Kaluza) 314, 315, 317

토머스 영(Thomas Young) 253

톱 쿼크(top quark) 327, 378, 393, 419, 420, 422, 425, 430~432, 442, 444, 446, 481

특권을 가진 관찰자(privileged observer) 107~110

티코 브라헤(Tycho Brahe) 53, 57

파도타기 222

파동(wave) 216~231

파동 속력 방법(wave speed method) 298, 299, 301, 303, 304, 310~312

파동 집합(wave set) 217

파동열(wave train) 217, 338

파동입자(wavicle) 344~350, 353~382, 385, 386, 392, 395, 396, 400, 403, 405, 413~416, 418~433, 436, 440, 442~446, 449~451, 458, 459, 464~477, 483, 484, 490, 491, 497

파울리 배타 원리(Pauli Exclusion Principle) 376, 483~486

팽팽하게 만드는 요인(stiffening agent) 397, 398, 400~405, 408, 409, 412, 413, 417, 418, 421~425, 447, 448, 482

팽팽한 장(stiff field) 403, 413, 417, 420, 491

페르미온 양자장의 수학 487, 490

페르미온(fermion)장 326, 327, 438~440, 449, 458, 483, 484

평균값 322~327, 330, 386, 389, 390, 394, 399, 411, 416, 419, 420, 431, 438, 442, 444, 446, 449, 452, 453,

458, 472, 480
평형 상태(equilibrium) 398, 409
포괄적인 진술 163
표준모형(Standard Model) 404, 418, 419, 421~425, 434, 481
프란체스코 그리말디(Francesco Grimaldi) 253
프랑수아 앙글레르(Francois Englert) 422
프랭크 윌첵(Frank Wilczek) 466
프레드 쿼크(Fred quark) 143
프리먼 다이슨(Freeman Dyson) 485
『프린키피아(Philosophia Naturalis Principia Mathematica)』 94
플랑크 길이(Planck length) 443
플랑크 상수(Planck's constant) 155, 358, 360, 371
플랑크 질량(Planck mass) 442, 444, 446, 449, 453
피드백(feedback) 448~450, 452~456, 458, 466, 467
피츠제럴드-로렌츠 공식(FitzGerald-Lorentz formulas) 157
피터 힉스(Peter Higgs) 13, 384, 422
핍(phib) 15
하늘의 법칙 90
한스 가이거(Hans Geiger) 140
항력(drag) 59, 60, 248, 253, 295, 297~299, 303, 308, 329, 379
항력 방법(drag method) 297~299, 301, 312
헤라클레이데스(Heraclides of Pontus) 52

헨드릭 로렌츠(Hendrik Lorentz) 157
흐름장(flow field) 268, 412
흩어지기(dissipation) 170, 204~208, 228, 350, 402, 474~477
힉스 보손(Higgs boson) 13, 14, 19, 79, 117, 126, 152, 186, 346, 347, 384, 385, 414, 416, 421~427, 430~432, 440, 442, 452, 453, 455, 459
힉스 에테르(Higgsiferous aether) 308, 320, 416
힉스 파동(Higgs waves) 308, 309
힉스 핍(Higgs phib) 17, 65~68, 116, 308, 396, 414, 416
힉스 힘(Higgs force) 391, 393, 430, 440, 466
힉스장(Higgs field) 9, 13~19, 66~68, 80, 104, 116, 117, 123, 147, 164, 186, 189, 190, 214, 215, 223, 271, 273, 320, 382~405, 408~426, 430~434, 438~440, 444~454, 458, 459, 466, 467, 480, 481
힉스파(waves of Higgs) 320, 328

W보손 346, 357, 372, 393, 422, 425, 432, 442, 444, 449, 454
W장 326, 331, 346, 357, 382, 403, 419, 424, 438, 440
X선 112, 115, 140, 141, 240, 241, 250, 260, 272, 364, 482
Z보손 346, 393, 422, 425, 432, 442, 449, 454
Z장 326, 331, 346, 382, 403, 419, 424, 425, 428, 438, 440

불가능한 바다의 파도

2025년 8월 22일 1판 1쇄 발행

지은이 매트 스트래슬러
옮긴이 김영태
펴낸곳 에이도스출판사
출판신고 제2023-000068호
주소 서울시 은평구 수색로 200
팩스 0303-3444-4479
이메일 eidospub.co@gmail.com
페이스북 facebook.com/eidospublishing
인스타그램 instagram.com/eidos_book
블로그 https://eidospub.blog.me/
표지 디자인 공중정원
본문 디자인 개밥바라기

ISBN 979-11-85415-80-2 03420

※ 잘못 만들어진 책은 구입하신 서점에서 바꾸어 드립니다.
※ 이 책 내용의 전부 또는 일부를 재사용하려면 반드시 지은이와 출판사의 동의를 얻어야 합니다.